Fritz Ehlotzky

Angewandte Mathematik für Physiker

Fritz Ehlotzky

Angewandte Mathematik für Physiker

Mit 45 Abbildungen, 102 Übungsaufgaben
und 61 durchgerechneten Anwendungsbeispielen

Professor Dr. Fritz Ehlotzky
Universität Innsbruck
Institut Theoretische Physik
Technikerstraße 25
6020 Innsbruck
Austria
Email: fritz.ehlotzky@uibk.ac.at

Bibliografische Information der Deutschen Bibliothek

Die Deutsche Bibliothek verzeichnet diese Publikation in der Deutschen Nationalbibliografie; detaillierte bibliografische Daten sind im Internet über http://dnb.d-nb.de abrufbar.

ISBN 978-3-540-73648-6 Springer Berlin Heidelberg New York

Dieses Werk ist urheberrechtlich geschützt. Die dadurch begründeten Rechte, insbesondere die der Übersetzung, des Nachdrucks, des Vortrags, der Entnahme von Abbildungen und Tabellen, der Funksendung, der Mikroverfilmung oder der Vervielfältigung auf anderen Wegen und der Speicherung in Datenverarbeitungsanlagen, bleiben, auch bei nur auszugsweiser Verwertung, vorbehalten. Eine Vervielfältigung dieses Werkes oder von Teilen dieses Werkes ist auch im Einzelfall nur in den Grenzen der gesetzlichen Bestimmungen des Urheberrechtsgesetzes der Bundesrepublik Deutschland vom 9. September 1965 in der jeweils geltenden Fassung zulässig. Sie ist grundsätzlich vergütungspflichtig. Zuwiderhandlungen unterliegen den Strafbestimmungen des Urheberrechtsgesetzes.

Springer ist ein Unternehmen von Springer Science+Business Media

springer.de

© Springer-Verlag Berlin Heidelberg 2007

Die Wiedergabe von Gebrauchsnamen, Handelsnamen, Warenbezeichnungen usw. in diesem Werk berechtigt auch ohne besondere Kennzeichnung nicht zu der Annahme, daß solche Namen im Sinne der Warenzeichen- und Markenschutz-Gesetzgebung als frei zu betrachten wären und daher von jedermann benutzt werden dürften. Text und Abbildungen wurden mit größter Sorgfalt erarbeitet. Verlag und Autor können jedoch für eventuell verbliebene fehlerhafte Angaben und deren Folgen weder eine juristische Verantwortung noch irgendeine Haftung übernehmen.

Satz und Herstellung: LE-TEX Jelonek, Schmidt & Vöckler GbR, Leipzig
Einbandgestaltung: WMXDesign GmbH, Heidelberg

SPIN: 12036608   56/3180/YL - 5 4 3 2 1 0   Gedruckt auf säurefreiem Papier

Vorwort

An vielen Universitäten und Hochschulen wird als Vorkurs zu den Vorlesungen aus Theoretischer Physik und anderen theoretisch orientierten Fächern eine Einführung in die mathematischen Methoden der Physik und verwandter Gebiete angeboten. Das vorliegende Buch ist aus einer solchen Lehrveranstaltung hervorgegangen, die sich über zwei Semester erstreckt hat. Im Titel dieses Buches wurde absichtlich Bezug auf die „Angewandte Mathematik" genommen, da weniger auf die mathematische Präzision als vielmehr auf die praktische Anwendbarkeit der verschiedenen Methoden auf die Lösung physikalischer und technischer Probleme Wert gelegt wurde. Für das Verständnis des dargebotenen Stoffes wird angenommen, dass der Leser ausreichende Kenntnisse der Differenzial- und Integralrechnung mehrerer Veränderlicher und der linearen Algebra besitzt, doch sind in einem Anhang kurze Zusammenfassungen zu diesen Fächern angegeben, um dem Leser die Lektüre des Buches zu erleichtern. Es wurde versucht, neben rein rechnerischen auch solche Beispiele und Übungsaufgaben einzufügen, die sich auf die mathematische Formulierung und Lösung physikalischer und technischer Probleme beziehen, um dem Leser zu zeigen, wie die behandelten Methoden für die Bewältigung physikalischer und technischer Aufgaben von praktischem Nutzen sind. Am Ende des Buches wurden für etwas ambitioniertere Leser einige weiterführende Bücher über mathematische Methoden angegeben.

Fritz Ehlotzky

Inhaltsverzeichnis

1

Vektoranalysis

1.1 Einleitung

Die Methoden der Vektoranalysis finden vielfältigste Anwendungen zur theoretischen Beschreibung physikalischer Vorgänge und sollen daher in diesem ersten Kapitel eingehend behandelt werden. Ein großer Teil physikalischer Prozesse lässt sich durch folgende drei Arten von Größen beschreiben: 1) durch Skalare, 2) durch Vektoren und 3) durch Tensoren. Skalare Größen lassen sich durch eine einzige Zahl charakterisieren, während die Vektoren durch Betrag und Richtung im Raum bestimmt sind, wozu drei Zahlen angegeben werden müssen. Schließlich stellen die Tensoren einen linearen Zusammenhang zwischen den Vektoren her und zu ihrer Bestimmung sind neun Zahlenangaben erforderlich. Wenn die betrachteten Größen im dreidimensionalen Raum von Ort zu Ort verschiedene Werte annehmen, entstehen, wie man sagt, skalare, vektorielle und tensiorelle Felder. Bei vielen physikalischen Problemstellungen können diese Felder dann auch noch Funktionen der Zeit sein. Paradebeispiele für skalare und vektorielle Größen sind dem Leser sicherlich aus den Grundvorlesungen geläufig. Zum Beispiel sind Temperatur, Druck, Masse, Energie etc. Skalare, hingegen Kraft, Impuls, Geschwindigkeit, elektrische und magnetische Feldstärke vektorielle Größen. Tensoren treten etwa bei der Beschreibung der Spannungen in einem elastischen Medium auf.

In den folgenden Abschnitten werden zunächst die Methoden der Vektoralgebra dargelegt, die wahrscheinlich dem Leser bereits bekannt sein dürften und danach schließt sich die Besprechung der verschiedenen Sätze der Vektoranalysis an. Zum Abschluss wird auf die Tensorrechnung nur kurz eingegangen werden, da sie in den Grundvorlesungen der theoretischen Physik nur in geringem Maße benötigt wird. Im Laufe der Präsentation der verschiedenen Rechenregeln der Vektor- und Tensorrechnung werden eine Reihe von Beispielen aus der Physik vorgeführt werden, die zur Erläuterung und Vertiefung des Stoffes beitragen sollen.

1.2 Vektoralgebra

1.2.1 Vektoraddition

Bereits Isaac Newton hat als Korollar zu seinen Axiomen der Mechanik das
Gesetz der Vektoraddition durch Bildung des Vektorparallelogramms formu-
liert. Bezeichnen wir im folgenden Vektoren durch fettgedruckte Großbuch-
staben, dann gilt, wenn $\boldsymbol{A}$ und $\boldsymbol{B}$ zwei Vektoren sind, für den resultierenden
Vektor $\boldsymbol{C}$ (vgl. Abb. 1.1)

$$\boldsymbol{A} + \boldsymbol{B} = \boldsymbol{C} \; . \tag{1.1}$$

Diese Beziehung ist kommutativ, d. h. $\boldsymbol{B} + \boldsymbol{A} = \boldsymbol{C}$, wie aus Abb. 1.1 ersichtlich, und die Vektoraddition ist auch assoziativ. Wenn also $\boldsymbol{D}$ ein weiterer,
resultierender Vektor ist, gilt $\boldsymbol{A} + (\boldsymbol{B} + \boldsymbol{C}) = (\boldsymbol{A} + \boldsymbol{B}) + \boldsymbol{C} = \boldsymbol{D}$. Solange
Vektoren im Raum parallel verschoben werden, sind sie einander äquivalent.
Diese Eigenschaft liegt der obigen Vektoraddition zugrunde. In vielen Fällen
ist es zweckmäßig, im Raum ein Kartes'sches Achsenkreuz zugrunde zu legen
und einen Vektor $\boldsymbol{A}$ durch seine Komponenten in Bezug auf dieses Koordinatensystem darzustellen. Wenn wir längs der x-, y- und z-Achse jeweils die
Einheitsvektoren $\boldsymbol{i}$, $\boldsymbol{j}$ und $\boldsymbol{k}$ einführen, so können wir ansetzen

$$\boldsymbol{A} = A_x \boldsymbol{i} + A_y \boldsymbol{j} + A_z \boldsymbol{k} \; , \tag{1.2}$$

wo die Komponenten A_x, A_y und A_z durch senkrechte Projektion des Vektors
$\boldsymbol{A}$ auf die drei Koordinatenachsen erhalten werden (vgl. Abb. 1.2). Betrachtet
man die Dreiecke in Abb. 1.2, die sich durch Projektion des Vektors $\boldsymbol{A}$ auf die
drei Koordinatenachsen ergeben, so findet man mithilfe des Pythagoras'schen
Lehrsatzes, dass der Betrag des Vektors $\boldsymbol{A}$ durch den folgenden Ausdruck
gegeben ist

$$|\boldsymbol{A}| = A = \left(A_x^2 + A_y^2 + A_z^2\right)^{\frac{1}{2}} \; . \tag{1.3}$$

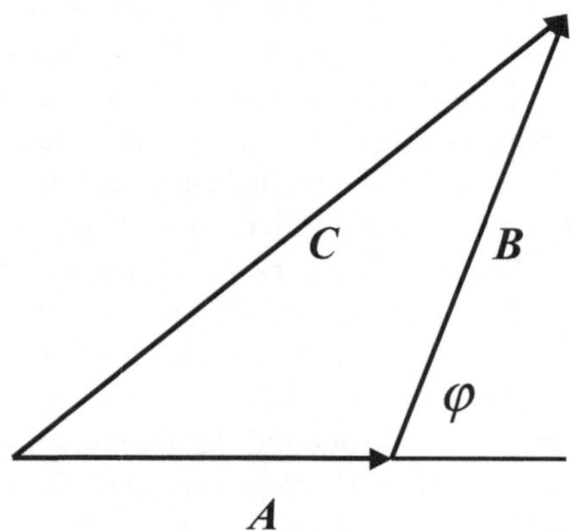

Abbildung 1.1. Vektoraddition

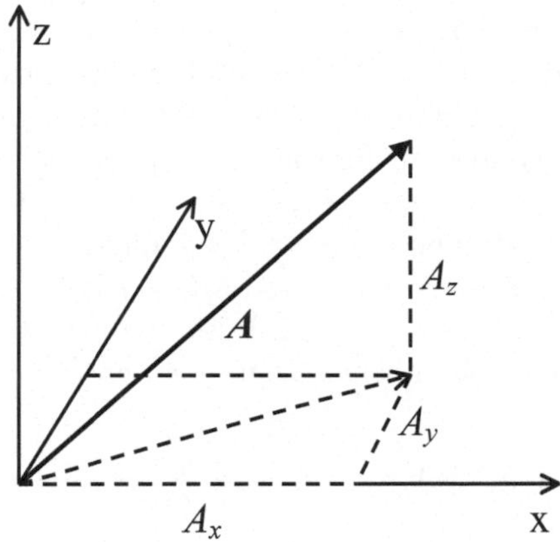

Abbildung 1.2. Komponentenzerlegung eines Vektors

Die Multiplikation eines Vektors mit -1 führt zu einer Umkehr der Richtung des Vektors und die Multiplikation mit einem positiven Skalar a zu einer Verlängerung oder Verkürzung des Vektors ohne seine Richtung zu ändern.

1.2.2 Das Skalarprodukt

Das skalare Produkt eines Vektors $\boldsymbol{A}$ mit einem Vektor $\boldsymbol{B}$ führt, wie der Name sagt, auf ein Skalar, das durch den folgenden Ausdruck definiert ist

$$\boldsymbol{A} \cdot \boldsymbol{B} = AB \cos\varphi \,, \tag{1.4}$$

wo φ der Winkel ist, der von den beiden Vektoren $\boldsymbol{A}$ und $\boldsymbol{B}$ eingeschlossen wird (vgl. Abb. 1.1). Beim skalaren Produkt wird also entweder der Vektor $\boldsymbol{A}$ senkrecht auf den Vektor $\boldsymbol{B}$ projiziert oder umgekehrt, der Vektor $\boldsymbol{B}$ auf den Vektor $\boldsymbol{A}$. Damit stehen dann zwei Vektoren aufeinander senkrecht, wenn $\boldsymbol{A} \cdot \boldsymbol{B} = 0$ ist. Das Skalarprodukt ist ersichtlich kommutativ. Ferner ist es auch distributiv, d. h. wenn $\boldsymbol{C}$ ein weiterer Vektor ist, so gilt $\boldsymbol{C} \cdot (\boldsymbol{A} + \boldsymbol{B}) = \boldsymbol{A} \cdot \boldsymbol{C} + \boldsymbol{B} \cdot \boldsymbol{C}$. Die drei Basisvektoren des Kartes'schen Koordinatensystems sind zueinander orthogonal und sie sind ferner, wie man sagt, zu Eins normiert. Es gilt nämlich aufgrund der Definition des Skalarproduktes (1.4)

$$\boldsymbol{i} \cdot \boldsymbol{i} = \boldsymbol{j} \cdot \boldsymbol{j} = \boldsymbol{k} \cdot \boldsymbol{k} = 1 \,, \quad \boldsymbol{i} \cdot \boldsymbol{j} = \boldsymbol{j} \cdot \boldsymbol{k} = \boldsymbol{k} \cdot \boldsymbol{i} = 0 \,. \tag{1.5}$$

Folglich können wir das Skalarprodukt zweier Vektoren $\boldsymbol{A}$ und $\boldsymbol{B}$ durch ihre Komponenten in folgender Form ausdrücken

$$\begin{aligned}
\boldsymbol{A} \cdot \boldsymbol{B} &= (A_x\boldsymbol{i} + A_y\boldsymbol{j} + A_z\boldsymbol{k}) \cdot (B_x\boldsymbol{i} + B_y\boldsymbol{j} + B_z\boldsymbol{k}) \\
&= A_xB_x + A_yB_y + A_zB_z
\end{aligned} \tag{1.6}$$

und als Spezialfall ergibt sich daraus für die Länge eines Vektors $\boldsymbol{A}$ der Ausdruck (1.3), was auch in der Form ausgedrückt werden kann $A = (\boldsymbol{A} \cdot \boldsymbol{A})^{\frac{1}{2}}$.

Vielfach erweist es sich als zweckmäßiger, anstelle der Basisvektoren i, j und k die Koordinatenindizierung 1, 2, 3 einzuführen, da dies dann eine Verallgemeinerung auf einen höher dimensionalen Vektorraum gestattet, auf den wir später (in Abschn. 4.4) noch ausführlicher zu sprechen kommen werden. Wir führen also die Basisvektoren e_1, e_2, e_3 ein, die aufgrund ihrer Definition den Orthogonalitätsrelationen $e_i \cdot e_j = \delta_{i,j}$ genügen, wo $\delta_{i,j}$ das Kronecker-Symbol ist, welches den Wert 1 hat, wenn $i = j$ ist und den Wert 0, wenn $i \neq j$ gilt, wobei die Indizes $i, j = 1, 2, 3$ durchlaufen. Damit kann dann die Zerlegung eines Vektors A in seine Komponenten eleganter so ausgedrückt werden

$$A = A_1 e_1 + A_2 e_2 + A_3 e_3 = \sum_{i=1}^{3} A_i e_i = A_i e_i \,, \tag{1.7}$$

wobei wir zusätzlich noch die Einstein'sche Summenkonvention eingeführt haben, wonach über gleiche Indizes zu summieren ist, also in unserem Fall über den Index i. Diese sehr clevere Konvention wollen wir im Folgenden beibehalten.

1.2.3 Das Vektorprodukt

Dieses Produkt definiert, wie der Name sagt, einen Vektor. Gelegentlich wird dieses Produkt auch Kreuzprodukt genannt. Doch dieser Vektor hat im Gegensatz zu den bisher betrachteten, sogenannten polaren Vektoren, die Eigenschaft eines axialen Vektors, da er eine Rotationsachse ganz bestimmten Drehsinns definiert. Sind zum Beispiel A und B zwei polare Vektoren in der (x, y)-Ebene, dann ist der axiale Vektor C, der durch Bildung des Vektorproduktes entsteht, ein Vektor, der in Richtung der positiven z-Achse weist und dem ein Drehsinn entgegen dem Uhrzeigersinn in der (x, y)-Ebene zugeordnet ist. Die Länge dieses Vektors C ist durch den Flächeninhalt des von den beiden Vektoren A und B aufgespannten Parallelogramms bestimmt (vgl. Abb. 1.3). Man schreibt also

$$C = A \times B \,, \quad C = AB \sin \varphi \,. \tag{1.8}$$

Aufgrund der letzten Beziehung verschwindet das Vektorprodukt, wenn die beiden Vektoren parallel oder antiparallel orientiert sind, da $\sin(0, \pi) = 0$ ist. Wenn der Drehsinn umgekehrt wird, erhalten wir $B \times A = -C$ und dieser Vektor weist dann in die negative z-Richtung. Das Vektorprodukt ist also nicht kommutativ. Es ist aber distributiv, denn wir erhalten $A \times (B + C) = A \times B + A \times C$. Mithilfe dieser Definitionen des Vektorproduktes bekommen wir dann für die Vektorprodukte der drei Basisvektoren i, j, k folgende Relationen, mit deren Hilfe sich schließlich die Komponenten von C berechnen lassen, wenn die Vektoren A und B nicht notwendig in der (x, y)-Ebene gelegen sind. Wir finden

$$i \times j = k \,, \quad j \times k = i \,, \quad k \times i = j$$
$$i \times i = j \times j = k \times k = 0 \,, \tag{1.9}$$

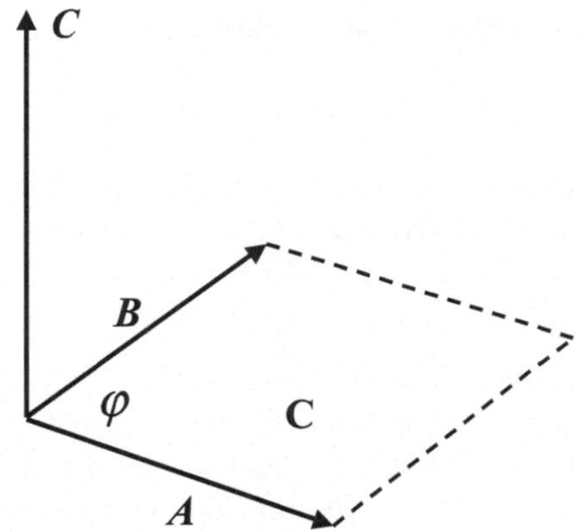

Abbildung 1.3. Vektorprodukt

wie der Leser leicht nachprüfen kann und damit folgt dann für die Komponentendarstellung des Vektorproduktes

$$C_x i + C_y j + C_z k = (A_x i + A_y j + A_z k) \times (B_x i + B_y j + B_z k)$$
$$= (A_y B_z - A_z B_y)\, i + (A_z B_x - A_x B_z)\, j$$
$$+ (A_x B_y - A_y B_x)\, k\,. \tag{1.10}$$

Dieses Resultat lässt sich elegant durch eine Determinante ausdrücken, in deren erster Zeile die Basisvektoren e_1, e_2, e_3 und in der zweiten und dritten Zeile die Komponenten der Vektoren A und B stehen, wobei die Determinante nach den Elementen der ersten Zeile zu entwickeln ist, also (siehe Anh. B.2 (B.35))

$$C = \begin{vmatrix} e_1 & e_2 & e_3 \\ A_1 & A_2 & A_3 \\ B_1 & B_2 & B_3 \end{vmatrix}\,. \tag{1.11}$$

Es bleibt als Übung dem Leser überlassen, nachzuprüfen, ob aus der Entwicklung der Determinante (1.11) sich die Komponenten (1.10) des Vektors C ergeben. Um die Schreibweise noch eleganter und kompakter zu gestalten, führen wir schließlich noch das „Permutationssymbol" ε_{ijk} ein, das durch folgende Regeln definiert ist

$$\varepsilon_{ijk} = \left\{ \begin{array}{llll} 0 & \text{für} & i = j\,, & -i = k\,, \quad -j = k \\ +1 & \text{für} & i \neq j \neq k\,, & \text{zyklisch} \\ -1 & \text{für} & i \neq j \neq k\,, & \text{antizyklisch} \end{array} \right\}\,. \tag{1.12}$$

Bei der zyklischen Vertauschung der Zahlen 1, 2, 3 gibt es die beiden weiteren Kombinationen 2, 3, 1 und 3, 2, 1, dagegen sind die antizyklischen Kombinationen 3, 1, 2 , 1, 3, 2 und 3, 1, 2. Mihilfe dieser Eigenschaften des Permutationssymbols erhalten wir für die Basisvektoren e_1, e_2, e_3 die Vektoridentität

$$e_i \times e_j = \varepsilon_{ijk} e_k \tag{1.13}$$

und diese Relation ist äquivalent mit den Beziehungen (1.9). Mithilfe von ε_{ijk} können wir nun auch die Komponenten des äußeren Produktes (1.11) in der Form ausdrücken

$$A_i B_j \varepsilon_{ijk} = C_k \ . \tag{1.14}$$

Wie zu Anfang dieses Abschnittes angedeutet wurde, kann das äußere Produkt zur Definition eines gerichteten Flächenelementes herangezogen werden. Diese Möglichkeit wird im Folgenden bei der Diskussion der Integralsätze der Vektoranalysis, in Abschn. 1.4, von Interesse sein. Hier wollen wir vorausschauend folgende Überlegungen anstellen. Wir denken uns im Raum ein beliebig gekrümmtes Flächenstück F, das wir mit einem Netz gekrümmter Koordinatenlinien überspannen. Wenn das Netz genügend dicht ist, können wir uns vorstellen, dass die Oberfläche in lauter kleine, nahezu ebene Flächenelemente zerlegt wurde, die wir uns im Sinne des Vektorproduktes durch infinitesimale Vektoren $d\boldsymbol{u}$ und $d\boldsymbol{v}$ aufgespannt denken (wobei wir von $d\boldsymbol{u}$ nach $d\boldsymbol{v}$ durch Rotation entgegen dem Uhrzeigersinn gelangen wollen), sodass ihr äußeres Produkt ein gerichtetes Flächenelement $d\boldsymbol{f} = d\boldsymbol{u} \times d\boldsymbol{v}$ definiert. Wenn bei diesem Vorgang die Koordinatenlinien u und v über die gesamte gekrümmte Fläche stets in gleichbleibender Orientierung durchlaufen werden, erhält die gesamte Fläche einen Richtungssinn, d. h. eine Oberseite aus der alle $d\boldsymbol{f}$ herausschauen und eine Unterseite. Damit erhält die Oberfläche aber auch längs ihrer Berandung einen Umlaufsinn, der, wenn wir auf die Oberseite blicken, entgegen dem Uhrzeigersinn orientiert ist.

Nützliche Vektorrelationen Wir wollen hier eine Reihe von Vektorbeziehungen anführen, die bei den physikalischen Anwendungen der Vektorrechnung häufig auftreten. Wir beginnen mit dem sogenannten Spatprodukt. Sind $\boldsymbol{A}$, $\boldsymbol{B}$ und $\boldsymbol{C}$ drei räumlich nicht parallele Vektoren, so liefert das Spatprodukt, definiert durch

$$\boldsymbol{A} \cdot (\boldsymbol{B} \times \boldsymbol{C}) = \boldsymbol{C} \cdot (\boldsymbol{A} \times \boldsymbol{B}) = \boldsymbol{B} \cdot (\boldsymbol{C} \times \boldsymbol{A}) \ , \tag{1.15}$$

das Volumen eines Parallelepipeds, das von den drei Vektoren im Raum aufgespannt wird. Wenn wir zum Beispiel von der Grundfläche $\boldsymbol{B} \times \boldsymbol{C}$ ausgehen und darauf durch Bildung des Skalarproduktes den Vektor $\boldsymbol{A}$ projizieren, so haben wir diese Grundfläche mit der Höhe des Parallelepipeds multipliziert und damit sein Volumen berechnet. Die anderen beiden Ausdrücke sagen einfach, dass es egal ist, von welcher Grundfläche wir ausgehen, doch dass es auf die Reihenfolge der Vektoren im Vektorprodukt ankommt, deren Vertauschung das entgegengesetzte Vorzeichen liefert. Als Anwendung des Spatproduktes betrachten wir die drei Basisvektoren e_1, e_2, e_3 und finden mit ihrer Hilfe eine nützliche Darstellung des Permutationssymbols

$$\varepsilon_{ijk} = e_i \cdot (e_j \times e_k) \,. \tag{1.16}$$

Als nächstes betrachten wir das zweifache Vektorprodukt, wobei es allerdings auf die Reihenfolge der beiden Vektoroperationen ankommt. Es gilt

$$A \times (B \times C) = B\,(A \cdot C) - C\,(A \cdot B) \,. \tag{1.17}$$

Das Zustandekommen dieser Beziehung ist anschaulich leicht einzusehen. Der Vektor $B \times C$ steht senkrecht auf der Ebene, die von diesen beiden Vektoren aufgespannt wird. Wird nun mit A äußerlich multipliziert, entsteht ein Vektor, der senkrecht auf A und $B \times C$ steht, also in der Ebene von A, B zu liegen kommt und daher in seine beiden Komponenten in Bezug auf B und C zerlegt werden kann, wie (1.17) ausdrückt. Natürlich können die Beziehungen (1.15) und (1.17) am elegantesten mit dem Permutationssymbol nachgewiesen werden, was wir als Übungsaufgabe dem Leser überlassen. Aus den Vektorbeziehungen (1.15) und (1.17) ergeben sich eine Reihe weiterer, komplizierterer Relationen, die wir nun anführen. Es gilt

$$(A \times B) \cdot (C \times D) = A \cdot [B \times (C \times D)] = A \cdot [(B \cdot D)C - (B \cdot C)D]$$
$$= (A \cdot C)(B \cdot D) - (A \cdot D)(B \cdot C)$$
$$(A \times B) \times (C \times D) = [(A \times B) \cdot D]C - [(A \times B) \cdot C]D$$
$$A \times [B \times (C \times D)] = (B \cdot D)(A \times C) - (B \cdot C)(A \times D) \tag{1.18}$$

Beispiele

1. Gleichung einer Ebene im Raum: Wir betrachten eine beliebig im Raum orientierte Gerade und wählen an einer beliebigen Stelle auf dieser Geraden unseren Ursprung O des Koordinatensystems. Von diesem ausgehend wählen wir einen Vektor k längs der Geraden. An einer beliebig gewählten Stelle der Geraden errichten wir eine Ebene, die auf der Geraden senkrecht steht und zeichnen vom Ursprung O aus den Ortsvektor x zu einem beliebigen Punkt der Ebene. Dann lassen sich alle Punkte der Ebene durch die folgende Gleichung beschreiben (vgl. Abb. 1.4)

$$k \cdot x = kx \cos\theta = \text{const.} \,, \tag{1.19}$$

da alle Ortsvektoren x zu den Punkten der Ebene dieselbe senkrechte Projektion auf den Vektor k haben. Dieses Resultat findet Anwendung bei der Darstellung einer ebenen elektromagnetischen Welle, die sich in einer beliebigen Richtung im Raum fortpflanzt. Bei einer solchen Welle herrscht in jedem Punkt einer Ebene senkrecht zur Fortpflanzungsrichtung der Welle dieselbe augenblickliche Schwingungsphase. Eine solche Welle lässt sich in der Form

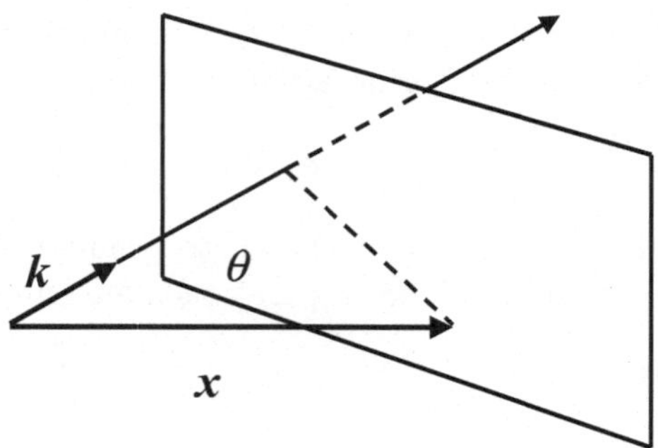

Abbildung 1.4. Gleichung einer Ebene im Raum

darstellen

$$E(r,t) = E \sin(\omega t - k \cdot x) \,, \tag{1.20}$$

wo E eine konstante Vektoramplitude der Welle ist und zwischen der Frequenz ω und dem Wellenvektor k der Welle die Beziehung besteht $kc = \omega$, wobei c die Lichtgeschwindigkeit, $k = \frac{2\pi}{\lambda}$ die Wellenzahl und $\omega = 2\pi\nu$ die Kreisfrequenz sind, während λ und ν die Wellenlänge und Frequenz der Welle bedeuten.

2. Das Bravais- und das reziproke Gitter: In der Theorie der kristallinen Festkörper wird ein idealisiertes, unendlich ausgedehntes dreidimensionales Punktgitter eingeführt, dessen Gitterpunkte zunächst nicht von Atomen oder Ionen eines realen Kristalls besetzt sind. Ein solches Gitter nennt man ein „Bravais-Gitter". Zur Beschreibung eines solchen Bravais-Gitters kann man von einem beliebigen Gitterpunkt ausgehend zu drei nächst benachbarten Gitterpunkten ein System von Basisvektoren a_1, a_2, a_3 einführen, die im allgemeinen nicht zu 1 normiert sind und auch nicht aufeinander senkrecht stehen. In Abb. 1.5 ist dies für ein ebenes Bravais-Netz angedeutet. Diese drei Basisvektoren definieren die Einheitszelle des Gitters mit dem Volumen des Spatproduktes

$$V_d = a_1 \cdot (a_2 \times a_3) \,. \tag{1.21}$$

Ein beliebiger Gitterpunkt lässt sich dann vom beliebig gewählten Ursprung 0 aus durch den Vektor

$$R_n = n_1 a_1 + n_2 a_2 + n_3 a_3 \tag{1.22}$$

erreichen, wo n_1, n_2, n_3 beliebige ganze positive oder negative Zahlen sind. Diese Gittervektoren R_n charakterisieren auch die Translationssymmetrie des Bravais-Gitters. In der Festkörperphysik wird nun neben diesem direkten Gitter auch noch das sogenannte reziproke Gitter eingeführt, dessen Einheitszelle durch folgende Basisvektoren b_1, b_2, b_3 definiert ist, die durch äußeres Produkt aus den Basisvektoren a_1, a_2, a_3 hervorgehen

$$b_i = \frac{2\pi}{V_d}(a_j \times a_k) \,, \tag{1.23}$$

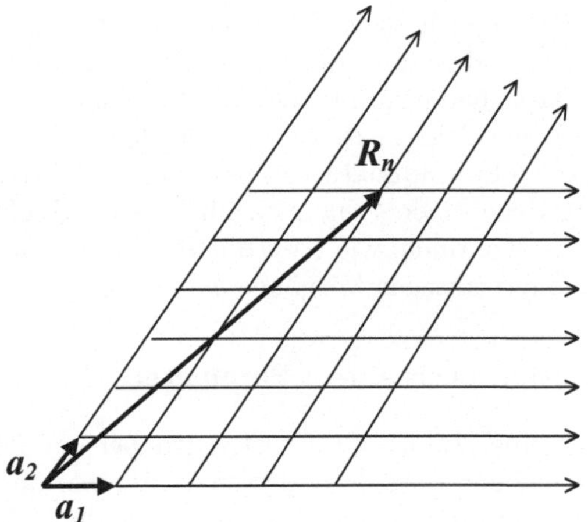

Abbildung 1.5. Das Bravais-Gitter

wo i, j, k zyklisch die Werte $1, 2, 3$ durchlaufen. Im Nenner ist dabei V_d von (1.21) aus Normierungsgründen eingeführt. Berechnet man nämlich das Volumen der Einheitszelle des reziproken Gitters, so ergibt sich

$$V_b = \boldsymbol{b}_1 \cdot (\boldsymbol{b}_2 \times \boldsymbol{b}_3) = \frac{(2\pi)^3}{V_d} \,, \tag{1.24}$$

wie der Leser selbst nachprüfen möge. Jeder beliebige Punkt des reziproken Gitters wird dann durch den reziproken Gittervektor

$$\boldsymbol{K}_m = m_1 \boldsymbol{b}_1 + m_2 \boldsymbol{b}_2 + m_3 \boldsymbol{b}_3 \tag{1.25}$$

erfasst, wo m_1, m_2, m_3 beliebige ganze Zahlen sind. Dabei hat der Raum des reziproken Gitters dieselbe Translationssymmetrie wie der Raum des direkten Gitters. Bildet man das Skalarprodukt $\boldsymbol{K}_m \cdot \boldsymbol{R}_n$ erhält man die wichtige Relation

$$\boldsymbol{K}_m \cdot \boldsymbol{R}_n = 2\pi\ell \,, \tag{1.26}$$

wo ℓ eine beliebige ganze Zahl ist. Schließlich führt die Bildung des reziproken Gitters aus dem reziproken Gitter wieder zum ursprünglichen Gitter zurück.

1.3 Vektordifferenzialoperationen

Um die Vektordifferenzialoperationen anwenden zu können, wird es notwendig sein, von nun an anzunehmen, dass die betrachteten skalaren und vektoriellen Größen Feldcharakter haben, d. h. im allgemeinen vom Ort, charakterisiert durch den Ortsvektor r und von der Zeit t, oder einem anderen Parameter, abhängen werden. Die wichtigsten Vektordifferenzialoperationen sind die Differenziation nach einem Parameter, die Bildung des Gradienten, der Divergenz und der Rotation, die wir im Folgenden der Reihe nach besprechen wollen. Die Differenziation eines Vektors nach einem Parameter, in den meisten Fällen nach der Zeit, ist bei der Behandlung von Problemen in der Mechanik der Massenpunkte von besonderem Interesse, während die skalaren und vektoriellen Felder hauptsächlich in der Elektrodynamik und in der Mechanik der Kontinua, wie etwa der Hydro- und Aeromechanik, zur Beschreibung der physikalischen Vorgänge notwendig sind.

1.3.1 Differenziation nach einem Parameter

Da ein Parameter eine skalare Größe ist, wird bei der Differenziation eines Vektors $\boldsymbol{A}$ nach einem Parameter dessen Vektorcharakter nicht geändert und es lassen sich daher hier auf Vektorgrößen dieselben Differenziationsregeln anwenden, wie sie in der gewöhnlichen Analysis gezeigt werden (Siehe Anh. A.1). Wenn also ein Vektor $\boldsymbol{A}$ etwa nach der Zeit differenziert wird, so gilt die Beziehung

$$\frac{\mathrm{d}\boldsymbol{A}}{\mathrm{d}t} = \lim_{\Delta t \to 0} \frac{\boldsymbol{A}(t + \Delta t) - \boldsymbol{A}(t)}{\Delta t} \; . \tag{1.27}$$

Für die Summe oder Differenz zweier Vektoren $\boldsymbol{A}$ und $\boldsymbol{B}$ gilt analog, wenn wir die Differenziation nach der Zeit durch einen Punkt bezeichnen und jene nach einem anderen Parameter durch einen Strich

$$(\boldsymbol{A} \pm \boldsymbol{B})^{\boldsymbol{\cdot}} = \dot{\boldsymbol{A}} \pm \dot{\boldsymbol{B}} \; . \tag{1.28}$$

Wenn ein Vektor $\boldsymbol{A}(t)$ mit einem Skalar $b(t)$ multipliziert wird, lautet die Differenziationsregel

$$(\boldsymbol{A}b)^{\boldsymbol{\cdot}} = \dot{\boldsymbol{A}}b + \boldsymbol{A}\dot{b} \tag{1.29}$$

und für die Differenziation des skalaren und vektoriellen Produktes gilt analog

$$(\boldsymbol{A} \cdot \boldsymbol{B})^{\boldsymbol{\cdot}} = \dot{\boldsymbol{A}} \cdot \boldsymbol{B} + \boldsymbol{A} \cdot \dot{\boldsymbol{B}}$$

$$(\boldsymbol{A} \times \boldsymbol{B})^{\boldsymbol{\cdot}} = \dot{\boldsymbol{A}} \times \boldsymbol{B} + \boldsymbol{A} \times \dot{\boldsymbol{B}} \tag{1.30}$$

Beispiele:

1. Bewegung eines Massenpunktes längs einer Kurve C In Bezug auf ein Kartes'sches Koordinatensystem befinde sich der Massenpunkt an einem Ort der Kurve C, der durch den Ortsvektor $\boldsymbol{r}$ bestimmt ist (vgl. Abb. 1.6), und er habe dort längs der Kurve die Geschwindigkeit $\boldsymbol{v}$. Führt man längs der Kurve das Linienelement

$$\mathrm{d}s = |\mathrm{d}\boldsymbol{r}| = (\mathrm{d}x^2 + \mathrm{d}y^2 + \mathrm{d}z^2)^{1/2} \; , \tag{1.31}$$

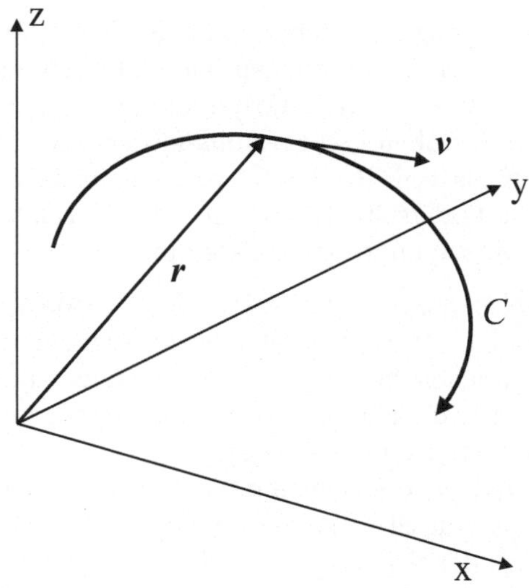

Abbildung 1.6. Bewegung eines Massenpunktes längs C

anstelle des Differenzials $\mathrm{d}t$ der Zeit, als neue skalare Variable ein, so kann man die Geschwindigkeit $\boldsymbol{v}$ des Massenpunktes auf die Form bringen

$$\boldsymbol{v} = |\boldsymbol{v}|\boldsymbol{t}\,, \quad |\boldsymbol{v}| = \frac{\mathrm{d}s}{\mathrm{d}t} = \left(\dot{x}^2 + \dot{y}^2 + \dot{z}^2\right)^{\frac{1}{2}}\,, \tag{1.32}$$

wo $\boldsymbol{t} = \frac{\mathrm{d}\boldsymbol{r}}{\mathrm{d}s}$ ein Tangenteneinheitsvektor längs der Kurve C ist und $\frac{\mathrm{d}s}{\mathrm{d}t}$ der Betrag der Geschwindigkeit des Massenpunktes an der Stelle $\boldsymbol{r}$. Wenn wir daher durch zweimalige Ableitung nach der Zeit die Beschleunigung $\boldsymbol{a}$ des Massenpunktes berechnen, so erhalten wir mithilfe der Kettenregel der Differenziation (siehe Anh. A.1.3 (A.6))

$$\boldsymbol{a} = \frac{\mathrm{d}\boldsymbol{v}}{\mathrm{d}t} = \frac{\mathrm{d}}{\mathrm{d}t}(\boldsymbol{t}|\boldsymbol{v}|) = \frac{\mathrm{d}\boldsymbol{t}}{\mathrm{d}t}\frac{\mathrm{d}s}{\mathrm{d}t} + \boldsymbol{t}\frac{\mathrm{d}^2 s}{\mathrm{d}t^2}\,, \quad \frac{\mathrm{d}\boldsymbol{t}}{\mathrm{d}t} = \frac{\mathrm{d}\boldsymbol{t}}{\mathrm{d}s}\frac{\mathrm{d}s}{\mathrm{d}t}\,. \tag{1.33}$$

Nun kann man aber umformen und schreiben $\frac{\mathrm{d}\boldsymbol{t}}{\mathrm{d}s} = \frac{\mathrm{d}\boldsymbol{t}}{\mathrm{d}\varphi}\frac{\mathrm{d}\varphi}{\mathrm{d}s}$. Dabei ist φ der Winkel zwischen den Tangentenvektoren $\boldsymbol{t}$ und $\boldsymbol{t} + \mathrm{d}\boldsymbol{t}$ an einem infinitesimal benachbarten Punkt der Kurve C und $\frac{\mathrm{d}\boldsymbol{t}}{\mathrm{d}\varphi} = \boldsymbol{n}$ stellt einen Normaleneinheitsvektor dar, der senkrecht zu $\boldsymbol{t}$ nach innen gerichtet ist, denn bei der Ableitung von $\boldsymbol{t}$ nach φ ändert sich wegen $\frac{\mathrm{d}(\boldsymbol{t}\cdot\boldsymbol{t})}{\mathrm{d}\varphi} = 2\boldsymbol{t}\cdot\frac{\mathrm{d}\boldsymbol{t}}{\mathrm{d}\varphi} = 0$ nicht die Länge des Einheitsvektors, sondern nur seine Richtung und die ist in der Abb. 1.6 nach innen orientiert. Ferner ist $\frac{\mathrm{d}\varphi}{\mathrm{d}s} = \frac{1}{\rho}$ die Krümmung der Kurve an dieser Stelle, wobei ρ den Krümmungsradius der Kurve an diesem Punkt darstellt, d. h. der Radius jenes Kreises, der an diesem Ort die Kurve berührt. Somit ergibt sich für die Beschleunigung $\boldsymbol{a}$

$$\boldsymbol{a} = \frac{\mathrm{d}^2 s}{\mathrm{d}t^2}\boldsymbol{t} + \left(\frac{\mathrm{d}s}{\mathrm{d}t}\right)^2 \frac{\boldsymbol{n}}{\rho}\,, \tag{1.34}$$

wonach die Beschleunigung an jedem Punkt der Kurve in zwei Anteile zerlegt werden kann, nämlich in eine tangentiale und in eine normale Beschleunigung, wobei die letztere auch Zentripetalbeschleunigung genannt wird. Der Leser möge sich das oben gesagte anhand der Bewegung eines Massenpunktes auf einem Kreis vom Radius R veranschaulichen. Bei dieser ist der Krümmungsradius stets derselbe $\rho = R$, und der Normaleneinheitsvektor n weist stets auf den Mittelpunkt des Kreises hin.

2. Die Coriolis-Beschleunigung Die Gesetze der Newton'schen Mechanik gelten nur in Bezug auf Koordinatensysteme, die sich relativ zueinander mit konstanter Geschwindigkeit bewegen, d. h. sogenannte Inertialsysteme. Daher ist die rotierende Erde kein solches Inertialsystem und es treten daher auf der Erde als Bezugssystem Beschleunigungen auf, die in der Erdrotation ihren Ursprung haben, die sogenannten Coriolis-Beschleunigungen. Zur Veranschaulichung der durch diese hervorgerufenen Effekte betrachten wir einen kleinen „Käfer", der sich auf einer rotierenden ebenen Scheibe bewegen kann. Die Rotation der Scheibe erfolge mit konstanter Winkelgeschwindigkeit $\omega = \frac{d\varphi}{dt} = \dot{\varphi}$ entgegen dem Uhrzeigersinn. Um die Geschwindigkeit und Beschleunigung des Käfers auf der rotierenden Scheibe zu beschreiben, führen wir auf der Scheibe ein Kartes'sches Koordinatensystem (x, y) ein, dessen Ursprung in der Rotationsachse liegt. In Bezug auf dieses System sei der Ortsvektor des Käfers durch

$$r = xi + yj \tag{1.35}$$

gegeben. Die Geschwindigkeit v des Käfers in Bezug auf das Laborsystem als Inertialsystem ist dann

$$v = \dot{r} = (x i + y j)\dot{} = i\dot{x} + j\dot{y} + x(\dot{i}) + y(\dot{j}) \,, \tag{1.36}$$

wobei die letzten beiden Terme die Rotation des auf der Scheibe fixierten Koordinatensystems in Bezug auf das Laborsystem beschreiben. Da i und j Einheitsvektoren sind, können wir aber setzen $(\dot{i}) = \frac{di}{d\varphi}\omega = j\omega$ und $(\dot{j}) = \frac{dj}{d\varphi}\omega = -i\omega$, wie sich aus den Ergebnissen des vorangehenden Beispiels schließen lässt. Daher nimmt der Ausdruck für die Geschwindigkeit des Käfers die Gestalt an

$$v = (\dot{x} - \omega y)i + (\dot{y} + \omega x)j \,. \tag{1.37}$$

Für die Beschleunigung des Käfers erhält man analog

$$a = \dot{v} = (\ddot{x} - 2\omega\dot{y} - \omega^2 x)i + (\ddot{y} + 2\omega\dot{x} - \omega^2 y)j \,. \tag{1.38}$$

Demnach besteht die Beschleunigung des Käfers aus drei Anteilen $a = a_1 + a_2 + a_3$, wo

$$a_1 = \ddot{x}i + \ddot{y}j \,; \quad a_2 = 2\omega(-\dot{y}i + \dot{x}j) \,; \quad a_3 = -\omega^2 r \,. \tag{1.39}$$

Der erste Anteil beschreibt die Beschleunigung des Käfers in Bezug auf das rotierende Koordinatensystem. Der zweite Anteil ist die „Coriolis-Beschleunigung". Diese hängt ersichtlich von der Winkelgeschwindigkeit ω der rotierenden Scheibe und von der Relativgeschwindigkeit $\boldsymbol{v}_r$ des Käfers in Bezug auf das rotierende Koordinatensystem ab und es gilt $\boldsymbol{a}_2 \cdot \boldsymbol{v}_r = 0$, d. h. die Coriolis-Beschleunigung steht senkrecht auf der Relativgeschwindigkeit. Der dritte Term ist schließlich die Zentripetalbeschleunigung, die proportional ω^2 ist und auf das Rotationszentrum zuweist. Die Coriolis-Beschleunigung ist zum Beispiel verantwortlich für die Westabweichung der senkrecht von der Erde startenden Rakete oder die Rosettenbewegung eines „Foucault'schen Pendels".

3. Der Cosinus-Satz der sphärischen Trigonometrie Wir betrachten eine Kugel vom Radius $R = 1$. Auf dieser Kugel sei ein sphärisches Dreieck eingezeichnet, das von drei Bogenelementen gebildet wird, die Teile von Großkreisen sind (vgl. Abb. 1.7). Da die Kugel den Radius $R = 1$ hat, können wir diese Bogenelemente durch die Winkel θ, ϑ und ϑ' bezeichnen, wobei die Bogenelemente ϑ, ϑ' den Winkel φ einschließen sollen. Vom Zentrum der Kugel zeichnen wir zu den Endpunkten des Dreiecks die Vektoren $\boldsymbol{a}$, $\boldsymbol{b}$ und $\boldsymbol{c}$ und betrachten folgende Vektoroperationen (vgl. Abb. 1.7)

$$|\boldsymbol{a} \times \boldsymbol{b}| = \sin\vartheta ; \quad |\boldsymbol{a} \times \boldsymbol{c}| = \sin\vartheta' . \tag{1.40}$$

Da die durch die Vektorpaare $(\boldsymbol{a}, \boldsymbol{b})$ und $(\boldsymbol{a}, \boldsymbol{c})$ bestimmten Ebenen bei A den Winkel φ einschließen, muss wegen (1.40) gelten

$$(\boldsymbol{a} \times \boldsymbol{b}) \cdot (\boldsymbol{a} \times \boldsymbol{c}) = \sin\vartheta \sin\vartheta' \cos\varphi . \tag{1.41}$$

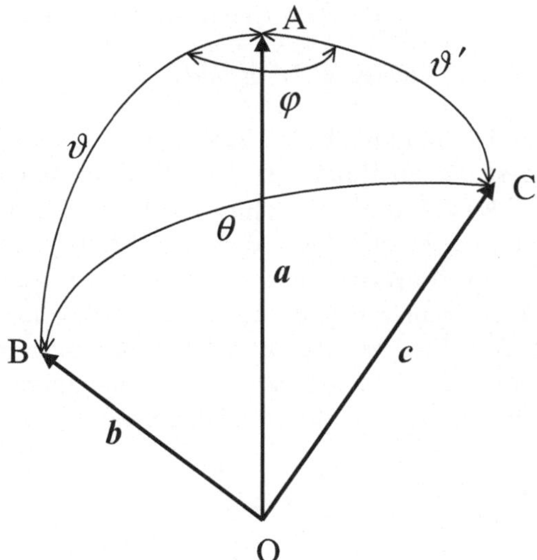

Abbildung 1.7. Der Cosinussatz

Nun ist aber gemäß Abb. 1.7, $\boldsymbol{a} \cdot \boldsymbol{b} = \cos\vartheta$, $\boldsymbol{b} \cdot \boldsymbol{c} = \cos\theta$ und $\boldsymbol{a} \cdot \boldsymbol{c} = \cos\vartheta'$. Daher kann man anstelle von (1.41) mithilfe der ersten Beziehung von (1.18) auch schreiben

$$(\boldsymbol{a} \times \boldsymbol{b}) \cdot (\boldsymbol{a} \times \boldsymbol{c}) = (\boldsymbol{a} \cdot \boldsymbol{a})(\boldsymbol{b} \cdot \boldsymbol{c}) - (\boldsymbol{a} \cdot \boldsymbol{c})(\boldsymbol{a} \cdot \boldsymbol{b}) = \cos\theta - \cos\vartheta \cos\vartheta' \quad (1.42)$$

und daher ergibt sich durch gleichsetzen mit (1.41) der Cosinus-Satz der sphärischen Trigonometrie

$$\cos\theta = \cos\vartheta \cos\vartheta' + \sin\vartheta \sin\vartheta' \cos\varphi \ . \quad (1.43)$$

1.3.2 Der Gradientoperator

Wir betrachten eine skalare Funktion $\Phi(\boldsymbol{r})$, die im Raum ein skalares Feld als Funktion des Ortes $\boldsymbol{r}$ definiert. Die Größen $\Phi(\boldsymbol{r}) = C$ definieren als Funktion der beliebig wählbaren Konstanten C Scharen von Flächen, den „Niveauflächen" des skalaren Feldes. Für alle Orte $\boldsymbol{r}$ auf diesen Flächen hat daher Φ denselben Wert. Rückt man infinitesimal von einer Niveaufläche zur nächsten vor, so ändert sich Φ um den Wert, der durch das totale Differenzial gegeben ist

$$\mathrm{d}\Phi(\boldsymbol{r}) = \frac{\partial\Phi}{\partial x}\mathrm{d}x + \frac{\partial\Phi}{\partial y}\mathrm{d}y + \frac{\partial\Phi}{\partial z}\mathrm{d}z = \frac{\partial\Phi}{\partial x_i}\mathrm{d}x_i \ . \quad (1.44)$$

Doch wenn $\mathrm{d}\boldsymbol{r} = \mathrm{d}x\boldsymbol{i} + \mathrm{d}y\boldsymbol{j} + \mathrm{d}z\boldsymbol{k}$ ein infinitesimales Vektorelement darstellt, können wir (1.44) auch als Skalarprodukt von $\mathrm{d}\boldsymbol{r}$ mit dem Vektor

$$\frac{\partial\Phi}{\partial x}\boldsymbol{i} + \frac{\partial\Phi}{\partial y}\boldsymbol{j} + \frac{\partial\Phi}{\partial z}\boldsymbol{k} = \frac{\partial\Phi}{\partial x_i}\boldsymbol{e}_i = \mathrm{grad}\Phi(\boldsymbol{r}) \quad (1.45)$$

darstellen, den wir den Gradientvektor nennen, und daher setzen

$$\mathrm{d}\Phi(\boldsymbol{r}) = \mathrm{d}\boldsymbol{r} \cdot \mathrm{grad}\Phi(\boldsymbol{r}) \ . \quad (1.46)$$

Der Gradientvektor ist ein Maß für den Anstieg oder das Gefälle des skalaren Feldes an einem bestimmten Punkt. Ist der Vektor $\mathrm{d}\boldsymbol{r}$ in einer Niveaufläche gelegen, dann ist $\mathrm{d}\Phi(\boldsymbol{r}) = 0$, da wir dann nicht zu einer benachbarten Niveaufläche fortschreiten. Daraus folgt aber nach (1.46), dass dann der Vektor $\mathrm{d}\boldsymbol{r}$ auf dem Vektor $\mathrm{grad}\Phi(\boldsymbol{r})$ senkrecht steht und folglich das Vektorfeld $\boldsymbol{A}(\boldsymbol{r}) = \mathrm{grad}\Phi(\boldsymbol{r})$ eine Schar von Feldlinien definiert, welche die Niveauflächen senkrecht durchstoßen. Zur Vereinfachung der Rechnungen in der Vektoranalysis ist es oft zweckmäßig, den sogenannten „Nabla-Operator" einzuführen, der durch folgenden vektoriellen Differenzialoperator definiert ist

$$\nabla = \frac{\partial}{\partial x}\boldsymbol{i} + \frac{\partial}{\partial y}\boldsymbol{j} + \frac{\partial}{\partial z}\boldsymbol{k} = \boldsymbol{e}_i\frac{\partial}{\partial x_i} \ . \quad (1.47)$$

Damit kann man dann abgekürzt schreiben $\mathrm{d}\Phi(\boldsymbol{r}) = (\nabla\Phi) \cdot \mathrm{d}\boldsymbol{r}$. Ferner sei noch der „Normaleneinheitsvektor" $\boldsymbol{n}$ auf eine Niveaufläche eingeführt. Da

$\nabla\Phi$ auf den Niveauflächen senkrecht steht, ist der Normaleneinheitsvektor gegeben durch

$$n = \frac{\nabla\Phi}{|\nabla\Phi|} \;. \tag{1.48}$$

Wenn wir senkrecht zu einer Niveaufläche um $\mathrm{d}n$ fortschreiten, dann ist $\mathrm{d}n = n{\cdot}\mathrm{d}r$. Folglich, wenn wir die Änderung von Φ längs n betrachten, gilt

$$\mathrm{d}\Phi = \frac{\partial\Phi}{\partial n}\mathrm{d}n = \frac{\partial\Phi}{\partial n}n \cdot \mathrm{d}r = \nabla\Phi \cdot \mathrm{d}r \tag{1.49}$$

und daher können wir setzen $\nabla\Phi = \frac{\partial\Phi}{\partial n}n$. Diese Relation kommt bei den Integralsätzen der Vektoranalysis in Abschn. 1.4 zur Anwendung. Schließlich sei noch bemerkt, dass der Nabla-Operator in der einfachen Form (1.47) nur in rechtwinkligen Kartes'schen Koordinaten zur Anwendung gelangen kann.

Beispiele:

1. Der Energiesatz der Mechanik Viele Kräfte der Mechanik lassen sich aus einer Potenzialfunktion $V(r)$, also aus einem skalaren Feld, durch Gradientbildung ableiten. Daher lautet in diesem Fall die Newton'sche Bewegungsgleichung für einen Massenpunkt, der sich in diesem Feld bewegt

$$m\frac{\mathrm{d}v}{\mathrm{d}t} = -\mathrm{grad}V(r) \;, \tag{1.50}$$

wo $a = \frac{\mathrm{d}v}{\mathrm{d}t}$ die Beschleunigung ist. Wenn man diese Gleichung auf beiden Seiten skalar mit v multipliziert, dann lässt sich, in Koordinaten ausgedrückt, die resultierende Gleichung in der Form angeben

$$mv_i\dot{v}_i = -\frac{\partial V}{\partial x_i}\dot{x}_i \;, \tag{1.51}$$

da $v_i = \dot{x}_i$ ist. Mithilfe der Kettenregel der Differenziation (A.6) ist dies aber das Resultat der Ausrechnung von

$$\frac{\mathrm{d}}{\mathrm{d}t}\left[\frac{1}{2}mv^2 + V(r)\right] = 0 \tag{1.52}$$

und somit ist die Summe der kinetischen Energie $\frac{1}{2}mv^2$ und der potenziellen Energie $V(r)$, unabhängig von der Zeit, gleich einer Konstanten, der Gesamtenergie E des Systems.

2. Der Drehimpulssatz der Mechanik Wenn die potenzielle Energie $V(r)$ nur vom Betrag $r = |r|$ des Ortsvektors abhängt, dann finden wir für die zeitliche Änderung des Drehimpulses, definiert durch $L = r \times mv$, mithilfe der Newton'schen Bewegungsgleichung (1.50)

$$\frac{\mathrm{d}}{\mathrm{d}t}L = v \times mv + r \times m\frac{\mathrm{d}v}{\mathrm{d}t} = 0 - r \times \mathrm{grad}V(r) = -r \times \frac{\mathrm{d}V}{\mathrm{d}r}\mathrm{grad}r \;. \tag{1.53}$$

Doch es ist

$$\operatorname{grad} r = e_i \frac{\partial}{\partial x_i} \sqrt{x^2} = \frac{e_i x_i}{\sqrt{x^2}} = \frac{r}{r} \, , \qquad (1.54)$$

also ein Einheitsvektor in Richtung r. Folglich verschwindet das äußere Produkt auf der rechten Seite von (1.53) und somit ist der Drehimpuls L eine Konstante der Bewegung. Beide Erhaltungssätze sind zum Beispiel bei der Planetenbewegung um die Sonne erfüllt, da das Newton'sche Gravitationsgesetz durch ein Potenzial $V(r)$ beschrieben wird und aus den beiden Erhaltungssätzen folgen die drei „Kepler'schen Gesetze".

1.3.3 Die Divergenz eines Vektorfeldes

Wir betrachten ein Vektorfeld $A(r)$ und bilden das Skalarprodukt mit dem Nabla-Operator ∇. Dies liefert ein skalares Feld, die Divergenz von $A(r)$

$$\nabla \cdot A(r) = \frac{\partial A_x}{\partial x} + \frac{\partial A_y}{\partial y} + \frac{\partial A_z}{\partial z} = \operatorname{div} A(r) \, . \qquad (1.55)$$

Diese Differenzialoperation findet zum Beispiel wichtige Anwendungen in der Hydromechanik und in der Elektrodynamik und wird uns bei der Behandlung des „Gauß'schen Integralsatzes" wiederbegegnen.

Beispiel

Die Kontinuitätsgleichung Es sei ein bestimmtes Raumgebiet von einer Flüssigkeit erfüllt, deren Massendichteverteilung durch $\rho(r,t)$ und Geschwindigkeitsverteilung durch $v(r,t)$ gegeben ist. Dann wird der Massenfluss der Flüssigkeit durch das Vektorfeld

$$V(r,t) = \rho(r,t)v(r,t) \qquad (1.56)$$

bestimmt sein. Ist F ein vektorielles Flächenelement in der Flüssigkeit (vgl. Abb. 1.8), dann wird der Massenfluss $\Phi(r,t)$ durch dieses Flächenelement pro Zeiteinheit gegeben sein durch den Ausdruck

$$\Phi(r,t) = V(r,t) \cdot F \, , \qquad (1.57)$$

wobei wir unsere Definition eines vektoriellen Flächenelementes verwendet haben, die bei der Diskussion des äußeren Produktes in Abschn. 1.2.3 eingeführt wurde. Nun betrachten wir in der Flüssigkeit einen kleinen, räumlich festen Würfel der Kantenlängen dx, dy, dz (vgl. Abb. 1.9). Dann ist die Menge an Flüssigkeit, die durch das Flächenelement F_1 pro Zeiteinheit fließt, gegeben durch

$$V_y dx dz = (\rho v)_y dx dz \qquad (1.58)$$

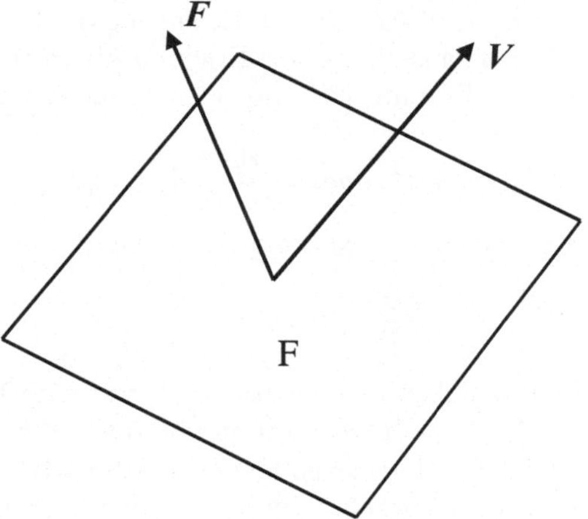

Abbildung 1.8. Der Massenfluss

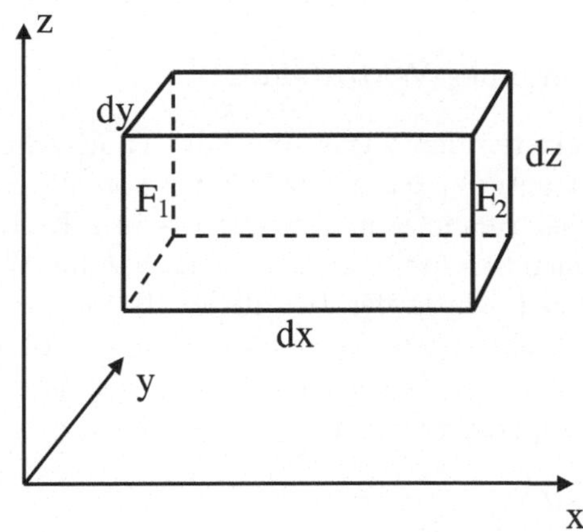

Abbildung 1.9. Zum differenziellen Massenfluss

und jene, die aus dem Flächenelement F_2 herausfließt, ist

$$V_{y+\mathrm{d}y}\mathrm{d}x\mathrm{d}z = \left(V_y + \frac{\partial V_y}{\partial y}\mathrm{d}y\right)\mathrm{d}x\mathrm{d}z \ . \tag{1.59}$$

Damit ist dann der Massenzuwachs an Flüssigkeit pro Zeiteinheit im Raumwürfel

$$V_y\mathrm{d}x\mathrm{d}z - \left(V_y + \frac{\partial V_y}{\partial y}\mathrm{d}y\right)\mathrm{d}x\mathrm{d}z = -\frac{\partial V_y}{\partial y}\mathrm{d}x\mathrm{d}y\mathrm{d}z \ . \tag{1.60}$$

Wenn man analog den Massenzuwachs durch die anderen vier gegenüberliegenden Würfelflächen betrachtet, so erhält man insgesamt als Massenänderung pro Zeiteinheit im Raumwürfel

$$-\left(\frac{\partial V_x}{\partial x} + \frac{\partial V_y}{\partial y} + \frac{\partial V_z}{\partial z}\right)\mathrm{d}x\mathrm{d}y\mathrm{d}z = -\left(\nabla \cdot \boldsymbol{V}\right)\mathrm{d}x\mathrm{d}y\mathrm{d}z \ . \tag{1.61}$$

Es gilt jedoch in der Hydromechanik aus Erfahrung der Satz von der Erhaltung der Materie. Daher muss das obige Ergebnis gleich sein dem zeitlichen Zuwachs an Materie im Raumwürfel, also gleich sein $\dot{\rho}(r,t)\mathrm{d}x\mathrm{d}y\mathrm{d}z$. Es gilt also

$$-(\nabla \cdot V)\mathrm{d}x\mathrm{d}y\mathrm{d}z = \frac{\partial \rho(r,t)}{\partial t}\mathrm{d}x\mathrm{d}y\mathrm{d}z \qquad (1.62)$$

und daraus folgt die sogenannte „Kontinuitätsgleichung" der Hydromechanik

$$\frac{\partial \rho}{\partial t} + \mathrm{div}V = 0 . \qquad (1.63)$$

Ist insbesondere die Flüssigkeit inkompressibel, dann ist $\mathrm{div}V = 0$. Der Name „Divergenz" rührt von dieser Interpretation von $\mathrm{div}V$ her. Denn da $-\mathrm{div}V$ den Überschuss an Einwärtsfluss gegenüber dem Auswärtsfluss an Materie im Raumwürfel darstellt, ist umgekehrt $\mathrm{div}V$ der Überschuss an Auswärtsfluss, also die „Divergenz" an Flüssigkeit. Eine zu (1.63) analoge Gleichung drückt in der Elektrodynamik den Satz von der Ladungserhaltung aus.

1.3.4 Die Rotation eines Vektorfeldes

Die meisten Flüssigkeiten der Natur sind mit der Eigenschaft der Reibung behaftet. Dies führt unter anderem zur Bildung von Wirbeln in strömenden Flüssigkeiten, wie jedermann vom Umrühren seines Kaffees oder Tees her weiß. Zur theoretischen Beschreibung der Eigenschaft der Wirbelbildung einer strömenden Flüssigkeit wurde der Begriff der Rotation eines Vektorfeldes eingeführt. Sei $A(r)$ ein gegebenes Vektorfeld, dann ist die Rotation von A, $\mathrm{rot}A$ genannt, in Kartes'schen Koordinaten definiert durch das äußere Produkt des Nabla-Operators mit dem Vektorfeld A, d. h.

$$\mathrm{rot}A(r) = \nabla \times A(r)$$
$$= i\left(\frac{\partial A_z}{\partial y} - \frac{\partial A_y}{\partial z}\right) + j\left(\frac{\partial A_x}{\partial z} - \frac{\partial A_z}{\partial x}\right) + k\left(\frac{\partial A_y}{\partial x} - \frac{\partial A_x}{\partial y}\right) \quad (1.64)$$

oder durch eine Determinante ausgedrückt, in Analogie zu (1.11)

$$\mathrm{rot}A(r) = \begin{vmatrix} e_1 & e_2 & e_3 \\ \frac{\partial}{\partial x_1} & \frac{\partial}{\partial x_2} & \frac{\partial}{\partial x_3} \\ A_1 & A_2 & A_3 \end{vmatrix} = e_i \varepsilon_{ijk} \nabla_j A_k , \qquad (1.65)$$

wobei die letzte Form der Darstellung der Rotation die kompakteste ist. Wenn insbesondere das Vektorfeld $A(r)$ durch Gradientbildung aus einem skalaren Feld $\Phi(r)$ erhalten wird, dann folgt

$$\mathrm{rot}A = \mathrm{rot}\,\mathrm{grad}\Phi = \nabla \times \nabla\Phi = (\nabla \times \nabla)\Phi = 0 , \qquad (1.66)$$

da formal gesehen die beiden Nabla-Operatoren zueinander parallel sind, also ihr äußeres Produkt verschwindet. Wir schließen daraus, dass ein Gradientfeld wirbelfrei ist und dass das Strömungsfeld einer reibungsfreien Flüssigkeit

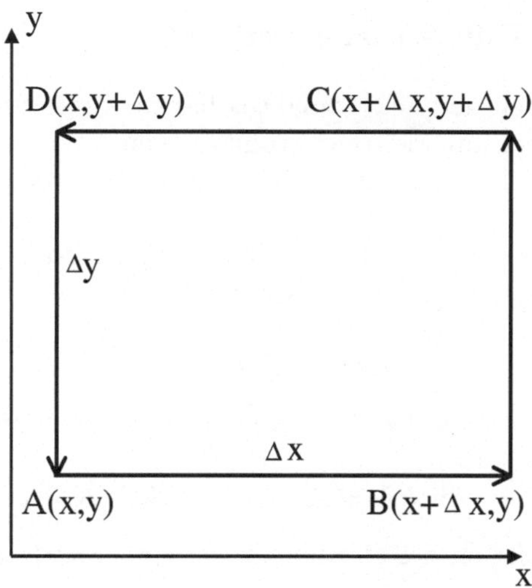

Abbildung 1.10. Zur Rotation eines Vektorfeldes

aus einem Potenzial abgeleitet werden kann. Um einzusehen, dass die Rotation eines Vektorfeldes in der Tat etwas mit einer Wirbelbildung zu tun hat, betrachten wir folgendes einfaches Problem. Gegeben sei ein rechteckiges Flächenstück in der (x, y)-Ebene mit den Kantenlängen Δx und Δy. Dieses Flächenelement sei in ein Strömungsfeld $\boldsymbol{A}(\boldsymbol{r}, t)$ eingebettet. Wir betrachten den Wert von $\sum \boldsymbol{A} \cdot \Delta \boldsymbol{s}$ bei einem einmaligen Umlauf um das Rechteck entgegen dem Uhrzeigersinn (vgl. Abb. 1.10). Von A nach B, von B nach C etc. gehend, erhalten wir der Reihe nach aufsummiert folgendes Resultat

$$\sum \boldsymbol{A} \cdot \Delta \boldsymbol{s} = A_x \Delta x + \left(A_y + \frac{\partial A_y}{\partial x} \Delta x \right) \Delta y$$

$$- \left(A_x + \frac{\partial A_x}{\partial y} \Delta y \right) \Delta x - A_y \Delta y \,, \qquad (1.67)$$

wobei angenommen wurde, dass die Kantenlängen Δx und Δy infinitesimal sind. Doch die explizite Ausrechnung von (1.67) liefert

$$\sum \boldsymbol{A} \cdot \Delta \boldsymbol{s} = \left(\frac{\partial A_y}{\partial x} - \frac{\partial A_x}{\partial y} \right) \Delta x \Delta y = (\nabla \times \boldsymbol{A})_z \cdot \mathrm{d} \boldsymbol{f}_z \,. \qquad (1.68)$$

Dabei wurde beachtet, dass rot$\boldsymbol{A}$ als ein äußeres Produkt auf ∇ und $\boldsymbol{A}$ senkrecht steht und d$\boldsymbol{f}$ nach unserer Definition ein vektorielles Flächenelement darstellt. Wäre also unser Flächenelement beliebig im Raum orientiert, dann würde allgemein gelten

$$\sum \boldsymbol{A} \cdot \Delta \boldsymbol{s} = (\nabla \times \boldsymbol{A}) \cdot \mathrm{d} \boldsymbol{f} \,. \qquad (1.69)$$

Das Resultat (1.69) wird uns bei der Herleitung des Stokes'schen Integralsatzes von Nutzen sein.

1.3.5 Mehrfache Differenzialoperationen

Bei vielen Problemen der Vektoranalysis haben wir es mit der Anwendung des Nabla-Operators auf Mehrfachprodukte von Vektorfeldern zu tun und es sollen hier die wichtigsten dieser Beziehungen besprochen, bzw. angeführt werden:

Zunächst ist der Gradient des Produktes zweier skalarer Felder nach der gewöhnlichen Produktregel der Analysis (siehe Anh. A.1.3 (A.10)) zu berechnen, also

$$\nabla(\Phi\Psi) = \Psi\nabla\Phi + \Phi\nabla\Psi \ . \tag{1.70}$$

ähnlich wird die Divergenz des Produktes eines skalaren mit einem Vektorfeld berechnet

$$\mathrm{div}\Phi\boldsymbol{A} = \boldsymbol{A} \cdot \mathrm{grad}\Phi + \Phi\mathrm{div}\boldsymbol{A} \tag{1.71}$$

und ebenso die Rotation des Produktes von einem skalaren mit einem Vektorfeld

$$\mathrm{rot}(\Phi\boldsymbol{A}) = \nabla \times (\Phi\boldsymbol{A}) = \mathrm{grad}\Phi \times \boldsymbol{A} + \Phi\mathrm{rot}\boldsymbol{A} \ , \tag{1.72}$$

wobei es ersichtlich darauf ankommt, ob der Nabla-Operator auf eine skalare oder eine Vektorfunktion wirkt. Als nächstes wenden wir den Operator ∇ skalar auf das äußere Produkt zweier Vektorfelder an. Dabei können wir die zyklische und antizyklische Vertauschbarkeit der Elemente in einem Spatprodukt $\boldsymbol{A} \cdot (\boldsymbol{B} \times \boldsymbol{C})$ verwenden und erhalten so

$$\mathrm{div}(\boldsymbol{A} \times \boldsymbol{B}) = \nabla \cdot (\boldsymbol{A} \times \boldsymbol{B}) = \boldsymbol{B} \cdot \mathrm{rot}\boldsymbol{A} - \boldsymbol{A} \cdot \mathrm{rot}\boldsymbol{B} \ , \tag{1.73}$$

wobei zu beachten ist, dass bei einer antizyklischen Vertauschung sich das Vorzeichen ändert. Nun betrachten wir den etwas komplexeren Fall der Rotation eines äußeren Produktes. Dabei haben wir die Regel $\boldsymbol{A} \times (\boldsymbol{B} \times \boldsymbol{C}) = \boldsymbol{B}(\boldsymbol{A}\cdot\boldsymbol{C}) - \boldsymbol{C}(\boldsymbol{A}\cdot\boldsymbol{B})$ zu verwenden und finden nach einigen Zwischenschritten

$$\mathrm{rot}(\boldsymbol{A} \times \boldsymbol{B}) = (\boldsymbol{B} \cdot \nabla)\boldsymbol{A} - \boldsymbol{B}\mathrm{div}\boldsymbol{A} + \boldsymbol{A}\mathrm{div}\boldsymbol{B} - (\boldsymbol{A} \cdot \nabla)\boldsymbol{B} \ . \tag{1.74}$$

Dabei ist der Operator $(\boldsymbol{B} \cdot \nabla)$ ein symbolisches Skalarprodukt von der Form $B_i\frac{\partial}{\partial x_i}$, das auf alle Komponenten von $\boldsymbol{A}$ anzuwenden ist. Schließlich bleibt noch die Beziehung

$$\mathrm{grad}(\boldsymbol{A} \cdot \boldsymbol{B}) = (\boldsymbol{B} \cdot \nabla)\boldsymbol{A} + (\boldsymbol{A} \cdot \nabla)\boldsymbol{B} + \boldsymbol{B}\mathrm{rot}\boldsymbol{A} + \boldsymbol{A}\mathrm{rot}\boldsymbol{B} \ . \tag{1.75}$$

Es wird dem Leser empfohlen, die obigen Formeln zu verifizieren. In der Hydromechanik und Elektrodynamik kommen auch noch einige Vektordifferenzialoperationen vor, die eine zweifache Anwendung des Nabla-Operators beinhalten. Dies ist die folgende

$$\mathrm{rot}\,\mathrm{grad}\Phi = \nabla \times \nabla\Phi = (\nabla \times \nabla)\Phi = 0 \ , \tag{1.76}$$

welche ausdrückt, dass ein Gradientfeld wirbelfrei ist. Ferner gilt

$$\operatorname{div}\operatorname{rot}\boldsymbol{A} = \nabla \cdot (\nabla \times \boldsymbol{A}) = (\nabla \times \nabla)\boldsymbol{A} = 0 \,. \tag{1.77}$$

Demnach ist ein Wirbelfeld divergenzfrei. Hingegen erhält man für die Divergenz eines Gradientfeldes

$$\operatorname{div}\operatorname{grad}\varPhi = (\nabla \cdot \nabla)\varPhi = \frac{\partial}{\partial x_i}\frac{\partial}{\partial x_i}\varPhi = \Delta\varPhi \tag{1.78}$$

und dies liefert den sogenannten Laplace-Operator

$$\Delta = \frac{\partial^2}{\partial x^2} + \frac{\partial^2}{\partial y^2} + \frac{\partial^2}{\partial z^2}\,. \tag{1.79}$$

Schließlich betrachten wir noch die zweifache Rotation eines Vektorfeldes

$$\operatorname{rot}\operatorname{rot}\boldsymbol{A} = \nabla \times (\nabla \times \boldsymbol{A}) = \operatorname{grad}\operatorname{div}\boldsymbol{A} - \Delta\boldsymbol{A}\,, \tag{1.80}$$

wobei die letzte Gleichung als die Definition von $\Delta\boldsymbol{A}$ angesehen werden kann. Es ist zu beachten, dass all diese Vektorrelationen in krummlinigen Koordinaten weitaus komplizierter sind, worauf wir später, in Abschn. 1.5, zu sprechen kommen werden.

1.4 Vektorintegraloperationen

Unter den Vektorintegraloperationen sind von besonderem Interesse der Gauß'sche, der Green'sche und der Stokes'sche Integralsatz. Der Gauß'sche Integralsatz liefert einen Zusammenhang zwischen einem Volumsintegral und einem geschlossenen Oberflächenintegral und der Stokes'sche Satz stellt einen Zusammenhang zwischen einem geschlossenen Linienintegral und einem offenen Oberflächenintegral her. Der Green'sche Satz schließlich kann als Sonderfall des Gauß'schen Satzes behandelt werden. Alle drei Integralsätze werden wir im Folgenden diskutieren und Anwendungen aus der Physik betrachten.

1.4.1 Der Gauß'sche Satz

Wir beginnen mit der Einführung des sogenannten Oberflächenintegrals. Dazu betrachten wir eine beliebige geschlossene Oberfläche F, die ein Volumen V umhüllt. Die Oberfläche überspannen wir mit einem System von Koordinatenlinien u und v längs denen wir infinitesimale Vektoren $\mathrm{d}\boldsymbol{u}$ und $\mathrm{d}\boldsymbol{v}$ errichten, deren äußere Produkte vektorielle Flächenelemente $\mathrm{d}\boldsymbol{f} = \mathrm{d}\boldsymbol{u} \times \mathrm{d}\boldsymbol{v}$ definieren, die senkrecht auf der Oberfläche stehen und aus der Oberfläche herausragen. Die Oberfläche sei zum Beispiel in das vorhin betrachtete Strömungsfeld $\boldsymbol{V}(\boldsymbol{r},t)$ von Abb. 1.8 eingebettet. An jedem Ort der Oberfläche berechnen wir den infinitesimalen Fluss $\mathrm{d}\Phi(\boldsymbol{r},t) = \boldsymbol{V}(\boldsymbol{r},t)\cdot\mathrm{d}\boldsymbol{f}$ des Feldes durch die Oberflächenelemente $\mathrm{d}\boldsymbol{f}$. Wenn wir über alle Oberflächenelemente aufsummieren, können wir den Gesamtfluss $\Phi(t)$ des Feldes $\boldsymbol{V}(\boldsymbol{r},t)$ durch die geschlossene Hülle F berechnen und finden auf diese Weise

$$\Phi(t) = \iint_F \boldsymbol{V}(\boldsymbol{r},t)\cdot\mathrm{d}\boldsymbol{f} = \iint_F (V_x\mathrm{d}f_x + V_y\mathrm{d}f_y + V_z\mathrm{d}f_z)\,, \qquad (1.81)$$

wo die Komponenten von $\mathrm{d}\boldsymbol{f}$ durch Projektion des Oberflächenelementes in die drei Koordinatenebenen erhalten werden, also

$$\mathrm{d}\boldsymbol{f} = \boldsymbol{i}(\mathrm{d}y\mathrm{d}z) + \boldsymbol{j}(\mathrm{d}z\mathrm{d}x) + \boldsymbol{k}(\mathrm{d}x\mathrm{d}y)\,. \qquad (1.82)$$

Nun denken wir uns das Volumen V, das von der Hülle F umschlossen wird, in lauter infinitesimale Würfel mit den Kantenlängen $\mathrm{d}x$, $\mathrm{d}y$ und $\mathrm{d}z$ zerlegt. Auf alle diese Würfel können wir die im Zusammenhang mit der Abb. 1.9 angestellten Überlegungen und deren Resultate (1.58) bis (1.61) anwenden. Demnach genügt es, um den gesamten Vektorfluss $\Phi(t)$ durch das Volumen V zu erhalten, die Vektordivergenzen der einzelnen Volumselemente aufzuaddieren. Also gilt anstelle (1.81) ebenso

$$\Phi(t) = \int_V \mathrm{div}\boldsymbol{V}(\boldsymbol{r},t)\mathrm{d}x\mathrm{d}y\mathrm{d}z\,. \qquad (1.83)$$

Daher folgt aus (1.81) und (1.83) ganz allgemein für ein beliebiges Vektorfeld $\boldsymbol{A}(\boldsymbol{r},t)$, das nichts mehr mit einer Flüssigkeitsströmung zu tun haben muss, der Gauß'sche Integralsatz

$$\int_V \mathrm{div}\boldsymbol{A}\mathrm{d}v = \iint_F \boldsymbol{A}\cdot\mathrm{d}\boldsymbol{f}\,, \qquad (1.84)$$

wo das Volumselement $\mathrm{d}v = \mathrm{d}x\mathrm{d}y\mathrm{d}z$ ist. Aus dem Gauß'schen Integralsatz folgt nun auch eine koordinatenfreie Definition der Divergenz eines Vektorfeldes

$$\mathrm{div}\boldsymbol{A} = \lim_{\Delta V \to 0} \frac{\iint_F \boldsymbol{A}\cdot\mathrm{d}\boldsymbol{f}}{\Delta V}\,, \qquad (1.85)$$

wo F die beliebig gestaltete, kleine geschlossene Hülle ist, die das Volumen ΔV umgibt.

Beispiel

Die Differenzialgleichung der Wärmeleitung Das experimentell gefundene Gesetz der Wärmeleitung besagt, dass die Wärmestromdichte $\boldsymbol{J}$, d.h. der Wärmestrom pro Flächen- und Zeiteinheit, parallel aber entgegengesetzt orientiert ist zum Gradienten der Temperatur T, also

$$\boldsymbol{J} = -k\nabla T\,, \qquad (1.86)$$

wo die Konstante k die thermische Leitfähigkeit des Mediums genannt wird. Ferner definieren wir die Wärmemenge pro Volumseinheit des Mediums durch $q = C\rho T$, wo ρ die Massendichte und C die spezifische Wärme des Mediums sind, die beide als konstant angenommen werden. Daher ist in einem beliebigen Raumgebiet vom Volumen V die gesamte Wärmemenge gegeben durch

$$Q = \int_V C\rho T(\boldsymbol{r}, t)\mathrm{d}v \qquad (1.87)$$

und folglich ist die Abnahme von Wärme im Volumen V

$$\frac{\mathrm{d}Q}{\mathrm{d}t} = -\int_V C\rho \frac{\partial T}{\partial t}\mathrm{d}v \ , \qquad (1.88)$$

wobei das Volumen V als konstant angenommen wird und daher unter dem Integralzeichen partiell nach der Zeit differenziert werden kann (Siehe Anh. A.1.12 (A.50)). Gemäß dem „Ersten Hauptsatz der Thermodynamik" ist aber Wärme eine Form der Energie, die erhalten bleiben muss. Daher muss, wenn im Volumen V keine Wärmequellen vorhanden sind, die Abnahme von Q im Volumen V ihre Ursache im Abfließen von Wärme durch die Oberfläche F nach außen haben, die durch

$$\frac{\mathrm{d}Q}{\mathrm{d}t} = \int_F \boldsymbol{J} \cdot \mathrm{d}\boldsymbol{f} = \int_V \mathrm{div}\,\boldsymbol{J}\mathrm{d}v \qquad (1.89)$$

gegeben ist, wobei der Gauß'sche Satz (1.84) zur Anwendung kam. Die Gleichsetzung von (1.88) mit (1.89) liefert dann mithilfe von (1.86) wegen $\mathrm{div}\,\mathrm{grad}T = \Delta T$

$$\int_V \mathrm{d}v \left(k\Delta T - C\rho\frac{\partial T}{\partial t} \right) = 0 \ . \qquad (1.90)$$

Da das Volumen V beliebig gewählt werden kann, muss aus (1.90) mit $\kappa = \frac{C\rho}{k}$ folgen

$$\Delta T - \kappa\frac{\partial T}{\partial t} = 0 \qquad (1.91)$$

und dies ist die gesuchte Wärmeleitungsgleichung. Diese partielle Differenzialgleichung gilt auch bei der Behandlung von Diffusionsprozessen und die Schrödinger-Gleichung in der Quantentheorie ist von ähnlichem Charakter. Auf Ihre Behandlung kommen wir im Kapitel 4, Abschn. 4.2 über partielle Differenzialgleichungen zurück.

1.4.2 Der Green'sche Satz

Dieser Satz hat wichtige Anwendungen in der Elektrodynamik und Hydromechanik sowie bei der Lösung partieller Differenzialgleichungen. Man erhält die beiden möglichen Formen des Green'schen Satzes durch spezielle Wahl des Vektorfeldes $\boldsymbol{A}(\boldsymbol{r})$ im Gauß'schen Satz (1.84).

1. Green'scher Satz

Wir wählen zwei skalare Felder $\Phi(r)$ und $\Psi(r)$ und bilden daraus das Vektorfeld $A = \Phi\nabla\Psi$. Dann liefert die Divergenzbildung gemäß (1.71)

$$\operatorname{div} A = \nabla \cdot (\Phi\nabla\Psi) = \nabla\Phi \cdot \nabla\Psi + \Phi\Delta\Psi \tag{1.92}$$

und daher führt in diesem Fall der Gauß'sche Satz auf die Integralbeziehung

$$\int_V (\nabla\Phi \cdot \nabla\Psi + \Phi\Delta\Psi)\mathrm{d}v = \iint_F \Phi\nabla\Psi \cdot \mathrm{d}f \; . \tag{1.93}$$

2. Green'scher Satz

Hier wählt man bei der Anwendung des Gauß'schen Satzes das spezielle Vektorfeld $A = \Phi\nabla\Psi - \Psi\nabla\Phi$ und findet durch Divergenzbildung

$$\operatorname{div} A = \nabla \cdot (\Phi\nabla\Psi - \Psi\nabla\Phi) = \Phi\Delta\Psi - \Psi\Delta\Phi \tag{1.94}$$

und daher folgt bei Anwendung des Gauß'schen Satzes die zweite Integralbeziehung

$$\int_V (\Phi\Delta\Psi - \Psi\Delta\Phi)\,\mathrm{d}v = \iint_F (\Phi\nabla\Psi - \Psi\nabla\Phi) \cdot \mathrm{d}f \; . \tag{1.95}$$

1.4.3 Der Stokes'sche Satz

Wir beginnen mit der Einführung des Linienintegrals.Dazu betrachten wir ein einfaches Problem aus der Mechanik. In einem bestimmten Raumgebiet soll das Kraftfeld $K(r)$ herrschen, das beispielsweise das Gravitationsfeld der Sonne sein kann. Es interessiert uns die Arbeit A, die das Kraftfeld leistet, wenn sich eine Masse längs einer beliebigen Bahnkurve C bewegt. Der infinitesimale Zuwachs der Arbeit bei dieser Bewegung ist durch das Skalarprodukt $\mathrm{d}A = K(r) \cdot \mathrm{d}s(r)$ gegeben, wo $\mathrm{d}s$ das infinitesimale vektorielle Wegelement tangential zur Bahnkurve darstellt. Daher ist die gesamte, längs des Weges C von einem Punkt P zu einem Punkt Q vom Kraftfeld an der Masse geleistete Arbeit

$$\int_P^Q \mathrm{d}A = \int_P^Q K \cdot \mathrm{d}s = \int_P^Q (K_x\mathrm{d}x + K_y\mathrm{d}y + K_z\mathrm{d}z) \; . \tag{1.96}$$

Wenn das Kraftfeld $K(r)$ aus einem Potenzialfeld $V(r)$ durch Gradientbildung abgeleitet werden kann, wie dies beim Gravitationsfeld der Fall ist, dann erhalten wir für die geleistete Arbeit anstelle (1.96)

$$\int_P^Q \mathrm{d}A = \int_P^Q K \cdot \mathrm{d}s = - \int_P^Q \operatorname{grad} V(r) \cdot \mathrm{d}s$$

$$= - \int_P^Q \mathrm{d}V = V(P) - V(Q) \; . \tag{1.97}$$

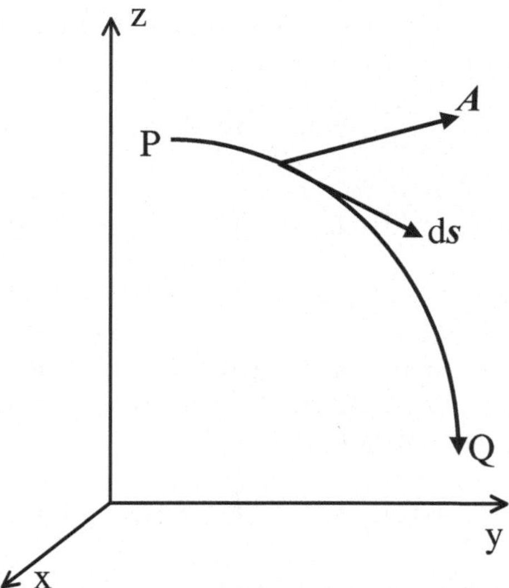

Abbildung 1.11. Zum Stokes'schen Satz

Demnach ist die in einem Potenzialfeld geleistete Arbeit unabhängig vom Weg C, der von P nach Q durchlaufen wird, sondern nur abhängig von der Potenzialdifferenz zwischen P und Q. Ferner erkennen wir auch, dass die Kurvenintegrale (1.96) und (1.97) ihr Vorzeichen umkehren, wenn wir die Kurve C in umgekehrter Richtung von Q nach P durchlaufen. Wenn wir daher in einem Potenzialfeld zunächst längs einer Kurve C_1 von P nach Q gelangen und dann längs eines anderen Weges C_2 nach P zurückkehren, dann ist die längs dieses geschlossenen Weges $C = C_1 + C_2$ geleistete Arbeit gleich

$$\oint_C \boldsymbol{K} \cdot \mathrm{d}\boldsymbol{s} = - \oint_C \mathrm{d}V = 0 \,. \tag{1.98}$$

Gelegentlich nennt man ein Linienintegral längs eines geschlossenen Weges ein Ringintegral. Es ist nun nahe liegend, den eben anhand der Arbeit eines Körpers in einem Kraftfeld geprägten Begriff des Linienintegrals auch auf andere Vektorfelder $\boldsymbol{A}(\boldsymbol{r},t)$ zu übertragen, wobei diese Felder sowohl vom Ort als auch von der Zeit abhängen können. Damit haben wir alle Vorbereitungen getroffen, um den Stokes'schen Satz der Vektoranalysis herzuleiten. Wir betrachten im Raum eine geschlossene Kurve C, die in ein Vektorfeld $\boldsymbol{A}(\boldsymbol{r},t)$ eingebettet ist. Die Kurve C sei die Berandung einer beliebig gewölbten Fläche F. Die Fläche F überspannen wir mit einem Netz von orthogonalen Koordinatenlinien und zerteilen so die Fläche in lauter infinitesimale, vektorielle Flächenelemente $\mathrm{d}\boldsymbol{f}$, wie wir dies bereits früher, in Abschn. 1.4.1, besprochen haben. Nach unserer Konvention ragen diese Vektoren $\mathrm{d}\boldsymbol{f}$ aus der Fläche F heraus und die Kurve C hat gleichzeitig einen positiven Umlaufsinn entgegen der Uhrzeigerbewegung. Für so ein infinitesimales rechteckiges Flächenstück haben wir bereits mit Bezug auf Abb. 1.10

in (1.68) und (1.69) das infinitesimale, geschlossene Linienintegral bei einmaligem Umlauf des Flächenelementes berechnet und fanden

$$\sum \boldsymbol{A} \cdot \mathrm{d}\boldsymbol{s} = \mathrm{rot}\boldsymbol{A} \cdot \mathrm{d}\boldsymbol{f} \ . \tag{1.99}$$

Wenn wir zwei benachbarte Rechtecke betrachten, dann wird ihre gemeinsame Berandung für jedes Flächenelement entgegengesetzt durchlaufen und sich daher ihr Beitrag zur Summe auf der linken Seite von (1.99) gegenseitig wegheben. In gleicher Weise finden wir bei der Aufsummierung der Beiträge von (1.99) über alle Flächenelemente, dass sich die Beiträge der aneinander anschließenden Linienelemente alle gegenseitig aufheben und nur der Beitrag zum Linienintegral längs der Kurve C übrig bleibt. Daraus folgt im Limes $\Delta\boldsymbol{s} \to 0$ der Stokes'sche Integralsatz

$$\oint_C \boldsymbol{A}(\boldsymbol{r},t) \cdot \mathrm{d}\boldsymbol{s} = \iint_F \mathrm{rot}\boldsymbol{A}(\boldsymbol{r},t) \cdot \mathrm{d}\boldsymbol{f} \ . \tag{1.100}$$

Der Wert des Integrals auf der rechten Seite dieser Gleichung ist dabei der gleiche, egal welche Fläche F in der Kurve C eingespannt wurde, nur müssen die Flächennormalen dieselbe Orientierung haben. Wenn wir daher zwei Flächen F_1 und F_2 betrachten, die in die gleiche Kurve C eingespannt sind, und wir machen bei der Fläche F_2 eine Umorientierung, dann wird gelten

$$\iint_{F_1} \mathrm{rot}\boldsymbol{A}(\boldsymbol{r},t) \cdot \mathrm{d}\boldsymbol{f} = - \iint_{F_2} \mathrm{rot}\boldsymbol{A}(\boldsymbol{r},t) \cdot \mathrm{d}\boldsymbol{f} \ . \tag{1.101}$$

Daraus folgt aber für eine geschlossene Hülle $F_1 + F_2$, bei der die Flächenelemente $\mathrm{d}\boldsymbol{f}$ alle nach außen ragen, bei Anwendung des Gauß'schen Satzes (1.84)

$$\iint_F \mathrm{rot}\boldsymbol{A}(\boldsymbol{r},t) \cdot \mathrm{d}\boldsymbol{f} = \int_V \mathrm{div}\,\mathrm{rot}\boldsymbol{A}\,\mathrm{d}v = 0 \ , \tag{1.102}$$

wo nun V das Volumen ist, das von der Hülle F umschlossen wird. Da aber F und damit V beliebig waren, muss allgemein gelten

$$\mathrm{div}\,\mathrm{rot}\boldsymbol{A} = 0 \tag{1.103}$$

und dies bedeutet, dass ein Wirbelfeld divergenzfrei ist. Ebenso haben wir vorhin gesehen, dass

$$\oint_C \boldsymbol{A} \cdot \mathrm{d}\boldsymbol{s} = \iint_F \mathrm{rot}\boldsymbol{A} \cdot \mathrm{d}\boldsymbol{f} = 0 \tag{1.104}$$

ist, wenn das Feld $\boldsymbol{A}(\boldsymbol{r})$ aus einem Potenzial $\Phi(\boldsymbol{r})$ abgeleitet werden kann, sodass allgemein gelten muss

$$\mathrm{rot}\,\mathrm{grad}\Phi(\boldsymbol{r}) = 0 \ . \tag{1.105}$$

Also ist ein Gradientfeld rotationsfrei. Schließlich können wir die Beziehung (1.99) noch dazu verwenden, um eine koordinatenfreie Definition der Rotation eines Vektorfeldes anzugeben. Wir schreiben $\mathrm{rot}\boldsymbol{A} \cdot \mathrm{d}\boldsymbol{f} = (\mathrm{rot}\boldsymbol{A})_n \mathrm{d}f$, indem wir $\mathrm{rot}\boldsymbol{A}$ auf den Normalenvektor $\boldsymbol{n} = \frac{\mathrm{d}\boldsymbol{f}}{\mathrm{d}f}$ des Fächenelementes projizieren und erhalten auf diese Weise

$$(\mathrm{rot}\boldsymbol{A})_n = \lim_{\mathrm{d}f\to 0} \frac{\oint_C \boldsymbol{A} \cdot \mathrm{d}\boldsymbol{s}}{\mathrm{d}f} , \tag{1.106}$$

wo C das beliebig kleine Flächenelement $\mathrm{d}f$ umschließt.

Beispiele

1. Die Poisson'sche Differenzialgleichung der Potenzialtheorie In der Elektrostatik liefert das Experiment den folgenden Erfahrungssatz. Umschließt man eine beliebige Menge ruhender, positiver Ladung Q mit einer Hülle F und berechnet den Fluss des elektrostatischen Feldes $\boldsymbol{E}(\boldsymbol{r})$ durch diese Hülle, wenn alle anderen Ladungen genügend weit weg sind, dann gilt

$$\iint_F \boldsymbol{E} \cdot \mathrm{d}\boldsymbol{f} = \alpha Q , \tag{1.107}$$

wo α eine Konstante ist, die von der Wahl des Maßsystems abhängt. Ist die Ladungsmenge Q kontinuierlich verteilt, dann kann man die Ladungsdichte $\rho(\boldsymbol{r})$ einführen und, nachdem man auf der linken Seite von (1.107) den Gauß'schen Satz verwendet hat, folgern, dass

$$\int_V (\mathrm{div}\boldsymbol{E} - \alpha\rho)\mathrm{d}v = 0 \tag{1.108}$$

ist, wo V das Volumen der Ladungsmenge Q darstellt. Da V beliebig sein kann, folgt als eine der Grundgleichungen der Elektrodynamik $\mathrm{div}\boldsymbol{E} = \alpha\rho$. Also hat die Divergenz des elektrostatischen Feldes ihren Ursprung in der Ladungsdichte oder allgemeiner, hat die Divergenz eines Feldes $\boldsymbol{A}$ ihren Ursprung in den Quellen ρ. Da aber für ein Wirbelfeld gilt $\mathrm{div}\,\mathrm{rot}\boldsymbol{A} = 0$, ist ein Wirbelfeld quellenfrei. Nach dieser Zwischenbemerkung kehren wir zu unserem elektrostatischen Problem zurück. Hier besagt eine weitere experimentelle Erfahrung, dass die Arbeit, die an einer Probeladung q durch das elektrostatische Feld $\boldsymbol{E}$ geleistet wird gleich Null ist, wenn der durchlaufene Weg C eine geschlossene Kurve darstellt. Daher gilt nach dem Stokes'schen Satz

$$\int_C \boldsymbol{E} \cdot \mathrm{d}\boldsymbol{s} = \iint_F \mathrm{rot}\boldsymbol{E} \cdot \mathrm{d}\boldsymbol{f} = 0 . \tag{1.109}$$

Also ist das elektrostatische Feld wirbelfrei, d. h. $\mathrm{rot}\boldsymbol{E} = 0$, und wir können ansetzen $\boldsymbol{E} = -\mathrm{grad}\Phi$, wo $\Phi(\boldsymbol{r})$ das elektrostatische Potenzial genannt wird. Zusammenfassend gelangen wir demnach zu der Gleichung

$$\mathrm{div}\boldsymbol{E} = -\mathrm{div}\,\mathrm{grad}\Phi = -\Delta\Phi = \alpha\rho \tag{1.110}$$

und letzteres ist die Poisson'sche Differenzialgleichung. Im ladungsfreien Raum gilt dann entsprechend die Laplace'sche Differenzialgleichung $\Delta\Phi = 0$. Ganz analoge Differenzialgleichungen gelten auch für das Gravitationsfeld einer beliebigen Massenverteilung, da auch dieses Feld wirbelfrei ist.

2. Das Faraday'sche Induktionsgesetz Wenn man nach Faraday den einen Pol eines Stabmagneten auf die Öffnung einer Drahtschleife C zubewegt oder von ihr wegbewegt, kann man mit einem Galvanometer an der Drahtschleife einen induzierten Strom messen. Dieser Strom hat seine Ursache in der Induktion eines elektromagnetischen Feldes $\boldsymbol{E}(\boldsymbol{r}, t)$ in der Drahtschleife, hervorgerufen durch die zeitliche Änderung des magnetischen Induktionsflusses Φ durch die Fläche F der Drahtschleife beim hin- und herbewegen des Stabmagneten. Es gilt also

$$\oint_C \boldsymbol{E} \cdot \mathrm{d}\boldsymbol{s} = -\frac{\mathrm{d}\Phi}{\mathrm{d}t} = -\gamma \frac{\mathrm{d}}{\mathrm{d}t} \iint_F \boldsymbol{B} \cdot \mathrm{d}\boldsymbol{f} \,, \tag{1.111}$$

wo $\boldsymbol{B}(\boldsymbol{r}, t)$ das magnetische Induktionsfeld des Stabmagneten in der Drahtschleife ist und das negative Vorzeichen die Richtung des induzierten Stromes in der Drahtschleife angibt. Bei Anwendung des Stokes'schen Satzes auf der linken Seite von (1.111) finden wir also, da die Drahtschleife beliebige Öffnung haben kann und diese sich mit der Zeit nicht ändert, dass

$$\mathrm{rot}\boldsymbol{E} = -\gamma \frac{\partial \boldsymbol{B}}{\partial t} \tag{1.112}$$

gilt. Dies ist die differenzielle Form des Faraday'schen Induktionsgesetzes, wobei γ eine vom Maßsystem abhängige Konstante darstellt.

3. Die d'Alembert'sche Wellengleichung Dieser Gleichung genügen viele Wellenphänomene der Physik, seien es die Wellenbewegungen einer schwingenden Saite, die Schallwellen oder die elektromagnetischen Wellen. Wir wollen sie hier aus den Maxwell'schen Gleichungen der Elektrodynamik herleiten. Zwei der Maxwell'schen Gleichungen kennen wir bereits, nämlich (1.110) $\mathrm{div}\boldsymbol{E} = \alpha\rho$ und (1.112) $\mathrm{rot}\boldsymbol{E} = -\gamma\frac{\partial \boldsymbol{B}}{\partial t}$. Als nächstes kommt das Oersted'sche Gesetz hinzu, wonach einer von einem elektrischen Strom J durchflossener Leiter von einem magnetischen Induktionsfeld $\boldsymbol{B}$, bestehend aus lauter geschlossenen Feldlinien, umschlungen ist. Daraus folgt zunächst, dass dieses Feld $\boldsymbol{B}$ quellenfrei ist, also

$$\mathrm{div}\boldsymbol{B}(\boldsymbol{r}, t) = 0 \tag{1.113}$$

gilt, wobei das Induktionsfeld auch zeitlich veränderlich sein kann, wenn etwa der Strom im Leiter sich zeitlich ändert. Ferner ergibt sich aus dem Oersted'schen Experiment, dass

$$\oint_C \boldsymbol{B} \cdot \mathrm{d}\boldsymbol{s} = \beta J \tag{1.114}$$

ist, wenn die Kurve C den Leiter umschließt. Die Konstante β ist neuerlich durch das gewählte Maßsystem bestimmt. Ist der Strom J durch eine kontinuierliche Stromverteilung $\boldsymbol{j}(\boldsymbol{r}, t)$ darstellbar und ist F die Fläche, die von der Kurve C berandet wird, so können wir mithilfe des Stokes'schen Satzes

(1.100) die Gleichung (1.114) auf folgende Gestalt bringen

$$\oint_C \boldsymbol{B} \cdot \mathrm{d}\boldsymbol{s} = \iint_F \mathrm{rot}\boldsymbol{B} \cdot \mathrm{d}\boldsymbol{f} = \beta \iint_F \boldsymbol{j} \cdot \mathrm{d}\boldsymbol{f} \qquad (1.115)$$

und da C und F beliebig sind, können wir allgemein schließen

$$\mathrm{rot}\boldsymbol{B} = \beta\boldsymbol{j} + \frac{\beta}{\alpha}\frac{\partial}{\partial t}\boldsymbol{E}\,, \qquad (1.116)$$

wobei wir sogleich den sogenannten Maxwell'schen Verschiebungsstrom $\boldsymbol{j}_V = \frac{1}{\alpha}\frac{\partial}{\partial t}\boldsymbol{E}$ hinzugefügt haben, um das System der Maxwell'schen Gleichungen zu vervollständigen. Dieser Zusatzterm folgt aus der Bedingung, dass der Satz von der Erhaltung der Ladung $\frac{\partial\rho}{\partial t} + \mathrm{div}\boldsymbol{j} = 0$ erfüllt sein soll. Wenn wir den Fall betrachten, dass keine Ladungen ρ und keine Ströme $\boldsymbol{j}$ vorliegen, wir uns also im Vakuum befinden, führen die Maxwell'schen Gleichungen auf die d'Alembert'sche Wellengleichung für die Felder $\boldsymbol{E}$ und $\boldsymbol{B}$, wie wir nun zeigen. Die Anwendung der Rotation auf die letzte Gleichung (1.116) mit $\boldsymbol{j} = 0$ führt aufgrund des Induktionsgesetzes (1.112) und $\mathrm{div}\boldsymbol{B} = 0$ auf die Beziehung

$$\mathrm{rot}\,\mathrm{rot}\boldsymbol{B} = \mathrm{grad}\,\mathrm{div}\boldsymbol{B} - \Delta\boldsymbol{B} = \frac{\beta}{\alpha}\frac{\partial}{\partial t}\mathrm{rot}\boldsymbol{E} = -\frac{\gamma\beta}{\alpha}\frac{\partial^2}{\partial t^2}\boldsymbol{B} \qquad (1.117)$$

und daraus folgt die d'Alembert'sche Wellengleichung

$$\Delta\boldsymbol{B} - \frac{1}{c^2}\frac{\partial^2}{\partial t^2}\boldsymbol{B} = 0 \qquad (1.118)$$

für das Induktionsfeld $\boldsymbol{B}(\boldsymbol{r},t)$. Dabei ist unabhängig vom Maßsystem $c^2 = \frac{\alpha}{\beta\gamma}$, wo c die Lichtgeschwindigkeit bedeutet. Eine entsprechende Gleichung findet man auch für das elektrische Feld $\boldsymbol{E}(\boldsymbol{r},t)$, indem man auf das Induktionsgesetz (1.112) die Rotation anwendet und dann die Gleichung (1.116) benützt. Dies nachzuvollziehen überlassen wir dem Leser als Übung. Auch die inhomogene d'Alembert'sche Wellengleichung kommt in der Physik häufig vor, wo auf der rechten Seite der Gleichung eine Quellfunktion steht. Die oben diskutierten Gleichungen werden im Kap. 4 über partielle Differenzialgleichungen näher behandelt.

4. Der Stokes'sche Satz in der Ebene Diesen Satz werden wir bei der Herleitung des Fundamentalsatzes der Funktionentheorie in Kap. 7, Abschn. 7.3.2 benötigen und er soll daher hier als Beispiel aus dem räumlichen Stokes'schen Satz (1.100) hergeleitet werden. Wenn wir den Stokes'schen Satz in die (x,y)-Ebene projizieren, wird die geschlossene Kurve C eine ebene Kurve und die Fläche F kommt ganz in der (x,y)-Ebene zu liegen. Daher bleiben vom Kurvenintegral nur die x- und y-Komponenten übrig und vom Flächenintegral nur die z-Komponente. Wir erhalten also

$$\oint_C (A_x\mathrm{d}x + A_y\mathrm{d}y) = \iint_F \left(\frac{\partial A_y}{\partial x} - \frac{\partial A_x}{\partial y}\right)dxdy\,. \qquad (1.119)$$

Nun ist es üblich, beim Stokes'schen Satz in der Ebene die Vektorkomponenten in folgender Weise umzutaufen $A_x = P(x,y)$ und $A_y = Q(x,y)$, sodass die endgültige Form des Stokes'schen Satzes in der Ebene lautet

$$\oint_C [P(x,y)\mathrm{d}x + Q(x,y)\mathrm{d}y] = \iint_F \left[\frac{\partial Q(x,y)}{\partial x} - \frac{\partial P(x,y)}{\partial y} \right] \mathrm{d}x\mathrm{d}y \ . \qquad (1.120)$$

Damit $\mathrm{d}F(x,y) = P(x,y)\mathrm{d}x + Q(x,y)\mathrm{d}y$ ein vollständiges Differenzial darstellt, also das Kurvenintegral auf der linken Seite von (1.120) verschwindet, muss die folgende Integrabilitätsbedingung erfüllt sein (siehe auch Anh. A.3.6)

$$\frac{\partial Q(x,y)}{\partial x} = \frac{\partial P(x,y)}{\partial y} \ . \qquad (1.121)$$

1.5 Orthogonale krummlinige Koordinaten

Bei vielen praktischen Rechenproblemen ist es nicht sehr zielführend, Kartes'sche Koordinaten zu verwenden, vielmehr ist es zweckmäßig, an das Problem angepasste Koordinaten einzuführen, welche die Symmetrien des Systems berücksichtigen. Unter diesen angepassten Koordinaten spielen die krummlinigen Orthogonalkoordinaten eine besonders wichtige Rolle, da in ihnen die Probleme eine vergleichbar einfache Gestalt annehmen.

Die neuen Koordinaten seien durch u_1, u_2, u_3 bezeichnet. Diese sind dann definiert, wenn wir den Zusammenhang mit den Kartes'schen Koordinaten herstellen, d. h. die Beziehungen

$$x = x(u_1, u_2, u_3)\,; \quad y = y(u_1, u_2, u_3)\,; \quad z = z(u_1, u_2, u_3) \qquad (1.122)$$

angeben. Dabei wollen wir uns auf solche Systeme beschränken, für welche die drei Scharen von Koordinatenflächen $u_1 = $ const., $u_2 = $ const. und $u_3 = $ const. aufeinander senkrecht stehen. In diesem Fall hat das elementare Wegelement oder Linienelement $\mathrm{d}s$ die Gestalt

$$\mathrm{d}s^2 = h_1^2\mathrm{d}u_1^2 + h_2^2\mathrm{d}u_2^2 + h_3^2\mathrm{d}u_3^2 \ , \qquad (1.123)$$

wo die Koeffizienten h_1, h_2 und h_3 Funktionen von u_1, u_2 und u_3 sein können. Wir verlangen auch, dass das neue Koordinatensystem genauso wie das Kartes'sche ein rechtshändiges sein soll. Wir betrachten nun das infinitesimale Parallelepiped von Abb. 1.12, dessen Diagonale durch $\mathrm{d}s$ gegeben ist und dessen Koordinatenflächen durch $u_1 = $ const., $u_2 = $ const. und $u_3 = $ const. bestimmt sind. Die Kantenlängen des Parallelepipeds sind dann ersichtlich $h_1\mathrm{d}u_1$, $h_2\mathrm{d}u_2$ und $h_3\mathrm{d}u_3$. Nun betrachten wir eine skalare Funktion $\Phi(u_1, u_2, u_3)$ und ein Vektorfeld $\boldsymbol{A}(u_1, u_2, u_3)$ mit den Komponenten A_1, A_2, und A_3 in den drei Richtungen längs denen u_1, u_2 und u_3 anwachsen. Die

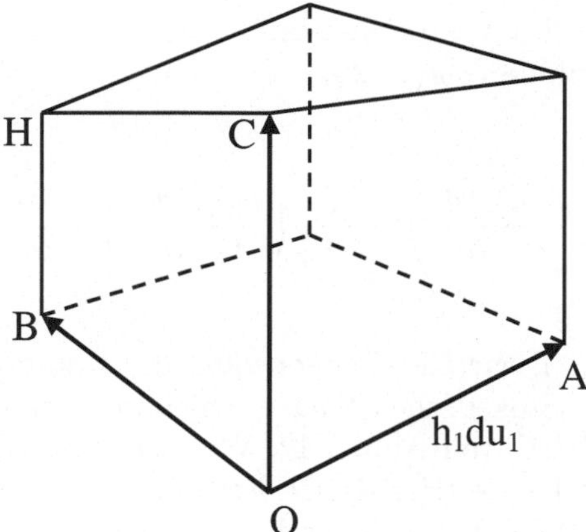

Abbildung 1.12. Krummlinige Orthogonalkoordinaten

u_1-Komponente des Gradienten von Φ können wir sogleich berechnen, denn nach ihrer Definition ist

$$(\mathrm{grad}\Phi)_1 = \lim_{\mathrm{d}u_1 \to 0} \frac{\Phi(A) - \Phi(O)}{h_1 \mathrm{d}u_1} = \frac{1}{h_1} \frac{\partial \Phi}{\partial u_1} \qquad (1.124)$$

und es werden analoge Beziehungen für die Richtungen 2 und 3 gelten. Um die Divergenz des Vektorfeldes $\boldsymbol{A}$ zu berechnen, wenden wir den Gauß'schen Satz auf das Parallelepiped an. Der Beitrag zum Oberflächenintegral durch die Fläche $OBHC$ bei Beachtung, dass die Flächennormale nach außen gerichtet ist, ergibt zusammen mit dem entsprechenden Beitrag von der gegenüberliegenden Fläche

$$-A_1 h_2 h_3 \mathrm{d}u_2 \mathrm{d}u_3 + A_1 h_2 h_3 \mathrm{d}u_2 \mathrm{d}u_3 + \frac{\partial}{\partial u_1}(A_1 h_2 h_3)\mathrm{d}u_2 \mathrm{d}u_3 \, . \qquad (1.125)$$

Durch zyklische Vertauschung der Indices erhält man dann die Beiträge der restlichen Paare gegenüberliegender Seiten des Parallelepipeds zum Oberflächenintegral. Wir erhalten daher bei Anwendung des Gauß'schen Satzes auf das Parallelepiped vom Abb. 1.12

$$\lim_{V \to 0} \int_V \mathrm{div}\boldsymbol{A}\mathrm{d}v = \mathrm{div}\boldsymbol{A}\, h_1 h_2 h_3 \mathrm{d}u_1 \mathrm{d}u_2 \mathrm{d}u_3 = \iint_F \boldsymbol{A} \cdot \mathrm{d}\boldsymbol{f} \, , \qquad (1.126)$$

wobei die Beiträge zum Oberflächenintegral durch drei Terme der Form (1.125) gegeben sind und daher der Ausdruck für die Divergenz in krummlinigen Orthogonalkoordinaten die Gestalt hat

$$\mathrm{div}\boldsymbol{A} = \frac{1}{h_1 h_2 h_3} \left[\frac{\partial}{\partial u_1}(A_1 h_2 h_3) + \frac{\partial}{\partial u_2}(A_2 h_3 h_1) + \frac{\partial}{\partial u_3}(A_3 h_1 h_2) \right] \, . \qquad (1.127)$$

Wenn insbesondere das Vektorfeld ein Gradientfeld ist, d. h. $\boldsymbol{A} = \text{grad}\Phi$, dann ergibt sich mithilfe von (1.124)

$$\text{div grad}\Phi = \Delta\Phi$$
$$= \frac{1}{h_1 h_2 h_3}\left[\frac{\partial}{\partial u_1}\left(\frac{h_2 h_3}{h_1}\frac{\partial\Phi}{\partial u_1}\right) + \frac{\partial}{\partial u_2}\left(\frac{h_3 h_1}{h_2}\frac{\partial\Phi}{\partial u_2}\right) + \frac{\partial}{\partial u_3}\left(\frac{h_1 h_2}{h_3}\frac{\partial\Phi}{\partial u_3}\right)\right].$$
$$(1.128)$$

Ganz ähnlich erhalten wir die Komponenten der Rotation eines Vektorfeldes $\boldsymbol{A}$ mithilfe des Stokes'schen Satzes, angewandt zum Beispiel auf das Flächenelement $OBHC$ von Abb. 1.12. Wir berechnen in Analogie zu unseren Überlegungen bei der Herleitung des Stokes'schen Satzes mithilfe von Abb. 1.10 und (1.68) das Linienintegral

$$\oint_{OBHC}\boldsymbol{A}\cdot\text{d}\boldsymbol{s} = \left[\frac{\partial}{\partial u_2}(A_3 h_3) - \frac{\partial}{\partial u_3}(A_2 h_2)\right]\text{d}u_2\text{d}u_3 . \qquad (1.129)$$

Aufgrund des Stokes'schen Satzes ist dies aber gleich der ersten Komponente von $\text{rot}\boldsymbol{A}$, multipliziert mit der Fläche des Elementes $OBHC$, also

$$(\text{rot}\boldsymbol{A})_1 h_2 h_3 \text{d}u_2\text{d}u_3 = \left[\frac{\partial}{\partial u_2}(A_3 h_3) - \frac{\partial}{\partial u_3}(A_2 h_2)\right]\text{d}u_2\text{d}u_3 . \qquad (1.130)$$

Daraus lassen sich durch zyklische Vertauschung der Indices 1, 2 und 3 die beiden anderen Komponenten von $\text{rot}\boldsymbol{A}$ finden. Führt man längs der Richtungen 1, 2 und 3 die Einheitsvektoren $\boldsymbol{e}_1$, $\boldsymbol{e}_2$, $\boldsymbol{e}_3$ ein, so kann man das Resultat ähnlich wie in Kartes'schen Koordinaten durch eine Determinante darstellen

$$\text{rot}\boldsymbol{A} = \frac{1}{h_1 h_2 h_3}\begin{vmatrix} h_1\boldsymbol{e}_1 & h_2\boldsymbol{e}_2 & h_3\boldsymbol{e}_3 \\ \frac{\partial}{\partial u_1} & \frac{\partial}{\partial u_2} & \frac{\partial}{\partial u_3} \\ h_1 A_1 & h_2 A_2 & h_3 A_3 \end{vmatrix} . \qquad (1.131)$$

Ersichtlich ergibt sich daraus der Ausdruck in Kartes'schen Koordinaten, wenn man setzt $h_1 = h_2 = h_3$ und $u_i = x_i$ $(i = 1, 2, 3)$. Im Folgenden wenden wir die obigen allgemeinen Formeln auf die speziellen Fälle der Zylinder- und Kugelkoordinaten an, da viele Probleme der Physik durch ein zylinder- oder kugelsymmetrisches System approximiert werden kann.

1.5.1 Zylinderkoordinaten

In diesem Fall wird die Lage eines Punktes im Raum durch die Zylinderkoordinaten beschrieben, die mit den Kartes'schen Koordinaten in folgendem einfachen Zusammenhang stehen (vgl. Abb. 1.13)

$$x = \rho\cos\varphi, \; y = \rho\sin\varphi, \; z = z . \qquad (1.132)$$

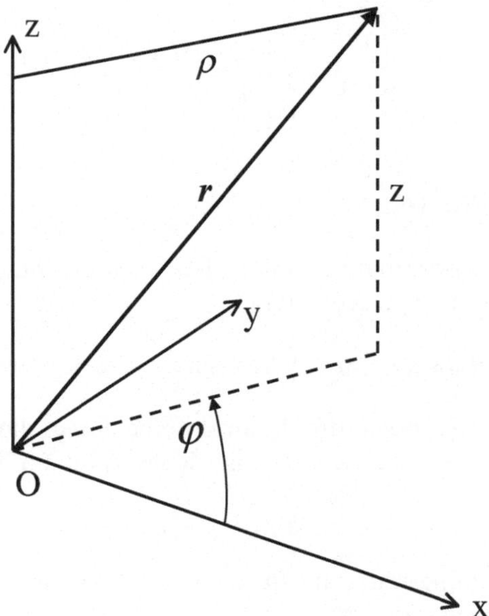

Abbildung 1.13. Zylinderkoordinaten

Daher ist

$$\mathrm{d}x = \frac{\partial x}{\partial \rho}\mathrm{d}\rho + \frac{\partial x}{\partial \varphi}\mathrm{d}\varphi = \cos\varphi\mathrm{d}\rho - \rho\sin\varphi\mathrm{d}\varphi \qquad (1.133)$$

und analog

$$\mathrm{d}y = \sin\varphi\mathrm{d}\rho + \rho\cos\varphi\mathrm{d}\varphi, \ \mathrm{d}z = \mathrm{d}z \ . \qquad (1.134)$$

Damit erhalten wir für das Linienelement

$$\mathrm{d}s^2 = \mathrm{d}\rho^2 + \rho^2\mathrm{d}\varphi^2 + \mathrm{d}z^2 \ , \qquad (1.135)$$

woraus wir ablesen können

$$\begin{aligned} u_1 &= \rho \ h_1 = 1 \\ u_2 &= \varphi \ h_2 = \rho \ . \\ u_3 &= z \ h_3 = 1 \end{aligned} \qquad (1.136)$$

Daher erhalten wir der Reihe nach mithilfe von (1.124), (1.127), (1.128) und (1.131)

$$\mathrm{grad}\Phi = \boldsymbol{e}_1\frac{\partial\Phi}{\partial\rho} + \boldsymbol{e}_2\frac{1}{\rho}\frac{\partial\Phi}{\partial\varphi} + \boldsymbol{e}_3\frac{\partial\Phi}{\partial z} \ , \qquad (1.137)$$

$$\mathrm{div}\boldsymbol{A} = \frac{1}{\rho}\left[\frac{\partial(\rho A_1)}{\partial\rho} + \frac{\partial A_2}{\partial\varphi} + \rho\frac{\partial A_3}{\partial z}\right] \ , \qquad (1.138)$$

$$\Delta\Phi = \frac{1}{\rho}\left[\frac{\partial}{\partial\rho}(\rho\frac{\partial\Phi}{\partial\rho}) + \frac{1}{\rho}\frac{\partial^2\Phi}{\partial\varphi^2} + \rho\frac{\partial^2\Phi}{\partial z^2}\right] \qquad (1.139)$$

und

$$\mathrm{rot}\,\boldsymbol{A} = \frac{1}{\rho}\begin{vmatrix} \boldsymbol{e}_1 & \boldsymbol{e}_2 & \boldsymbol{e}_3 \\ \frac{\partial}{\partial \rho} & \frac{\partial}{\partial \varphi} & \frac{\partial}{\partial z} \\ A_1 & \rho A_2 & A_3 \end{vmatrix}\ . \tag{1.140}$$

1.5.2 Kugelkoordinaten

Im Fall der Kugelkoordinaten lautet der Zusammenhang mit den Kartes'schen Koordinaten (vgl. Abb. 1.14)

$$x = r\sin\vartheta\cos\varphi\,,\quad y = r\sin\vartheta\sin\varphi\,,\quad z = r\cos\vartheta \tag{1.141}$$

und wir erhalten wie oben durch ausdifferenzieren die Differenziale für $\mathrm{d}x, \mathrm{d}y, \mathrm{d}z$ als Funktion von $\rho,\ \vartheta,\ \varphi$ mit denen man für das Linienelement erhält

$$\mathrm{d}s^2 = \mathrm{d}r^2 + r^2\mathrm{d}\vartheta^2 + r^2\sin^2\vartheta\,\mathrm{d}\varphi^2\,, \tag{1.142}$$

wie der Leser als Übung selbst nachprüfen möge. Daher ist für dieses orthogonale Koordinatensystem

$$\begin{aligned} u_1 &= r & h_1 &= 1 \\ u_2 &= \vartheta & h_2 &= r \\ u_3 &= \varphi & h_3 &= r\sin\vartheta \end{aligned} \tag{1.143}$$

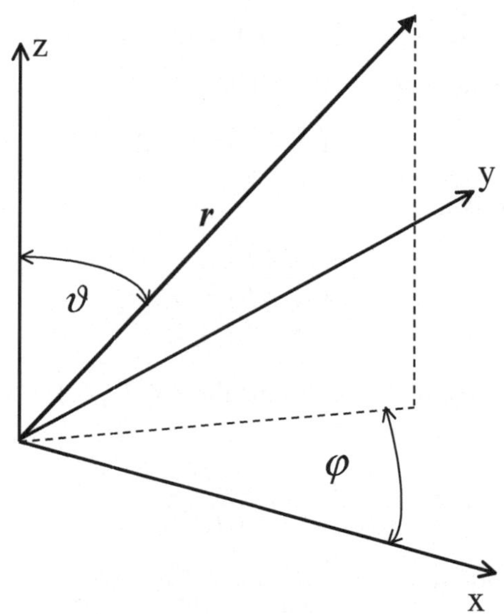

Abbildung 1.14. Kugelkoordinaten

und wir finden wieder aus den Beziehungen (1.124), (1.127), 1.128) und (1.131)

$$\operatorname{grad}\Phi = \boldsymbol{e}_1 \frac{\partial \Phi}{\partial r} + \boldsymbol{e}_2 \frac{1}{r} \frac{\partial \Phi}{\partial \vartheta} + \boldsymbol{e}_3 \frac{1}{r \sin \vartheta} \frac{\partial \Phi}{\partial \varphi} , \tag{1.144}$$

$$\operatorname{div}\boldsymbol{A} = \frac{1}{r^2 \sin \vartheta} \left[\sin \vartheta \frac{\partial (r^2 A_1)}{\partial r} + \frac{\partial (\sin \vartheta A_2)}{\partial \vartheta} + r \frac{\partial A_3}{\partial \varphi} \right] , \tag{1.145}$$

$$\Delta\Phi = \frac{1}{r^2 \sin \vartheta} \left[\sin \vartheta \frac{\partial}{\partial r} \left(r^2 \frac{\partial \Phi}{\partial r} \right) + \frac{\partial}{\partial \vartheta} \left(\sin \vartheta \frac{\partial \Phi}{\partial \vartheta} \right) + \frac{1}{\sin \vartheta} \frac{\partial^2 \Phi}{\partial \varphi^2} \right] \tag{1.146}$$

und

$$\operatorname{rot}\boldsymbol{A} = \frac{1}{r^2 \sin \vartheta} \begin{vmatrix} \boldsymbol{e}_1 & \boldsymbol{e}_2 & \boldsymbol{e}_3 \\ \frac{\partial}{\partial r} & \frac{\partial}{\partial \vartheta} & \frac{\partial}{\partial \varphi} \\ A_1 & rA_2 & r \sin \vartheta A_3 \end{vmatrix} . \tag{1.147}$$

1.6 Tensoren

Die Tensorrechnung ist eine Verallgemeinerung der Vektorrechnung. Im einfachsten Fall stellt ein Tensor eine lineare Beziehung zwischen den Komponenten zweier Vektoren her. Doch gibt es neben solchen einfachen algebraischen Tensoroperationen auch die allgemeineren Tensor Differenzial- und Integraloperationen. Wir wollen uns hier nur mit den einfachen Kartes'schen Tensoren beschäftigen, die im dreidimensionalen Kartes'schen Raum definiert sind. Verallgemeinerungen auf den vierdimensionalen Raum der räumlichen und zeitlichen Koordinaten, wie sie zur Beschreibung der Vorgänge in der allgemeinen Relativitätstheorie verwendet werden, sollen hier nicht diskutiert werden, da in den meisten Grundvorlesungen aus theoretischer Physik, dieses Gebiet nicht eingehend behandelt wird und die hier erwähnten Sätze der Tensorrechnung für die Beschreibung der speziellen Relativitätstheorie ausreichen sollten. In der klassischen theoretischen Physik treten die Tensoren hauptsächlich in der Mechanik, der Elastizitätstheorie, der Elektrodynamik und der Optik auf und wir werden einige Beispiele aus diesen Gebieten anführen.

1.6.1 Andere Definition eines Vektors

Am Beginn dieses Kapitels haben wir einen Vektor als eine Größe definiert, die durch Betrag und Richtung im Raum definiert ist. Eine andere Definition besteht nun darin, dass man angibt, wie sich die Komponenten eines Vektors ändern, wenn man eine beliebige Rotation des Kartes'schen Achsenkreuzes durchführt und so von einem Koordinatensystem K zu einem neuen System K' übergeht. Wenn wir die alten Koordinaten eines Ortsvektors mit x_i und seine neuen mit x_i' bezeichnen, dann wird zwischen ihnen folgender linearer Zusammenhang bestehen

$$\begin{aligned}
x_1' &= a_{11}x_1 + a_{12}x_2 + a_{13}x_3 \\
x_2' &= a_{21}x_1 + a_{22}x_2 + a_{33}x_3 \ , \\
x_3' &= a_{31}x_1 + a_{32}x_2 + a_{33}x_3
\end{aligned} \tag{1.148}$$

wobei die Koeffizienten a_{ij} $(i, j = 1,\ 2,\ 3)$ durch die Projektionen der neuen Basisvektoren $(e_1',\ e_2',\ e_3')$ auf die alten Basisvektoren $(e_1,\ e_2,\ e_3)$ gegeben sind, also $a_{ij} = \cos(e_i', e_j)$. Das Gleichungssystem (1.148) können wir auch in äquivalenter Weise in Matrixform anschreiben (siehe Anh. B)

$$\begin{pmatrix} x_1' \\ x_2' \\ x_3' \end{pmatrix} = \begin{pmatrix} a_{11} & a_{12} & a_{13} \\ a_{21} & a_{22} & a_{23} \\ a_{31} & a_{32} & a_{33} \end{pmatrix} \begin{pmatrix} x_1 \\ x_2 \\ x_3 \end{pmatrix} \ , \tag{1.149}$$

wobei auf der rechten Seite dieser Gleichung die Zeilen der Matrix mit dem Spaltenvektor zu multiplizieren sind. Wir haben also die Möglichkeit, einen Vektor durch seine Komponenten in Form einer Matrix mit einer Spalte darzustellen. Die letzten beiden Beziehungen können wir aber mithilfe der Einstein'schen Summenkonvention (siehe (1.7)) eleganter in folgende Form zusammenfassen

$$x_i' = a_{ij}x_j \ , \tag{1.150}$$

wo $(i, j = 1,\ 2,\ 3)$ ist. Bei der soeben betrachteten linearen Transformation wird sich aber die Länge eines Ortsvektors nicht ändern, da bei einer beliebigen Rotation des Koordinatensystems, der Abstand vom Ursprung O zu einem Punkt P im Raum derselbe bleiben wird. Also muss zwischen den alten und neuen Koordinaten des Ortsvektors die Beziehung bestehen

$$x_1'^2 + x_2'^2 + x_3'^2 = x_1^2 + x_2^2 + x_3^2 \tag{1.151}$$

oder, wenn wir auf der linken Seite die Transformation (1.150) anwenden, muss gelten

$$x_i'x_i' = a_{ij}a_{ik}x_jx_k = x_jx_k\,\delta_{jk} = x_{jj} \ , \tag{1.152}$$

woraus wir schließen, dass die Koeffizienten a_{ij} der Transformationsmatrix der folgenden Bedingung genügen müssen

$$a_{ij}a_{ik} = \delta_{jk} \ . \tag{1.153}$$

Dies ist die charakteristische Eigenschaft der Koeffizienten einer orthogonalen Transformation, bei der die Länge eines Ortsvektors unverändert bleibt. Schließlich finden wir noch die Koeffizienten der Umkehrtransformation für den Übergang von den neuen zu den alten Koordinaten, also

$$x_i = b_{ij}x_j' = b_{ij}a_{jk}x_k = \delta_{ik}x_k \ , \tag{1.154}$$

woraus wir schließen, dass

$$b_{ij}a_{jk} = \delta_{ik} \tag{1.155}$$

sein muss und folglich bei Vergleich mit (1.153) die Matrixelemente der Umkehrtransformation durch

$$b_{ij} = a_{ji} \tag{1.156}$$

gegeben sein müssen. Dies bedeutet, dass in der Matrix der Umkehrtransformation die Zeilen und Spalten der Ausgangstransformation miteinander vertauscht sind. Wenn wir daher die Matrix der Koeffizienten a_{ik} mit a bezeichnen und jene der Koeffizienten b_{ik} mit b benennen, so gilt daher

$$b = a^T , \tag{1.157}$$

wo a^T die transponierte Matrix von a genannt wird. Dieser Zusammenhang ist charakteristisch für eine orthogonale Transformation. Wenn wir den Ortsvektor mit den Komponenten x_i mit der Spaltenmatrix x bezeichnen und den transformierten Vektor mit x', dann kann die Transformation (1.150) und ihre Umkehrtransformation in folgender Form geschrieben werden

$$x' = ax , \ x = a^T x' . \tag{1.158}$$

Wenn wir schließlich die Matrix mit den Elementen δ_{ij} des Kronecker-Symbols mit I bezeichnen, dann können wir die Beziehung (1.153) zwischen den Koeffizienten der Transformationsmatrix in die Matrixgestalt bringen

$$a\,a^T = a^T a = I , \tag{1.159}$$

wobei die Einheitsmatrix I mit a und a^T kommutiert, d. h. ihre Reihenfolge der Anwendung vertauscht werden kann. I hat auf der Hauptdiagonale lauter Einser stehen und alle anderen Matrixelemente sind Null, wie es das Kronecker-Symbol angibt. Da im allgemeinen die Multiplikation von Matrizen nicht kommutativ ist, kommt es bei der Aufeinanderfolge zweier orthogonaler Transformationen auf die Reihenfolge der zur Ausführung gelangenden Transformationen an. Ferner ist das Matrixprodukt zweier orthogonaler Transformationen wiederum eine orthogonale Transformation und es gibt die Einheitsmatrix I als die Einheitstransformation bei der nichts geschieht. Schließlich gibt es zu jeder Transformation die entsprechende Umkehrtransformation. Ein System von Elementen, welche diese Eigenschaft besitzen bilden eine Gruppe. Diese Gruppe der orthogonalen Transformationen spielt in der Physik eine wichtige Rolle, doch können wir sie hier nicht behandeln.

Wir definieren nun einen Kartes'schen Vektor durch die Eigenschaft, dass sich seine Komponenten bei einer orthogonalen Transformation genau so transformieren, wie jene eines Ortsvektors. Wenn also $\boldsymbol{A}$ ein beliebiger Vektor mit den Komponenten A_i ist, dann gilt für seine transformierten Komponenten A_i'

$$A_i' = a_{ik}A_k . \tag{1.160}$$

Wenn C eine skalare Größe ist, bleibt sie bei einer orthogonalen Transformation unverändert, d. h. sie ist eine Invariante gegenüber solchen Transformationen. So ist ebenso wie die Länge eines Ortsvektors $\boldsymbol{x}$ auch die Länge eines beliebigen Vektors $\boldsymbol{A}$ eine Invariante, denn

$$A_i' A_i' = a_{i\,k} a_{i\,l} A_k A_l = \delta_{k\,l} A_k A_l = A_k A_k \ . \tag{1.161}$$

Allgemeiner gilt dies auch für das Skalarprodukt zweier Vektoren $\boldsymbol{A}$ und $\boldsymbol{B}$, also $A_i' B_i' = A_k B_k$, wovon sich der Leser selbst überzeugen möge.

Beispiele

1. Drehung um die z-Achse: Der elementarste Fall einer orthogonalen Transformation ist zum Beispiel die Drehung des Koordinatensystems um die z-Achse, wie in Abb. 1.15 gezeigt. Aus dieser Abbildung lesen wir folgendes Transformationsgesetz ab

$$\begin{aligned}
x' &= x \cos\varphi + y \sin\varphi \\
y' &= -x \sin\varphi + y \cos\varphi \\
z' &= z \ ,
\end{aligned} \tag{1.162}$$

welches sich in Matrixschreibweise auf folgende Gestalt bringen lässt

$$\begin{pmatrix} x_1' \\ x_2' \\ x_3' \end{pmatrix} = \begin{pmatrix} \cos\varphi & \sin\varphi & 0 \\ -\sin\varphi & \cos\varphi & 0 \\ 0 & 0 & 1 \end{pmatrix} \begin{pmatrix} x_1 \\ x_2 \\ x_3 \end{pmatrix} \tag{1.163}$$

und die wir für die folgenden Überlegungen abgekürzt in der Form schreiben wollen $X' = a_\varphi X$. Man kann sich dann durch explizite Ausmultiplikation leicht zeigen, dass in der Tat $a_\varphi a_\varphi^T = I$ ist.

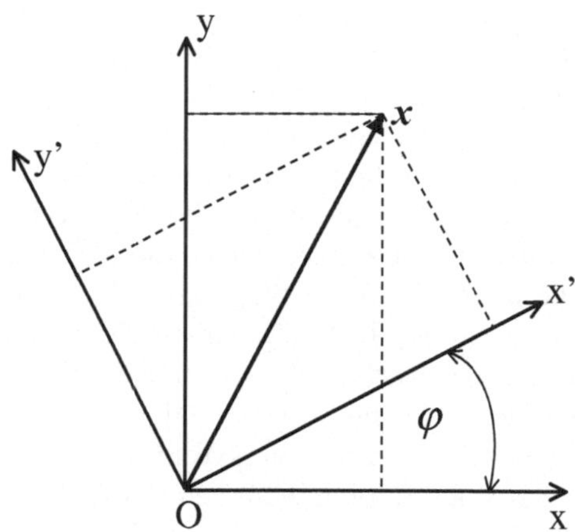

Abbildung 1.15. Drehung des Koordinatensystems

2. Die Euler'schen Winkel Bei der Untersuchung der Bewegung eines starren Körpers, der in einem Punkt festgehalten wird (zum Beispiel der momentane Auflagepunkt eines Kinderkreisels) ist es zweckmäßig, neben dem raumfesten Koordinatensystem X ein körperfestes Koordinatensystems X' einzuführen. Der Zusammenhang zwischen diesen beiden Koordinatensystemen wird durch die Aufeinanderfolge dreier Rotationen der Koordinatenachsen herbeigeführt, die durch die Euler'schen Winkel φ, ϑ, ψ bestimmt sind (vgl. Abb. 1.16). Gemäß der Abbildung erfolgt zunächst eine Rotation um die raumfeste z-Achse um den Winkel φ . Dies liefert die Rotationsmatrix a_φ. Danach wird um die neue x''-Achse eine Rotation um den Winkel ϑ ausgeführt, dargestellt durch die Rotationsmatrix a_ϑ und schließlich erfolgt eine Rotation um den Winkel ψ um die z''-Achse mit der Rotationsmatrix a_ψ, um so schließlich das körperfeste Koordinatensystem X' zu erreichen. Also gilt für diese Transformation $X' = a_\psi a_\vartheta a_\varphi X$ oder explizit ausgeschrieben unter Heranziehung der Schreibweise von Beispiel (1)

$$
\begin{pmatrix} x_1' \\ x_2' \\ x_3' \end{pmatrix} = \begin{pmatrix} \cos\psi & \sin\psi & 0 \\ -\sin\psi & \cos\psi & 0 \\ 0 & 0 & 1 \end{pmatrix} \begin{pmatrix} 1 & 0 & 0 \\ 0 & \cos\vartheta & \sin\vartheta \\ 0 & -\sin\vartheta & \cos\vartheta \end{pmatrix}
$$
$$
\times \begin{pmatrix} \cos\varphi & \sin\varphi & 0 \\ -\sin\varphi & \cos\varphi & 0 \\ 0 & 0 & 1 \end{pmatrix} \begin{pmatrix} x_1 \\ x_2 \\ x_3 \end{pmatrix} . \tag{1.164}
$$

Die sukzessive Ausrechnung der Matrixmultiplikationen ist etwas aufwendig aber nicht kompliziert und soll dem Leser als Übung überlassen werden.

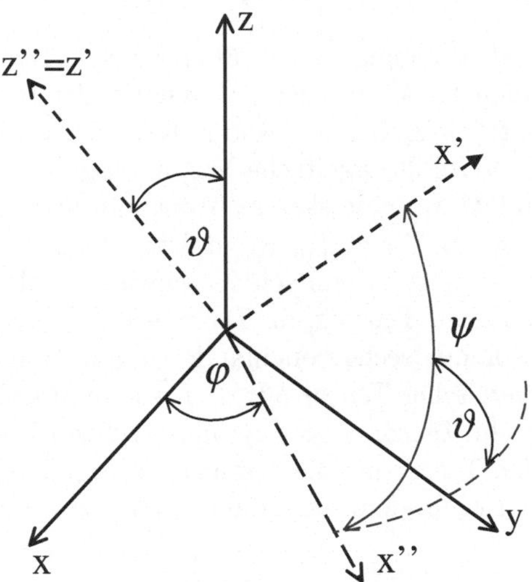

Abbildung 1.16. Euler'sche Winkel

1.6.2 Definition eines Tensors

Wir betrachten die Produkte aller Komponenten zweier Vektoren A und B untereinander und führen eine orthogonale Transformation des Koordinatensystems durch. Dann erhalten wir

$$A_i' B_j' = a_{i\,k} a_{j\,l} A_k A_l \tag{1.165}$$

und wir definieren einen Kartes'schen Tensor zweiter Stufe T_{ij} durch die Vorschrift, dass er sich nach diesem Gesetz transformieren möge, d. h.

$$T_{i\,j}' = a_{i\,k} a_{j\,l} T_{k\,l} \, . \tag{1.166}$$

Eine solche Transformation nennen wir eine Ähnlichkeitstransformation, denn der transformierte Tensor hat dieselben Eigenschaften wie der ursprüngliche. Dieses Transformationsgesetz können wir auch in Matrixform schreiben und erhalten mit der bereits eingeführten Bezeichnungsweise

$$T' = a T a^T \, . \tag{1.167}$$

Die Summe der Diagonalelemente eines Tensors nennt man die „Spur" des Tensors

$$\mathrm{Sp}T = T_{ii} = \mathrm{inv.} \tag{1.168}$$

Diese Spur ist eine Invariante ebenso wie das Skalarprodukt zweier Vektoren. Wenn wir einen Tensor T skalar mit einem Vektor A multiplizieren, so erhalten wir einen Vektor B, d. h.

$$B_i = T_{i\,k} A_k \, , \tag{1.169}$$

doch ist das Resultat abhängig davon, über welchen Index summiert wird. Also ist im allgemeinen $T_{i\,k} A_k \neq A_k T_{k\,i}$. Man nennt den betrachteten Rechenvorgang „Verjüngung" eines Tensors, wodurch seine Stufe um *eins* erniedrigt wird. Somit ist klar, dass die zweifache Verjüngung des obigen Tensors mit den Vektoren A und B auf eine skalare Invariante führen wird. Ein Tensor heißt symmetrisch, wenn $T_{i\,j} = T_{j\,i}$ ist und ein Tensor heißt schiefsymmetrisch, wenn $T_{i\,j} = -T_{j\,i}$ ist. Demnach verschwinden alle Diagonalelemente eines schiefsymmetrischen Tensors, da $T_{i\,i} = -T_{i\,i} = 0$ ist. Ferner kann ein symmetrischer Tensor nur sechs voneinander unabhängige Elemente haben und ein schiefsymmetrischer Tensor nur drei, wie man sich leicht überzeugt. Im allgemeinen ist ein Tensor weder symmetrisch noch schiefsymmetrisch, doch kann man jeden Tensor in eine symmetrische und eine schiefsymmetrische Komponente zerlegen, denn wir brauchen nur zu setzen

$$T_{i\,k} = \frac{1}{2}(T_{i\,k} + T_{k\,i}) + \frac{1}{2}(T_{i\,k} - T_{k\,i}) \tag{1.170}$$

und erkennen sofort, dass die beiden Komponenten die gewünschte Eigenschaft haben.

1.6.3 Diagonalisierung eines Tensors

Für die praktische Anwendung der Tensorrechnung ist es sehr nützlich zu wissen, dass durch eine passende Ähnlichkeitstransformation jeder symmetrische Tensor auf Diagonalform gebracht werden kann. Darunter ist zu verstehen, dass die Matrix des transformierten Tensors nur auf der Hauptdiagonale von Null verschiedene Elemente hat, während alle anderen Elemente Null sind. Die Elemente auf der Hauptdiagonale nennt man die Eigenwerte des Tensors. Gelegentlich nennt man die Diagonalisierung eines symmetrischen Tensors auch eine Hauptachsentransformation. Dieser Ausdruck ist der Theorie der Kegelschnitte entnommen und wir werden auf diesen Zusammenhang noch zurückkommen. Wir suchen also jene orthogonale Transformation, die bewirkt, dass der transformierte Tensor die Gestalt hat (siehe Anh. B.3.2)

$$T'_{ij} = \lambda_i \delta_{ij} , \qquad (1.171)$$

wo λ_i die gesuchten Eigenwerte sind. Wenn wir das Transformationsgesetz (1.166) für den Tensor heranziehen, können wir den letzten Ausdruck auf folgende Form bringen

$$a_{ik} a_{jl} T_{kl} = \lambda_i \delta_{ij} . \qquad (1.172)$$

Nun multiplizieren wir diese Gleichung mit a_{im} und summieren über den Index i. Dann erhalten wir mithilfe der Orthogonalitätsrelation (1.155)

$$(a_{im} a_{ik}) a_{jl} T_{kl} = \delta_{mk} \, a_{jl} T_{kl} = a_{jl} T_{ml}$$
$$= \lambda_i \, a_{im} \delta_{ij} = \lambda_j a_{jm} = \lambda_j a_{jl} \delta_{ml} . \qquad (1.173)$$

Wenn wir hier den dritten und den letzten Term zusammenfassen und auf eine Seite bringen, erhalten wir die Gleichung

$$(T_{ml} - \lambda_j \delta_{ml}) a_{jl} = 0 . \qquad (1.174)$$

Dies ist ein homogenes, lineares Gleichungssystem zur Bestimmung der Koeffizienten a_{jl} jener orthogonalen Transformation, die es gestattet, den Tensor T auf Diagonalform zu bringen. In Matrixform lässt sich dieses Gleichungssystem in folgender Weise ausdrücken

$$\begin{pmatrix} T_{11} - \lambda_j & T_{12} & T_{13} \\ T_{21} & T_{22} - \lambda_j & T_{23} \\ T_{31} & T_{32} & T_{33} - \lambda_j \end{pmatrix} \begin{pmatrix} a_{j1} \\ a_{j2} \\ a_{j3} \end{pmatrix} = 0 , \qquad (1.175)$$

wo $j = 1, 2, 3$ ist. Dieses Gleichungssystem hat nur dann eine nichttriviale Lösung, wenn die Determinante der Koeffizienten verschwindet, also

$$\begin{vmatrix} T_{11} - \lambda_j & T_{12} & T_{13} \\ T_{21} & T_{22} - \lambda_j & T_{23} \\ T_{31} & T_{32} & T_{33} - \lambda_j \end{vmatrix} = 0 \qquad (1.176)$$

ist. Die Ausrechnung dieser Determinante, die gelegentlich Säkulardeterminante genannt wird, liefert eine algebraische Gleichung dritten Grades, deren gesuchte Wurzeln λ_1, λ_2, λ_3 im allgemeinen voneinander verschieden sind. Sind zwei oder alle Eigenwerte λ_j einander gleich, so spricht man von Entartung des Eigenwertproblems. Zu jeder Wurzel λ_j erhalten wir eine Lösung des homogenen Gleichungssystems (1.175) in der Form eines Spaltenvektors. Diese Vektoren werden die zugehörigen Eigenvektoren des Problems genannt. Diese Eigenvektoren bilden gleichzeitig die Spaltenvektoren der gesuchten orthogonalen Transformation. Bei der Diskussion des unitären Vektorraumes und des Funktionenraumes in Kap. 3 werden wir von den hier angestellten Überlegungen eingehend Gebrauch machen, denn eine Vielfalt physikalischer Problemstellungen führt auf die Lösung von Eigenwertproblemen.

Beispiel

Der Trägheitstensor eines starren Körpers Wir betrachten einen starren Körper, der in einem Punkt O festgehalten wird. Zu einem bestimmten Zeitpunkt kann der Körper mit der Winkelgeschwindigkeit $\omega = \dot{\varphi}$ um eine instantane Achse durch O rotieren, wobei wir bereits diskutiert haben, dass diese Winkelgeschwindigkeit ein axialer Vektor ist. Jeder Punkt P im starren Körper rotiert dann um diese Achse auf einem Kreis mit einer Geschwindigkeit

$$v = \dot{r} = \omega \times r \,, \tag{1.177}$$

wie in Abb. 1.17 angedeutet. Der Drehimpuls eines einzelnen Massenpunktes des starren Körpers ist dann $l = r \times mv = mr \times (\omega \times r)$ und wenn wir den starren Körper durch eine kontinuierliche Massenverteilung der Massendichte μ beschreiben, erhalten wir den Gesamtdrehimpuls des starren Körpers, indem wir l über die gesamte Massenverteilung integrieren, also

$$L = \int l \mathrm{d}\tau = \int \mu[r \times (\omega \times r)]\mathrm{d}\tau = \int \mu[r^2\omega - (r \cdot \omega)r]\mathrm{d}\tau \,. \tag{1.178}$$

Wenn wir nun in Bezug auf O ein ortsfestes Kartes'sches Koordinatensystem wählen und die Vektoren L, r und ω in ihre Komponenten zerlegen, erhalten wir nach Integration über den Ortsvektor r eine lineare Vektorbeziehung zwischen L und ω, die wir in Form einer Matrixgleichung darstellen können

$$\begin{pmatrix} L_1 \\ L_2 \\ L_3 \end{pmatrix} = \begin{pmatrix} I_{11} & I_{12} & I_{13} \\ I_{21} & I_{22} & I_{23} \\ I_{31} & I_{32} & I_{33} \end{pmatrix} \begin{pmatrix} \omega_1 \\ \omega_2 \\ \omega_3 \end{pmatrix} \,, \tag{1.179}$$

in welcher die Komponenten des sogenannten Trägheitstensors durch folgende Ausdrücke definiert sind

$$I_{ii} = \int \mu(x_j^2 + x_k^2)\mathrm{d}\tau \,, \quad I_{ij} = -\int \mu x_i x_j \mathrm{d}\tau = I_{ji} \,, \tag{1.180}$$

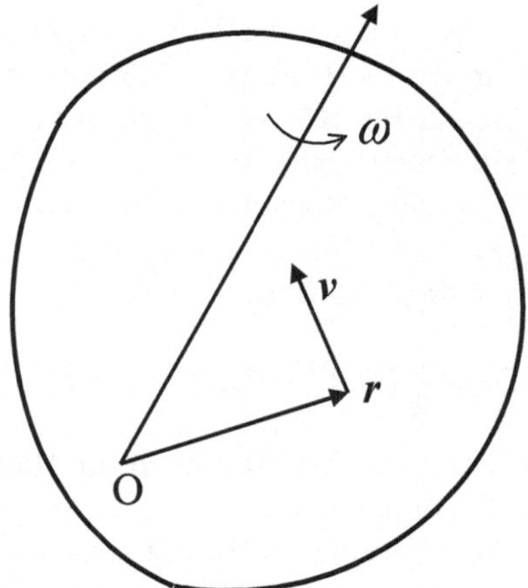

Abbildung 1.17. Der Trägheitstensor

wobei im ersten Integral die Indizes i, j, k zyklisch die Werte 1, 2, 3 durchlaufen und im zweiten Fall $i \neq j$ alle Werte von 1 bis 3 annehmen können. Die Ausdrücke I_{ii} heißen die Trägheitsmomente des starren Körpers und die I_{ij} werden die Deviationsmomente genannt. Wie man sieht, ist der Trägheitstensor ein symmetrischer Tensor. Nun wird in der Mechanik gezeigt, dass die kinetische Energie der Rotation durch den Ausdruck $T_R = \frac{1}{2} L_i \omega_i$ gegeben ist. Verwendet man zur Berechnung des Skalarproduktes die in (1.179) gegebenen Komponenten des Drehimpulses, so findet man folgende homogene quadratische Form in den Komponenten der Winkelgeschwindigkeit

$$T_R = \frac{1}{2} \left(I_{11}\omega_1^2 + I_{22}\omega_2^2 + I_{33}\omega_3^2 + 2I_{12}\omega_1\omega_2 + 2I_{23}\omega_2\omega_3 + 2I_{31}\omega_3\omega_1 \right) .$$

$$(1.181)$$

Nun haben wir bereits gesehen, dass es zweckmäßig ist, neben dem raumfesten ein körperfestes Koordinatensystem einzuführen, da in Bezug auf dieses System sich die Trägheits- und Deviationsmomente im Laufe der Bewegung des starren Körpers nicht ändern werden. Der Übergang zwischen beiden Systemen erfolgt durch Einführung der Euler'schen Winkel. Die Winkel dieser Koordinatentransformation können nun so gewählt werden, dass im neuen Koordinatensystem die Deviationsmomente stets gleich Null sind, d. h. wir können den Trägheitstensor diagonalisieren. In diesem neuen Koordinatensystem, dessen Achsen die Hauptachsen genannt werden, wird die Rotation des starren Körpers um eine dieser Achsen $\boldsymbol{L} = I\boldsymbol{\omega}$ sein. Wir haben also, wie bereits allgemein diskutiert, folgendes Eigenwertproblem zu lösen, um die Hauptträgheitsmomente I_1, I_2, I_3 zu finden

$$\begin{pmatrix} I_{11} - I & I_{12} & I_{13} \\ I_{21} & I_{22} - I & I_{23} \\ I_{31} & I_{32} & I_{33} - I \end{pmatrix} \begin{pmatrix} \omega_1 \\ \omega_2 \\ \omega_3 \end{pmatrix} = 0 .$$

$$(1.182)$$

Durch Nullsetzen der Determinante der Koeffizienten erhalten wir eine kubische Gleichung, die im Fall des starren Körpers drei positive Wurzeln I_1, I_2, I_3 hat. Wenn ein starrer Körper Rotationssymmetrie besitzt, dann ist die entsprechende Symmetrieachse stets eine Hauptachse. Wenn wir die Drehimpulse und Winkelgeschwindigkeiten in Bezug auf die Hauptachsen mit L_1', L_2', L_3' und ω_1', ω_2', ω_3' bezeichnen, dann gilt $L_i' = I_i \omega_i'$ und wir erhalten für die kinetische Energie der Rotation

$$T_R = \frac{1}{2}\left(I_1\omega_1'^2 + I_2\omega_2'^2 + I_3\omega_3'^2\right) \; . \tag{1.183}$$

Schließlich führen wir einen Einheitsvektor $\boldsymbol{n}$ in Richtung der Winkelgeschwindigkeit $\boldsymbol{\omega}$ ein und können dann setzen $\boldsymbol{\omega} = \omega\boldsymbol{n} = \omega(n_i\boldsymbol{e}_i')$, wo die $\boldsymbol{e}_i'$ die Einheitsvektoren in Richtung der Hauptachsen sind. Dann können wir die kinetische Energie der Rotation auf die Gestalt bringen

$$\frac{1}{2}(I_i\omega_i'^2) = \frac{1}{2}\omega^2(I_i n_i^2) = \frac{1}{2}\omega^2 I \; , \tag{1.184}$$

wo wir $I_i n_i^2 = I$ getauft haben. Jetzt definieren wir einen neuen Vektor $\boldsymbol{X}' = \frac{\omega_i' \boldsymbol{e}_i'}{\omega\sqrt{I}}$, dessen Komponenten wir auf der linke Seite von (1.184) einsetzen, nachdem wir die Gleichung durch $\frac{\omega^2 I}{2}$ dividiert haben. Dies liefert die Gleichung des Trägheitsellipsoids in Bezug auf die Hauptachsen

$$I_1 X_1'^2 + I_2 X_2'^2 + I_3 X_3'^2 = 1 \; . \tag{1.185}$$

1.6.4 Differenzial- und Integraloperationen

Eine eingehende Diskussion der Tensoranalysis würde uns hier zu weit führen. Sie ist vor allem für die allgemeine Relativitätstheorie von Interesse, wie eingangs angeführt. Doch die Angabe einfacher Differenzial- und Integraloperationen für Kartes'sche Tensoren ist für einfache Anwendungen von Nutzen. Wir beginnen mit dem Nachweis, dass der Gradientoperator mit unserer Definition eines Vektors übereinstimmt. Dazu gehen wir von einer skalaren Funktion $\Phi(\boldsymbol{r})$ aus und betrachten die Komponenten des Gradienten dieser Funktion bei Ausführung einer orthogonalen Transformation, die von den ursprünglichen Koordinaten x_i zu den neuen Koordinaten x_i' führt. Mit der Kettenregel für die partielle Differenziation (A.4) erhalten wir wegen des Transformationsgesetzes (1.154,1.156)

$$\frac{\partial\Phi}{\partial x_i'} = \frac{\partial\Phi}{\partial x_j}\frac{\partial x_j}{\partial x_i'} = b_{ji}\frac{\partial\Phi}{\partial x_j} = a_{ij}\frac{\partial\Phi}{\partial x_j} \; . \tag{1.186}$$

Da aber $\Phi(\boldsymbol{r}) = \Phi(\boldsymbol{r}')$ eine skalare Invariante ist, gilt für die Komponenten des Gradientoperators das Transformationsgesetz eines Vektors

$$\frac{\partial}{\partial x_i'} = a_{ij}\frac{\partial}{\partial x_j} \; . \tag{1.187}$$

Wenn wir daher auf ein Vektorfeld $\boldsymbol{A}(\boldsymbol{r})$ mit den Komponenten A_j den Gradientoperator anwenden, haben wir zwei Möglichkeiten: entweder wir verjüngen über den Index j, dann erhalten wir die uns bereits bekannte Divergenz von $\boldsymbol{A}$, oder wir erhalten einen Tensor zweiter Stufe

$$T_{ij} = \frac{\partial}{\partial x_i} A_j = A_{j,i} \, , \tag{1.188}$$

wo zur Vereinfachung der Schreibweise die Differenziation durch ein Komma angedeutet wird. Analog erhalten wir entsprechend durch Anwendung des Gradientoperators auf einen Tensor zweiter Stufe T_{ij} entweder die Tensordivergenz

$$A_j = \frac{\partial}{\partial x_i} T_{ij} \, , \tag{1.189}$$

also ein Vektorfeld, wenn wir über den Index i verjüngen, oder ohne Verjüngung einen Tensor dritter Stufe

$$R_{ijk} = T_{ij,k} \, . \tag{1.190}$$

Bei der Berechnung der Tensordivergenz kommt es im allgemeinen darauf an, über welchen Index wir verjüngen, es sei denn, der Tensor ist symmetrisch. Bei Verallgemeinerung des Gauß'schen Satzes für ein Vektorfeld können wir auch sofort den Gauß'schen Satz für ein Tensorfeld angeben

$$\int_V \frac{\partial}{\partial x_i} T_{ij}\mathrm{d}v = \iint_F T_{ij}n_i\mathrm{d}f \, , \tag{1.191}$$

wobei das vektorielle Oberflächenelement $\mathrm{d}\boldsymbol{f}$ in Komponentenform gegeben ist durch $\mathrm{d}\boldsymbol{f} = \boldsymbol{n}\mathrm{d}f = (n_i\boldsymbol{e}_i)\mathrm{d}f$. Schließlich können wir auch in Analogie zur Rotation eines Vektorfeldes, die Rotation eines Tensorfeldes definieren und so ein axiales Tensorfeld erhalten, das auch Pseudotensor genannt wird. Dazu verwenden wir das Permutationssymbol ε_{ijk} (1.12) und setzen

$$P_{il} = \varepsilon_{ijk} \frac{\partial}{\partial x_j} T_{kl} \tag{1.192}$$

und es gilt dann der Stokes'sche Integralsatz in der Form

$$\iint_F P_{il}n_i\mathrm{d}f = \oint_C T_{kl}\mathrm{d}s_k \, . \tag{1.193}$$

Mit diesen kurzen Bemerkungen zur Tensoranalysis im Kartes'schen Raum wollen wir das gegenwärtige Kapitel verlassen und uns einem neuen Thema zuwenden.

Übungsaufgaben

Es wird dem Leser dringend empfohlen, die folgenden Übungen durchzuarbeiten, um sich mit dem Stoff dieses Kapitels besser vertraut zu machen.

1. Wenn man beide Seite der Gleichung $\boldsymbol{A} = \boldsymbol{B} - \boldsymbol{C}$ quadriert und das Resultat geometrisch interpretiert, kann man den Cosinus-Satz der ebenen Geometrie beweisen.

2. Wenn $\boldsymbol{A} = \boldsymbol{i}\cos\alpha + \boldsymbol{j}\sin\alpha$ und $\boldsymbol{B} = \boldsymbol{i}\cos\beta + \boldsymbol{j}\sin\beta$ Einheitsvektoren in der (x,y)-Ebene sind, die mit der x-Achse die Winkel α bzw. β einschließen, so leite man mithilfe des Skalarproduktes die Formel für $\cos(\alpha - \beta)$ her.

3. Wenn $\boldsymbol{A}$ ein konstanter Vektor und $\boldsymbol{r}$ ein Ortsvektor zu einem Punkt P, so zeige, dass $(\boldsymbol{r} - \boldsymbol{A}) \cdot \boldsymbol{r} = 0$ die Gleichung einer Kugel ist.

4. Beweise den Sinus-Satz der ebenen Geometrie mithilfe des Vektorproduktes von $\boldsymbol{A} - \boldsymbol{C} = \boldsymbol{B}$.

5. Sind $\boldsymbol{A}$, $\boldsymbol{B}$, $\boldsymbol{C}$ Vektoren vom Ursprung zu den Punkten A, B, C, so zeige, dass der Vektor $\boldsymbol{A} \times \boldsymbol{B} + \boldsymbol{B} \times \boldsymbol{C} + \boldsymbol{C} \times \boldsymbol{A}$ senkrecht auf der Ebene ABC steht.

6. Gegeben sei die skalare Funktion $\Phi = \alpha_{ij}x_ix_j$, wo α_{ij} konstante Koeffizienten sind. Zeige, dass die Komponenten des Gradienten durch $\frac{\partial\Phi}{\partial x_k} = (\alpha_{ki} + \alpha_{ik})x_i$ gegeben sind.

7. Zeige, dass das Permutationssymbol sich in der Form $\varepsilon_{ijk} = \boldsymbol{e}_i(\boldsymbol{e}_j \times \boldsymbol{e}_k)$ darstellen lässt.

8. Zeige mithilfe von Aufgabe 7, dass man setzen kann $\boldsymbol{C} = \boldsymbol{A} \times \boldsymbol{B} = A_iB_j\varepsilon_{kji}\boldsymbol{e}_k$.

9. Zeige analog, dass $(\boldsymbol{A} \times \boldsymbol{B}) \cdot \boldsymbol{C} = \varepsilon_{ijk}A_iB_jC_k$ dargestellt werden kann.

10. Beweise mit den vorhergehenden Sätzen, dass $(\boldsymbol{e}_i \times \boldsymbol{e}_j) \cdot (\boldsymbol{e}_k \times \boldsymbol{e}_l) = \varepsilon_{ijm}\varepsilon_{klm}$ ist.

11. Zeige schließlich, dass gilt $\varepsilon_{ijm}\varepsilon_{klm} = \delta_{ik}\delta_{jl} - \delta_{il}\delta_{jk}$.

12. Zeige, dass $\operatorname{div}(\frac{\boldsymbol{r}}{r^3}) = 0$ ist, daher $\Delta\frac{1}{r} = 0$ und $\operatorname{rot}\boldsymbol{r} = 0$ sind und schließlich $(\boldsymbol{A} \cdot \nabla)\boldsymbol{r} = \boldsymbol{A}$ gilt.

13. Zeige zunächst, dass $\nabla r = \frac{\boldsymbol{r}}{r}$ ist und beweise damit $\operatorname{div}\boldsymbol{A}(\boldsymbol{r}) = \frac{\dot{\boldsymbol{A}}\cdot\boldsymbol{r}}{r}$, wobei der Punkt die totale Ableitung des Vektorfeldes $\boldsymbol{A}$ nach r bedeutet.

14. Zeige analog, dass $\operatorname{rot}\boldsymbol{A}(r) = \frac{\boldsymbol{r}\times\dot{\boldsymbol{A}}}{r}$ ist und $\operatorname{rot}[\Phi(r)\boldsymbol{r}] = 0$ gilt.

15. Zeige, dass $\nabla(\boldsymbol{A}\cdot\boldsymbol{r}) = \boldsymbol{A}$ ist, wenn $\boldsymbol{A}$ ein konstanter Vektor, und verwende dieses Resultat, um zu zeigen, dass $\nabla(\boldsymbol{A}(r) \cdot \boldsymbol{r}) = \boldsymbol{A} + \frac{\boldsymbol{r}}{r}(\boldsymbol{r} \cdot \dot{\boldsymbol{A}})$ daraus folgt.

16. Mit analogen Überlegungen finde, dass $\operatorname{div}[\Phi(r)\boldsymbol{A}(r)] = \frac{\dot{\Phi}}{r}(\boldsymbol{r}\cdot\boldsymbol{A}) + \frac{\Phi}{r}(\boldsymbol{r}\cdot\dot{\boldsymbol{A}})$ ist und dass gilt $\operatorname{rot}[\Phi(r)\boldsymbol{A}(r)] = \frac{\dot{\Phi}}{r}(\boldsymbol{r} \times \boldsymbol{A}) + \frac{\Phi}{r}(\boldsymbol{r} \times \dot{\boldsymbol{A}})$.

17. Die Quellenfreiheit des magnetischen Induktionsfeldes $\boldsymbol{B}$ wird durch die Beziehung $\operatorname{div}\boldsymbol{B} = 0$ charakterisiert. Warum kann man dann ein neues Vektorpotenzial $\boldsymbol{A}(\boldsymbol{r}, t)$ einführen und $\boldsymbol{B} = \operatorname{rot}\boldsymbol{A}$ setzen? Mache diese Substitution im Faraday'schen Induktionsgesetz und zeige, dass dann $\boldsymbol{E} = -\operatorname{grad}\Phi - \gamma\dot{\boldsymbol{A}}$ ist, wo ein skalares Potenzial $\Phi(\boldsymbol{r}, t)$ eingeführt werden kann. Beachte, dass bei dieser Rechnung eine Größe aufscheint, deren Rotation verschwindet.

18. Setze $\boldsymbol{B} = \operatorname{rot}\boldsymbol{A}$ in jene Maxwell'sche Gleichung ein, die das Oersted'sche Experiment wiedergibt, und vernachlässige den Maxwell'schen Verschie-

bungsstrom. Zeige, dass dann mit der Nebenbedingung $\operatorname{div}\boldsymbol{A} = 0$ das Vektorpotenzial der Poisson'schen Differenzialgleichung $\Delta\boldsymbol{A} = -\gamma\boldsymbol{j}$ genügt.

19. Aus der Grundvorlesung in Physik ist dem Leser sicher die Beziehung zwischen Spannung, Stromstärke und Widerstand in einem Leiter geläufig, d. h. $U = I\,R$. Nun ist aber $U = E\,\ell$, wo E die elektrische Feldstärke im Leiter und ℓ die Länge des Leiterstücks darstellt. Ferner ist $I = q\,j$, wo q der Querschnitt des Leiters und j die Stromdichte im Leiter ist. Schließlich ist der Widerstand des Leiterstücks $R = \frac{\ell}{q\lambda}$, wo λ die spezifische Leitfähigkeit des Leiters bezeichnet. Setzt man obige Ausdrücke in das Ohmsche Gesetz ein, erhält man seine differenzielle Form $j = \lambda\boldsymbol{E}$. Damit leite, unter Vernachlässigung des Verschiebungsstromes, aus den beiden Maxwell'schen Gleichungen für $\operatorname{rot}\boldsymbol{E}$ und $\operatorname{rot}\boldsymbol{B}$ die Differenzialgleichung für das elektrische Feld im Leiter, $\Delta\boldsymbol{E} - \beta\gamma\lambda\frac{\partial^2\boldsymbol{E}}{\partial t^2} = 0$ ab.

20. Führe, bei Beibehaltung des Maxwell'schen Verschiebungsstromes, in die obigen beiden Maxwell'schen Gleichungen das Vektorpotenzial $\boldsymbol{A}$ und das skalare Potenzial Φ ein und leite, unter Berücksichtigung der Nebenbedingung $\operatorname{div}\boldsymbol{A} + \frac{\beta}{\alpha}\dot{\Phi} = 0$, für das Vektorpotenzial die inhomogene „d'Alembert'sche Wellengleichung" $\Delta\boldsymbol{A} - \frac{1}{c^2}\frac{\partial^2\boldsymbol{A}}{\partial t^2} = -\beta\boldsymbol{j}$ ab.

2

Komplexe Zahlen und Dirac's δ-Funktion

2.1 Einleitung

Obgleich die physikalisch messbaren Größen reelle Parameter sind, ist es dennoch von Nutzen, zur Beschreibung physikalischer Prozesse die Methoden der komplexen Analysis heranzuziehen, da in vielen Fällen sich das gewünschte Resultat weitaus einfacher auf dem Wege über die komplexen Funktionen erreichen lässt. Da wir in den folgenden Kapiteln nur die Kenntnisse der elementaren Rechenregeln für komplexe Zahlen und Funktionen benötigen werden, sollen diese im vorliegenden kurzen Kapitel behandelt werden. Später werden wir uns eingehender mit den Methoden der Funktionentheorie zu beschäftigen haben und dabei sehen, wie nützlich diese Methoden zur Lösung physikalischer Problemstellungen sind.

Quasi als Anwendung der vorhergehenden Diskussion der komplexen Zahlen werden wir uns in diesem Kapitel eingehender mit der Definition und den Eigenschaften der Dirac'schen δ-Funktion beschäftigen. Diese Funktion dient vornehmlich zur Beschreibung des singulären Verhaltens irgendwelcher physikalischer Gesetze oder Vorgänge, die durch Idealisierung realer Gegebenheiten erhalten werden. Dieses singuläre Verhalten spiegelt sich dann auch in den entsprechenden mathematischen Strukturen wieder. Die Einführung einer Punktladung in der Elektrostatik oder eines Massenpunktes in der Mechanik stellen solche Idealisierungen dar.

2.2 Komplexe Zahlen und elementare Funktionen

Wir behandeln zunächst die elementaren Gesetze für das Rechnen mit komplexen Zahlen und wenden diese dann auf eine Reihe wichtiger, in der Physik häufig vorkommender, einfacher Funktionen an, welche komplexe Verallgemeinerungen bekannter Funktionen der reellen Analysis sind.

2.2.1 Komplexe Zahlen

Auf die komplexen Zahlen wird man etwa geführt, wenn man die Lösung der folgenden quadratischen Gleichung finden will

$$x^2 + 1 = 0 \, . \tag{2.1}$$

Diese hat die beiden Lösungen $x = \pm\sqrt{-1}$ und man definiert die imaginäre Einheit durch

$$\mathrm{i} = \sqrt{-1} \, , \quad \mathrm{i}^2 = -1 \, . \tag{2.2}$$

Eine beliebige komplexe Zahl, bestehend aus einem Realteil x und einem Imaginärteil y, ist dann bestimmt durch

$$z = x + \mathrm{i}\,y \, , \tag{2.3}$$

wo x und y reelle Zahlen sind. Wenn $y = 0$ ist, erhalten wir eine rein reelle Zahl und wenn $x = 0$ ist, wird die Zahl rein imaginär. Somit sind die reellen Zahlen eine Unterklasse der komplexen Zahlen.

2.2.2 Elementare Rechenregeln

Nachdem wir die komplexen Zahlen definiert haben, müssen wir auch ihre Rechenregeln angeben. Die beiden Grundregeln lauten:

1. Eine komplexe Zahl $z = x + \mathrm{i}\,y$ ist nur dann gleich Null, wenn $x = 0$ und $y = 0$ sind.
2. Die komplexen Zahlen genügen den gewöhnlichen Regeln der Algebra mit dem Zusatz $\mathrm{i}^2 = -1$.

Aus diesen beiden Regeln folgen die Formeln für die Addition, Subtraktion und Multiplikation komplexer Zahlen.

1. Es gilt also

$$z_1 \pm z_2 = (x_1 + \mathrm{i}y_1) \pm (x_2 + \mathrm{i}y_2) = (x_1 \pm x_2) + \mathrm{i}(y_1 \pm y_2) \tag{2.4}$$

und

$$z_1 \cdot z_2 = (x_1 + \mathrm{i}y_1) \cdot (x_2 + \mathrm{i}y_2) = (x_1 x_2 - y_1 y_2) + \mathrm{i}(x_1 y_2 + x_2 y_1) \, . \tag{2.5}$$

2. Der Quotient zweier komplexer Zahlen

$$\frac{z_1}{z_2} = \frac{x_1 + \mathrm{i}y_1}{x_2 + \mathrm{i}y_2} \tag{2.6}$$

lässt sich unter der Voraussetzung, dass $x_2 + \mathrm{i}y_2 \neq 0$ ist, am einfachsten dadurch finden, dass man auf der rechten Seite Zähler und Nenner mit

$x_2 - iy_2$ multipliziert. Dies ergibt dann

$$\frac{z_1}{z_2} = \frac{(x_1 + iy_1)(x_2 - iy_2)}{(x_2 + iy_2)(x_2 - iy_2)} = \frac{x_1 x_2 + y_1 y_2}{x_1^2 + y_2^2} + i\frac{x_2 y_1 - x_1 y_2}{x_1^2 + y_2^2} \ . \qquad (2.7)$$

Also sind die Summe, das Produkt und der Quotient zweier komplexer Zahlen wiederum komplexe Zahlen.

3. Wenn zwei komplexe Zahlen einander gleich sind, also

$$x_1 + iy_1 = x_2 + iy_2 \qquad (2.8)$$

ist, so ist wegen (2.4)

$$(x_1 - x_2) + i(y_1 - y_2) = 0 \qquad (2.9)$$

und daher wegen der obigen Regel 1. $x_1 - x_2 = 0$ und $y_1 - y_2 = 0$ oder $x_1 = x_2$ und $y_1 = y_2$. Daraus können wir schließen, dass zwei komplexe Zahlen nur dann einander gleich sind, wenn die beiden Realteile und Imaginärteile miteinander identisch sind.

4. Zwei komplexe Zahlen, die sich nur durch das Vorzeichen der beiden Imaginärteile unterscheiden, heißen zueinander konjugiert komplex, also sind

$$z_1 = x + iy \ , \quad z_2 = x - iy \qquad (2.10)$$

die beiden zueinander konjugiert komplexen Zahlen und man schreibt symbolisch $z_2 = z_1^*$ und entsprechend $z_1 = z_2^*$. Durch Ausmultiplizieren finden wir auch sofort, dass

$$z \cdot z^* = (x + iy)(x - iy) = x^2 + y^2 \qquad (2.11)$$

ist. Schließlich wird die folgende Schreibweise verwendet

$$x = \mathrm{Re}z = \frac{1}{2}(z + z^*) \ , \quad y = \mathrm{Im}z = \frac{1}{2i}(z - z^*) \qquad (2.12)$$

um den Realteil und den Imaginärteil einer komplexen Zahl zu bezeichnen.

2.2.3 Die Gauß'sche Zahlenebene

Obgleich die komplexen Zahlen algebraische Größen sind, lassen sie nach Gauß eine geeignete geometrische Interpretation zu, die sich im Folgenden als sehr nützlich erweisen wird. Wir führen mithilfe der Abb. 2.1 eine Ebene der komplexen Zahlen ein. Längs der Abszisse werden die reellen Zahlen x und längs der Ordinate die imaginären Zahlen iy eingetragen. Dem Punkt P in der Ebene entspricht dann die komplexe Zahl

$$z = x + iy \ . \qquad (2.13)$$

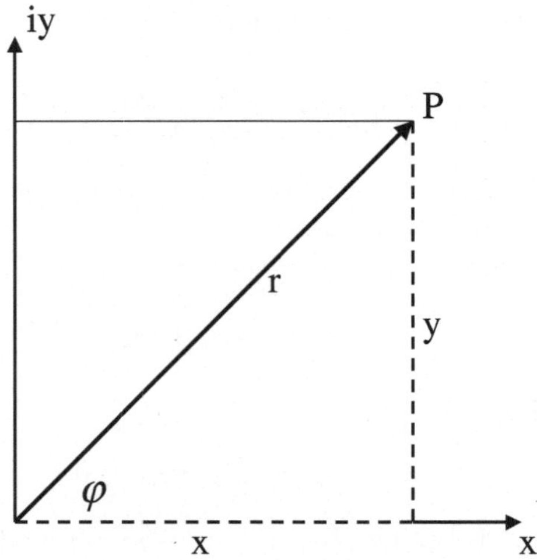

Abbildung 2.1. Gauß'sche Zahlenebene

Nun ist es zweckmäßig, wie in der Abbildung gezeigt, ebene Polarkoordinaten einzuführen, sodass gilt

$$x = r\cos\varphi\,, \quad y = r\sin\varphi \tag{2.14}$$

und somit

$$z = r(\cos\varphi + \mathrm{i}\sin\varphi)\,. \tag{2.15}$$

Dies nennt man die Polarkoordinaten-Darstellung der komplexen Zahl z. Der Radius r ist stets positiv und heißt der Modul oder absolute Betrag der komplexen Zahl und ist durch die Länge des Vektors zum Punkt P gegeben, also

$$|z| = r = \sqrt{x^2 + y^2} = \sqrt{z \cdot z^*}\,. \tag{2.16}$$

Der Winkel φ heißt die Phase oder das Argument von z und ist durch die Beziehung gegeben

$$\tan\varphi = \frac{y}{x}\,, \quad \varphi = \arctan\frac{y}{x}\,. \tag{2.17}$$

In der Analysis erfährt der Leser, dass die Funktionen $\cos\varphi$, $\sin\varphi$ und e^u die folgenden Reihendarstellungen besitzen

$$\cos\varphi = 1 - \frac{\varphi^2}{2!} + \frac{\varphi^4}{4!} - \frac{\varphi^6}{6!} + \cdots$$
$$\sin\varphi = \varphi - \frac{\varphi^3}{3!} + \frac{\varphi^5}{5!} - \frac{\varphi^7}{7!} + \cdots \tag{2.18}$$
$$\mathrm{e}^u = 1 + \frac{u}{1!} + \frac{u^2}{2!} + \frac{u^3}{3!} + \cdots$$

und wir erhalten daher

$$\cos\varphi + \mathrm{i}\sin\varphi = 1 + \mathrm{i}\varphi + \frac{(\mathrm{i}\varphi)^2}{2!} + \frac{(\mathrm{i}\varphi)^3}{3!} + \frac{(\mathrm{i}\varphi)^4}{4!} + \cdots , \qquad (2.19)$$

sodass gemäß (2.18) folgt

$$\cos\varphi + i\sin\varphi = \mathrm{e}^{\mathrm{i}\varphi} , \qquad (2.20)$$

wobei die Beziehungen $\mathrm{i}^2 = -1$, $\mathrm{i}^3 = -i$, $\mathrm{i}^4 = 1$, etc angewandt wurden. Die Gleichung (2.20) wird meist die Euler'sche Formel genannt. Analog finden wir

$$\cos\varphi - \mathrm{i}\sin\varphi = \mathrm{e}^{-\mathrm{i}\varphi} , \qquad (2.21)$$

woraus sich sofort die weiteren Beziehungen ergeben

$$\cos\varphi = \frac{\mathrm{e}^{\mathrm{i}\varphi} + \mathrm{e}^{-\mathrm{i}\varphi}}{2} , \quad \sin\varphi = \frac{\mathrm{e}^{\mathrm{i}\varphi} - \mathrm{e}^{-\mathrm{i}\varphi}}{2\mathrm{i}} . \qquad (2.22)$$

Diese Formeln zeigen eine bemerkenswerte und sehr nützliche Beziehung zwischen der Exponentialfunktion und den trigonometrischen Funktionen, die in der Physik häufig zur Anwendung kommen. Mithilfe der Sätze über die Multiplikation von Reihen lässt sich zeigen, dass selbst für komplexe Exponenten die Beziehung gilt

$$\mathrm{e}^{x_1} e^{x_2} = \mathrm{e}^{x_1 + x_2} \qquad (2.23)$$

und daher erhalten wir

$$\mathrm{e}^{x+\mathrm{i}y} = \mathrm{e}^x \mathrm{e}^{\mathrm{i}y} = \mathrm{e}^x(\cos y + \mathrm{i}\sin y) . \qquad (2.24)$$

Ferner gilt wegen (2.23) für ganzzahlige Werte von n, dass

$$\left(\mathrm{e}^{\mathrm{i}\varphi}\right)^n = \mathrm{e}^{\mathrm{i}n\varphi} \qquad (2.25)$$

ist und wir finden daher mithilfe von (2.20) die weitere Beziehung

$$(\cos\varphi + \mathrm{i}\sin\varphi)^n = \cos n\varphi + \mathrm{i}\sin n\varphi . \qquad (2.26)$$

Wenn wir die Gleichungen (2.15) und (2.20) kombinieren, können wir eine komplexe Zahl auf eine sehr nützliche Form bringen

$$z = x + \mathrm{i}y = r(\cos\varphi + \mathrm{i}\sin\varphi) = r\mathrm{e}^{\mathrm{i}\varphi} . \qquad (2.27)$$

Diese Darstellung ist sehr nützlich, wenn zwei komplexe Zahlen miteinander multipliziert oder durch einander dividiert werden sollen, denn wir finden

$$z_1 \cdot z_2 = \left(r_1 \mathrm{e}^{\mathrm{i}\varphi_1}\right)\left(r_2 \mathrm{e}^{\mathrm{i}\varphi_2}\right) = r_1 r_2 \mathrm{e}^{\mathrm{i}(\varphi_1 + \varphi_2)} . \qquad (2.28)$$

Also sind zur Multiplikation zweier komplexer Zahlen ihre beiden Moduli miteinander zu multiplizieren, um den Modul des Produktes zu erhalten und

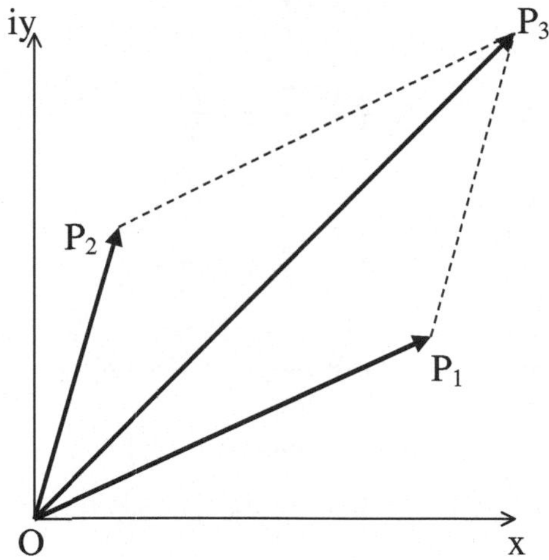

Abbildung 2.2. Summe komplexer Zahlen

es sind die beiden Phasen zu addieren, um die Phase des Produktes zu finden. Bei der Division zweier komplexer Zahlen erhalten wir hingegen

$$\frac{z_1}{z_2} = \frac{r_1 \mathrm{e}^{\mathrm{i}\varphi_1}}{r_2 \mathrm{e}^{\mathrm{i}\varphi_2}} = \frac{r_1}{r_2} \mathrm{e}^{\mathrm{i}(\varphi_1 - \varphi_2)} \; . \tag{2.29}$$

Hier werden also die beiden Moduli der komplexen Zahlen dividiert und ihre beiden Argumente subtrahiert.

Zur Veranschaulichung der Summe zweier komplexer Zahlen z_1 und z_2 betrachten wir in Abb. 2.2 die beiden entsprechenden Punkte in der komplexen Zahlenebene. Mithilfe der Regeln (2.4) über die Addition komplexer Zahlen finden wir sofort, dass ihre Summe $z_1 + z_2$ durch den Punkt P_3 dargestellt wird, der durch Konstruktion des Parallelogramms aus den Vektoren OP_1 und OP_2 gewonnen werden kann. Aus der Abbildung ist sofort ersichtlich, dass die folgende Beziehung gilt

$$|z_1 + z_2| \leq |z_1| + |z_2| \; . \tag{2.30}$$

Hier gilt das Gleichheitszeichen nur dann, wenn die beiden Vektoren in gleicher Richtung orientiert sind. Dabei ist zu beachten, dass im Gegensatz zur Addition und Subtraktion komplexer Zahlen, die den elementaren Gesetzen der Vektoralgebra genügen, dies für das Produkt und den Quotienten zweier komplexer Zahlen nicht der Fall ist.

2.2.4 Potenzen und Wurzeln komplexer Zahlen

Der Wert von z^n, wo n eine positive ganze Zahl ist, lässt sich durch sukzessive Multiplikation von z mit sich selbst finden. Da $z = x + \mathrm{i}y$ ist, können wir durch Anwendung des Binominaltheorems $(x + \mathrm{i}y)^n$ berechnen. Auf diese Weise erhalten wir

$$z^2 = (x + \mathrm{i}y)^2 = x^2 - y^2 + 2\mathrm{i}xy \qquad (2.31)$$

und

$$z^3 = (x + \mathrm{i}y)^3 = x^3 - 3xy^2 + \mathrm{i}\left(3x^2y - y^3\right) . \qquad (2.32)$$

Eine einfache Methode, um allgemein Potenzen einer komplexen Zahl zu finden, besteht in der Anwendung der Polardarstellung von z. Wir erhalten dann mithilfe von (2.27)

$$z^n = \left(r\mathrm{e}^{\mathrm{i}\varphi}\right)^n = r^n\mathrm{e}^{\mathrm{i}n\varphi} . \qquad (2.33)$$

Wenn die Zahl z in der komplexen Zahlenebene auf einem Einheitskreis um den Ursprung $z = 0$ liegt, dann ist $r = 1$ und wir gelangen so zum de Moivre'schen Theorem

$$\left(\mathrm{e}^{\mathrm{i}\varphi}\right)^n = (\cos\varphi + \mathrm{i}\sin\varphi)^n = \cos n\varphi + \mathrm{i}\sin n\varphi . \qquad (2.34)$$

In diesem Zusammenhang haben wir zu beachten, dass wir zum Polarwinkel φ jedes beliebige Vielfache von 2π hinzuaddieren können, ohne den Wert der Zahl z zu ändern, denn es gilt

$$z = r(\cos\varphi + \mathrm{i}\sin\varphi) = r\left[\cos(\varphi + 2k\pi) + \mathrm{i}\sin(\varphi + 2k\pi)\right] = r\mathrm{e}^{\mathrm{i}(\varphi + 2k\pi)} . \qquad (2.35)$$

Dies ist daher die allgemeinste Form der komplexen Zahl z, und wie wir sehen, ist sie 2π-periodisch.

Als nächstes betrachten wir die Umkehrfunktion der Potenz z^n, nämlich die Wurzel $w = z^{\frac{1}{n}}$ und dies ist gleichfalls eine komplexe Zahl, die zur n-ten Potenz erhoben, die Zahl z liefert. Mithilfe der allgemeinen Form (2.35) von z erhalten wir

$$w_k = z^{\frac{1}{n}} = r^{\frac{1}{n}}\left[\cos\frac{\varphi + 2k\pi}{n} + \mathrm{i}\sin\frac{\varphi + 2k\pi}{n}\right] . \qquad (2.36)$$

Demnach ergeben sich n verschiedene Werte $w_k = z^{\frac{1}{n}}$, wo k sukzessive die Werte 0, 1, 2, 3, $\cdots n - 1$ annimmt. Dabei ist $r^{\frac{1}{n}} = \sqrt[n]{r}$ gleich der positiven Wurzel der positiven Zahl r . Wir nennen w_k die n Zweige der n-deutigen komplexen Funktion $w = z^{\frac{1}{n}}$ und der Punkt $z = 0$ heißt der Verzweigungspunkt dieser Funktion, da sich in ihm alle n Zweige treffen. Hat der Punkt z in der komplexen Zahlenebene einmal eine geschlossene Kurve C um den Punkt z durchlaufen, dann ist der Punkt w in der komplexen w-Ebene erst um einen Zweig weitergerückt und erst nach n Umläufen in der z-Ebene hat der Bildpunkt w in der w-Ebene alle Zweige w_k durchlaufen und ist zum Ausgangspunkt zurückgekehrt. Die hier, anhand des vorliegenden Beispiels, eingeführte Begriffsbildung der Abbildung der komplexen z-Ebene auf die komplexe w-Ebene mithilfe der komplexen Funktion $w = z^{\frac{1}{n}}$ erweist sich ganz allgemein in der Funktionentheorie als eine sehr nützliche Veranschaulichung funktionentheoretischer Zusammenhänge. Wenn wir $r = 1$ setzen, können wir insbesondere die Wurzeln der Gleichung

$$w^n = 1 \tag{2.37}$$

finden, denn es ist mithilfe von (2.36)

$$w_k = 1^{\frac{1}{n}} = \mathrm{e}^{\mathrm{i}\left(\frac{0+2k\pi}{n}\right)} = \cos\frac{2k\pi}{n} + \mathrm{i}\sin\frac{2k\pi}{n} , \tag{2.38}$$

wo $k = 0, 2, 3, \cdots n-1$. Damit liegen die n Wurzeln auf einem Einheitskreis um den Punkt $w = 0$ im äquidistanten Winkelabstand $\frac{2\pi}{n}$.

2.2.5 Exponentialfunktion und trigonometrische Funktionen

Wir definieren die Exponentialfunktion und die trigonometrischen Funktionen für komplexe Argumente z durch dieselben Reihen wie im reellen Gebiet

$$\mathrm{e}^z = 1 + \frac{z}{1!} + \frac{z^2}{2!} + \frac{z^3}{3!} + \cdots \frac{z^n}{n!} + \cdots \tag{2.39}$$

$$\sin z = z - \frac{z^3}{3!} + \frac{z^5}{5!} - \cdots + (-1)^{n-1}\frac{z^{2n-1}}{(2n-1)!} + \cdots \tag{2.40}$$

$$\cos z = 1 - \frac{z^2}{2!} + \frac{z^4}{4!} - \cdots + (-1)^{n-1}\frac{z^{2n-2}}{(2n-2)!} + \cdots . \tag{2.41}$$

Mithilfe von (2.39) erhalten wir

$$\mathrm{e}^0 = 1 , \quad \mathrm{e}^{z_1}\mathrm{e}^{z_2} = \mathrm{e}^{z_1+z_2} . \tag{2.42}$$

Dies sind die grundlegenden Eigenschaften der Exponentialfunktion. Aus den Gleichungen (2.39, 2.40, 2.41) gewinnen wir ferner

$$\mathrm{e}^{\mathrm{i}z} = \cos z + \mathrm{i}\sin z , \quad \mathrm{e}^{-\mathrm{i}z} = \cos z - \mathrm{i}\sin z \tag{2.43}$$

und daraus durch Addition oder Subtraktion

$$\cos z = \frac{\mathrm{e}^{\mathrm{i}z} + \mathrm{e}^{-\mathrm{i}z}}{2} , \quad \sin z = \frac{\mathrm{e}^{\mathrm{i}z} - \mathrm{e}^{-\mathrm{i}z}}{2\mathrm{i}} . \tag{2.44}$$

Schließlich ergeben sich mithilfe der Beziehungen (2.42, 2.43) die weiteren Relationen

$$\begin{aligned} \sin(z_1 \pm z_2) &= \sin z_1 \cos z_2 \pm \cos z_1 \sin z_2 \\ \cos(z_1 \pm z_2) &= \cos z_1 \cos z_2 \mp \sin z_1 \sin z_2 \end{aligned} \tag{2.45}$$

in Analogie zu den elementaren Relationen der ebenen Trigonometrie. Von dort wissen wir auch, dass die trigonometrischen Funktionen 2π-periodisch sind. ähnliches gilt auch für die Exponentialfunktion und die trigonometrischen Funktionen im komplexen Gebiet, denn

$$\mathrm{e}^{z+\mathrm{i}2k\pi} = \mathrm{e}^z \mathrm{e}^{\mathrm{i}2k\pi} = \mathrm{e}^z(\cos 2k\pi + \mathrm{i}\sin 2k\pi) = \mathrm{e}^z \qquad (2.46)$$

und daraus folgt durch Kombination mit (2.44)

$$\sin(z + 2k\pi) = \sin z\,, \quad \cos(z + 2k\pi) = \cos z\,. \qquad (2.47)$$

Demnach ist die Exponentialfunktion periodisch mit der imaginären Periode $2\pi\mathrm{i}$ und die Sinus- und Cosinus-Funktionen sind periodisch mit der reellen Periode 2π.

2.2.6 Die hyperbolischen Funktionen

Die hyperbolischen Sinus- und Cosinus-Funktionen sind für komplexe Werte z ihres Arguments durch die Beziehungen definiert

$$\sinh z = \frac{\mathrm{e}^z - \mathrm{e}^{-z}}{2}\,, \quad \cosh z = \frac{\mathrm{e}^z + \mathrm{e}^{-z}}{2} \qquad (2.48)$$

mit deren Hilfe wir erhalten

$$\sinh \mathrm{i}z = \frac{\mathrm{e}^{\mathrm{i}z} - \mathrm{e}^{-\mathrm{i}z}}{2} = \mathrm{i}\sin z\,, \quad \cosh \mathrm{i}z = \frac{\mathrm{e}^{\mathrm{i}z} + \mathrm{e}^{-\mathrm{i}z}}{2} = \cos z \qquad (2.49)$$

und analog

$$\sinh z = -\mathrm{i}\sin \mathrm{i}z\,, \quad \cosh z = \cos \mathrm{i}z\,. \qquad (2.50)$$

Wir sehen also, dass die hyperbolischen Funktionen im wesentlichen trigonometrische Funktionen mit komplexem Argument sind. Daher gewinnen wir auch aus den Beziehungen zwischen den trigonometrischen Funktionen die entsprechenden Relationen zwischen den hyperbolischen Funktionen. So gilt zum Beispiel

$$\cosh^2 z - \sinh^2 z = 1 \qquad (2.51)$$

und die Beziehungen

$$\sinh(z_1 + z_2) = \sinh z_1 \cosh z_2 + \cosh z_1 \sinh z_2$$
$$\cosh(z_1 + z_2) = \cosh z_1 \cosh z_2 - \sinh z_2 \sinh z_2\,, \qquad (2.52)$$

deren Nachweis wir dem Leser überlasen. Wenn wir in der letzten Gleichung $z_2 = \mathrm{i}2k\pi$ setzen, so ergibt sich mithilfe von (2.49)

$$\sinh(z + \mathrm{i}2k\pi) = \sinh z$$
$$\cosh(z + \mathrm{i}2k\pi) = \cosh z\,. \qquad (2.53)$$

Daraus ist zu schließen, dass ähnlich wie die Exponentialfunktion auch die hyperbolischen Funktionen die imaginäre Periode $2\pi\mathrm{i}$ haben.

2.2.7 Der Logarithmus

Der Logarithmus sei auch im komplexen Gebiet die Umkehrfunktion der Exponentialfunktion. Wenn also

$$z = e^w \tag{2.54}$$

ist, dann soll gelten

$$w = \ln z \ . \tag{2.55}$$

Aus dieser Definition ergeben sich mithilfe der Beziehungen (2.42) für die Exponentialfunktion die folgenden grundlegenden Eigenschaften des Logarithmus

$$\ln(z_1 \cdot z_2) = \ln z_1 + \ln z_2 \ , \quad \ln \tfrac{z_1}{z_2} = \ln z_1 - \ln z_2 \tag{2.56}$$

und

$$\ln z^n = n \ln z \ , \quad \ln 1 = 0 \ . \tag{2.57}$$

Der Logarithmus einer komplexen Zahl z kann in folgender Weise in seinen Real- und Imaginärteil zerlegt werden. Mithilfe der Euler'schen Formel (2.27) können wir herleiten

$$\ln z = \ln r e^{i\varphi} = \ln r + \ln e^{i\varphi} = \ln r + i\varphi$$
$$= \frac{1}{2} \ln(x^2 + y^2) + i \arctan \frac{y}{x} \ . \tag{2.58}$$

In dieser Gleichung ist $\ln r$ der gewöhnliche reelle Logarithmus für positive Zahlen r, wie man ihn in Logarithmentafeln finden kann. Nun lässt sich aber auch der Logarithmus einer reellen negativen Zahl finden. Zum Beispiel erhalten wir für $\ln(-5)$, wegen $-5 = 5e^{i\pi}$ das Resultat

$$\ln(-5) = \ln 5 + i\pi = 1.6094 + i\pi \tag{2.59}$$

und insbesondere

$$\ln(-1) = i\pi \ . \tag{2.60}$$

Schließlich haben wir noch hervorzuheben, dass der Logarithmus einer komplexen Zahl z eine unendlich vieldeutige Funktion ist, deren einzelne Zweige sich um ein Vielfaches von $2\pi i$ unterscheiden, denn wir erhalten mit $z = r e^{i(\varphi + 2k\pi)}$

$$w = \ln z = \ln r + i(\varphi + 2k\pi) \ , \quad k = 0, \pm 1, \pm 2, \pm 3, \cdots \ . \tag{2.61}$$

In diesem Fall nennt man den Punkt $z = 0$ den Windungspunkt von $\ln z$, da sich um diesen Punkt alle unendlich vielen Zweige der komplexen Funktion herumwinden und sie sich alle im Punkt $z = 0$ treffen. Analog kann man zeigen, dass auch die Umkehrfunktionen der trigonometrischen und hyperbolischen Funktionen, also $\arcsin z$, $\arccos z$, $\operatorname{arc sinh} z$, $\operatorname{arc cosh} z$ unendlich vieldeutige Funktionen sind. Dies ist verständlich, da sie über die Exponentialfunktion eng mit dem Logarithmus zusammenhängen. Die Vieldeutigkeit der betrachteten Funktionen, d. h. der Wurzel, des Logarithmus und der verwandten Funktionen ist eine Folge der Periodizität der Ausgangsfunktionen in der komplexen Zahlenebene.

2.2.8 Abschließende Bemerkungen

Wir haben anhand der elementaren komplexen Funktionen z^n, e^z, $\sin z$, $\cos z$, etc. gesehen, dass sie sich durch Ausmultiplizieren der Produkte und Reihen in ihre Real- und Imaginärteile zerlegen lassen, d. h. allgemein kann eine komplexe Funktion $f(z)$ in der Form angesetzt werden

$$f(z) = u(x,y) + \mathrm{i}v(x,y) \, , \tag{2.62}$$

wo $u(x,y)$ und $v(x,y)$ reelle Funktionen der Veränderlichen x und y sind. Man kann sich also vorstellen, dass durch die Funktion $w = f(z)$ alle Punkte $z = x + \mathrm{i}y$ der z-Ebene auf Punkte $w = u + \mathrm{i}v$ der komplexen w-Ebene abgebildet werden. Wie wir gesehen haben, können solche Abbildungen eindeutig oder mehrdeutig sein. In diesem Buch werden wir uns in Kap. 7 vornehmlich mit eindeutigen komplexen Funktionen beschäftigen. In den folgenden Kapiteln werden wir es häufig mit dem Spezialfall von komplexen Funktionen zu tun haben, die nur längs der reellen x-Achse definiert sind, also

$$f(x) = u(x) + \mathrm{i}v(x) \, . \tag{2.63}$$

Beispiele

1. Ebene elektromagnetische Wellen Unter den Beispielen von Abschn. 1.4 haben wir die d'Alembert'sche Wellengleichung (1.118) hergeleitet, der im Vakuum sowohl das elektrische Feld $\boldsymbol{E}(\boldsymbol{r},t)$ als auch das magnetische Induktionsfeld $\boldsymbol{B}(\boldsymbol{r},t)$ genügen. Wenn wir eine ebene, monochromatische elektromagnetische Welle betrachten, so lässt sich diese in reeller Form so ausdrücken

$$\boldsymbol{E}(\boldsymbol{r},t) = \boldsymbol{E}\sin(\omega t - \boldsymbol{k}\cdot\boldsymbol{r}) \, , \tag{2.64}$$

wo $\boldsymbol{E}$ die elektrische Feldamplitude, ω die Frequenz der Welle und $\boldsymbol{k} = \frac{\omega}{c}\boldsymbol{n}$ den Wellenvektor darstellen. Dabei ist $\boldsymbol{n}$ der Einheitsvektor der Fortpflanzungsrichtung der Welle. In vielen Fällen ist es jedoch weitaus vorteilhafter, die komplexe Schreibweise zu verwenden und die Lösung anzusetzen

$$\boldsymbol{E}(\boldsymbol{r},t) = \boldsymbol{E}\mathrm{e}^{\mathrm{i}\varphi} \, , \; \varphi = \omega t - \boldsymbol{k}\cdot\boldsymbol{r} \, , \tag{2.65}$$

wo $\boldsymbol{E}$ eine reelle konstante Vektoramplitude und φ die Phase der Welle sind. Diese Welle muss der d'Alembert'schen Wellengleichung genügen, also muss bei unserem Beispiel gelten

$$\Delta\boldsymbol{E}(\boldsymbol{r},t) - \frac{1}{c^2}\frac{\partial^2}{\partial t^2}\boldsymbol{E}(\boldsymbol{r},t) = 0 \, . \tag{2.66}$$

Mithilfe der Leibniz'schen Kettenregel (A.6) liefert die zweimalige Ableitung von (2.65) nach der Zeit $-\omega^2\boldsymbol{E}(\boldsymbol{r},t)$ und für die Anwendung des Laplace'schen Operators in (2.66) beachten wir, dass

$$\frac{\partial e^{i\varphi}}{\partial x_i} = \frac{\partial e^{i\varphi}}{\partial \varphi} \frac{\partial \varphi}{\partial x_i} = -i k_i e^{i\varphi} \tag{2.67}$$

ist und folglich nach zweimaliger Anwendung der Differenziation $\Delta \boldsymbol{E}(\boldsymbol{r},t) = -k^2 \boldsymbol{E}(\boldsymbol{r},t)$ resultiert. Also liefert das Einsetzen von (2.65) in (2.66)

$$\left(-k^2 + \frac{\omega^2}{c^2}\right) \boldsymbol{E}(\boldsymbol{r},t) = 0 \tag{2.68}$$

und es ist daher unsere ebene Welle eine Lösung der d'Alembert'schen Wellengleichung, wenn die sogenannte „Dispersionsrelation" $\omega^2 = (ck)^2$ erfüllt ist, wo $\omega = 2\pi\nu$ die Kreisfrequenz und $k = \frac{2\pi}{\lambda}$ die Wellenzahl der Welle sind, wobei λ die Wellenlänge darstellt. Daraus ergibt sich die dem Leser bekannte elementare Beziehung $\lambda\nu = c$. Ein analoges Resultat erhalten wir, wenn wir für das magnetische Induktionsfeld den Lösungsansatz machen $\boldsymbol{B}(\boldsymbol{r},t) = \boldsymbol{B}e^{i\varphi}$, wo φ dieselbe Phase wie in (2.65) ist. Bei der Behandlung der Beispiele in Abschn. 1.4.2 haben wir auch gesehen, dass im ladungsfreien Raum gilt

$$\operatorname{div}\boldsymbol{B}(\boldsymbol{r},t) = 0 \;, \quad \operatorname{div}\boldsymbol{E}(\boldsymbol{r},t) = 0 \;. \tag{2.69}$$

Wenn wir in diese Beziehungen die obigen Ansätze für $\boldsymbol{E}(\boldsymbol{r},t)$ und $\boldsymbol{B}(\boldsymbol{r},t)$ einsetzen, so erhalten wir, da die Amplituden konstante Vektoren sind, mithilfe von (2.67)

$$\begin{aligned}
\nabla \boldsymbol{E}(\boldsymbol{r},t) &= \boldsymbol{E}\,\nabla e^{i\varphi} = -i\boldsymbol{k} \cdot \boldsymbol{E}(\boldsymbol{r},t) = 0 \\
\nabla \boldsymbol{B}(\boldsymbol{r},t) &= -i\boldsymbol{k} \cdot \boldsymbol{B}(\boldsymbol{r},t) = 0 \;.
\end{aligned} \tag{2.70}$$

Also stehen in ebenen elektromagnetischen Wellenfeldern die Feldvektoren $\boldsymbol{E}$ und $\boldsymbol{B}$ stets senkrecht zur Fortpflanzungsrichtung $\boldsymbol{n} = \frac{\boldsymbol{k}}{k}$ der Welle. Im gleichen Abschn. 1.4.2 haben wir auch das Faraday'sche Induktionsgesetz kennen gelernt, das besagt

$$\operatorname{rot}\boldsymbol{E} = -\gamma\frac{\partial}{\partial t}\boldsymbol{B} \;. \tag{2.71}$$

Wenn wir hier unsere ebenen Wellenansätze einsetzen und beachten, dass die Feldamplituden konstante Vektoren sind, so erhalten wir wegen (2.67)

$$\nabla \times \boldsymbol{E}(\boldsymbol{r},t) = \nabla e^{i\varphi} \times \boldsymbol{E} = -i\boldsymbol{k} \times \boldsymbol{E}(\boldsymbol{r},t) = -i\omega\gamma\boldsymbol{B}(\boldsymbol{r},t) \tag{2.72}$$

und da $\boldsymbol{k} = \boldsymbol{n}k$ und $k = \frac{\omega}{c}$ sind, schließen wir aus (2.72) die wichtige Beziehung

$$\boldsymbol{n} \times \boldsymbol{E}(\boldsymbol{r},t) = c\gamma\boldsymbol{B}(\boldsymbol{r},t) \;. \tag{2.73}$$

Also stehen in einem elektromagnetischen Wellenfeld die Feldvektoren $\boldsymbol{E}$ und $\boldsymbol{B}$ senkrecht zueinander und beide senkrecht auf der Fortpflanzungsrichtung $\boldsymbol{n}$, d. h. das elektromagnetische Wellenfeld ist transversal.

2. Die Fourier-Funktionen Als Fourier-Funktionen wollen wir jenes Funktionensystem bezeichnen, das im folgenden Kapitel bei der Diskussion der Fourier'schen Reihen von Interesse sein wird. Als Ausgangspunkt wählen wir die elementare komplexe Funktion

$$f(\varphi) = a e^{i\varphi} = a(\cos\varphi + i\sin\varphi) \,, \tag{2.74}$$

von der wir bereits gesehen haben, dass sie 2π-periodisch ist. Nun betrachten wir allgemeiner das Funktionensystem

$$f_n(\varphi) = a_n e^{in\varphi} = a_n(\cos n\varphi + i\sin n\varphi) \,, \tag{2.75}$$

wo $n = 0, \pm1, \pm2, \pm3, \cdots$ ist. Von diesem System können wir uns leicht überzeugen, dass es auch 2π-periodisch ist, denn

$$f_n(\varphi + 2k\pi) = a_n e^{in(\varphi+2k\pi)}$$
$$= a_n[\cos n(\varphi + 2k\pi) + i\sin n(\varphi + 2k\pi)] = f_n(\varphi) \,, \tag{2.76}$$

da $e^{i2nk\pi} = 1$ ist. Anstelle die Funktionen $f_n(\varphi)$ in der komplexen Zahlenebene auf einem Kreis vom Radius a_n zu betrachten, ist es bei den physikalischen Anwendungen meist interessanter, in einem Kartes'schen Koordinatensystem längs der Abszisse den Winkel φ aufzutragen und längs der Ordinate den Real- und Imaginärteil von $f_n(\varphi)$. Die in der Natur vorkommenden periodischen Vorgänge, wie mechanische Schwingungen, Oszillationen in Schaltkreisen der Elektrotechnik, oder elektromagnetische Wellen, etc., haben in den wenigsten Fällen die Periode 2π, sondern eher eine räumliche Periodenlänge 2ℓ oder eine zeitliche Periode $2T$, wobei wir hier den Faktor 2 nur aus Zweckmäßigkeit eingeführt haben. Um nun von den Funktionen $f_n(\varphi)$ zu den analogen Funktionen $f_n(x)$, bzw. $f_n(t)$ zu gelangen, haben wir zum Beispiel $\varphi = \alpha x$ zu setzen und den Dehnungsfaktor α zu bestimmen. So erhalten wir mit $\varphi = 2\pi$ und $x = 2\ell$ für $\alpha = \frac{\pi}{\ell}$. Also werden die 2ℓ-periodischen Funktionen $f_n(x)$ anstelle von (2.75) lauten

$$f_n(x) = a_n[\cos\frac{n\pi}{\ell}x + i\sin\frac{n\pi}{\ell}x] \tag{2.77}$$

und bei zeitlicher Abhängigkeit lautet das Argument dieser Funktionen analog $\frac{n\pi}{T}t$. Diese Funktionen haben nun folgende wichtige Eigenschaften:

1. Sie bilden ein System orthogonaler Funktionen und zwar in folgender Weise. Wir bilden das Produkt zweier Funktionen der Form (2.77) mit den Indizes n und k und integrieren das Resultat über eine Periode von $x = \lambda$ bis $x = \lambda + 2\ell$, wo λ beliebig gewählt werden kann. Dann erhalten wir

$$\int_{\lambda}^{\lambda+2\ell} f_n^*(x) f_k(x)\,\mathrm{d}x \tag{2.78}$$

$$= \int_{\lambda}^{\lambda+2\ell} a_n a_k e^{-i\frac{(n-k)\pi}{\ell}x}\,\mathrm{d}x = \frac{i\ell a_n a_k}{(n-k)\pi} e^{-i\frac{(n-k)\pi}{\ell}x}\Big|_{\lambda}^{\lambda+2\ell}$$

$$= \frac{i\ell a_n a_k}{(n-k)\pi} e^{-i\frac{(n-k)\pi}{\ell}\lambda}(e^{-i2(n-k)\pi} - 1) = 0 \,, \quad \text{für } k \neq n \,.$$

Hingegen ergibt sich für $k = n$

$$\int_{\lambda}^{\lambda+2\ell} f_n^*(x) f_n(x)\mathrm{d}x = \int_{\lambda}^{\lambda+2\ell} |f_n(x)|^2\mathrm{d}x = a_n^2(\lambda + 2\ell - \lambda) = a_n^2 2\ell \ .$$

$$(2.79)$$

2. Oft ist es zweckmäßig, die Funktionen $f_n(x)$ zu normieren, derart, dass das Integral (2.79) den Wert eins hat. Dazu genügt es, $a_n = \frac{1}{\sqrt{2\ell}}$ zu wählen. Damit bilden dann die Funktionen $f_n(x)$ das „Orthonormalsystem" der Fourier-Funktionen und wir erhalten

$$\int_{\lambda}^{\lambda+2\ell} f_n^*(x) f_k(x)\mathrm{d}x = \frac{1}{2\ell} \int_{\lambda}^{\lambda+2\ell} \mathrm{e}^{-\mathrm{i}\frac{(n-k)\pi}{\ell}x}\mathrm{d}x = \delta_{n,k} \ , \qquad (2.80)$$

wo $\delta_{n,k}$ das Kronecker-Symbol ist. Dabei durchlaufen n und k alle ganzen Zahlen im Bereich $(-\infty, +\infty)$. Solche orthogonale Funktionensysteme spielen in der Physik eine wichtige Rolle und wir werden uns in den folgenden Kapiteln noch eingehender mit ihnen beschäftigen.

2.3 Die Dirac'sche δ-Funktion

Am Anfang dieses Kapitels wurde bereits auf die Nützlichkeit der Dirac'schen δ-Funktion in vielen Bereichen der Theoretischen Physik hingewiesen. Diese Funktion wird im Folgenden zunächst definiert und daran schließt sich eine Diskussion ihrer verschiedenen Darstellungen und Eigenschaften an.

2.3.1 Definition der δ-Funktion

Die Dirac'sche δ-Funktion ist eine im üblichen Sinne sehr uneigentliche Funktion und findet ihre tiefere Begründung im Rahmen der Distributionstheorie, worauf wir aber hier nicht eingehen wollen. Diese Funktion sei durch folgende Eigenschaften definiert. Wir nehmen an, $f(x)$ sei eine in der Umgebung von x_0 beliebig oft stetig differenzierbare Funktion. Dann soll gelten

$$\int_a^b \delta(x - x_0)f(x)\mathrm{d}x = \left\{ \begin{array}{ll} f(x_0), & \text{für} \quad a < x_0 < b \\ 0, & \text{für} \quad x_0 < a \ \text{oder} \ x_0 > b \end{array} \right\} , \qquad (2.81)$$

wobei das Gleichheitszeichen unter den obigen Bedingungen auszuschließen ist. Wenn wir $f(x) = f(x_0)$ setzen, folgt daraus

$$\int_a^b \delta(x - x_0)\mathrm{d}x = 1, \quad \{\text{für } a < x_0 < b \text{ und } \delta(x - x_0) = 0, \text{ für } x \neq x_0 \ .\}$$

$$(2.82)$$

Also strebt die δ-Funktion in infinitesimaler Umgebung von x_0 in dem Maße gegen unendlich, dass stets das Integral über sie den Wert 1 hat. Dies können wir durch folgenden Grenzprozess veranschaulichen, der auch eine der

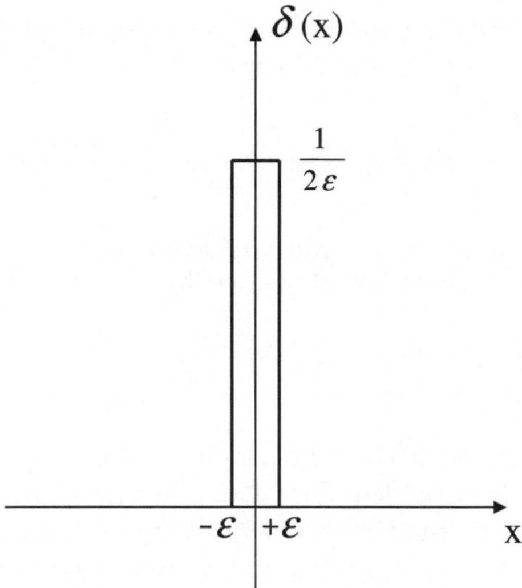

Abbildung 2.3. Zur δ-Funktion

möglichen Darstellungen der δ -Funktion liefert. Wir betrachten die Funktion (vgl. Abb. 2.3)

$$\delta_\varepsilon(x) = \left\{ \begin{array}{ll} \dfrac{1}{2\varepsilon}, & |x| < \varepsilon \\ 0, & |x| > \varepsilon \end{array} \right\} \tag{2.83}$$

und integrieren diese im Intervall $(-\infty < x < +\infty)$. Dies ergibt

$$\int_{-\infty}^{+\infty} \delta_\varepsilon(x)\mathrm{d}x = \frac{1}{2\varepsilon} \int_{-\varepsilon}^{+\varepsilon} \mathrm{d}x = 1 \ . \tag{2.84}$$

Wenn daher $f(x)$ eine beliebige, im Intervall $(-\varepsilon, +\varepsilon)$ integrable Funktion ist, so liefert der Mittelwertsatz der Integralrechnung (siehe Anh. A.2.8 (A.89))

$$\int_{-\infty}^{+\infty} \delta_\varepsilon(x)f(x)\mathrm{d}x = \frac{1}{2\varepsilon} \int_{-\varepsilon}^{+\varepsilon} f(x)\mathrm{d}x = f(\kappa\varepsilon) \ , \quad \text{für } |\kappa| \leq 1 \ . \tag{2.85}$$

Wir können daher die δ-Funktion durch den Grenzübergang definieren

$$\delta(x) = \lim_{\varepsilon \to 0} \delta_\varepsilon(x) \tag{2.86}$$

und erhalten dann aus (2.83, 2.84) im Limes $\varepsilon \to 0$ die anfangs genannte Eigenschaft (2.82), wenn wir x durch $x - x_0$ ersetzen. Natürlich gibt es eine Reihe anderer Darstellungen der δ-Funktion, die im Grenzfall dieselben Eigenschaften erfüllen und die in der Physik häufig Anwendung finden. Eine dieser Darstellungen werden wir bei der Besprechung der Vollständigkeit orthogonaler Funktionensysteme im nächsten Kapitel kennen lernen. Hier soll noch eine sehr nützliche und vielfach verwendete Darstellung besprochen werden. Dazu betrachten wir das Integral

$$\frac{1}{2\pi} \int_{-L}^{+L} \mathrm{e}^{\mathrm{i}k(x-x_0)}\mathrm{d}k = -\mathrm{i}\frac{\mathrm{e}^{\mathrm{i}k(x-x_0)}}{2\pi(x-x_0)}\bigg|_{-L}^{+L} = \frac{\sin L(x-x_0)}{\pi(x-x_0)} \tag{2.87}$$

und behaupten, dass dieses Integral im Grenzfall $L \to \infty$ eine Darstellung der δ-Funktion liefert. Dazu berechnen wir für $a < x_0 < b$

$$\frac{1}{\pi} \int_a^b \frac{\sin L(x-x_0)}{x-x_0}\mathrm{d}x = \frac{1}{\pi} \int_{L(a-x_0)}^{L(b-x_0)} \frac{\sin y}{y}\mathrm{d}y \ . \tag{2.88}$$

Von diesem Integral werden wir im Kapitel 7 über die Funktionentheorie zeigen, dass es für $L \to \infty$ den Wert 1 hat. Andererseits hat der Integrand für $x \to x_0$ den Wert $\frac{L}{\pi}$ und strebt daher mit wachsendem L gegen unendlich, während die Nullstellen x_n des Integranden, aufgrund der Bedingung $L(x_n - x_0) = n\pi$, mit wachsendem L immer näher beisammen liegen. Damit wird sich der Beitrag der raschen Oszillationen des Integranden zum Integral im Mittel wegheben. Also haben wir folgende Darstellung der δ-Funktion gefunden

$$\delta(x-x_0) = \lim_{L\to\infty} \frac{1}{2\pi} \int_{-L}^{+L} \mathrm{e}^{\mathrm{i}k(x-x_0)}\mathrm{d}k = \lim_{L\to\infty} \frac{\sin L(x-x_0)}{\pi(x-x_0)} \ . \tag{2.89}$$

Eine andere, häufig verwendete Darstellung der δ-Funktion ist durch den Ausdruck gegeben

$$\delta(x-x_0) = \lim_{\varepsilon\to 0} \frac{1}{\pi} \frac{\varepsilon}{\varepsilon^2 + (x-x_0)^2} \ . \tag{2.90}$$

Die Verwendung der δ-Funktion macht nur einen Sinn im Zusammenhang mit einer Integration. Aus den betrachteten Darstellungen erkennen wir auch, dass $\delta(x-x_0)$ eine symmetrische Funktion ist. Im folgenden Abschnitt wollen wir einige wichtige Rechenregeln für den Gebrauch der δ-Funktion behandeln.

2.3.2 Rechenregeln der δ-Funktion

Die folgenden Rechenregeln sind stets im Zusammenhang mit einer Integration zu sehen und die transformierten Ausdrücke für die δ-Funktion sind so zu verstehen, dass bei einer Integration der transformierte Ausdruck dasselbe Resultat liefert als der ursprünglich. Da die δ-Funktion eine symmetrische Funktion ist, gilt

$$\delta(x-x_0) = \delta(x_0-x) \ . \tag{2.91}$$

Wenn wir in der Definition (2.81) der δ-Funktion $f(x)$ durch $x-x_0$ ersetzen, so resultiert die Beziehung

$$(x-x_0)\delta(x-x_0) = 0 \ . \tag{2.92}$$

Wir betrachten ferner mithilfe der Substitution $y = \alpha x$, $\alpha > 0$, das Integral

$$\int_a^b f(x)\delta[\alpha(x - x_0)]\mathrm{d}x = \frac{1}{\alpha}\int_{\alpha a}^{\alpha b} f\left(\frac{y}{\alpha}\right)\delta(y - y_0)\mathrm{d}y = \frac{1}{\alpha}f(x_0) \qquad (2.93)$$

und schließen daraus die Äquivalenz

$$\delta[\alpha(x - x_0)] = \frac{1}{\alpha}\delta(x - x_0)\,, \quad \alpha > 0\,. \qquad (2.94)$$

Ebenso erhalten wir aufgrund der Definition (2.81)

$$f(x)\delta(x - x_0) = f(x_0)\delta(x - x_0)$$
$$\int \delta(x - x_0)\delta(x - x_1)\mathrm{d}x = \delta(x_0 - x_1) \qquad (2.95)$$

und mithilfe von (2.94) ergibt sich für $\alpha > 0$

$$\delta(x^2 - \alpha^2) = \delta[(x - \alpha)(x + \alpha)] = \frac{1}{2\alpha}[\delta(x - \alpha) + \delta(x + \alpha)]\,. \qquad (2.96)$$

Zur Verallgemeinerung der Formel (2.94) betrachten wir eine eindeutig differenzierbare Funktion $\varphi(x)$, die an der Stelle $x = x_0$ eine Nullstelle haben möge, und entwickeln in der infinitesimalen Umgebung dieser Stelle die Funktion in eine Taylor'sche Reihe

$$\varphi(x) = \varphi(x_0) + (x - x_0)\varphi'(x_0) + \cdots \cong (x - x_0)\varphi'(x_0)\,. \qquad (2.97)$$

Dann folgt mit $\varphi'(x_0) \neq 0$

$$\int_a^b f(x)\delta[\varphi(x)]\mathrm{d}x = \int_a^b f(x)\delta[\varphi'(x_0)(x - x_0)]\mathrm{d}x$$
$$= \frac{1}{|\varphi'(x_0)|}\int_a^b f(x)\delta(x - x_0)\mathrm{d}x = \frac{f(x_0)}{|\varphi'(x_0)|} \qquad (2.98)$$

und wenn die Funktion $\varphi(x)$ allgemeiner im Intervall (a, b) in den Punkten x_i, $i = 1, 2, 3, \cdots n$ Nullstellen besitzt, bei denen $\varphi'(x_i) \neq 0$ ist, so ergibt sich die Beziehung

$$\delta[\varphi(x)] = \sum_{i=1}^n \frac{\delta(x - x_i)}{|\varphi'(x_i)|}\,. \qquad (2.99)$$

Die Ableitung der δ-Funktion definieren wir mithilfe der zu Anfang gemachten Annahme, dass die Funktion $f(x)$ beliebig oft differenzierbar sein soll und wir daher eine partielle Integration (A.58) vornehmen dürfen, also

$$\int_a^b f(x)\delta'(x - x_0)\mathrm{d}x = f(x)\delta(x - x_0)\big|_a^b - \int_a^b f'(x)\delta(x - x_0)\mathrm{d}x = -f'(x_0)\,,$$
$$(2.100)$$

wobei der erste Term der partiellen Integration verschwindet. Setzen wir insbesondere $f(x) = x - x_0$, so erhalten wir die Beziehung

$$(x - x_0)\delta'(x - x_0) = -\delta(x - x_0) \ . \tag{2.101}$$

Da die Funktion $\delta(x-x_0)$ eine gerade Funktion von $x-x_0$ ist, ist die Ableitung $\delta'(x - x_0)$ eine ungerade Funktion, d. h.

$$\delta'(x - x_0) = -\delta'(x_0 - x) \tag{2.102}$$

und weil die δ-Funktion eine gerade Funktion ist, gilt

$$\int_0^a \delta(x)\mathrm{d}x = \left\{ \begin{array}{ll} \dfrac{1}{2}, & \text{für } a > 0 \\[2mm] -\dfrac{1}{2}, & \text{für } a < 0 \end{array} \right\} \ . \tag{2.103}$$

Die dreidimensionale δ-Funktion können wir als Verallgemeinerung von (2.89) durch die folgende Gleichung definieren

$$\delta(\boldsymbol{r} - \boldsymbol{r}_0) = \delta(x - x_0)\delta(y - y_0)\delta(z - z_0) = \frac{1}{(2\pi)^3} \int_{-\infty}^{\infty} \exp[\mathrm{i}\boldsymbol{k} \cdot (\boldsymbol{r} - \boldsymbol{r}_0)]\mathrm{d}^3 k \tag{2.104}$$

und es gilt dann, wenn $\boldsymbol{r}_0$ im Integrationsbereich liegt

$$\int f(\boldsymbol{r})\delta(\boldsymbol{r} - \boldsymbol{r}_0)\mathrm{d}v = f(\boldsymbol{r}_0) \ , \tag{2.105}$$

wo $\mathrm{d}v = \mathrm{d}x\mathrm{d}y\mathrm{d}z$ ist.

Beispiele

1. Das Fourier-Integraltheorem Mit diesem Theorem werden wir uns im folgenden Kapitel noch eingehender beschäftigen und es auf einem anderen Wege als Grenzfall einer Fourier-Reihe herleiten. Hier sei als Beispiel für die Anwendung der δ-Funktion folgende einfache Herleitung angegeben. Wir betrachten eine in $(-\infty, +\infty)$ integrable Funktion $f(x)$, die wir in folgender Weise mithilfe von (2.81) und (2.89) umformen

$$f(x) = \int_{-\infty}^{+\infty} f(x')\delta(x - x')\mathrm{d}x' = \int_{-\infty}^{+\infty} f(x') \left[\frac{1}{2\pi} \int_{-\infty}^{+\infty} \mathrm{e}^{\mathrm{i}k(x-x')}\mathrm{d}k \right] \mathrm{d}x'$$

$$= \int_{-\infty}^{+\infty} F(k)\mathrm{e}^{\mathrm{i}kx}\mathrm{d}k \ , \tag{2.106}$$

wobei wir die Fourier-Transformierte $F(k)$ von $f(x)$ durch das folgende Integral definiert haben

$$F(k) = \frac{1}{2\pi} \int_{-\infty}^{+\infty} f(x')\mathrm{e}^{-\mathrm{i}kx'}\mathrm{d}x' \ . \tag{2.107}$$

Dabei wurde angenommen, dass sich die beiden Integrationen über k und x' in (2.106) miteinander vertauschen lassen. Die letzten beiden Gleichungen bilden das genannte Integraltheorem, das in der Physik vielfache Anwendungen findet. Ist zum Beispiel in der Wellentheorie $f(x)$ ein räumlich begrenzter Wellenimpuls, so stellt $F(k)$ das Spektrum der entsprechenden Wellenzahlen $k = \frac{2\pi}{\lambda}$ dar und wenn $f(t)$ einen zeitlichen Impuls darstellt, dann ist $F(\omega)$ das mögliche Frequenzspektrum mit $\omega = \frac{2\pi}{T}$.

2. Lösung der Poisson-Gleichung In Abschn. 1.4.3 lernten wir die Poisson'sche Differenzialgleichung der Potenzialtheorie kennen

$$\Delta\Phi = -\alpha\rho \,, \tag{2.108}$$

wo ρ zum Beispiel eine beliebige, räumlich begrenzte Ladungsverteilung sein kann. Zur Lösung dieser Gleichung betrachten wir zunächst eine Punktquelle der Ladungsmenge q, die sich an der Stelle $\boldsymbol{r}_0$ befinden soll. Dann können wir für diese spezielle Ladungsverteilung ansetzen

$$\rho(\boldsymbol{r}) = q\delta(\boldsymbol{r} - \boldsymbol{r}_0) \,, \tag{2.109}$$

denn die Integration über diese Verteilung liefert den Wert q. Jetzt betrachten wir die Lösung der Gleichung

$$\Delta\Phi(\boldsymbol{r}) = -\alpha q\delta(\boldsymbol{r} - \boldsymbol{r}_0) \,. \tag{2.110}$$

Hier kann man sich durch Anwendung des Laplace-Operators überzeugen, dass

$$\Delta\frac{A}{R} = 0 \,, \quad R = |\boldsymbol{r} - \boldsymbol{r}_0| \tag{2.111}$$

sein wird, solange $\boldsymbol{r} \neq \boldsymbol{r}_0$ ist, wobei A eine noch zu bestimmende Konstante darstellt. Diesen Lösungsansatz (2.111) für Φ setzen wir in die Gleichung (2.110) ein und integrieren diese Gleichung über das Volumen einer Kugel um das Zentrum bei $\boldsymbol{r}_0$. Dies liefert mithilfe des Gauß'schen Integralsatzes (1.84) auf der linken Seite von (2.111)

$$\int_V \operatorname{div} \operatorname{grad}\frac{A}{R}\mathrm{d}v = \int_F \operatorname{grad}\frac{A}{R}\mathrm{d}\boldsymbol{f} = -A\int_F \frac{1}{R^2}\boldsymbol{n} \cdot \mathrm{d}\boldsymbol{f}$$

$$= -4\pi A = -\alpha q\int_V \delta(\boldsymbol{r} - \boldsymbol{r}_0)\mathrm{d}v = -\alpha q \,, \tag{2.112}$$

wobei beachtet wurde, dass auf der Oberfläche einer Kugel vom Radius R, die Flächennormale $\boldsymbol{n} = \frac{\boldsymbol{R}}{R}$ und $\mathrm{d}\boldsymbol{f} = \boldsymbol{n}R^2\mathrm{d}\Omega$ sind, wobei $\mathrm{d}\Omega = \sin\vartheta\mathrm{d}\vartheta\mathrm{d}\varphi$ das Oberflächenelement auf einer Kugel vom Radius $R = 1$ darstellt. Aus der letzten Gleichung (2.112) schließen wir auch noch auf den Wert der unbekannten Konstanten A, zu $A = \frac{\alpha q}{4\pi}$. Damit erhält man schließlich mit dem Ansatz $\Phi = \frac{A}{R}$ und der Gleichung (2.110) die Beziehung

$$\Delta\frac{1}{R} = -4\pi\delta(\boldsymbol{r} - \boldsymbol{r}_0) \tag{2.113}$$

und man nennt $G(\boldsymbol{r} - \boldsymbol{r}_0) = -\frac{1}{4\pi|\boldsymbol{r}-\boldsymbol{r}_0|}$ die Green'sche Funktion der Potenzialtheorie. Andererseits liefert unsere Rechnung für das Potenzial einer Punktladung

$$\Phi = \frac{\alpha q}{4\pi R} , \quad R = |\boldsymbol{r} - \boldsymbol{r}_0| . \tag{2.114}$$

Nach demselben Verfahren können wir nun das Potenzial einer Ansammlung von Punktladungen berechnen, die sich an den Orten $\boldsymbol{r}_i$ mit den Ladungsmengen q_i befinden, wo $i = 1, \cdots N$ ist, also

$$\Phi = \frac{\alpha}{4\pi} \sum_{i=1}^{N} \frac{q_i}{R_i} , \quad R_i = |\boldsymbol{r} - \boldsymbol{r}_i| \tag{2.115}$$

und wenn wir uns die Punktladungen q_i räumlich zur kontinuierlichen Ladungsdichte $\rho(\boldsymbol{r}')$ verschmiert denken, so lautet das Potenzial

$$\Phi(\boldsymbol{r}) = \frac{\alpha}{4\pi} \int_V \frac{\rho(\boldsymbol{r}')}{R} \mathrm{d}v' , \quad R = |\boldsymbol{r} - \boldsymbol{r}'| . \tag{2.116}$$

Das letzte Resultat können wir mithilfe der oben definierten Green'schen Funktion $G(\boldsymbol{r} - \boldsymbol{r}')$ auch in folgender Form ausdrücken

$$\Phi(\boldsymbol{r}) = -\alpha \int_V G(\boldsymbol{r} - \boldsymbol{r}')\rho(\boldsymbol{r}')\mathrm{d}v' . \tag{2.117}$$

Man nennt daher die Green'sche Funktion G gelegentlich den lösenden Kern der Poisson'schen Differenzialgleichung. Mit der Methode der Green'schen Funktion zur Lösung inhomogener partieller Differenzialgleichungen werden wir uns in den folgenden Kapiteln noch eingehender zu beschäftigen haben.

Übungsaufgaben

1. Zeige, dass die Summe zweier konjugiert komplexer Zahlen reell ist und ihre Differenz rein imaginär. Zeige, dass ihr Produkt reell ist und wann wird ihr Quotient reell sein?
2. Bestimme die Wurzeln der Gleichung $z^5 = 2 + \mathrm{i}4$ und mache eine Skizze in der komplexen Zahlenebene.
3. Finde analog die kubischen Wurzeln von -1 und mache eine Skizze.
4. Drücke das Polynom $x^4 + a^4$ durch das Produkt seiner Linearfaktoren, bzw. seiner quadratischen Faktoren aus.
5. Zeige, dass $\mathrm{e}^{\mathrm{i}\pi} = -1$ und $\mathrm{e}^{\mathrm{i}\frac{\pi}{2}} = \mathrm{i}$ ist.
6. Drücke $\mathrm{e}^{1+\mathrm{i}}$ in der Form $a + \mathrm{i}b$ aus und berechne a und b auf vier Dezimalen genau.
7. Zeige, dass $|\mathrm{e}^z| = \mathrm{e}^x$ und dass $|\mathrm{e}^{\mathrm{i}\varphi}| = 1$ sind, wo $z = x + \mathrm{i}y$ und φ reell ist.
8. Finde alle möglichen Werte von i^{i}.
9. Bestimme alle Werte von π^{π}.

10. Finde alle Werte von $\ln(2 + \mathrm{i}3)$ durch Umschreiben in die Form $a + \mathrm{i}b$, wo a und b reell sind.

11. Berechne die geometrische Summe $\sum_{r=1}^{n} \mathrm{e}^{\mathrm{i}rz}$. Aus dem Resultat folgt auch sofort der entsprechende Ausdruck, wenn z durch $-z$ ersetzt wird. Zeige, dass aus beiden Summen folgende Beziehung berechnet werden kann $\sum_{r=1}^{n} \sin rz = \frac{1}{2\sin(z/2)}[\cos(z/2) - \cos\{(n + 1/2)z\}]$. Etwas sehr ähnliches erhält man für eine Summe über $\cos rz$.

12. Man drücke $\sin(\mathrm{i} + \pi/4)$ in der Form $a + \mathrm{i}b$ aus, wo a und b reell sind.

13. Gegeben sei $x + \mathrm{i}y = \tan(\alpha + \mathrm{i}\beta)$, wo x, y, α, β reell sind. Man drücke (x, y) durch (α, β) aus.

14. Berechne $\mathrm{i}^{1+\mathrm{i}}$ in der Form $a + \mathrm{i}b$ und $(\sqrt{3} + \mathrm{i})^{\mathrm{i}}$.

15. Berechne die Fourier-Transformierte $F(\omega)$ der Funktion $f(t) = \mathrm{e}^{-\varepsilon|t|}$, $\varepsilon > 0$ und zeige, dass sie mit der Darstellung (2.90) der δ-Funktion übereinstimmt.

16. Berechne das Fourier-Spektrum $F(\omega')$ der gedämpften Schwingung mit $f(t) = 0$ für $t < 0$ und $f(t) = \mathrm{e}^{-\gamma t}\cos\omega t$, für $t \geq 0$, wobei $\gamma > 0$ ist.

3

Der Funktionenraum

3.1 Einleitung

Im vorangehenden Abschn. 2.2.8 haben wir das System der orthogonalen Fourier-Funktionen kennen gelernt. Es erweist sich nun als sehr nützlich, die geometrische Vorstellung einzuführen, dass dieses System von Funktionen ein unendliches orthogonales System von Einheitsvektoren im abstrakten, unendlich dimensionalen Raum der periodischen Funktionen definiert. Es gibt aber neben den Fourier-Funktionen noch eine ganze Reihe weiterer orthogonaler Funktionensysteme, die für die Physik sehr nützlich sind und deren Eigenschaften wir kennen lernen wollen, da sie bei der Lösung von Randwertproblemen partieller Differenzialgleichungen auftreten. Als solche partielle Differenzialgleichungen haben wir im Abschn. 1.4 etwa die Laplace'sche, Poisson'sche, d'Alembert'sche und Wärmeleitungsgleichung besprochen. Ferner ist der Formalismus des Funktionenraumes, auch Hilbert-Raum genannt, der viele Analogien mit den Rechenoperationen von Vektoren und Tensoren im dreidimensionalen Kartes'schen Raum aufweist (siehe Anh. B), die mathematische Basis, auf der die Quantenmechanik aufgebaut ist.

3.2 Die Fourier-Reihen

In der Physik gibt es sehr viele periodische Vorgänge, wie die Bewegung der Planeten, elektrische Schwingkreise, elektromagnetische Wellen und so fort. In den seltensten Fällen lassen sich diese periodischen Vorgänge durch die elementaren Sinus- und Cosinus-Funktionen beschreiben. Nun erkannte J. J. Fourier zu Anfang des 19. Jahrhunderts, dass eine große Klasse periodischer Funktionen sich in Form einer Reihe, bestehend aus Sinus- und Cosinus-Funktionen, oder äquivalent aus komplexen Exponentialfunktionen darstellen lässt. Der Allgemeinheit wegen betrachten wir eine komplexe Funktion $f(x)$, welche die Periode 2ℓ haben soll, d. h.

$$f(x) = u(x) + iv(x) = f(x + 2\ell) \tag{3.1}$$

und versuchen, diese durch eine Reihe nach den orthogonalen, komplexen Fourier-Funktionen $f_n(x)$ darzustellen, die wir in Abschn. 2.2.8 als Beispiel betrachtet haben

$$f(x) \cong S(x) = \sum_{n=-\infty}^{+\infty} c_n f_n(x) = \frac{1}{\sqrt{2\ell}} \sum_{n=-\infty}^{+\infty} c_n e^{i\frac{n\pi}{\ell}x} \tag{3.2}$$

und fragen unter welchen Bedingungen $f(x) = S(x)$ ist, also in (3.2) das Gleichheitszeichen gilt. Zur Berechnung der Entwicklungskoeffizienten c_n setzen wir voraus, dass die Reihe (3.2) gleichmäßig konvergiert und wir daher Summation und Integration miteinander vertauschen können. Wir multiplizieren die Reihe von links auf beiden Seiten mit $f_r^*(x)$ und integrieren über eine Periode $(\lambda, \lambda + 2\ell)$, wie wir dies in Abschn. 2.2.8 bereits vorgeführt haben. Dann erhalten wir wegen der Orthogonalitätsrelation (2.80) für die Funktionen $f_n(x)$, nämlich

$$\int_{\lambda}^{\lambda+2\ell} f_r^*(x)f_n(x)\mathrm{d}x = \frac{1}{2\ell} \int_{\lambda}^{\lambda+2\ell} e^{-i\frac{(r-n)\pi}{\ell}x}\mathrm{d}x = \delta_{r,n} , \tag{3.3}$$

das folgende Resultat

$$\int_{\lambda}^{\lambda+2\ell} f_r^*(x)f(x)\mathrm{d}x = \sum_{n=-\infty}^{+\infty} c_n \int_{\lambda}^{\lambda+2\ell} f_r^*(x)f_n(x)\mathrm{d}x = \sum_{n=-\infty}^{+\infty} c_n \delta_{r,n} = c_r \tag{3.4}$$

und nennt die so berechneten Koeffizienten

$$c_n = \frac{1}{2\ell} \int_{\lambda}^{\lambda+2\ell} e^{-i\frac{n\pi}{\ell}x} f(x)\mathrm{d}x \tag{3.5}$$

die Fourier-Koeffizienten der Fourier-Reihe (3.2). Für die Berechenbarkeit der Integrale (3.5) genügt es, anzunehmen, dass die Funktionen $f(x)$ absolut integrabel sind, also

$$\int_{\lambda}^{\lambda+2\ell} |f(x)|\mathrm{d}x < \infty \tag{3.6}$$

ist, d. h. das Integral existiert und einen endlichen Wert hat. Für die folgenden Überlegungen wollen wir aber voraussetzen, dass die Funktionen $f(x)$ auch quadratintegrabel sind und folglich

$$\int_{\lambda}^{\lambda+2\ell} |f(x)|^2\mathrm{d}x < \infty \tag{3.7}$$

sein soll. Setzt man die Fourier-Koeffizienten c_n in die Reihe (3.2) für $S(x)$ ein, so lässt sich die Konvergenz dieser Reihe untersuchen. Ohne auf einen

Beweis einzugehen, wollen wir hier die beiden von L. Dirichlet formulierten hinreichenden Bedingungen für die Konvergenz angeben, die bei den meisten physikalischen Problemstellungen erfüllt sind. Danach konvergiert $S(x)$, wenn die Funktion $f(x)$ eine der folgenden Bedingungen erfüllt:

a) In $\lambda \leq x \leq \lambda + 2\ell$ sei $f(x)$ entweder stetig oder besitzt höchstens eine endliche Anzahl von Unstetigkeitsstellen, wo $f(x)$ um einen endlichen Wert springt. Ferner soll $f(x)$ stückweise monoton sein, d. h. das Intervall in endlich viele Teilintervalle zerlegbar sein, sodass in jedem Intervall $f(x)$ monoton ansteigt oder abfällt.

b) Anstelle der stückweisen Monotonie der Funktion $f(x)$ kann auch die Bedingung treten, dass $f(x)$ stückweise glatt ist, d. h. in den Teilintervallen $f(x)$ und $f'(x)$ existieren und nur eine endliche Anzahl von endlichen Sprungstellen von $f(x)$ und $f'(x)$ vorhanden sind.

Unter einer der genannten Bedingungen liefert $S(x)$ eine gleichmäßig konvergente Fourier-Reihe, die in den Bereichen des Intervalls $\lambda \leq x \leq \lambda + 2\ell$, wo $f(x)$ stetig ist, diese Funktion darstellt, während an den Sprungstellen $S(x)$ einen Mittelwert liefert, nämlich

$$S(x) = \sum_{n=-\infty}^{+\infty} c_n f_n(x) = \frac{1}{\sqrt{2\ell}} \sum_{n=-\infty}^{+\infty} c_n \mathrm{e}^{\mathrm{i}\frac{n\pi}{\ell}x}$$

$$= \left\{ \begin{array}{rl} f(x)\,, & \text{wo } f(x) \text{ stetig} \\ \frac{1}{2}[f(x+0)+f(x-0)]\,, & \text{wo } f(x) \text{ unstetig} \\ \frac{1}{2}[f(\lambda+0)+f(\lambda+2\ell-0)]\,, & \text{an den Intervallenden} \end{array} \right\} . \qquad (3.8)$$

Wenn $f(x)$ eine rein reelle Funktion ist, kann man auch zu einer rein reellen Darstellung der Fourier-Reihe übergehen. In diesem Fall muss gelten $f^*(x) = f(x)$, denn dann ist $f(x)$ reell. wenn wir dies in (3.8) einsetzen, folgt

$$S^*(x) = \frac{1}{\sqrt{2\ell}} \sum_{n=-\infty}^{+\infty} c_n^* \mathrm{e}^{-\mathrm{i}\frac{n\pi}{\ell}x} = \frac{1}{\sqrt{2\ell}} \sum_{n=-\infty}^{+\infty} c_{-n}^* \mathrm{e}^{\mathrm{i}\frac{n\pi}{\ell}x}$$

$$= S(x) = \frac{1}{\sqrt{2\ell}} \sum_{n=-\infty}^{+\infty} c_n \mathrm{e}^{\mathrm{i}\frac{n\pi}{\ell}x}\,, \qquad (3.9)$$

wo in der zweiten Summe der Summationsindex n durch $-n$ ersetzt werden konnte, da die Summe über $(-\infty < n < +\infty)$ zu erstrecken ist. Aus der Gleichung (3.9) folgt daher durch Koeffizientenvergleich zwischen der zweiten und dritten Summe, dass für eine reelle Funktion $f(x)$ für die Koeffizienten der Fourier-Reihe gelten muss

$$c_{-n} = c_n^*\,. \qquad (3.10)$$

Wenn wir daher c_n in Realteil und Imaginärteil zerlegen und setzen

$$c_n = \frac{1}{2}(a_n - \mathrm{i}b_n) \ , \qquad (3.11)$$

so erhalten wir nach einsetzen in $S(x)$ bei Beachtung von (3.10)

$$S(x) = \frac{1}{\sqrt{2\ell}} \left[\frac{a_0}{2} + \sum_{n=1}^{\infty} \left(a_n \cos \frac{n\pi}{\ell}x + b_n \sin \frac{n\pi}{\ell}x \right) \right] \ , \qquad (3.12)$$

wobei es oft zweckmäßiger ist, neue Koeffizienten $A_n = \frac{a_n}{\sqrt{2\ell}}$ und $B_n = \frac{b_n}{\sqrt{2\ell}}$ einzuführen. Mithilfe der Definition (3.5) der Fourier-Koeffizienten können wir dann setzen

$$c_n = \frac{1}{2}(a_n - \mathrm{i}b_n) = \frac{1}{\sqrt{2\ell}} \int_{\lambda}^{\lambda+2\ell} \left(\cos \frac{n\pi}{\ell}x - \sin \frac{n\pi}{\ell}x \right) f(x)\mathrm{d}x \ , \qquad (3.13)$$

woraus sich für die neuen Fourier-Koeffizienten A_n und B_n ergibt

$$\frac{A_0}{2} = \frac{1}{2\ell} \int_{\lambda}^{\lambda+2\ell} f(x)\mathrm{d}x \ , \quad A_n = \frac{1}{\ell} \int_{\lambda}^{\lambda+2\ell} f(x) \cos \left(\frac{n\pi}{\ell}x \right) \mathrm{d}x \ ,$$
$$B_n = \frac{1}{\ell} \int_{\lambda}^{\lambda+2\ell} f(x) \sin \left(\frac{n\pi}{\ell}x \right) \mathrm{d}x \ . \qquad (3.14)$$

Daraus ist ersichtlich, dass $\frac{A_0}{2}$ den Mittelwert der Funktion $f(x)$ über das Periodenintervall darstellt. Da die Wahl von λ im Periodenintervall willkürlich ist, können wir $\lambda = -\ell$ wählen und das Periodenintervall $(-\ell \leq x \leq +\ell)$ betrachten. Dann können wir aus der Gleichung (3.14) folgendes schließen: Ist $f(x)$ eine gerade Funktion, d. h. $f(x) = f(-x)$, so verschwinden alle Koeffizienten B_n, da $\sin(\frac{n\pi}{\ell}x)$ eine ungerade Funktion darstellt und folglich das Integral über eine resultierende ungerade Funktion gleich Null ist. Wenn dagegen $f(x)$ eine ungerade Funktion ist, verschwinden aus ähnlichen Überlegungen alle Koeffizienten A_n. Wir erhalten also im ersten Fall eine reine Cosinus-Reihe und im zweiten Fall eine reine Sinus-Reihe.

Beispiel

Fourier-Reihe der Funktion $f(x) = x$: Wir wollen die Funktion $f(x) = x$ im Intervall $-\ell \leq x \leq +\ell$ in eine Fourier-Reihe entwickeln. Obgleich diese Funktion an sich nicht periodisch ist, können wir uns vorstellen, dass sie außerhalb des betrachteten Intervalls periodisch fortgesetzt wird. Im obigen Intervall wird dann die Fourier-Reihe mit $f(x)$ übereinstimmen, da die Funktion dort monoton und stetig ist, doch in den Endpunkten des Intervalls wird $S(x) = 0$ sein, da dort die periodische Ersatzfunktion einen Sprung hat (vgl. Abb. 3.1). Probleme dieser Art, dass eine an sich aperiodische Funktion, die in einem bestimmten Bereich der x-Achse durch eine Fourier-Reihe dargestellt

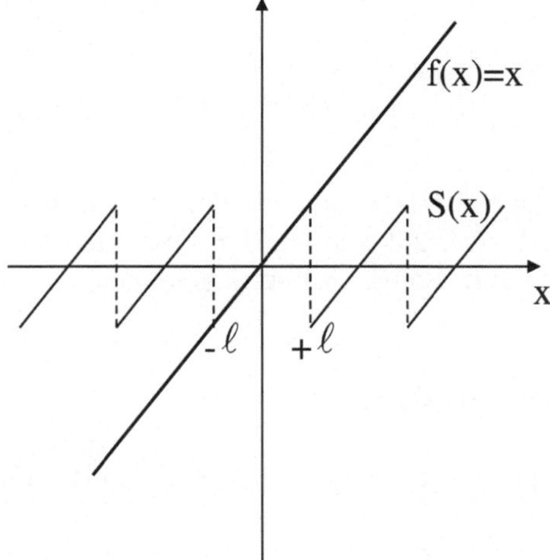

Abbildung 3.1. Zur Fourier-Reihe der Funktion $f(x) = x$

werden soll, durch eine periodische Ersatzfunktion $S(x)$ approximiert wird, treten in der Physik relativ häufig auf und wir werden später noch Beispiele dieser Art kennen lernen. Da $f(x) = x$ eine ungerade Funktion ist, erhalten wir eine reine Sinus-Reihe und die Fourier-Koeffizienten sind

$$B_n = \frac{1}{\ell} \int_{-\ell}^{+\ell} x \sin\left(\frac{n\pi}{\ell}x\right) dx$$

$$= -\frac{1}{n\pi} x \cos\left(\frac{n\pi}{\ell}x\right) \Big|_{-\ell}^{+\ell} + \frac{1}{n\pi} \int_{-\ell}^{+\ell} \cos\left(\frac{n\pi}{\ell}x\right) dx = (-1)^{n+1} \frac{2\ell}{n\pi} \,. \tag{3.15}$$

Also lautet die Fourier-Reihe

$$f(x) = x = S(x) = \frac{2\ell}{\pi} \sum_{n=1}^{\infty} \frac{(-1)^{n+1}}{n} \sin\left(\frac{n\pi}{\ell}x\right) \tag{3.16}$$

und wir stellen fest, dass für $x = \pm\ell$, $f(x) = \pm\ell \neq S(\pm\ell) = 0$, in Übereinstimmung mit der Dirichlet-Bedingung (3.8).

Die Verallgemeinerung der Fourier-Reihen auf den zwei- oder dreidimensionalen Fall bereitet keine Schwierigkeiten unter der Annahme, dass in allen zwei oder drei Raumrichtungen dieselbe Periodenlänge 2ℓ vorgegeben ist. Wir erhalten dann zum Beispiel die dreidimensionalen, normierten Fourier-Funktionen

$$f_{r,s,t}(x,y,z) = \frac{1}{(2\ell)^{\frac{3}{2}}} e^{i\frac{\pi}{\ell}(rx+sy++tz)} \tag{3.17}$$

und die Fourier-Reihe lautet

$$f(x,y,z) = \frac{1}{(2\ell)^{\frac{3}{2}}} \sum_{r,s,t=-\infty}^{+\infty} c_{r,s,t} e^{i\frac{\pi}{\ell}(rx+sy++tz)} \tag{3.18}$$

mit den Fourier-Koeffizienten

$$c_{r,s,t} = \frac{1}{(2\ell)^{\frac{3}{2}}} \int_{\lambda}^{\lambda+2\ell} \int_{\mu}^{\mu+2\ell} \int_{\nu}^{\nu+2\ell} e^{-i\frac{\pi}{\ell}(rx+sy++tz)} f(x,y,z)\,dxdydz \ . \tag{3.19}$$

In den folgenden Abschnitten wollen wir nun zeigen, wie wir auf einem anderen Wege als in Abschn. 2.3.2 durch den Grenzübergang $\ell \to \infty$ von den Fourier'schen Reihen zum Fourier-Integral gelangen.

3.3 Das Fourier-Integral

Zur Herleitung des Fourier-Integrals gehen wir von der Fourier-Reihe in folgender Form aus

$$f(x) = \frac{1}{\sqrt{2\ell}} \sum_{n=-\infty}^{+\infty} c_n e^{i\frac{n\pi}{\ell}x} = \frac{1}{2\pi} \sum_{n=-\infty}^{\infty} \frac{\pi}{\ell} \left[\int_{-\ell}^{+\ell} f(\xi)d\xi \right] e^{i\frac{n\pi}{\ell}(x-\xi)} \ , \tag{3.20}$$

wobei wir auf der rechten Seite den Ausdruck (3.5) für die Fourier-Koeffizienten explizit eingesetzt haben und $\lambda = -\ell$ aus gleich ersichtlichen Gründen wählten. Wenn wir nun $\frac{\pi}{\ell} = \Delta k$ taufen und $\frac{n\pi}{\ell} = k$ nennen und dann den Grenzübergang $\ell \to \infty$ durchführen, d. h. zu einer unendlich großen Periodenlänge übergehen, so erhalten wir die Fourier'sche Integralidentität

$$f(x) = \frac{1}{2\pi} \int_{-\infty}^{+\infty} dk\, e^{ikx} \int_{-\infty}^{+\infty} e^{-ik\xi} f(\xi)d\xi \tag{3.21}$$

und wir nennen in Übereinstimmung mit Abschn. 2.3.2

$$F(k) = \frac{1}{2\pi} \int_{-\infty}^{+\infty} e^{-ik\xi} f(\xi)d\xi \tag{3.22}$$

die Fourier-Transformierte von $f(x)$, wobei dann $f(x)$ in der Form ausgedrückt wird

$$f(x) = \int_{-\infty}^{+\infty} e^{ikx} F(k)dk \ . \tag{3.23}$$

Gelegentlich wird, ähnlich wie bei den Fourier-Reihen der Faktor 2ℓ, auch hier der Faktor 2π auf die beiden Integrale (3.22,3.23) gleichmäßig als Vorfaktor $\frac{1}{\sqrt{2\pi}}$ aufgespalten. Wenn $f(x)$ eine reelle Funktion ist, dann ist wieder $f(x) = f^*(x)$ und wir schließen daher aus der Gleichung (3.21), dass dann das Fourier'sche Integraltheorem lautet

$$f(x) = \frac{1}{2\pi} \int_{-\infty}^{+\infty} dk \left\{ \int_{-\infty}^{+\infty} \cos[k(x-\xi)]f(\xi)d\xi \right\} \tag{3.24}$$

und da der Cosinus eine gerade Funktion darstellt, erhalten wir mithilfe des Additionstheorems der trigonometrischen Funktionen

$$f(x) = \int_0^\infty [A(k)\cos kx + B(k)\sin kx]\mathrm{d}k \tag{3.25}$$

mit den reellen Fourier-Transformierten

$$A(k) = \frac{1}{\pi}\int_{-\infty}^{+\infty}\cos(k\xi)f(\xi)\mathrm{d}\xi\,, \quad B(k) = \frac{1}{\pi}\int_{-\infty}^{+\infty}\sin(k\xi)f(\xi)\mathrm{d}\xi\,. \tag{3.26}$$

Die Fourier-Integraltransformation eignet sich also zur Darstellung aperiodischer Funktionen. Für die Konvergenz der auftretenden Integrale genügt es, für $f(x)$ und $F(k)$ Quadratintegrabilität vorauszusetzen und es sollen ähnliche Stetigkeitsbedingungen gelten, wie bei den Fourier-Reihen, also die Dirichlet-Bedingungen. Schließlich wollen wir noch zwei Beziehungen herleiten, die für die praktischen Anwendungen des Fourier-Integrals in der Physik sehr nützlich sind. Dazu betrachten wir die zwei komplexen Funktionen $f(x)$ und $g(x)$ und bilden das Integral

$$\begin{aligned}
\int_{-\infty}^{+\infty} f^*(x)g(x)\mathrm{d}x &= \int_{-\infty}^{+\infty} f^*(x)\left[\int_{-\infty}^{+\infty} \mathrm{e}^{\mathrm{i}kx}G(k)\mathrm{d}k\right]\mathrm{d}x \\
&= \int_{-\infty}^{+\infty} \left[\mathrm{e}^{\mathrm{i}kx}f^*(x)\mathrm{d}x\right] G(k)\mathrm{d}k \\
&= 2\pi\int_{-\infty}^{+\infty} F^*(k)G(k)\mathrm{d}k\,, \tag{3.27}
\end{aligned}$$

wobei wir zunächst die Fourier-Transformation für $g(x)$ und danach, mit Vertauschung der Integrationsfolge, die Fourier-Umkehrtransformation für $f^*(x)$ angewandt haben. Die Identität (3.27) nennt man den „Parseval'schen Satz" der Fourier-Analysis. Wenn insbesondere $f(x) = g(x)$ ist, folgt der Spezialfall

$$\int_{-\infty}^{+\infty} |f(x)|^2\mathrm{d}x = 2\pi\int_{-\infty}^{+\infty} |F(k)|^2\mathrm{d}k\,, \tag{3.28}$$

der etwa in der Strahlungstheorie dazu dient, die Gesamtintensität eines zeitlich begrenzten Wellenimpulses $f(t)$ in die zugeordneten spektralen Intensitäten $|F(\omega)|^2$ zu zerlegen. Dazu untersuchen wir folgendes

Beispiel

Fourier-Spektrum eines einfachen Wellenimpulses: Wir betrachten die einfache Funktion

$$f(t) = \left\{\begin{array}{ll} A\,, & \text{in } -T \le t \le +T \\ 0\,, & \text{außerhalb} \end{array}\right\}\,. \tag{3.29}$$

Dann erhalten wir für die Fourier-Transformierte $F(\omega)$

$$F(\omega) = \frac{A}{2\pi} \int_{-T}^{+T} \mathrm{e}^{-\mathrm{i}\omega t}\mathrm{d}t = \mathrm{i}\frac{A}{2\pi\omega}\left(\mathrm{e}^{-\mathrm{i}\omega T} - \mathrm{e}^{\mathrm{i}\omega T}\right) = \frac{AT}{\pi}\frac{\sin\omega T}{\omega T} \, . \qquad (3.30)$$

Diese Funktion hat ihren maximalen Wert $\frac{AT}{\pi}$ für $\omega T \to 0$ und ihre ersten Nullstellen bei $\omega T = \pm\pi$. Wenn man diese Funktion aufzeichnet, stellt man fest, dass sie außerhalb dieser ersten Nullstellen sehr rasch abklingt. Also ist der maximale Beitrag von $F(\omega)$ zum Spektrum des Impulses $f(t)$ im Bereich $-\frac{\pi}{T} \le \omega \le +\frac{\pi}{T}$. Wir erkennen daraus, dass mit wachsender Breite $2T$ des Wellenimpulses das Frequenzspektrum immer schmaler wird, und wir umgekehrt für einen schmalen Impuls ein breites Frequenzspektrum erhalten. Dieses Resultat beinhaltet eine allgemeine Aussage der Fourier-Analysis. Wenn wir mit Δt die Breite eines beliebigen Wellenimpulses bezeichnen und mit $\Delta\omega$ die Breite des korrespondierenden Fourier-Spektrums, so gilt stets

$$\Delta\omega \cdot \Delta t \cong 1 \, . \qquad (3.31)$$

Dieses Resultat führt zum Beispiel in der Quantentheorie zu einer wichtigen Aussage. Nach de Broglie ist jedem Teilchen der Energie E durch die Beziehung $E = \hbar\omega$ eine Welle der Frequenz ω zugeordnet. Multipliziert man die Gleichung (3.31) mit dem Planckschen Wirkungsquantum $\hbar = \frac{h}{2\pi}$, so ergibt sich die Beziehung

$$\Delta E \cdot \Delta t \cong \hbar \, . \qquad (3.32)$$

Dies ist die Heisenberg'sche Unschärferelation zwischen Energie- und Zeitmessung an einem quantenmechanischen System. Doch ist die Beziehung (3.31) auch in der klassischen Wellenoptik von Interesse, da sie besagt, dass nur einer zeitlich unendlich ausgedehnten Welle eine scharfe Frequenz zugeordnet werden kann. Hätten wir schließlich unsere obigen Überlegungen für einen räumlich begrenzten Impuls $f(x)$ im Bereich $-X \le x \le +X$ angestellt und das Fourier-Spektrum $F(k)$ der Wellenzahlen $k = \frac{2\pi}{\lambda}$ berechnet, so wären wir durch analoge Überlegungen zu der Beziehung zwischen der räumlichen Breite des Impulses, Δx, und der Breite Δk des Wellenzahl-Spektrums gelangt, nämlich

$$\Delta k \cdot \Delta x \cong 1 \, , \qquad (3.33)$$

die mit der zweiten de Broglie-Beziehung zwischen dem Impuls und der Wellenzahl eines Teilchens, $p = \hbar k$, die zweite Heisenberg'sche Unschärferelation

$$\Delta p \cdot \Delta x \cong \hbar \qquad (3.34)$$

liefert, die eine Aussage über die gleichzeitige Impuls- und Ortsmessung an einem System macht.

Eine wichtige Verallgemeinerung des Parseval'schen Theorems stellt der „Faltungssatz" dar. Dieser hat beträchtliche Bedeutung, etwa in der Nachrichtentechnik, wo es um die Angabe eines Maßes für die Verzerrung eines übermittelten Signals geht. Zur Herleitung dieses Satzes betrachten wir das Integral über zwei räumlich verschobene Funktionen und wenden auf dieses das Fourier-Theorem an, genau wie bei der Herleitung des Parseval'schen Satzes. Dann gilt

$$\int_{-\infty}^{+\infty} f^*(x)g(\xi - x)\mathrm{d}x = \int_{-\infty}^{+\infty} f^*(x) \left[\int_{-\infty}^{+\infty} \mathrm{e}^{\mathrm{i}k(\xi-x)}G(k)\mathrm{d}k \right] \mathrm{d}x$$

$$= 2\pi \int_{-\infty}^{+\infty} \mathrm{e}^{\mathrm{i}k\xi}F^*(k)G(k)\mathrm{d}k \ . \tag{3.35}$$

In der Physik wird natürlich nicht nur das eindimensionale Fourier-Theorem in Raum und Zeit benötigt, sondern auch die mehrdimensionale Verallgemeinerung, die jedoch leicht zu finden ist. So erhalten wir im dreidimensionalen Fall

$$f(x, y, z) = \int_{-\infty}^{+\infty} \mathrm{e}^{\mathrm{i}(k_x x + k_y y + k_z z)} F(k_x, k_y, k_z)\mathrm{d}^3 k \tag{3.36}$$

und die entsprechende Umkehrtransformation

$$F(k_x, k_y, k_z) = \frac{1}{(2\pi)^3} \int_{-\infty}^{+\infty} \mathrm{e}^{-\mathrm{i}(k_x x + k_y y + k_z z)} f(x, y, z)\mathrm{d}v \ . \tag{3.37}$$

3.4 Orthogonale Funktionensysteme

Neben den bereits besprochenen Fourier-Funktionen $f_n(x)$ gibt es eine Reihe weiterer orthogonaler Funktionensysteme, durch welche beliebige Funktionen, jedenfalls solche, die den Dirichlet-Bedingungen genügen, in einem bestimmten Intervall dargestellt werden können. Der von diesen Funktionen gewissermaßen als Einheitsvektoren aufgespannte Funktionenraum hat bestimmte Eigenschaften, die jenen des dreidimensionalen Kartes'schen Raumes und den in ihm definierten Vektoren und Tensoren sehr ähnlich sind und wir wollen uns im Folgenden mit diesen Eigenschaften eingehender beschäftigen.

3.4.1 Das Skalarprodukt

Wir betrachten in einem Intervall $a \leq x \leq b$ zwei integrable komplexe Funktionen $f(x)$ und $g(x)$ und definieren in Analogie zur Vektorrechnung ihr Skalarprodukt durch das Integral

$$(f, g) = \int_a^b f^*(x)g(x)\mathrm{d}x \ . \tag{3.38}$$

Dieses Integral ist für komplexe Funktionen nicht kommutativ, denn man findet durch Vertauschung von f und g sofort, dass $(g, f) = (f, g)^*$ ist. Doch ist dieses Skalarprodukt distributiv, denn man kann leicht zeigen, dass $(f, g +$

$h) = (f, g) + (f, h)$ gilt, wenn $h(x)$ eine weitere, im obigen Intervall definierte, Funktion ist. Wenn wir in (3.38), $g = f$ setzen, erhalten wir

$$(f, f) = \int_a^b f^*(x)f(x)\mathrm{d}x = \int_a^b |f(x)|^2 \mathrm{d}x \geq 0 \ . \tag{3.39}$$

Wir setzen also voraus, dass die betrachteten Funktionen quadratintegrabel sein sollen. Man nennt $\sqrt{(f, f)}$ die Norm von f oder bildlich gesprochen, die Länge des Vektors f im Funktionenraum. Zu dieser Vorstellung gelangen wir in folgender Weise. Wir denken uns das Intervall $[a, b]$ in N gleiche Teilintervalle Δx zerlegt und betrachten in jedem Intervall Mittelwerte f_i, g_i; $i = 1, \cdots N$ der Funktionen $f(x)$ und $g(x)$. Dann können wir das Integral (3.38) durch die Summe approximieren

$$(f, g) \cong \sum_{i=1}^{N} f_i^* g_i \Delta x \tag{3.40}$$

und dies ist als das Skalarprodukt zweier Vektoren mit komplexen Komponenten in einem N-dimensionalen Vektorraum aufzufassen (ein sogenannter unitärer Vektorraum). Wenn dann $N \to \infty$ geht und $\Delta x \to 0$, wird die obige anschauliche Sprechweise verständlich. Im dreidimensionalen Kartes'schen Raum fanden wir für das Skalarprodukt zweier Vektoren $\boldsymbol{A}$ und $\boldsymbol{B}$: $\boldsymbol{A} \cdot \boldsymbol{B} = AB \cos\varphi$, woraus sich die Bedingung ergibt: $A^2 B^2 \geq (\boldsymbol{A} \cdot \boldsymbol{B})^2$, wobei das Gleichheitszeichen nur dann gilt, wenn $\boldsymbol{A}$ parallel oder antiparallel zu $\boldsymbol{B}$ orientiert ist. Eine ganz ähnliche Beziehung gilt auch hier im Funktionenraum und diese wird die „Cauchy-Schwarz'sche Ungleichung" genannt. Zur Herleitung dieser Beziehung betrachten wir das folgende Skalarprodukt, gebildet aus der Linearkombination zweier Funktionen f und g in der Form $f + \lambda g$, wo λ ein reeller Parameter ist

$$(f + \lambda g, f + \lambda g) = (f, f) + \lambda[(f, g) + (g, f)] + \lambda^2 (g, g) \geq 0 \ . \tag{3.41}$$

Wir untersuchen nun, für welchen Wert von λ dieser Ausdruck den kleinsten Wert hat und setzen daher die Ableitung der Gleichung (3.41) nach λ gleich Null. Dies liefert nach elementarer Rechnung

$$\lambda = -\frac{(f, g) + (g, f)}{2(g, g)} \tag{3.42}$$

und daher nach einsetzen in (3.41)

$$(f, f)(g, g) \geq \frac{1}{4}[(f, g) + (g, f)]^2 \tag{3.43}$$

und wenn insbesondere $f(x)$ und $g(x)$ reelle Funktionen sind, sodass $(f, g) = (g, f)$ ist, so erhalten wir

$$(f, f)(g, g) \geq (f, g)^2 \tag{3.44}$$

in Übereinstimmung mit der elementaren Formel der Vektoralgebra. In beiden
Fällen (3.43,3.44) gilt das Gleichheitszeichen nur dann, wenn $g = \alpha f$ ist, wo
α eine beliebige reelle Zahl sein kann.

3.4.2 Reihen nach orthogonalen Funktionen

Als nächstes sei angenommen, es existiert im Intervall $[a, b]$ ein orthonormales
Funktionensystem $\varphi_n(x)$ derart, dass

$$\int_a^b \varphi_m^*(x)\varphi_n(x)\mathrm{d}x = \delta_{m,n} \tag{3.45}$$

ist, wo $m,\, n = 1,\, 2, \cdots$ sind und wir wollen eine beliebige in $[a, b]$ definierte
Funktion $f(x)$ durch eine Summe von der Form

$$S_N(x) = \sum_{n=1}^N a_n\varphi_n(x) \tag{3.46}$$

möglichst gut approximieren. Wir wählen dazu die Bedingung, dass das mittlere Fehlerquadrat ein Minimum sein soll. Dies ist definiert durch (siehe Abschn. 8.3.2)

$$\frac{1}{b-a} \int_a^b \left[f(x) - S_n(x)\right]^* \left[f(x) - S_n(x)\right] \mathrm{d}x = \mathrm{Min.} \tag{3.47}$$

Setzen wir hier den Ansatz (3.46) für $S_n(x)$ ein, und multiplizieren die beiden
Klammern aus, so erhalten wir

$$\frac{1}{b-a} \left[(f,f) - \sum_{n=1}^N c_n a_n^* - \sum_{n=1}^N c_n^* a_n + \sum_{n=1}^N |a_n|^2\right] = \mathrm{Min.} \;, \tag{3.48}$$

wobei wir im letzten Summanden zur Ausrechnung des Integrals über $S_N^* S_N$
die Orthogonalitätsrelation (3.45) der $\varphi_n(x)$ verwendet haben und zur Berechnung der beiden anderen Summen die verallgemeinerten Fourier-Koeffizienten c_n durch die Gleichung definierten

$$c_n = \int_a^b \varphi_n^*(x)f(x)\mathrm{d}x \;. \tag{3.49}$$

Die drei letzten Summen in (3.48) können wir aber zusammenfassen, wenn
wir die folgende Identität verwenden: $(a_n - c_n)^*(a_n - c_n) = |a_n|^2 - c_n^* a_n - c_n a_n^* + |c_n|^2$. Damit erhalten wir dann

$$\frac{1}{b-a} \left[(f,f) - \sum_{n=1}^N \left(|a_n - c_n|^2 - |c_n|^2\right)\right] = \mathrm{Min.} \;. \tag{3.50}$$

Das mittlere Fehlerquadrat hat also seinen minimalen Wert, wenn die zunächst unbekannten Koeffizienten a_n mit den Fourier-Koeffizienten c_n übereinstimmen. Da aber aufgrund seiner Definition der Ausdruck (3.50) positiv oder gleich Null ist, erhalten wir die sogenannte Bessel'sche Ungleichung

$$(f,f) \geq \sum_{n=1}^{N} |c_n|^2 \; . \tag{3.51}$$

Nun ist die Frage von Interesse: Kann man in $[a,b]$ ein orthogonales Funktionensystem finden, derart, dass

$$\lim_{N \to \infty} \left[(f,f) - \sum_{n=1}^{N} |c_n|^2 \right] = 0 \tag{3.52}$$

ist. Wenn diese Bedingung erfüllt ist, sagt man $S_n(x)$ konvergiert im Mittel gegen $f(x)$. Diese Art der Konvergenz unterscheidet sich wesentlich von der gleichmäßigen Konvergenz, welche $\lim_{N \to \infty} S_N(x) = f(x)$ gleichmäßig für alle x verlangt. Hat man ein solches System $\varphi_n(x)$ gefunden, das nun aus unendlich vielen Funktionen besteht, so gilt wegen (3.52)

$$(f,f) = \sum_{n=1}^{\infty} |c_n|^2 \tag{3.53}$$

und man nennt diese Relation die Vollständigkeitsbeziehung oder den Parseval'schen Satz., den wir für das Fourier-Integral, (3.27,3.28), bereits kennen gelernt haben. Zur Veranschaulichung dieser Beziehung, erinnern wir daran, dass man in der Vektorrechnung eine orthogonale Basis als vollständig bezeichnet, wenn die Zahl der zueinander orthogonalen Basisvektoren gleich der Zahl der Dimensionen des Raumes ist. Denn dann können wir, wie wir dies in der elementaren, dreidimensionalen Vektorrechnung in Abschn. 1.1 getan haben, jeden weiteren Vektor durch die Vektoren der Basis darstellen. Entsprechend kennzeichnet der Parseval'sche Satz die Möglichkeit, jede in $a \leq x \leq b$ quadratisch integrable Funktion durch das Orthonormalsystem $\varphi_n(x)$ darzustellen. Jedes vollständige Funktionensystem, dessen Funktionen gemäß (3.45) eine endliche Norm besitzen, spannt einen unendlich dimensionalen Raum auf, den man Hilbert-Raum nennt. Den Parseval'schen Satz kann man auch als verallgemeinerten Satz von Pythagoras für den Hilbert-Raum interpretieren, wo auf der linken Seite das Quadrat der Länge des Vektors f steht. Zusammenfassend gilt für den Hilbert-Raum der Satz von Frigyes Riesz.

Ist ein vollständiges, orthonormales Funktionensystem $\varphi_n(x)$ vorgegeben und berechnet man für irgend eine Funktion $f(x)$, welche endliche Norm $\sqrt{(f,f)}$ besitzt, die verallgemeinerten Fourier-Koeffizienten c_n, so wird die Funktion $f(x)$ genau durch die Reihe $\sum_{n=1}^{\infty} c_n \varphi_n(x)$ dargestellt, wenn $\sum_{n=1}^{\infty} |c_n|^2$ konvergiert, was dann nach dem Parseval'schen Satz gleich (f,f)

ist. Man schreibt dann

$$f(x) = \sum_{n=1}^{\infty} c_n \varphi_n(x) \,, \tag{3.54}$$

wobei das Gleichheitszeichen aber im Sinne der mittleren Konvergenz zu verstehen ist. Die Darstellung (3.54) einer Funktion $f(x)$ gestattet die Herleitung einer anderen Form der Vollständigkeitsrelation eines Funktionensystems, die bei physikalischen Problemstellungen sehr häufig zur Anwendung kommt. Dazu setzen wir in (3.54) den expliziten Ausdruck (3.49) für die verallgemeinerten Fourier-Koeffizienten ein und nehmen an, die Reihe sei gleichmäßig konvergent, was bei vielen Problemen der Fall ist. Dann können wir Summation und Integration miteinander vertauschen und erhalten

$$\begin{aligned} f(x) &= \sum_{n=1}^{\infty} \left[\int_a^b \varphi_n^*(\xi) f(\xi) \mathrm{d}\xi \right] \varphi_n(x) \\ &= \int_a^b f(\xi) \mathrm{d}\xi \left[\sum_{n=1}^{\infty} \varphi_n(x) \varphi_n^*(\xi) \right] . \end{aligned} \tag{3.55}$$

Dies kann aber nur dann eine Identität in $f(x)$ sein, wenn gilt

$$\sum_{n=1}^{\infty} \varphi_n(x) \varphi_n^*(\xi) = \delta(x - \xi) \tag{3.56}$$

und wir schließen daraus, dass jedes vollständige Funktionensystem eine möglich Darstellung der Dirac'schen δ-Funktion liefert.

3.4.3 Operatoren im Hilbert-Raum

Bei den physikalischen Anwendungen der Hilbert-Raum Theorie, insbesondere in der Quantenmechanik, sind von besonderem Interesse die unitären und Hermite'schen Operatoren. Warum das so ist, wollen wir im Folgenden behandeln. Bei der Diskussion der elementaren Vektorrechnung in den Abschn. 1.2 und 1.6 haben wir gesehen, dass der Übergang von einem Kartes'schen Achsenkreuz zu einem anderen, äquivalenten Basissystem durch eine orthogonale Transformation vermittelt wird, welch die Länge eines Vektors invariant lässt (siehe auch Anh. B). Ganz analog fragen wir im Hilbert-Raum, welche Transformation die Norm eines Vektors f invariant lässt. Dazu nehmen wir an, im Intervall $[a, b]$ gebe es neben der vollständigen Basis der Funktionen $\varphi_n(x)$ noch ein zweites, äquivalentes System $\chi_r(x)$, das unseren Hilbert-Raum in gleicher Weise aufspannt. Wir haben daher die beiden Reihenentwicklungen

$$f(x) = \sum_{n=1}^{\infty} c_n \varphi_n(x) = \sum_{r=1}^{\infty} d_r \chi_r(x) \tag{3.57}$$

und können die Koeffizienten c_n und d_r als die Komponenten des Vektors f in Bezug auf die beiden Basissysteme auffassen. Nun entwickeln wir auf der rechten Seite die Basisfunktion χ_r in eine Reihe nach den Funktionen φ_s und erhalten mit den Entwicklungskoeffizienten $U_{s,r}$

$$\sum_{n=1}^{\infty} c_n \varphi_n(x) = \sum_{r=1}^{\infty} d_r \sum_{s=1}^{\infty} U_{s,r} \varphi_s(x) \ . \tag{3.58}$$

Jetzt multiplizieren wir die ganze Gleichung von links mit $\varphi_\ell^*(x)$ und integrieren über das Intervall $[a,b]$. Dann liefert die Orthogonalitätsrelation der $\varphi_n(x)$

$$c_\ell = \sum_{r=1}^{\infty} U_{\ell,r} d_r \ . \tag{3.59}$$

Nun berechnen wir das Quadrat der Norm des Vektors f und erhalten mithilfe von (3.59)

$$(f,f) = \sum_{\ell=1}^{\infty} |c_\ell|^2 = \sum_{\ell=1}^{\infty} \sum_{r=1}^{\infty} \sum_{s=1}^{\infty} U_{\ell,r}^* U_{\ell,s} d_r^* d_s = \sum_{r=1}^{\infty} |d_r|^2 \ , \tag{3.60}$$

wobei die letzte Summe in (3.60) gelten muss, da sie, gemäß (3.57) das Quadrat der Norm von f in der Basis der $\chi_r(x)$ liefert. Daraus schließen wir, dass die Matrixelemente des Operators U der Bedingung genügen müssen

$$\sum_{\ell=1}^{\infty} U_{\ell,r}^* U_{\ell,s} = \sum_{\ell=1}^{\infty} U_{r,\ell}^+ U_{\ell,s} = \delta_{r,s} \ , \tag{3.61}$$

wonach U ein unitärer Operator ist, der die Eigenschaft besitzt dass

$$U^+ U = U U^+ = I \tag{3.62}$$

gilt, wo I den Einheitsoperator darstellt (siehe Anh. B.1.3). Aus (3.61) ist ersichtlich, dass die Matrixelemente des Operators U^+ erhalten werden, indem man in der Matrix von U Zeilen und Spalten miteinander vertauscht und von allen Matrixelementen den konjugiert komplexen Wert nimmt. Der unitäre Operator U hat also im Funktionenraum dieselbe Wirkung oder Bedeutung, wie die orthogonale Transformation im dreidimensionalen Kartes'schen Raum. Ein Vektor f im Hilbert-Raum ist also dadurch charakterisiert, dass seine Norm gegenüber einer unitären Transformation invariant ist, bzw. der Übergang von einer Basis φ_n zu einer anderen, äquivalenten Basis χ_r durch eine unitäre Transformation vollzogen wird. Eine unitäre Transformation muss nicht notwendig durch eine diskrete Matrixrelation von der Form (3.60) charakterisiert sein. Dies ist nur dann der Fall, wenn man von einer diskreten Basis zu einer anderen diskreten Basis übergeht. Wenn dagegen die beiden Basen jeweils durch einen kontinuierlichen Parameter dargestellt werden können, so hängt die unitäre Transformation kontinuierlich von den beiden Parametern ab. Ein wichtiges Paradebeispiel ist die Fourier-Integraltransformation, da auch sie die Norm eines Vektors im Hilbert-Raum invariant lässt, wie durch den Parseval'schen Satz ausgedrückt wird.

Nachdem wir den Vektorbegriff so fruchtbringend aus dem dreidimensionalen Kartes'schen Raum in den Funktionenraum übertragen konnten, ist es nahe liegend, auch das Analogon des Tensorbegriffes von Abschn. 1.6 im Funktionenraum aufzusuchen. In der Tensorrechnung in Abschn. 1.6 fanden wir, dass ein Tensor eine lineare Beziehung zwischen zwei Vektoren vermittelt, also symbolisch $B = TA$ ist, wo A und B Vektoren sind. Im Hilbert-Raum setzen wir analog

$$g = Of \tag{3.63}$$

und nennen O einen Operator, der einer zum Hilbert-Raum gehörenden Funktion $f(x)$ eine andere, ebenfalls zu diesem Raum gehörende Funktion $g(x)$ zuordnet. Die Menge aller Funktionen des Hilbert-Raumes, die in (3.63) an die Stelle von f gesetzt werden können, bilden den Definitionsbereich des Operators O. Die Menge der Funktionen g, die durch obige Relation dem Definitionsbereich zugeordnet werden, bilden den Wertebereich des Operators O. Besteht der Wertebereich von O nur aus reellen oder komplexen Zahlen, so nennt man O ein Funktional. Aus der Tensorrechnung übernehmen wir ferner die lineare Beziehung

$$O(\alpha f + \beta h) = \alpha Of + \beta Oh\,, \tag{3.64}$$

wo f und h zwei Vektoren des Hilbert-Raumes sind, die dem Definitionsbereich von O angehören, während α und β beliebige komplexe Zahlen sein können. Wenn die Beziehung (3.64) erfüllt ist, nennen wir O einen linearen Operator. Diese linearen Operatoren spielen in der Physik eine wichtige Rolle. Der oben diskutierte unitäre Operator ist ein solcher linearer Operator. Hinter der Linearität versteckt sich das für die Physik so wichtige Superpositionsprinzip von Lösungen eines physikalischen Problems, insbesondere in der Wellenlehre, wie etwa bei den Schallwellen, den elektromagnetischen Wellen, den Gravitationswellen, den de Broglie-Wellen, etc. Da wir in der Tensorrechnung fanden, dass ein Tensor eine lineare Beziehung zwischen den Komponenten zweier Vektoren vermittelt, wollen wir die analoge Beziehung im Hilbert-Raum auffinden, die durch den Operator O zwischen den Vektoren f und g herbeigeführt wird. Dazu wählen wir im Hilbert-Raum eine beliebige Basis $\{\varphi_n\}$ und entwickeln die beiden Vektoren f und g nach dieser Basis. Dann finden wir mithilfe der Linearität von O

$$g(x) = \sum_n d_n \varphi_n(x) = Of(x) = \sum_r c_r O\varphi_r(x)\,. \tag{3.65}$$

Nun multiplizieren wir diese Gleichung von links mit $\varphi_\ell^*(x)$ und integrieren über den Definitionsbereich. Dann erhalten wir mithilfe der Definition des

Skalarproduktes (3.38) und wegen der Orthogonalität (3.45) der φ_n

$$(\varphi_\ell, g) = \sum_n d_n(\varphi_\ell, \varphi_n) = \sum_n d_n \delta_{\ell,n} = (\varphi_\ell, Of) = \sum_r c_r(\varphi_\ell, O\varphi_r) \ . \quad (3.66)$$

Nun definieren wir die Matrixelemente des Operators O in der Basis der φ_n durch die Beziehung

$$O_{\ell,r} = (\varphi_\ell, O\varphi_r) = \int_a^b \varphi_\ell^*(x)O\varphi_r(x)\mathrm{d}x \qquad (3.67)$$

und erhalten daher aus (3.66) die gesuchte lineare Vektorbeziehung im Hilbert-Raum

$$d_\ell = \sum_r O_{\ell,r}\, c_r \qquad (3.68)$$

als Analogon zur Tensorrelation im dreidimensionalen Raum. Dabei sind die Fourier-Koeffizienten c_r und d_ℓ durch Beziehungen der Form (3.49) bestimmt. Da wir in der Tensorrechnung in Abschn. 1.6 erfahren haben, dass eine lineare Relation der Form $\boldsymbol{B} = \boldsymbol{T}\boldsymbol{A}$ ihre Gültigkeit nicht ändert, wenn wir zu einem neuen orthogonalen Koordinatensystem übergehen, ist zu vermuten, dass im Hilbert-Raum eine ähnliche Aussage gilt. Wenn wir nämlich die Vektoren f und g nach einer anderen äquivalenten Basis $\{\chi_s(x)\}$ entwickeln, so werden wir statt (3.68) eine Beziehung der Form erhalten

$$d'_m = \sum_t O'_{m,t}c'_t \ , \qquad (3.69)$$

wo sich die gestrichenen Größen auf die neue Basis beziehen. Nun haben wir aber oben schon gesehen, dass äquivalente Basen durch eine unitäre Transformation U miteinander verknüpft sind. Daher gilt gemäß (3.59)

$$c_r = \sum_s U_{r,s}\, c'_s \ , \quad d_\ell = \sum_n U_{\ell,n} d'_n \ . \qquad (3.70)$$

Setzen wir dies in (3.68) ein, so folgt

$$\sum_n U_{\ell,n}\, d'_n = \sum_r O_{\ell,r} \sum_t U_{r,t}\, c'_t \ . \qquad (3.71)$$

Nun multiplizieren wir diese Gleichung von links mit $U^+_{m,\ell}$, summieren über ℓ und beachten die Beziehung (3.61) der unitären Transformation. Dann ergibt sich

$$\sum_n \left[\sum_\ell U^+_{m,\ell} U_{\ell,n}\right] d'_n = d'_m = \sum_t \left[\sum_\ell \sum_r U^+_{m,\ell} O_{\ell,r} U_{r,t}\right] c'_t \qquad (3.72)$$

und daraus schließen wir durch Vergleich mit (3.69) das Transformationsgesetz für den Operator O beim Basisübergang

$$O'_{m,t} = \sum_{\ell} \sum_{r} U^+_{m,\ell} O_{\ell,r} U_{r,t} \,, \tag{3.73}$$

was wir symbolisch in der Form ausdrücken können

$$O' = U^+ O U \,. \tag{3.74}$$

Analog können wir ansetzen $f' = Uf$ und $g' = Ug$, sodass sich nach einführen in (3.63) und Multiplikation von links mit U^+ ergibt

$$g' = U^+ O U f' \,, \tag{3.75}$$

also das oben etwas mühsam hergeleitete Resultat, was die Nützlichkeit symbolischer Rechenoperationen verdeutlicht. Wenn wir einen Operator $O = H$ betrachten, dessen Matrixelemente in einer beliebigen Basis die Eigenschaft haben, dass

$$H_{i,j} = H^*_{j,i} \tag{3.76}$$

gilt, also die Matrixelemente auf der Hauptdiagonale reell sind und die Matrixelemente, die in Bezug auf die Hauptdiagonale zueinander spiegelsymmetrisch liegen, zueinander konjugiert komplex sind, dann nennt man diese Matrix Hermite'sch und H einen Hermite'schen Operator (siehe Anh. B). Allgemein nennt man einen Operator Hermite'sch, wenn für beliebige Elemente f und g seines Definitionsbereiches gilt

$$(f, Hg) = (Hf, g) \,. \tag{3.77}$$

Genau genommen ist in einem unendlich dimensionalen Raum ein Hermite-Operator nicht unbedingt selbstadjungiert. Ein Operator H heißt selbstadjungiert, wenn er Hermite'sch ist und wenn bei Anwendung der Operatoren $H \pm iI$, wo I der Einheitsoperator, auf den Definitionsbereich von H ein Wertebereich erzeugt wird, der den gesamten Hilbert-Raum bildet. Die Hermite-Operatoren bilden eine wichtige Klasse, denn sie lassen sich häufig, wenn auch nur in einem erweiterten Sinne, diagonalisieren. Sie bilden im Hilbert-Raum das Analogon zu den symmetrischen Tensoren im dreidimensionalen Kartes'schen Raum, von denen wir im Abschn. 1.6 gesehen haben, dass sie sich durch eine orthogonale Transformation diagonalisieren, bzw. auf Hauptachsen transformieren lassen. Nach dem bisher gesagten, ist zu erwarten, dass im Hilbert-Raum ein Hermite-Operator durch eine unitäre Transformation diagonalisiert werden kann. Jene Basis von Funktionen $\psi_n(x)$ im Hilbert-Raum, in welcher die Matrixdarstellung von H Diagonalform annimmt, wird dann das System von Eigenfunktionen des Hermite-Operators sein, also die Lösung des Eigenwertproblems

$$H\psi_n(x) = h_n \psi_n(x) \,, \tag{3.78}$$

wo $\psi_n(x)$ die Eigenfunktionen und h_n die Eigenwerte genannt werden. Die Lösung dieses Eigenwertproblems im Hilbert-Raum ist also identisch mit der Auffindung der „Hauptachsen des Tensorellipsiods" im Hilbert-Raum. Je nach der Basis, die der Lösung des Eigenwertproblems (3.78) zugrunde gelegt wird, kann man auf eine Matrixgleichung, eine Differenzialgleichung oder eine Integralgleichung geführt werden, wobei man bei den meisten physikalischen Problemen, insbesondere in der Quantentheorie auf die Lösung von Matrixgleichungen oder Differenzialgleichungen geführt wird. In der sogenannten Eigenbasis $\psi_n(x)$ von H ist natürlich die Matrixdarstellung diagonal, d. h.

$$(\psi_n, H\psi_m) = H_{n,m} = h_n(\psi_n, \psi_m) = h_n\,\delta_{n,m} \,, \tag{3.79}$$

denn mithilfe von (3.77) können wir leicht zeigen, dass die Eigenfunktionen eines Hermite-Operators zueinander orthogonal sind, da

$$(H\psi_n, \psi_m) = h_n(\psi_n, \psi_m) = (\psi_n, H\psi_m) = h_m(\psi_n, \psi_m) \tag{3.80}$$

ist, woraus folgt

$$(h_n - h_m)(\psi_n, \psi_m) = 0 \tag{3.81}$$

und wenn $h_n \neq h_m$ ist, muss daher das Skalarprodukt der beiden Eigenfunktionen gleich Null sein. Wären wir hingegen zur Lösung des Eigenwertproblemes (3.78) von einer anderen Basis $\varphi_n(x)$ im Hilbert-Raum ausgegangen, so wären wir auf eine Matrixgleichung ähnlich wie in der elementaren Tensorrechnung geführt worden. Denn wenn wir mithilfe einer unitären Transformation die $\psi_n(x)$ nach den $\varphi_r(x)$ entwickeln und in (3.78) einsetzen, so erhalten wir

$$\sum_r U_{n,r} H \varphi_r(x) = h_n \sum_r U_{n,r}\varphi_r(x) \,. \tag{3.82}$$

Nun multiplizieren wir diese Gleichung von links skalar mit $\varphi_s(x)$ und finden, nachdem wir alles auf eine Seite geschafft haben

$$\sum_r [(\varphi_s, H\,\varphi_r) - h_n(\varphi_s, \varphi_r)]U_{n,r} = \sum_r [H'_{s,r} - h_n\delta_{s,r}]U_{n,r} = 0 \,, \tag{3.83}$$

wo $s = 0,\ 1,\ 2,\ \cdots \infty$ ist. Die Beziehung (3.83) stellt also im Hilbert-Raum ein unendliches, homogenes lineares Gleichungssystem dar, dessen Lösung, wie in der elementaren Tensorrechnung, einerseits die Bestimmung der Eigenwerte h_n durch Lösung der „Säkulargleichung" (siehe Anh. B)

$$\det[H'_{s,r} - h_n\delta_{s,r}] = 0 \tag{3.84}$$

gestattet und gleichzeitig die Komponenten $U_{n,r}$ der zugehörigen Eigenvektoren in der Basis der $\{\varphi_r(x)\}$ liefert, indem man das unendliche, homogene lineare Gleichungssystem (3.83) löst. Diese Eigenvektoren bilden aber gleichzeitig die Spalten der unitären Transformationsmatrix $U_{n,r}$. Neben diesem, insbesondere für die Quantentheorie so wichtigen Resultat, dass die Lösung des Eigenwertproblems eines linearen Hermite'schen Operators einerseits, im Sinne von (3.52,3.56) ein vollständiges und andererseits gemäß (3.79,3.81) ein orthonormales Funktionensystem liefert, haben diese Operatoren noch eine andere sehr wichtige Eigenschaft. Im allgemeinen werden zwei Hermite-Operatoren H_1 und H_2 nicht miteinander kommutieren, d. h. wenn f ein beliebiger Vektor im Hilbert-Raum ist, wird gelten

$$H_1 H_2 f \neq H_2 H_1 f \; . \tag{3.85}$$

Es wird also auf die Reihenfolge der beiden Operationen ankommen. Wenn aber der sogenannte Kommutator der beiden Operatoren verschwindet, also für einen beliebigen Vektor f gilt

$$[H_1, H_2] f = (H_1 H_2 - H_2 H_1) f = 0 \; , \tag{3.86}$$

dann besitzen die beiden Hermite-Operatoren ein gemeinsames System von Eigenfunktionen. Um dies nachzuweisen, gehen wir vom Eigenwertproblem von H_1 mit den Eigenfunktionen $\psi_n(x)$ und Eigenwerten $h_n^{(1)}$ aus und wenden darauf den Operator H_2 unter Berücksichtigung von (3.86) an. Dann ergibt sich

$$H_2 H_1 \psi_n(x) = H_1 H_2 \psi_n(x) = h_n^{(1)} H_2 \psi_n(x) \; , \tag{3.87}$$

da ja der Eigenwert $h_n^{(1)}$ mit dem Operator H_2 vertauscht werden kann. Aus dem letzten Teil der Gleichung schließen wir aber, dass nicht nur $\psi_n(x)$ eine Eigenfunktion von H_1 zum Eigenwert $h_n^{(1)}$ ist, sondern auch $H_2\psi_n(x)$ zum selben Eigenwert. Nun wollen wir aber annehmen, die Eigenwerte seien nicht entartet, d. h. es soll zu jedem Eigenwert nur eine Eigenfunktion geben. Dann kann aber (3.87) nur gelten, wenn $H_2\psi_n(x) = \alpha\psi_n(x)$ ist, wo α eine Proportionalitätskonstante darstellt. Dies bedeutet aber nichts anderes, als dass $\psi_n(x)$ auch Eigenfunktion von H_2 ist mit dem Eigenwert $\alpha = h_n^{(2)}$, wobei im allgemeinen die beiden Eigenwertfolgen $h_n^{(1)}$ und $h_n^{(2)}$ der beiden Operatoren H_1 und H_2 nicht miteinander gleich sind. Der hier dargelegte Formalismus im Hilbert-Raum bildet die mathematische Basis der Quantentheorie.

3.5 Das Sturm-Liouville'sche Eigenwertproblem

Die wichtigsten orthogonalen Funktionensysteme, die bei der Lösung physikalischer Problemstellungen auftreten, sind Spezialfälle von Lösungen der Sturm-Liouville'schen Differenzialgleichung, die folgendermaßen lautet

$$\frac{\mathrm{d}}{\mathrm{d}x}\left[p(x)\frac{\mathrm{d}y(x)}{\mathrm{d}x}\right] - [q(x) - \lambda r(x)]y(x) = 0 \; . \tag{3.88}$$

Sie ist eine gewöhnliche, lineare Differenzialgleichung zweiter Ordnung, deren Koeffizienten $p(x)$, $q(x)$ und $r(x)$ vorgegebene Funktionen der Koordinate x

sind. Diese Funktionen und somit die Differenzialgleichung sind in einem vor-gegebenen Intervall $[a, b]$ definiert. Wir wollen diese Differenzialgleichung in eine etwas andere Gestalt bringen, um den Zusammenhang mit dem vorange-henden Eigenwertproblem eines Hermite'schen Operators herzustellen. Dazu definieren wir den Sturm-Liouville-Operator

$$L(x) = \frac{\mathrm{d}}{\mathrm{d}x}\left[p(x)\frac{\mathrm{d}}{\mathrm{d}x}\right] - q(x) \tag{3.89}$$

und können dann die Sturm-Liouville-Gleichung in der Form ausdrücken

$$L(x)y(x) = -\lambda r(x)y(x) \ . \tag{3.90}$$

Nun wollen wir zeigen, unter welchen Bedingungen der Operator $L(x)$ ein selbstadjungierter Differenzialoperator ist, also für zwei beliebige, in $[a, b]$ definierte, reelle Funktionen $f(x)$ und $g(x)$, die wir als quadratisch integrabel voraussetzen, gelten soll

$$\int_a^b [L(x)f(x)]g(x)\mathrm{d}x = \int_a^b f(x)[L(x)g(x)]\mathrm{d}x \ . \tag{3.91}$$

Setzt man hier den Ausdruck (3.89) für $L(x)$ ein, sieht man sofort, dass sich der Term mit $q(x)$ auf beiden Seiten weghebt. Es bleibt also nur die Wirkung des Differenzialoperators zu untersuchen. Dazu betrachten wir die linke Seite von (3.91) und finden durch partielle Integration, dass

$$\int_a^b \frac{\mathrm{d}}{\mathrm{d}x}\left[p(x)\frac{\mathrm{d}f(x)}{\mathrm{d}x}\right] g(x)\mathrm{d}x = p(x)g(x)\frac{\mathrm{d}f(x)}{\mathrm{d}x}\bigg|_a^b - \int_a^b p(x)\frac{\mathrm{d}f(x)}{\mathrm{d}x}\frac{\mathrm{d}g(x)}{\mathrm{d}x}\mathrm{d}x \ .$$
$$\tag{3.92}$$

Wenn wir dieselbe Rechenoperation auf der rechten Seite von (3.91) ausführen, erhalten wir andererseits

$$\int_a^b f(x)\frac{\mathrm{d}}{\mathrm{d}x}\left[p(x)\frac{\mathrm{d}g(x)}{\mathrm{d}x}\right] \mathrm{d}x = p(x)f(x)\frac{\mathrm{d}g(x)}{\mathrm{d}x}\bigg|_a^b - \int_a^b p(x)\frac{\mathrm{d}f(x)}{\mathrm{d}x}\frac{\mathrm{d}g(x)}{\mathrm{d}x}\mathrm{d}x \ .$$
$$\tag{3.93}$$

Also werden die beiden Ausdrücke (3.92) und (3.93) sich nur dann gegen-seitig aufheben, wenn die Funktionen $f(x)$ und $g(x)$ folgende allgemeinen Randbedingungen in den Endpunkten des Intervalls $[a, b]$ genügen

$$p(x)f'(x)g(x)\big|_a^b = p(x)f(x)g'(x)\big|_a^b \tag{3.94}$$

und somit $L(x)$ einen selbstadjungierten Differenzialoperator darstellt. Das Sturm-Liouville-Problem ist daher nur dann eindeutig definiert, wenn die Funktionen $p(x)$, $q(x)$ und $r(x)$ in einem Intervall $[a, b]$ eindeutig definiert sind und die Lösungen $y(x)$ des Sturm-Liouville-Problems (3.88) ganz be-stimmte Randbedingungen in den Endpunkten des Intervalls erfüllen. Bei den praktischen Anwendungen sind am häufigsten die sogenannten homogenen Randbedingungen, wonach die Lösungen $y(x)$ der Sturm-Liouville-Gleichung einer der folgenden Bedingungen genügen müssen:

1. In den Intervallenden gilt $y(a) = y(b) = 0$, die sogenannte Dirichlet-Bedingung, oder $y'(a) = y'(b) = 0$, die sogenannte Neumann-Bedingung oder schließlich $\alpha y(a) + \beta y'(a) = \alpha y(b) + \beta y'(b) = 0$, die gemischte Bedingung mit α und β als vorgegebene Konstanten.
2. Wenn $p(a) = 0$ oder $p(b) = 0$ ist, genügt es, in einem dieser Endpunkte y und y' als endlich anzunehmen und im anderen Endpunkt eine der Bedingungen in Punkt 1.
3. Wenn $p(b) = p(a)$ ist, können wir verlangen, dass $y(b) = y(a)$ und $y'(b) = y'(a)$ sind.

Nun wollen wir zeigen, dass bei Erfüllung einer dieser Randbedingungen, die Lösungen der Sturm-Liouville-Gleichung zueinander orthogonal sind. Dazu genügt es, in die nun erfüllte Bedingung (3.91) anstelle der Funktionen $f(x)$ und $g(x)$ zwei Lösungen $y_n(x)$ und $y_m(x)$ zu den Eigenwerten λ_n und λ_m einzusetzen. Dann erhalten wir mithilfe der Eigenwertgleichung (3.90)

$$\int_a^b \left\{ [L(x)y_n(x)]\, y_m(x) - y_n(x)\, [L(x)y_m(x)] \right\} \mathrm{d}x$$

$$= -(\lambda_n - \lambda_m) \int_a^b r(x)y_n(x)y_m(x)\mathrm{d}x = 0 \; . \tag{3.95}$$

Da man aber zeigen kann, dass die Eigenwerte λ_n der Sturm-Liouville-Gleichung nicht entartet sind, d. h. es gibt zu jedem Eigenwert λ_n nur eine Eigenfunktion $y_n(x)$, schließen wir aus (3.95) auf die Orthogonalitätsrelation

$$\int_a^b r(x)y_n(x)y_m(x)\mathrm{d}x = 0 \; , \quad \text{für } n \neq m \; . \tag{3.96}$$

Ferner erfüllen die Eigenfunktionen $y_n(x)$ das Normierungsintegral

$$\int_a^b r(x)[y_n(x)]^2 \mathrm{d}x = N_n > 0 \; . \tag{3.97}$$

Wenn wir daher die Lösungen $y_n(x)$ normieren und die normierten Funktionen mit $\phi_n(x)$ benennen, so können wir (3.96, 3.97) zusammenfassen und setzen

$$\int_a^b r(x)\phi_n(x)\phi_m(x)\mathrm{d}x = \delta_{n,m} \; . \tag{3.98}$$

In den meisten praktischen Fällen, insbesondere wenn $p(x)$, $q(x)$ und $r(x)$ reguläre Funktionen sind, d. h. in $[a, b]$ keine Singularitäten aufweisen, und wenn $p(x)$ und $r(x) > 0$ sind, dann erhalten wir für eine der oben angegebenen Randbedingungen und für ein endliches Intervall eine unendliche diskrete Folge von reellen Eigenwerten λ_n und Eigenfunktionen $\phi_n(x)$. Ferner sind diese Eigenfunktionen (außer im Fall (3) der periodischen Randbedingungen) nicht entartet. Diese Funktionensysteme sind auch vollständig und spannen daher einen Hilbert-Raum auf, in welchem das verallgemeinerte Skalarprodukt durch den Ausdruck

$$(f, g) = \int_a^b r(x)f(x)g(x)\mathrm{d}x \tag{3.99}$$

definiert ist, wo $r(x)$ eine Konvergenz erzeugende Gewichtsfunktion darstellt. Eine beliebige in $[a, b]$ definierte Funktion $f(x)$, die etwa den Dirichlet'schen Stetigkeitsbedingungen von Abschn. 3.2 genügt, ist dann im Mittel durch folgende Reihe darstellbar

$$f(x) = \sum_n c_n \phi_n(x) \tag{3.100}$$

mit den verallgemeinerten Fourier-Koeffizienten

$$c_n = (\phi_n, f) = \int_a^b r(x)\phi_n(x)f(x)\mathrm{d}x \tag{3.101}$$

und der Parseval'sche Satz hat nun die Gestalt

$$\int_a^b r(x)[f(x)]^2\mathrm{d}x = \sum_{n=1}^{\infty} c_n^2 \,, \tag{3.102}$$

während die Vollständigkeit des Funktionensystems nun auch durch die Beziehung ausgedrückt werden kann

$$\sum_n r(x)\phi_n(x)\phi_n(\xi) = \delta(x - \xi) \,, \tag{3.103}$$

wie, nach allem bisher gesagten, der Leser zur Übung selbst nachprüfen möge.

Beispiele

1. Die Fourier-Funktionen Wir betrachten folgendes einfache Sturm-Liouville-Problem. Gegeben sei die Differenzialgleichung

$$\frac{\mathrm{d}^2 y}{\mathrm{d}x^2} + k^2 y = 0 \,. \tag{3.104}$$

Sie ist eine gewöhnliche, lineare Differenzialgleichung zweiter Ordnung mit dem konstanten Koeffizienten $k^2 > 0$. Wir können sie als eine Sturm-Liouville-Gleichung betrachten mit den Koeffizienten $p = 1$, $q = 0$, $r = 1$ und $\lambda = k^2$. Um das Problem zu einem eindeutigen Randwertproblem zu machen, wählen wir als Randbedingung die periodische Bedingung $y(x) = y(x + 2\ell)$. Die obige Gleichung kann mit dem Euler-Ansatz $y = ae^{\alpha x}$ gelöst werden (siehe Abschn. 5.3.1). Wir erhalten beim einsetzen in (3.104)

$$(\alpha^2 + k^2)e^{\alpha x} = 0 \,, \quad \alpha = \pm \mathrm{i}k \,. \tag{3.105}$$

Die beiden Lösungen der Differenzialgleichung $y = ae^{\pm ikx}$ müssen nun der periodischen Randbedingung genügen, d. h. $ae^{\pm ikx} = ae^{\pm ik(x+2\ell)}$. Damit hier die beiden Seiten für beliebige Werte x einander gleich sind, muss die Eigenwertbedingung $e^{\pm ik2\ell} = 1$ erfüllt sein. Wir haben aber in Abschn. 2.2 gelernt, dass dies dann der Fall ist, wenn $\pm k2\ell = 2\pi n$ ist, wo n eine beliebige positive oder negative ganze Zahl sein kann. Damit lauten die gesuchten Lösungen des Eigenwertproblems

$$y_n(x) = a_n e^{i\frac{n\pi}{\ell}x}\,, \quad n = \pm 1,\, \pm 2,\, \cdots \qquad (3.106)$$

und dies sind die uns bereits wohlbekannten Fourier-Funktionen, wobei wir noch den Normierungsfaktor $a_n = \frac{1}{\sqrt{2\ell}}$ einführen können. Damit sind dann die allgemeinsten Lösungen der Differenzialgleichung (3.104), welche den periodischen Randbedingungen genügen jene, die mit den im Abschn. 3.2 dieses Kapitels besprochenen Fourier'schen Reihen identisch sind. Wir wollen noch darauf hinweisen, dass in diesem Beispiel mit periodischen Randbedingungen, das Eigenwertproblem in der Tat zweifach entartet ist, denn zu den Eigenwerten $\lambda = k^2 = \left(\frac{n\pi}{\ell}\right)^2$ gehören die beiden Eigenfunktionen mit $n = \pm|n|$.

2. Ein einfaches inhomogenes Eigenwertproblem Da wir es später mehrfach mit inhomogenen Eigenwertproblemen zu tun haben werden, denn viele physikalische Problemstellungen führen auf solche Eigenwertaufgaben, wollen wir hier ein einfaches Beispiel behandeln, das uns auch gestattet neue Begriffsbildungen einzuführen, die von viel allgemeinerer Gültigkeit sind. Wir gehen dazu von der obigen Differenzialgleichung (3.104) aus, die nun aber einen linearen, harmonischen Oszillator beschreiben soll, der von einer äußeren periodischen Kraft $K(t) = K(t+T)$ angetrieben wird. Diese Differenzialgleichung lautet dann

$$\frac{d^2 y}{d t^2} + \omega_0^2 y = K(t)\,, \qquad (3.107)$$

wo $\omega_0 = \frac{2\pi}{T_0}$ die Eigenfrequenz des Oszillators ist. Nun wollen wir zunächst das homogene Eigenwertproblem

$$\frac{d^2 y}{d t^2} + \omega^2 y = 0 \qquad (3.108)$$

mit der periodischen Randbedingung $y(t) = y(t + T)$ lösen. Mit dem Euler-Ansatz finden wir $y = ae^{\pm i\omega t}$ und mithilfe der Randbedingung und analogen Überlegungen wie in Beispiel 1 ergeben sich nun die Frequenzen $\omega_n = \frac{2\pi n}{T}$. Daher erhalten wir für die gesuchten Eigenfunktionen nach entsprechender Normierung

$$y_n(t) = \frac{1}{\sqrt{T}} e^{i\omega_n t}\,, \qquad (3.109)$$

die wegen ihrer Normierung der Relation $(y_n, y_m) = \delta_{n,m}$ genügen. Wenn wir daher die gesuchte Lösung $y(t)$ und die periodische Kraft $K(t)$ der inhomogenen Gleichung (3.107) nach diesen Eigenfunktionen entwickeln und in die

Differenzialgleichung einsetzen, so erhalten wir

$$\sum_n \left(-\omega_n^2 + \omega_0^2\right) c_n y_n(t) = \sum_n K_n y_n(t) \, , \tag{3.110}$$

wo die $K_n = (y_n, K)$ als die im Prinzip bekannten Fourier-Koeffizienten der periodischen Kraft anzusehen sind, während die c_n die unbekannten Fourier-Koeffizienten der gesuchten Lösung $y(t)$ sind. Multipliziert man die Gleichung (3.110) von links mit $y_m(t)$ und integriert die Gleichung über das Periodenintervall $[0, T]$, dann erhält man mithilfe der Orthogonalitätsrelation der y_n für die unbekannten Fourier-Koeffizienten

$$c_n = \frac{K_n}{\omega_0^2 - \omega_n^2} \tag{3.111}$$

und damit lautet die gesuchte Lösung

$$y(t) = \sum_n \frac{K_n}{\omega_0^2 - \omega_n^2} \, y_n(t) \tag{3.112}$$

und wir erkennen, dass es für eine bestimmte Eigenfrequenz ω_n der periodischen Kraft zu einer Resonanzanregung kommen kann. Wenn wir schließlich in die Lösung (3.112) die explizite Form der Fourier-Koeffizienten K_n einsetzen, so erhalten wir bei Vertauschung von Integration und Summation die Lösung $y(t)$ in der Form

$$y(t) = \int_0^T \sum_n \frac{y_n(t)y_n(t')}{\omega_0^2 - \omega_n^2} K(t')\mathrm{d}t' \tag{3.113}$$

und man nennt

$$G(t - t') = \sum_n \frac{y_n(t)y_n(t')}{\omega_0^2 - \omega_n^2} \tag{3.114}$$

die Green'sche Funktion des inhomogenen Eigenwertproblems oder auch den „lösenden Kern" des Problems. Wir können daher die Lösung (3.113) auch in der Form ausdrücken

$$y(t) = \int_0^T G(t - t')K(t')\mathrm{d}t' \tag{3.115}$$

und wenn wir darauf den Operator $(\frac{\mathrm{d}^2}{\mathrm{d}t^2} + \omega_0^2)$ anwenden, so soll sich die Quellfunktion $K(t)$ ergeben. Das kann aber nur dann der Fall sein, wenn die Green'sche Funktion der Differenzialgleichung genügt

$$\left(\frac{\mathrm{d}^2}{\mathrm{d}t^2} + \omega_0^2\right) G(t - t') = \delta(t - t') \, . \tag{3.116}$$

Wenn wir das inhomogene Eigenwertproblem (3.107) mit dessen Lösung (3.115) vergleichen, erkennen wir die Analogie mit folgenden Operatorrelationen im Hilbert-Raum. Wenn $Of = g$ ist, sodass $O^{-1}O = I$ erfüllt ist, so lautet die Umkehr der vorhergehenden Operatorgleichung $f = O^{-1}g$. Also hat in Analogie die Green-Funktion die Bedeutung eines inversen Operators im Hilbert-Raum.

3. Die Schrödinger-Gleichung im Impulsraum Der Einfachheit wegen betrachten wir im Koordinatenraum die zeitunabhängige Schrödinger-Gleichung des linearen harmonischen Oszillators. Diese lautet

$$-\frac{\hbar^2}{2m}\frac{\mathrm{d}^2\psi}{\mathrm{d}x^2} + \frac{\kappa}{2}x^2\psi = E\psi\,, \qquad (3.117)$$

wo $\hbar = \frac{h}{2\pi}$ die Plancksche Konstante, m die Masse des Teilchens, κ die Konstante der rücktreibenden Kraft des Oszillators, E der Eigenwertparameter der Energie und $\psi(x)$ die Wellenfunktion oder Zustandsfunktion im Koordinatenraum. Ersichtlich handelt es sich um eine Differenzialgleichung vom Sturm-Liouville'schen Typ, die wir in Abschn. 5.6.1 lösen werden. Wir wenden auf die Gleichung (3.117) die Fourier-Integraltransformation an und beachten dabei, dass nach de Broglie dem Impuls p eines Teilchens eine Wellenzahl k durch die Beziehung $p = \hbar k$ zugeordnet ist. Daher können wir die Fourier-Integraltransformation in der Form ansetzen

$$\psi(x) = \int \phi(p)\mathrm{e}^{\frac{\mathrm{i}}{\hbar}px}\mathrm{d}p\,. \qquad (3.118)$$

Beim Einsetzen in die obige Schrödinger-Gleichung ergibt sich bei Vertauschung von Integration und Differenziation

$$\int\left\{\left[-\frac{\hbar^2}{2m}\frac{\mathrm{d}^2}{\mathrm{d}x^2} + \frac{\kappa}{2}x^2 - E\right]\mathrm{e}^{\frac{\mathrm{i}}{\hbar}px}\right\}\phi(p)\mathrm{d}p = 0\,. \qquad (3.119)$$

Nun ist aber wegen der Identität

$$x^2\mathrm{e}^{\frac{\mathrm{i}}{\hbar}px} = -\hbar^2\frac{\mathrm{d}^2}{\mathrm{d}p^2}\mathrm{e}^{\frac{\mathrm{i}}{\hbar}px} \qquad (3.120)$$

die Gleichung (3.119) äquivalent mit

$$\int\left\{\left[\frac{p^2}{2m} - \frac{\hbar^2\kappa}{2}\frac{\mathrm{d}^2}{\mathrm{d}p^2} - E\right]\mathrm{e}^{\frac{\mathrm{i}}{\hbar}px}\right\}\phi(p)\mathrm{d}p = 0\,. \qquad (3.121)$$

In der letzten Gleichung bezieht sich die Differenziation nach p zunächst auf die Exponentialfunktion. Doch da bei entsprechenden Randbedingungen für $\phi(p)$ an den Grenzen $(+\infty, -\infty)$ der Differenzialoperator $\frac{\mathrm{d}^2}{\mathrm{d}p^2}$ selbstadjungiert ist, können wir in (3.121) die Differenziation nach p von $\mathrm{e}^{\frac{\mathrm{i}}{\hbar}px}$ auf $\phi(p)$ hinüberschaffen und erhalten nach dieser Transformation die Integralbedingung

$$\int \mathrm{e}^{\frac{\mathrm{i}}{\hbar}px}\mathrm{d}p\left\{\left[\frac{p^2}{2m} - \frac{\hbar^2\kappa}{2}\frac{\mathrm{d}^2}{\mathrm{d}p^2} - E\right]\phi(p)\right\} = 0\,. \qquad (3.122)$$

Nun multiplizieren wir diese Gleichung von links mit $\mathrm{e}^{-\frac{i}{\hbar}p'x}$ und integrieren dann die Gleichung über x, wobei wir die Reihenfolge der Integrationen über x und p miteinander vertauschen. Dies ergibt

$$2\pi\hbar \int \mathrm{d}p \left[-\frac{\hbar^2\kappa}{2}\frac{\mathrm{d}^2}{\mathrm{d}p^2} + \frac{p^2}{2m} - E \right] \phi(p)\delta(p-p') = 0 \,, \tag{3.123}$$

denn es gilt aufgrund der Definition der δ-Funktion

$$\int \mathrm{e}^{\frac{i}{\hbar}(p-p')x}\mathrm{d}x = 2\pi\hbar\delta(p-p') \,. \tag{3.124}$$

Also lautet schließlich die Fourier-Transformierte der Schrödinger-Gleichung im Impulsraum

$$\left[-\frac{\hbar^2\kappa}{2}\frac{\mathrm{d}^2}{\mathrm{d}p^2} + \frac{p^2}{2m} - E \right] \phi(p) = 0 \tag{3.125}$$

und diese hat ersichtlich ähnliche Struktur wie die Ausgangsgleichung und man findet in der Tat, dass die Schrödinger-Gleichung des harmonischen Oszillators im Koordinaten- und Impulsraum dieselben Lösungen besitzt. Der Leser möge versuchen, nachzuvollziehen, dass wir hier im kontinuierlichen Spektrum der x- und p-Werte eine ganz ähnliche unitäre Transformation durchgeführt haben, wie sie im vorhergehenden Abschn. 3.4.3 im diskreten Spektrum dargelegt wurde.

Übungsaufgaben

1. Entwickle die Funktion $f(x) = x^2$ im Intervall $-\ell \leq x \leq +\ell$ in eine Fourier-Reihe.
2. Berechne die Fourier-Transformierte der Funktion $f(x) = \mathrm{e}^{-\alpha x^2}$, wo $\alpha > 0$ ist und zeige, dass auch hier eine Beziehung der Form $\Delta k \cdot \Delta x \cong 1$ gilt.
3. Berechne durch dreidimensionale Fourier-Integraltransformation die Sinusverteilung eines Elektrons im Grundzustand des Wasserstoffatoms. Die entsprechende Zustandsfunktion im Koordinatenraum ist gegeben durch

$$\psi(r) = \frac{1}{\sqrt{\pi}}a_0^{-\frac{3}{2}}\mathrm{e}^{-\frac{r}{a_0}} \,,$$

   wo $a_0 = \frac{\hbar^2}{me^2}$ der Bohrsche Radius ist, wenn m die Masse und $-e$ die Ladung des Elektrons sind.
4. Bestimme die Eigenwerte und normierten Eigenfunktionen des folgenden Eigenwertproblems. Gegeben sei die Differenzialgleichung $y'' + k^2 y = 0$, deren Lösungen im Intervall $[0, L]$ zu suchen sind, die den Randbedingungen $y(0) = 0$ und $y(L) = 0$ genügen.
5. Gegeben sei das inhomogene Eigenwertproblem $y'' + k_0^2 y = lx - x^2$. Man finde die Lösung des inhomogenen Problems mithilfe der Eigenfunktionen der vorangehenden Aufgabe und berechne die Green'sche Funktion.

6. Wir fanden unter den Beispielen von Abschn. 2.2.5, dass das elektrische Feld einer ebenen elektromagnetischen Welle von der Form $\boldsymbol{E}(\boldsymbol{r}, t) = \boldsymbol{E}\mathrm{e}^{\mathrm{i}\varphi}$ mit $\varphi = \omega t - \boldsymbol{k} \cdot \boldsymbol{x}$ der d'Alembert'schen Wellengleichung genügt. Schreibt man den Wellenvektor $\boldsymbol{k}$ in der Form $\boldsymbol{k} = k\boldsymbol{n}$, wo $\boldsymbol{n}$ ein Einheitsvektor in Fortpflanzungsrichung der Welle ist und beachtet, dass $k = \frac{\omega}{c}$ gilt, so kann man die Phase φ auch in der Form ausdrücken $\varphi = \omega(t - \frac{\boldsymbol{n}\cdot\boldsymbol{r}}{c})$. Zeige mithilfe der Fourier-Integraltransformation, dass das $\boldsymbol{E}$-Feld einer ebenen elektromagnetischen Welle aus Wellen beliebiger Frequenzen und Amplituden in die Form gebracht werden kann $\boldsymbol{E}x(\boldsymbol{r}, t) = \boldsymbol{E}(t - \frac{\boldsymbol{n}\cdot\boldsymbol{r}}{c})$ und verifiziere durch direkte Ausrechnung, dass dieser Ausdruck in der Tat eine Lösung der d'Alembert'schen Wellengleichung ist.

7. Betrachte eine schwingende Saite, die von außen durch eine Kraft $K(t) = K_0 \cos\omega_0 t$ periodisch angetrieben wird. Die Saite hat die Länge L und ist in ihren Endpunkten eingespannt. Ihre Differenzialgleichung lautet $\psi''(x, t) - \frac{1}{c^2}\ddot{\psi}(x.t) = K(t)$. Bestimme zunächst die Eigenschwingungen des homogenen Problems mit $K(t) = 0$ und finde anschließend die Lösung des inhomogenen Problems mithilfe der Methode der Green-Funktion. Beachte dazu die Anfangsbedingungen, dass für $t = 0$, $K(t = 0) = K_0$ und $\dot{K}(t = 0) = 0$ sind.

Partielle Differenzialgleichungen

4.1 Einleitung

Bei der Behandlung mehrdimensionaler physikalischer Problemstellungen wird man häufig auf partielle Differenzialgleichungen geführt. Unter diesen Differenzialgleichungen spielen die linearen partiellen Differenzialgleichungen zweiter Ordnung eine besonders wichtige Rolle, da hier das Superpositionsprinzip erfüllt ist. Dies bedeutet, wenn ϕ_1 und ϕ_2 zwei Lösungen der Differenzialgleichung sind, dann ist auch $\psi = a\phi_1 + b\phi_2$ eine Lösung, wo a und b beliebige Konstanten sind. Im allgemeinen haben diese Differenzialgleichungen nur dann eine eindeutige Lösung, wenn bestimmte Rand- und oder Anfangsbedingungen vorgegeben sind. In den vorangehenden Kapiteln haben wir bereits anhand von Beispielen die für die Physik wichtigsten partiellen Differenzialgleichung hergeleitet, die wir im Folgenden etwas eingehender behandeln wollen.

4.2 Lineare partielle Differenzialgleichungen der Physik

Die in der Physik am häufigsten auftretenden partiellen Differenzialgleichungen sind die folgenden:

1. Die Laplace'sche und Poisson'sche Differenzialgleichung

$$\Delta\Phi = 0\,, \quad \Delta\Phi = -\alpha\rho\,, \tag{4.1}$$

2. Die Helmholtz'sche Amplitudengleichung

$$\Delta\Phi + k^2\Phi = 0\,, \quad \Delta\Phi + k^2\Phi = -\alpha\rho\,, \tag{4.2}$$

3. Die d'Alembert'sche Wellengleichung

$$\Delta\Phi - \frac{1}{c^2}\frac{\partial^2}{\partial t^2}\Phi = 0\,, \quad \Delta\Phi - \frac{1}{c^2}\frac{\partial^2}{\partial t^2}\Phi = -\alpha\rho\,, \tag{4.3}$$

4. Die Diffusions- und Wärmeleitungsgleichung

$$\Delta\Phi - \kappa\frac{\partial}{\partial t}\Phi = 0 , \quad \Delta\Phi - \kappa\frac{\partial}{\partial t}\Phi = -\alpha\rho , \tag{4.4}$$

Die Schrödinger-Gleichung

$$\left[-\frac{\hbar^2}{2m}\Delta + V(\boldsymbol{r},t) - i\hbar\frac{\partial}{\partial t}\right]\Phi = 0 . \tag{4.5}$$

Wie bereits früher anhand von Beispielen in Kap. 1 und Kap. 3 diskutiert, werden die Funktionen $\rho(\boldsymbol{r})$ oder $\rho(\boldsymbol{r},t)$ Quellfunktionen der Differenzialgleichung genannt. Ist $\rho = 0$ heißt die partielle Differenzialgleichung homogen. Wenn hingegen $\rho \neq 0$ ist, wird die Gleichung inhomogen genannt. Die aufgelisteten Differenzialgleichungen gehören verschiedenen Typen an. Je nach Typus, sind für eine eindeutige Lösung verschiedene Rand- und/oder Anfangsbedingungen zu erfüllen. Diese Typeneinteilung lautet:

1. *Die elliptischen Differenzialgleichungen:*
   Hierzu gehören die Laplace-, die Poisson- und die Helmholtz-Gleichung. Für eine eindeutige Lösung muss das betrachtete Flächen- oder Raumgebiet durch eine geschlossene Kurve oder Oberfläche begrenzt sein, die gelegentlich auch ins Unendliche verschoben werden kann. Auf dieser Begrenzung müssen entweder

   a) Dirichlet-Randbedingungen vorgegeben sein, d. h. $\Phi = F(\boldsymbol{r})$ ist auf der Berandung bekannt oder
   b) Neumann-Bedingungen, wenn man $\nabla\Phi = G(\boldsymbol{r})$ am Rand kennt.
   c) Den Fall einer gemischten Randbedingung wollen wir erst später diskutieren.

2. *Die hyperbolischen Differenzialgleichungen:*
   Dazu gehört insbesondere die d'Alembert'sche Wellengleichung. In diesem Fall muss das Raumgebiet offen sein, also etwa ein Stück der x-Achse oder der (x, y)-Ebene und dort muss zu einer bestimmten Zeit, etwa $t = 0$, $\Phi(t = 0) = F(\boldsymbol{r})$ und $\frac{\partial}{\partial t}\Phi(t = 0) = G(\boldsymbol{r})$ vorgegeben sein, wo $F(\boldsymbol{r})$ und $G(\boldsymbol{r})$ Funktionen sind, die sich aus der physikalischen Problemstellung ergeben. Wir haben es hier mit einer sogenannten Cauchy'schen Anfangsbedingung zu tun. Dies ist ähnlich wie bei den gewöhnlichen linearen Differenzialgleichungen zweiter Ordnung, wo auch zwei Anfangswerte für eine eindeutige Lösung anzugeben sind, nur dass wir hier Anfangsfunktionen vorzugeben haben.

3. *Die parabolische Differenzialgleichung:*
   Dazu gehören die Diffusions- oder Wärmeleitungsgleichung und die Schrödinger-Gleichung. Hier muss die Berandung gleichfalls offen sein, doch da es sich um eine Differenzialgleichung 1. Ordnung in der Zeit handelt, genügt eine Anfangsfunktion $\Phi(t = 0) = F(\boldsymbol{r})$.

Die Bezeichnungen elliptisch, hyperbolisch und parabolisch haben ihren Ursprung in gewissen Verwandtschaften der Struktur dieser Differenzialgleichungen mit der quadratischen Form, aus der die Einteilung der Kegelschnitte folgt, doch soll auf diesen Zusammenhang nicht näher eingegangen werden. Um einzusehen, dass in vielen Fällen bei der Behandlung von Anfangswertproblemen der d'Alembert-Gleichung und Wärmeleitungsgleichung noch weitere Randbedingungen vorzugeben sind, leiten wir aus der d'Alembert-Gleichung durch Fourier-Transformation die Helmholtz-Gleichung her. Wir gehen aus von der inhomogenen d'Alembert-Gleichung

$$\Delta\Phi - \frac{1}{c^2}\frac{\partial^2}{\partial t^2}\Phi = -\alpha\rho \tag{4.6}$$

und machen die Fourier-Integralansätze

$$\Phi = \int_{-\infty}^{+\infty} e^{i\omega t}\Phi(x,y,z;\omega)\,d\omega\;, \quad \rho = \int_{-\infty}^{+\infty} e^{i\omega t}\rho(x,y,z;\omega)\,d\omega\;. \tag{4.7}$$

Geht man mit diesen Ansätzen in die d'Alembert'sche Wellengleichung ein und schafft alles auf eine Seite, so ergibt sich

$$\int_{-\infty}^{+\infty} e^{-i\omega t}\left[\left(\Delta + \frac{\omega^2}{c^2}\right)\Phi(x,y,z,\omega) + \alpha\rho(x,y,z,\omega)\right]d\omega = 0\;. \tag{4.8}$$

Doch wenn wir diese Gleichung von links mit $e^{+i\omega' t}$ multiplizieren und über t integrieren, dann liefert diese Integration $2\pi\delta(\omega - \omega')$, sodass man schließlich durch Integration über ω für die Fourier-Transformierte $\Phi(x,y,z,\omega)$ die Helmholtz'sche Differenzialgleichung (4.2) erhält, deren Lösungen weitere Randbedingungen zu erfüllen haben. Analog kann man zeigen, dass sich die Wärmeleitungsgleichung auf die Helmholtz-Gleichung zurückführen lässt. Dies kann etwa mithilfe der Laplace-Transformation erfolgen, die wir erst in Abschn. 7.4 über die Theorie komplexer Funktionen behandeln werden. Je nachdem ob das physikalische Problem auf eine homogene oder inhomogene partielle Differenzialgleichung der obigen Typen führt, bieten sich verschiedene Lösungsmethoden an, von denen wir die wichtigsten nennen, die in diesem Buch zur Anwendung kommen werden:

A) Die Differenzialgleichung ist homogen und die Lösungen genügen homogenen Randbedingungen, d. h. die Quellfunktion $\rho = 0$ und die Randfunktionen $F(\boldsymbol{r})$ und $G(\boldsymbol{r})$ haben den Wert Null oder sind Konstante. Für einige Koordinatensysteme können dann die partiellen Differenzialgleichungen durch die Methode der Separation gelöst werden und man wird meist auf Sturm-Liouville'sche Eigenwertprobleme geführt. Im unendlichen Raumgebiet führen auch die Fourier- und Laplace-Transformationen zum Ziel.

B) Die Differenzialgleichungen sind inhomogen und/oder erfüllen inhomogene Randbedingungen. In diesem Fall ist ein geeignetes Lösungsverfahren die Methode der Green-Funktion, doch kann man auch mit Fourier- oder Laplace-Transformation in manchen Fällen die Lösung finden.

4.3 Die Separationsmethode

Zur Erläuterung der Separationsmethode betrachten wir zunächst ein einfaches Beispiel, um anschließend die homogene Helmholtz-Gleichung in Kartes'schen Koordinaten, Kugelkoordinaten und Zylinderkoordinaten zu separieren, da wir so auf die wichtigsten speziellen Funktionen der Physik geführt werden.

4.3.1 Beispiel

Lösung der eindimensionalen homogenen Diffusionsgleichung: Wir betrachten die Gleichung

$$a\frac{\partial^2 \Phi}{\partial x^2} = \frac{\partial \Phi}{\partial t} \, , \tag{4.9}$$

wo gemäß (4.4) $a = \frac{1}{\kappa}$ gesetzt wurde und wir suchen die Lösung $\Phi(x,t)$ dieser Gleichung für $t \geq 0$ im Intervall $0 \leq x \leq L$, wo die Lösung der Randbedingung $\Phi(0,t) = \Phi(L,t) = 0$ genügen soll. Ferner sei für $t = 0$ die Anfangsbedingung $\Phi(x,0) = F(x)$ vorgegeben. Zur Lösung der Gleichung versuchen wir den Separationsansatz

$$\Phi(x,t) = y(x)T(t) \, . \tag{4.10}$$

Wenn wir dies in die Differenzialgleichung einsetzen und die Gleichung durch den Ansatz dividieren, so erhalten wir

$$\frac{1}{y(x)} \frac{\mathrm{d}^2 y(x)}{\mathrm{d}x^2} = \frac{1}{aT(t)} \frac{\mathrm{d}T(t)}{\mathrm{d}t} \, . \tag{4.11}$$

Sobald diese Gleichung für beliebige Werte x und t gelten soll, kann dies nur dann erfüllt sein, wenn beide Seiten gleich einer Konstanten sind. Der Bequemlichkeit wegen nennen wir diese Konstante $-k^2$. Damit zerfällt die partielle Differenzialgleichung in zwei gewöhnliche Differenzialgleichungen, nämlich

$$\frac{\mathrm{d}^2 y(x)}{\mathrm{d}x^2} + k^2 y(x) = 0 \, , \quad \frac{\mathrm{d}T(t)}{\mathrm{d}t} = -ak^2 T(t) \, . \tag{4.12}$$

Die zweite dieser Gleichungen können wir elementar lösen, denn wir erhalten durch Variablentrennung (siehe Anh. A.3.1)

$$\frac{\mathrm{d}T}{T} = \mathrm{d}\ln T = -ak^2\mathrm{d}t\ , \quad T(t) = T_0 \mathrm{e}^{-ak^2 t}\ , \tag{4.13}$$

wobei die möglichen Werte von k^2 noch zu bestimmen sind. Dies geschieht mithilfe der ersten Gleichung in (4.12), denn sie bildet, wie wir bereits aus dem vorangehenden Abschn. 3.5 wissen, ein elementares Sturm-Liouville'-sches Problem. Mithilfe des Euler'schen Lösungsansatzes fanden wir dort die beiden Lösungen $y(x) = \mathrm{e}^{\pm \mathrm{i}kx}$, oder

$$y(x) = A\cos kx + B\sin kx\ . \tag{4.14}$$

Wegen der beiden zu Anfang gestellten Randbedingungen $\Phi(0,t) = 0$ und $\Phi(L,t) = 0$, muss zunächst jedenfalls der Koeffizient $A = 0$ sein, da die Cosinus-Funktion bei $x = 0$ nicht verschwindet. Die Erfüllung der zweiten Randbedingung erfordert

$$\sin kL = 0\ , \quad kL = n\pi\ , \quad n = 1,\,2,\,3,\,\cdots\ . \tag{4.15}$$

Daher sind die gesuchten Eigenfunktionen des Problems

$$y_n(x) = B_n \sin\frac{n\pi}{L}x\ , \tag{4.16}$$

wobei die Werte $n = -1, -2, -3, \cdots$ keine neuen Lösungen ergeben und eine partikuläre Lösung der Diffusionsgleichung lautet dann

$$\Phi_n(x,t) = T_0 \mathrm{e}^{-ak^2 t} B_n \sin\frac{n\pi}{L}x\ . \tag{4.17}$$

Also kann die gesuchte allgemeine Lösung in der Form einer Fourier-Sinus-Reihe ausgedrückt werden, indem wir T_0 mit B_n zu einem Koeffizienten verschmelzen

$$\Phi(x,t) = \sum_{n=1}^{\infty} B_n \mathrm{e}^{-a\left(\frac{n\pi}{L}\right)^2 t} \sin\frac{n\pi}{L}x\ . \tag{4.18}$$

Schließlich haben wir noch die Anfangsbedingung zu erfüllen. Es muss also gelten

$$\Phi(x,0) = F(x) = \sum_{n=1}^{\infty} B_n \sin\frac{n\pi}{L}x\ . \tag{4.19}$$

Wir multiplizieren diese Gleichung von links mit $\sin\frac{m\pi}{L}x$ und integrieren über das Intervall $[0, L]$. Dies liefert

$$\int_0^L \mathrm{d}x \sin\left(\frac{n\pi}{L}x\right) F(x) = \sum_{n=1}^{\infty} B_n \int_0^L \sin\left(\frac{m\pi}{L}x\right) \sin\left(\frac{n\pi}{L}x\right) \mathrm{d}x\ . \tag{4.20}$$

Doch kann man mithilfe des Additionstheorems der Cosinus-Funktionen (2.45) in Abschn. 2.2.5 leicht zeigen, dass

$$\int_0^L \sin\left(\frac{m\pi}{L}x\right) \sin\left(\frac{n\pi}{L}x\right) \mathrm{d}x$$

$$= \frac{1}{2}\left[\int_0^L \mathrm{d}x \cos\frac{(m-n)\pi}{L}x - \int_0^L \mathrm{d}x \cos\frac{(m+n)\pi}{L}x\right] = \frac{L}{2}\delta_{m,n} \quad (4.21)$$

ist und daher erhalten wir für die Fourier-Koeffizienten

$$B_n = \frac{2}{L}\int_0^L \mathrm{d}x \sin\left(\frac{n\pi}{L}x\right) F(x) . \qquad (4.22)$$

Wenn wir zum Beispiel zur Zeit $t = 0$ einen Farbtropfen an der Stelle x_0 in eine Flüssigkeit einbringen, können wir dessen Anfangsverteilung näherungsweise durch $F(x) = F_0\delta(x - x_0)$ beschreiben. Dann können die Koeffizienten B_n sofort berechnet werden und wir erhalten als Lösung des Diffusionsproblems

$$\Phi(x,t) = \frac{2F_0}{L}\sum_{n=1}^\infty \mathrm{e}^{-a\left(\frac{n\pi}{L}\right)^2 t} \sin\left(\frac{n\pi}{L}x_0\right) \sin\left(\frac{n\pi}{L}x\right) . \qquad (4.23)$$

4.3.2 Separation der Helmholtz-Gleichung

Separation in Kartes'schen Koordinaten

In Kartes'schen Koordinaten (x, y, z) lautet die Helmholtz-Gleichung

$$\left(\frac{\partial^2}{\partial x^2} + \frac{\partial^2}{\partial y^2} + \frac{\partial^2}{\partial z^2}\right) \Phi(x,y,z) + k^2\Phi(x,y,z) = 0 . \qquad (4.24)$$

Wir machen den Separationsansatz

$$\Phi(x,y,z) = X(x)Y(y)Z(z) , \quad k^2 = k_x^2 + k_y^2 + k_z^2 \qquad (4.25)$$

und erhalten so die drei Differenzialgleichungen

$$X'' + k_x^2 X = 0 , \quad Y'' + k_y^2 Y = 0 , \quad Z'' + k_z^2 Z = 0 . \qquad (4.26)$$

Wenn etwa periodische Randbedingungen vorgegeben sind, also

$$X(x) = X(x + 2L_x) , \quad Y(y) = Y(y + 2L_y) , \quad Z(z) = Z(z + 2L_z) , \quad (4.27)$$

dann lautet eine partikuläre Lösung der Differenzialgleichung

$$\Phi_{n_x,n_y,n_z}(x,y,z) = A_{n_x,n_y,n_z}\mathrm{e}^{\mathrm{i}\pi\left(\frac{n_x}{L_x}x + \frac{n_y}{L_y}y + \frac{n_z}{L_z}z\right)} \qquad (4.28)$$

und die allgemeine Lösung ist dann

$$\Phi(x,y,z) = \sum_{n_x,n_y,n_z} A_{n_x,n_y,n_z}\exp\left[\mathrm{i}\pi\left(\frac{n_x}{L_x}x + \frac{n_y}{L_y}y + \frac{n_z}{L_z}z\right)\right] . \qquad (4.29)$$

Separation in Kugelkoordinaten

Die Kugelkoordinaten haben wir in Abschn. 1.5.2 eingeführt und dort den Laplace-Operator in diesen Koordinaten angegeben. Die Helmholtz-Gleichung lautet dann

$$\frac{1}{r^2}\left[\frac{\partial}{\partial r}\left(r^2\frac{\partial}{\partial r}\right)+\frac{1}{\sin\vartheta}\frac{\partial}{\partial\vartheta}\left(\sin\vartheta\frac{\partial}{\partial\vartheta}\right)+\frac{1}{\sin^2\vartheta}\frac{\partial^2}{\partial\varphi^2}\right]\Phi(r,\vartheta,\varphi)$$
$$+k^2\Phi(r,\vartheta,\varphi)=0\;. \tag{4.30}$$

Zuerst machen wir den Separationsansatz

$$\Phi(r,\vartheta,\varphi)=R(r)Y(\vartheta,\varphi)\;, \tag{4.31}$$

setzen dies in die Differenzialgleichung ein und dividieren wie im Beispiel von Abschn. 4.3.1 durch den Lösungsansatz. Dies liefert nach Trennung in den radialen und in den winkelabhängigen Anteil

$$\frac{1}{R(r)}\frac{\mathrm{d}}{\mathrm{d}r}\left[r^2\frac{\mathrm{d}\,R(r)}{\mathrm{d}r}\right]+k^2r^2$$
$$=-\frac{1}{Y(\vartheta,\varphi)}\left[\frac{1}{\sin\vartheta}\frac{\partial}{\partial\vartheta}\left(\sin\vartheta\frac{\partial Y(\vartheta,\varphi)}{\partial\vartheta}\right)+\frac{1}{\sin^2\vartheta}\frac{\partial^2 Y(\vartheta,\varphi)}{\partial\varphi^2}\right]\;. \tag{4.32}$$

Damit diese Gleichung für alle r, ϑ, φ erfüllt ist, müssen beide Seiten gleich einer Konstanten sein, die wir zweckmäßig $\ell(\ell+1)$ taufen, wo $\ell=0,\,1,\,2,\,\cdots$ sein kann, wie wir in Abschn. 5.4 näher begründen werden. Danach erhalten wir die beiden Differenzialgleichungen

$$R''(r)+\frac{2}{r}R'(r)+\left[k^2-\frac{\ell(\ell+1)}{r^2}\right]R(r)=0 \tag{4.33}$$

und

$$\frac{1}{\sin\vartheta}\frac{\partial}{\partial\vartheta}\left(\sin\vartheta\frac{\partial Y(\vartheta,\varphi)}{\partial\vartheta}\right)+\frac{1}{\sin^2\vartheta}\frac{\partial^2 Y(\vartheta,\varphi)}{\partial\varphi^2}+\ell(\ell+1)Y(\vartheta,\varphi)=0\;. \tag{4.34}$$

Da in der ersten Gleichungen (4.33) $k=\frac{2\pi}{\lambda}$ die Wellenzahl ist, führt man zweckmäßig eine dimensionslose Variable $\rho=kr$ ein und erhält mit $R=R(\rho)$ die Gleichung

$$R''+\frac{2}{\rho}R'+\left[1-\frac{\ell(\ell+1)}{\rho^2}\right]R=0 \tag{4.35}$$

und wenn wir hier die weitere Transformation machen $R(\rho)=\frac{Z(\rho)}{\rho}$, dann resultiert die folgende Differenzialgleichung

$$Z''+\frac{1}{\rho}Z'+\left[1-\frac{(\ell+\frac{1}{2})^2}{\rho^2}\right]Z=0\;. \tag{4.36}$$

Dies ist die Differenzialgleichung der Bessel- oder Zylinderfunktionen von halbzahligem Index. Ihre beiden linear unabhängigen Lösungen bezeichnet man mit $J_{\ell+\frac{1}{2}}(\rho)$ und $J_{-(\ell+\frac{1}{2})}(\rho)$, die wir im nächsten Abschn. 5.5 eingehender behandeln werden. Als nächstes wenden wir uns der zweiten Differenzialgleichung, (4.34), zu und verlangen aus physikalischen Gründen, dass ihre Lösungen in Bezug auf die Variable φ die folgende Periodizitätseigenschaft haben soll $Y(\vartheta, \varphi) = Y(\vartheta, \varphi + 2\pi)$. Also muss diese Lösung in Bezug auf φ eine Fourier-Funktion auf dem Einheitskreis sein und wir können ansetzen $Y(\vartheta, \varphi) = P(\vartheta)\mathrm{e}^{im\varphi}$, wo $m = 0, \pm 1, \pm 2, \pm 3, \cdots$ sein kann. Mit diesem Ansatz erhalten wir für die noch unbekannte Funktion $P(\vartheta)$ die Differenzialgleichung

$$\frac{1}{\sin\vartheta}\frac{\mathrm{d}}{\mathrm{d}\vartheta}\left(\sin\vartheta\frac{\mathrm{d}P\vartheta}{\mathrm{d}\vartheta}\right) + \left[\ell(\ell+1) - \frac{m^2}{\sin^2\vartheta}\right]P(\vartheta) = 0 \,, \qquad (4.37)$$

oder wenn wir $\cos\vartheta = z$ setzen, lautet die transformierte Gleichung für $P(z)$

$$(1 - z^2)P''(z) - 2zP'(z) + \left[\ell(\ell+1) - \frac{m^2}{1 - z^2}\right]P(z) = 0 \,. \qquad (4.38)$$

Dies ist die Differenzialgleichung der sogenannten zugeordneten Legendre-Polynome $P_\ell^m(\cos\vartheta)$, die wir im Abschn. 5.4 näher untersuchen werden. Zusammenfassend lautet eine partikuläre Lösung der Helmholtz-Gleichung in Kugelkoordinaten

$$\Phi_{\ell,m}(r, \vartheta, \varphi) = \frac{1}{\sqrt{kr}}\left[A_{\ell,m}J_{\ell+\frac{1}{2}}(kr) + B_{\ell,m}J_{-(\ell+\frac{1}{2})}(kr)\right]P_\ell^m(\cos\vartheta)\mathrm{e}^{im\varphi}$$

$$(4.39)$$

und die allgemeine Lösung ist dann eine Superposition der Lösungen (4.39). Schließlich behandeln wir noch den Sonderfall, dass $k^2 = 0$ ist, der auf die Laplace'sche Differenzialgleichung führt. Dann lautet die radiale Gleichung (4.33)

$$R'' + \frac{2}{\rho}R' - \frac{\ell(\ell+1)}{\rho^2}R = 0 \,. \qquad (4.40)$$

Diese Gleichung gestattet den einfachen Lösungsansatz $R(r) = r^\alpha$. Damit ergibt sich durch Einsetzen in (4.40)

$$[\alpha(\alpha - 1) + 2\alpha - \ell(\ell + 1)]r^\alpha = 0 \,, \qquad (4.41)$$

woraus folgt, dass $\alpha(\alpha - 1) = \ell(\ell + 1)$ sein muss mit den beiden Lösungen $\alpha = \ell$ und $\alpha = -(\ell+1)$. Daher können wir die allgemeine Lösung der Laplace-Gleichung in Kugelkoordinaten sofort angeben

$$\Phi(r, \vartheta, \varphi) = \sum_{\ell=0}^{\infty} \sum_{m=-\ell}^{+\ell} \left(A_{\ell,m}r^\ell + B_{\ell,m}\frac{1}{r^{\ell+1}}\right)P_\ell^m(\cos\vartheta)\mathrm{e}^{im\varphi} \,. \qquad (4.42)$$

Separation in Zylinderkoordinaten

Den Laplace-Operator in Zylinderkoordinaten haben wir in Abschn. 1.5.1
angegeben. Demnach lautet die Helmholtz-Gleichung in diesen Koordinaten

$$\left[\frac{1}{r}\frac{\partial}{\partial r}\left(r\frac{\partial}{\partial r}\right) + \frac{1}{r^2}\frac{\partial^2}{\partial\varphi^2} + \frac{\partial^2}{\partial z^2}\right]\Phi(r,\varphi,z) + k^2\Phi(r,\varphi,z) = 0\ . \tag{4.43}$$

Wir verlangen wiederum die Eindeutigkeit der Lösungen in Bezug auf die
Koordinate φ und machen daher den Ansatz

$$\Phi(r,\varphi,z) = \psi(r,z)\mathrm{e}^{\mathrm{i}\,m\,\varphi}\ . \tag{4.44}$$

Dies ergibt beim einsetzen in die Differenzialgleichung und nach Trennung in
radiale und achsige Abhängigkeiten

$$\left[\frac{1}{r}\frac{\partial}{\partial r}\left(r\frac{\partial}{\partial r}\right) + k^2 - \frac{m^2}{r^2}\right]\psi(r,z) = -\frac{\partial^2\psi(r,z)}{\partial z^2} \tag{4.45}$$

und mithilfe des weiteren Separationsansatzes

$$\psi(r,z) = R(r)Z(z) \tag{4.46}$$

erhalten wir nach Division der Gleichung (4.45) durch diesen Ansatz und
Einführung der Separationskonstanten k_z^2 die folgenden beiden Gleichungen

$$\left[\frac{1}{r}\frac{\mathrm{d}}{\mathrm{d}r}\left(r\frac{\mathrm{d}}{\mathrm{d}r}\right) + k^2 - k_z^2 - \frac{m^2}{r^2}\right]R(r) = 0\ ,\quad \left[\frac{\mathrm{d}^2}{\mathrm{d}z^2} + k_z^2\right]Z(z) = 0\ . \tag{4.47}$$

Schließlich benennen wir $k^2 - k_z^2 = \kappa^2$ und führen eine neue dimensionslose
Variable $\rho = \kappa r$ ein. Dann lautet die erste der beiden Gleichungen in (4.47)

$$\frac{\mathrm{d}^2 R(\rho)}{\mathrm{d}\rho^2} + \frac{1}{\rho}\frac{\mathrm{d}R(\rho)}{\mathrm{d}\rho} + \left(1 - \frac{m^2}{\rho^2}\right)R(\rho) = 0 \tag{4.48}$$

und dies ist wiederum die Bessel'sche Differenzialgleichung mit den beiden li-
near unabhängigen Lösungen $J_m(\rho)$ und $Y_m(\rho)$, den sogenannten Bessel- und
Neumann-Funktionen von ganzzahligem Index m. Die Lösungen der zweiten
Gleichung in (4.47) hängen wieder von der Wahl der Randbedingungen ab.
Wenn etwa periodische Randbedingungen vorliegen, sodass $Z(z) = Z(z+2\ell)$
gilt, erhalten wir die uns bereits bekannten Fourier-Funktionen mit den k-
Werten $k_z = k_n = \frac{n\pi}{\ell}$ und den Lösungen $Z_n(z) = \mathrm{e}^{\mathrm{i}k_n z}$. In diesem Fall lautet
dann eine partikuläre Lösung der Helmholtz-Gleichung in Zylinderkoordina-
ten

$$\Phi_{m,n}(\rho,\varphi,z) = [A_{n,m}J_m(\rho) + B_{n,m}Y_m(\rho)]\mathrm{e}^{\mathrm{i}m\varphi}\mathrm{e}^{\mathrm{i}k_n z} \tag{4.49}$$

und die allgemeine Lösung ist dann eine lineare Superposition dieser Lösungen. Wenn wir es mit einem ebenen Problem zu tun haben, bei dem keine

z-Abhängigkeit vorliegt, erhalten wir entsprechend für die allgemeine Lösung

$$\Phi(\rho,\varphi) = \sum_{m=0}^{\infty} [A_m J_m(\rho) + B_m Y_m(\rho)]\mathrm{e}^{\mathrm{i}m\varphi} \; . \tag{4.50}$$

Wenn wir es ferner mit der ebenen Potenzialtheorie zu tun haben, also $k^2 = 0$ ist, dann geht die radiale Gleichung in (4.47) über in

$$\left[\frac{1}{r}\frac{\mathrm{d}}{\mathrm{d}r}r\frac{\mathrm{d}}{\mathrm{d}r} - \frac{m^2}{r^2}\right] R(r) = 0 \; , \tag{4.51}$$

die wiederum eine Lösung der Form $R(r) = r^\alpha$ gestattet, was nach einsetzen in die Differenzialgleichung die beiden Lösungen liefert $\alpha = \pm m$ und daher finden wir als Lösung der Laplace'schen Differenzialgleichung in ebenen Polarkoordinaten

$$\Phi(r,\varphi) = \sum_{m=-\infty}^{\infty} A_m r^m \mathrm{e}^{\mathrm{i}m\varphi} \; , \quad m \neq 0 \; . \tag{4.52}$$

Der Fall $m = 0$ liefert einen weiteren Sonderfall, denn dann lautet die radiale Gleichung $(rR')' = 0$ mit der Lösung $R(r) = A \ln r + B$.

4.4 Die Methode der Green-Funktion

4.4.1 Allgemeine Betrachtungen

Die Methode der Green-Funktion ist ein außerordentlich nützliches Verfahren zur Lösung von Randwertaufgaben der theoretischen Physik. Wir haben bereits in den beiden Kapiteln 2 und 3 anhand von zwei Beispielen die Nützlichkeit und anschauliche Bedeutung der Green-Funktion kennen gelernt. Hier wollen wir diese Methode von einem etwas allgemeineren Standpunkt betrachten, obwohl wir uns bei der Anwendung der Green'schen Methode auf die inhomogene Helmholtz-Gleichung beschränken werden. Das Verfahren ist jedoch von weitaus größerer Allgemeinheit. Wir gehen aus von einer etwas allgemeineren Form der inhomogenen Helmholtz-Gleichung (4.2)

$$\Delta_{\boldsymbol{r}'}\Phi(\boldsymbol{r}') + P(\boldsymbol{r}')\Phi(\boldsymbol{r}') = -\alpha\rho(\boldsymbol{r}') \; , \tag{4.53}$$

wo $P(\boldsymbol{r})$ eine beliebige beschränkte Funktion ist. Daneben definieren wir die Green-Funktion des Problems durch die Differenzialgleichung

$$\Delta_{\boldsymbol{r}'}G(\boldsymbol{r},\boldsymbol{r}') + P(\boldsymbol{r}')G(\boldsymbol{r},\boldsymbol{r}') = -\delta(\boldsymbol{r} - \boldsymbol{r}') \; , \tag{4.54}$$

wobei wir mit $\boldsymbol{r}$ die Koordinaten des Aufpunktes bezeichnen wollen, wo wir die Lösung suchen, und mit $\boldsymbol{r}'$ die Koordinaten der Quellpunkte, über die zu integrieren sein wird. Nun ziehen wir den 2. Green'schen Satz heran, der in Abschn. 1.4.2 hergeleitet wurde

$$\int_{V'} (\Phi\Delta\Psi - \Psi\Delta\Phi)\,\mathrm{d}v' = \iint_{F'} (\Phi\nabla\Psi - \Psi\nabla\Phi)\cdot\mathrm{d}\boldsymbol{f}' \qquad (4.55)$$

und setzen hier $\Phi(\boldsymbol{r}')$ gleich unserer gesuchten Lösungsfunktion von (4.53) und identifizieren $\Psi(\boldsymbol{r}')$ mit der Green-Funktion $G(\boldsymbol{r},\boldsymbol{r}')$. Dann erhalten wir mithilfe der beiden Differenzialgleichungen (4.53,4.54) zur Berechnung des Volumsintegrals auf der linken Seite von (4.55) die folgende Gleichung

$$\int_{V'} [-\Phi\delta(\boldsymbol{r}-\boldsymbol{r}') + \alpha G\rho(\boldsymbol{r}')]\mathrm{d}v' = \iint_{F'} \left(\Phi\frac{\partial G}{\partial n'} - G\frac{\partial \Phi}{\partial n'}\right)\mathrm{d}f'\,, \qquad (4.56)$$

wobei auf der linken Seite sich der Term mit $P(\boldsymbol{r}')$ weggehoben hat. Das erste Integral auf der linken Seite von (4.56) können wir sofort berechnen und das zweite Integral auf die rechte Seite der Gleichung schaffen. Dann erhalten wir als formale Lösung der inhomogenen Helmholtz-Gleichung

$$\Phi(\boldsymbol{r}) = \alpha \int_{V'} G(\boldsymbol{r},\boldsymbol{r}')\rho(\boldsymbol{r}')\mathrm{d}v' - \iint_{F'} \left[\Phi(\boldsymbol{r}')\frac{\partial G}{\partial n'} - G(\boldsymbol{r},\boldsymbol{r}')\frac{\partial \Phi}{\partial n'}\right]\mathrm{d}f'\,.$$
$$(4.57)$$

Dabei haben wir die in Abschn. 1.3.2 abgeleitete Beziehung (1.49) verwendet, wonach $\nabla\Phi = \frac{\partial\Phi}{\partial n}\boldsymbol{n}$ ist und $\mathrm{d}\boldsymbol{f}' = \boldsymbol{n}\mathrm{d}f'$ gilt. Bei der Interpretation der letzten Gleichung haben wir zu beachten, dass die inhomogene Helmholtz-Gleichung vom elliptischen Typ ist. Daher bezieht sich die Lösung $\Phi(\boldsymbol{r})$ auf einen „Aufpunkt" im Inneren der geschlossenen Hülle F'. Dort liegt auch das „Quellgebiet" $\rho(\boldsymbol{r}')$, welches das Volumen V' innerhalb F' ganz oder teilweise ausfüllt. Ersichtlich ist die Lösung aus zwei Teilen zusammengesetzt: einem Anteil, der seinen Ursprung in den Quellen hat und einem anderen, der von den Oberflächenbedingungen herrührt. Da die betrachtete Differenzialgleichung vom elliptischen Typ ist, wird die zunächst formale Lösung (4.57) nur dann eine eindeutige Lösung der inhomogenen Helmholtz-Gleichung darstellen, wenn auf der Berandung F' die erforderlichen Randbedingungen für die elliptischen Differenzialgleichungen erfüllt sind, nämlich (a) die Dirichlet'schen Randbedingungen oder (b) die Neumann'schen Randbedingungen oder (c) die gemischte Randbedingungen, wie wir bereits in Abschn. 4.2 diskutiert haben. Daraus ergeben sich dann, wie wir jetzt zeigen wollen, ganz bestimmte Randbedingungen für die Green-Funktion.

a) Dirichlet'sche Randbedingungen: Wenn $\Phi(\boldsymbol{r}')$ auf F' vorgegeben ist, wird gleichzeitig über $\frac{\partial\Phi}{\partial n'}$ auf F' keine Aussage gemacht. Daher muss im Oberflächenintegral von (4.57) der entsprechende Term verschwinden. Dies wird dann der Fall sein, wenn wir an die Green-Funktion des Dirichlet-Problems die Bedingung stellen $G_D(\boldsymbol{r},\boldsymbol{r}') = 0$ auf F'. Dann lautet die Lösung des Dirichlet-Problems

$$\Phi(\boldsymbol{r}) = \alpha \int_{V'} G_D(\boldsymbol{r},\boldsymbol{r}')\rho(\boldsymbol{r}')\mathrm{d}v' - \iint_{F'} \Phi(\boldsymbol{r}')\frac{\partial G_D}{\partial n'}\mathrm{d}f'\,. \qquad (4.58)$$

Folglich, wenn wir die Differenzialgleichung (4.54) für die Dirichlet'sche Green-Funktion mit der Randbedingung $G_D = 0$ auf F' gelöst haben, werden die beiden Integrale auf der rechten Seite von (4.58) nur bekannte Größen enthalten. Dann ist die Lösung Φ für Punkte $\boldsymbol{r}$ innerhalb des Volumens V' durch G, durch die Quellfunktion ρ und durch die Randwerte von Φ auf F' eindeutig bestimmt. Der Vorteil dieses Lösungsverfahrens liegt also darin, dass nun das Problem der Lösung des inhomogenen Randwertproblems für Φ auf die Lösung des homogenen Randwertproblems für G zurückgeführt wurde. Es ist auch wichtig zu bemerken, dass bei physikalischen Problemstellungen der Funktion Φ meist eine physikalische Bedeutung zukommt, während die Green-Funktion G eine reine „Geometriefunktion" darstellt, die von der Geometrie des betrachteten Problems abhängt und daher bei verschiedenen physikalischen Problemen gleicher geometrischer Voraussetzungen dieselbe sein wird.

b) Neumann'sche Randbedingung: Wenn $\frac{\partial \Phi}{\partial n'}$ eine vorgegebene Funktion auf F' ist, dann kann über $\Phi(\boldsymbol{r}')$ auf F' keine Aussage gemacht werden und wir wählen daher für die Neumann'sche Green-Funktion $G_N(\boldsymbol{r}, \boldsymbol{r}')$ die homogene Randbedingung $\frac{\partial G_N}{\partial n'} = 0$ auf F'. In diesem Fall lautet dann die Lösung

$$\Phi(\boldsymbol{r}) = \alpha \int_{V'} G_N(\boldsymbol{r}, \boldsymbol{r}')\rho(\boldsymbol{r}')\mathrm{d}v' - \iint_{F'} \frac{\partial \Phi_N}{\partial n'} G_N(\boldsymbol{r}, \boldsymbol{r}')\mathrm{d}f' \,. \qquad (4.59)$$

Dabei gilt wieder, sobald wir das homogene Randwertproblem für die Neumann'sche Green-Funktion G_N gelöst haben, ist die Lösung $\Phi(\boldsymbol{r})$ des inhomogenen Problems durch G_N, die Quellen ρ und durch die Randwerte von $\frac{\partial \Phi}{\partial n'}$ darstellbar. Doch die obige Wahl der Randbedingung für die Neumann'sche Green-Funktion lässt sich nicht anwenden, wenn bei endlichem Volumen V' in (4.53, 4.54) die Funktion $P(\boldsymbol{r}') = 0$ ist, also die Poisson'sche Differenzialgleichung vorliegt. Der Grund dafür ist leicht zu finden, wenn wir die Differenzialgleichung (4.54) für die Green-Funktion über V' integrieren und auf das Volumsintegral über ΔG den Gauß'schen Integralsatz (1.84) aus Abschn. 1.4.1 anwenden, um es in ein Oberflächenintegral umzuwandeln. Dann erhalten wir

$$\iint_{F'} \frac{\partial G_N}{\partial n'}\mathrm{d}f' + \int_{V'} P G_N\, \mathrm{d}v' = -\int_{V'} \delta(\boldsymbol{r} - \boldsymbol{r}')\mathrm{d}v' = -1 \,. \qquad (4.60)$$

Daher würde für $P = 0$ die Wahl $\frac{\partial G_N}{\partial n'} = 0$ auf F' die Beziehung $0 = -1$ liefern. Zur Vermeidung dieses Widerspruchs wählt man daher im Fall der Poisson-Gleichung die Neumann-Bedingung in der Form $\frac{\partial G_N}{\partial n'} = \frac{1}{F'}$, wo F' der Betrag der Oberfläche des Volumens V' ist. Dabei wird bei einem unendlichen oder einseitig unendlichen Bereich $F' \to \infty$ streben und wir erhalten wiederum die ursprüngliche Randbedingung für G_N. Auch wird mit der allgemeineren Randbedingung $\frac{\partial G_N}{\partial n'} = \frac{1}{F'}$ der erste Term im Oberflächenintegral von (4.57) einen konstanten Beitrag liefern, sodass bei einer Neumann'schen Randbedingung die Lösung der Poisson-Gleichung nur bis auf eine beliebige, additive Konstante bestimmt sein wird.

c) Die gemischte Randbedingung: Als Randbedingung für $\Phi(r')$ auf F' können wir schließlich auch die Kombination wählen

$$a\Phi(r') + \frac{\partial \Phi}{\partial n'} = h(r') \, , \tag{4.61}$$

wo a eine beliebige Konstante ist und $h(r')$ eine gegebene Funktion darstellt. Löst man die Gleichung nach $\frac{\partial \Phi}{\partial n'}$ auf und setzt dies in den allgemeinen Ausdruck (4.57) für $\Phi(r)$ auf der rechten Seite ein, so folgt für eine eindeutige Lösung, dass $G\,(r,r')$ der homogenen Randbedingung genügen muss

$$aG(r,r') + \frac{\partial G}{\partial n'} = 0 \tag{4.62}$$

und die gesuchte Lösung lautet dann

$$\Phi(r) = \alpha \int_{V'} G\,(r,r')\rho(r')\mathrm{d}v' - \iint_{F'} G\,(r,r')h(r')\mathrm{d}f' \, . \tag{4.63}$$

Wiederum ist die gesuchte Lösung des Problems eindeutig durch $G\,(r,r')$, $h(r')$ und $\rho(r')$ eindeutig bestimmt.

Der Vorteil der Methode der Green-Funktion besteht also darin, dass wir ein Problem mit inhomogenen Randbedingungen durch ein solches mit homogenen Bedingungen ersetzen können. Das letztere Problem ist dann in vielen Fällen mithilfe der Methode der Integraltransformationen oder der Separation der Veränderlichen lösbar (siehe die Abschn. 3.3 und 4.3.2). Die Methode der Green-Funktion ist aber auch auf homogene Probleme anwendbar, sei es eine homogene Differenzialgleichung oder homogene Randbedingungen oder beides. Die Nützlichkeit der Methode ist dann darin zu suchen, dass manchmal die Green-Funktion G in geschlossener Form berechnet werden kann und dasselbe dann auch für die gesuchte Lösung Φ der Fall ist, da diese nun mit den oben hergeleiteten Integralausdrücken berechnet werden kann. Gegen Ende dieses Kapitels werden wir eine Reihe Beispiele diskutieren, welche die hier angestellten allgemeinen Überlegungen näher erläutern sollen.

4.4.2 Eigenschaften der Green-Funktion

Wir betrachten nun einige der grundlegenden Eigenschaften der Green-Funktion unseres Problems, der inhomogenen Helmholtz-Gleichung (4.53). Zunächst beweisen wir die wichtige Symmetrieeigenschaft $G(r,r') = G(r',r)$, wonach Quellpunkt und Aufpunkt miteinander vertauscht werden können. Dazu betrachten wir die folgenden beiden Gleichungen

$$\Delta G(r,r_1) + P(r)G(r,r_1) = -\delta(r - r_1)$$

$$\tag{4.64}$$

$$\Delta G(r,r_2) + P(r)G(r,r_2) = -\delta(r - r_2) \, .$$

Nun multiplizieren wir die erste der beiden Gleichungen von links mit $G(r, r_2)$ und die zweite mit $G(r, r_1)$ und subtrahieren dann die beiden Gleichungen. Dabei wird der Term, welcher $P(r)$ enthält wegfallen. Wenn wir dann die resultierende Gleichung auf beiden Seiten über das Volumen V integrieren und auf der linken Seite den 2. Green'schen Satz von Abschn. 1.4.2 (1.95, 4.55) anwenden, so erhalten wir

$$\iint_F \left[G(r, r_1)\frac{\partial G}{\partial n} - G(r, r_2)\frac{\partial G}{\partial n} \right] \mathrm{d}f = G(r_1, r_2) - G(r_2, r_1) \,, \qquad (4.65)$$

wobei das Resultat auf der rechten Seite dieser Gleichung aus der Integration über die δ-Funktion resultiert. Da auf der linken Seite der Gleichung sowohl $G(r, r_1)$ als auch $G(r, r_2)$ auf der Hülle F dieselben Randbedingungen erfüllen, verschwindet dieses Integral und es ergibt sich die bereits genannte Symmetrieeigenschaft der Green-Funktion

$$G(r, r\,') = G(r', r) \,. \qquad (4.66)$$

Nun betrachten wir als nächstes die Art der Singularität von $G(r, r\,')$ bei $r = r\,'$, die durch die Quellfunktion $\delta(r - r')$ der Green-Funktion nahe gelegt wird. Dabei sei angenommen, dass im gesamten betrachteten Raumgebiet sich die Funktion $P(r)$ regulär verhält, also keine Singularitäten besitzt. Dann können wir nahe $r = r'$ näherungsweise setzen $P(r) \cong P(r') = P = \text{const.}$ und die Gleichung für die Green-Funktion lautet dann

$$\Delta G(r, r\,') + PG(r, r\,') = -\delta(r - r') \,. \qquad (4.67)$$

Da die singuläre Quelle nur von der Differenz $r - r'$ abhängt, wird auch die Green-Funktion nur von dieser Differenz abhängen und wir können als neue Variable $R = r - r'$ einführen. Da P nahe der Singularität eine Konstante ist, wird dort die Lösung von (4.67) kugelsymmetrisch sein. Bei Einführung des Laplace-Operators in Kugelkoordinaten, den wir in Abschn. 1.5.2 (1.146) angegeben haben, erhalten wir wegen der Kugelsymmetrie und damit der Unabhängigkeit des Problems von den Winkelvariablen (ϑ, φ) anstelle der Gleichung (4.67) die Differenzialgleichung

$$\frac{1}{R^2}\frac{\mathrm{d}}{\mathrm{d}R}\left(R^2 \frac{\mathrm{d}G(R)}{\mathrm{d}R} \right) + PG(R) = -\delta(\boldsymbol{R}) \,. \qquad (4.68)$$

Doch wenn G bei $R = 0$ singulär ist, dann sind die Ableitungen G' und G'' nach R bei $R = 0$ noch stärker singulär und wir können daher nahe der Singularität in (4.68) den Term $PG(R)$ weglassen. Also gilt nahe $R = 0$

$$\frac{1}{R^2}\frac{\mathrm{d}}{\mathrm{d}R}\left(R^2 \frac{\mathrm{d}G(R)}{\mathrm{d}R} \right) = -\delta(\boldsymbol{R}) \,. \qquad (4.69)$$

Nun integrieren wir beide Seiten dieser Gleichung über eine Kugel vom Radius R. Dabei beachten wir, dass das Volumselement in Kugelkoordinaten durch

$dv = R^2 dR \sin\vartheta\, d\vartheta\, d\varphi$ gegeben ist, wie in Abschn. 1.5.2 angegeben wurde. Damit erhalten wir

$$\int_0^{2\pi} d\varphi \int_0^{\pi} \sin\vartheta\, d\vartheta \int_0^R \frac{d}{dR'}\left(R'^2 \frac{dG(R')}{dR'}\right) dR' = -\int_K dv\,\delta(\boldsymbol{R}) = -1\,. \tag{4.70}$$

Die Winkelintegration auf der linken Seite liefert den Faktor 4π und die radiale Integration ist elementar. Nach Ausführung der Integrationen ergibt sich die einfache Differenzialgleichung für G

$$\frac{dG(R)}{dR} = -\frac{1}{4\pi R^2}\,, \tag{4.71}$$

die wir nochmals über das Intervall (R, ∞) integrieren. Damit finden wir für das asymptotische Verhalten der Green-Funktion nahe der Singularität bei $R = 0$

$$G(R) \cong -\frac{1}{4\pi R}\,, \quad R = |\boldsymbol{r} - \boldsymbol{r}'|\,. \tag{4.72}$$

Für $P(\boldsymbol{r}) = 0$ ist (4.72) die Green-Funktion der Poisson'schen Differenzialgleichung. Diese Differenzialgleichung haben wir in Abschn. 1.4.3 (1.110) bereits hergeleitet. Das obige Verfahren ist in vielen Fällen der Grundgedanke zur Lösung der Gleichung für die Green-Funktion. Wenn wir die Gleichung für die Green-Funktion (4.67) betrachten, so sehen wir, dass sie für $\boldsymbol{r} \neq \boldsymbol{r}'$ eine homogene Helmholtz-Gleichung darstellt. Diese Tatsache ist Ausgangspunkt für die gleich zu besprechende „Methode der Bilder" zur Lösung inhomogener Randwertprobleme. Ein anderes Verfahren ist die Methode der Eigenfunktionen, die wir anhand des durch eine periodisch Kraft angetriebenen harmonischen Oszillators bereits in Abschn. 3.5 kennen gelernt haben.

4.4.3 Auffindung der Green-Funktion

Zur Berechnung der Green-Funktion haben wir im Volumen V, in welchem sie definiert ist, die inhomogene Gleichung zu lösen

$$\Delta G(\boldsymbol{r}, \boldsymbol{r}') + P(\boldsymbol{r})G(\boldsymbol{r}, \boldsymbol{r}') = -\delta(\boldsymbol{r} - \boldsymbol{r}')\,, \tag{4.73}$$

wo G einer der oben genannten homogenen Randbedingungen auf der Hülle F zu genügen hat. Eine der Möglichkeiten, die gesuchte Green-Funktion zu finden, ist die Methode der Eigenfunktionen. Wir nehmen an, es sei gelungen, das dreidimensionale Eigenwertproblem zu lösen

$$(\Delta + P)\phi_n = \alpha_n \phi_n\,, \tag{4.74}$$

wo α_n die Eigenwerte sind und die Eigenfunktionen $\phi_n(\boldsymbol{r})$ bereits normiert seien, sodass die Orthogonalitätsrelation lautet $(\phi_m, \phi_n) = \delta_{m,n}$. Dabei sollen die Eigenfunktionen dieselben homogenen Randbedingungen erfüllen, wie die Green-Funktion G. Dieses Eigenwertproblem kann etwa gelöst werden, wenn sich die Gleichung (4.74) in bestimmten Koordinaten separieren lässt und man so auf eindimensionale Sturm-Liouville'sche Eigenwertgleichungen geführt wird. In diesem Sinne fassen die Eigenwertparameter α_n einen ganzen Satz von solchen Parametern symbolisch zusammen. Nun entwickeln wir die Green-Funktion nach diesen Eigenfunktionen, indem wir ansetzen

$$G(\boldsymbol{r}, \boldsymbol{r}') = \sum_n c_n \phi_n(\boldsymbol{r}) \tag{4.75}$$

und setzen dies in die Differenzialgleichung der Green-Funktion ein. Unter Berücksichtigung der Eigenwertgleichung (4.74) und der Tatsache, dass jedes vollständige Funktionensystem eine mögliche Darstellung der Dirac'schen δ-Funktion liefert, wie in Abschn. 3.4.2 besprochen wurde, erhalten wir

$$\sum_n c_n \alpha_n \phi_n(\boldsymbol{r}) = -\sum_n \phi_n(\boldsymbol{r}) \phi_n(\boldsymbol{r}') \;. \tag{4.76}$$

Wenn wir diese Gleichung von links mit $\phi_m(\boldsymbol{r})$ multiplizieren, über das Volumen V integrieren und die Orthogonalitätsrelation $(\phi_m, \phi_n) = \delta_{m,n}$ beachten, so erhalten wir für die Entwicklungskoeffizienten der Green-Funktion

$$c_n = -\frac{1}{\alpha_n} \phi_n(\boldsymbol{r}') \;, \tag{4.77}$$

sodass die Reihendarstellung der Green-Funktion lautet

$$G(\boldsymbol{r}, \boldsymbol{r}') = -\sum_n \frac{1}{\alpha_n} \phi_n(\boldsymbol{r}) \phi_n(\boldsymbol{r}') \;. \tag{4.78}$$

Im unendlich ausgedehnten Integrationsgebiet V kann die obige diskrete Summe in eine Integration ausarten und so zu einer Integraltransformation führen, etwa einer Fourier-Transformation. Beispiele dieser Art werden wir später noch kennen lernen.

Eine andere Methode zur Auffindung der Green-Funktion entspringt einer allgemeinen Eigenschaft der inhomogenen Helmholtz-Gleichung. Die allgemeinste Lösung der inhomogenen Gleichung (4.73) für $G(\boldsymbol{r}, \boldsymbol{r}')$ lässt sich stets als Summe einer partikulären Lösung der inhomogenen Gleichung und einer beliebigen Lösung der homogenen Gleichung darstellen (siehe Abschn. 5.3.1). Dies ist analog den Verhältnissen bei den gewöhnlichen linearen Differenzialgleichungen. Beide zusammen erst besitzen genügend freie Parameter, um die homogenen Randbedingungen für G auf der Hülle F befriedigen zu können. Sei $g(\boldsymbol{r}, \boldsymbol{r}')$ eine partikuläre Lösung der inhomogenen Gleichung, die aber nicht die Randbedingungen auf F erfüllt und sei $\chi(\boldsymbol{r}, \boldsymbol{r}')$ eine Lösung der homogenen Gleichung

$$\Delta\chi + P\chi = 0 \tag{4.79}$$

dann ist

$$G(\boldsymbol{r}, \boldsymbol{r}') = g(\boldsymbol{r}, \boldsymbol{r}') + \chi(\boldsymbol{r}, \boldsymbol{r}') \tag{4.80}$$

die gesuchte Green-Funktion, sobald sie den homogenen Randbedingungen auf F genügt. In einigen Fällen lässt sich dies besonders leicht erreichen. Wir betrachten zunächst den Spezialfall des unendlich ausgedehnten Raumgebietes. Für dieses Gebiet wollen wir die Green-Funktion mit $g(r, r')$ bezeichnen. Hier wird für $r' \to \infty$ die Green-Funktion wie $g \to \frac{1}{r'}$ im Unendlichen gegen Null abfallen, wie (4.72) andeutet. Diese Funktion kann also dann im allgemeinen auf einer beliebigen, endlichen Hülle F' keine bestimmten Randbedingungen erfüllen. Wir betrachten daher für das endliche Raumgebiet den folgenden Lösungsansatz für die Green-Funktion

$$G(r, r') = g(r, r') + \sum_j a_j g(r_j, r') \,. \tag{4.81}$$

Da r und r' innerhalb des endlichen Volumens V oder auf der Hülle F liegen, ist $g(r, r')$ eine Lösung der Gleichung (4.73). Der zweite Term in (4.81) wird jedoch in Bezug auf r' eine Lösung der homogenen Gleichung (4.79) innerhalb des Volumens V sein, wenn die Punkte r_j außerhalb der Hülle F liegen. Wenn es daher gelingt, die Koeffizienten a_j und die Koordinaten r_j so zu wählen, dass der Ansatz (4.81) auf F die gewünschten homogenen Randbedingungen erfüllt, so kann auf diese Weise die gesuchte Green-Funktion für das endliche Gebiet gefunden werden. In manchen Fällen, wo der Bereich V gewisse Symmetrieeigenschaften besitzt, kann dieses Verfahren zum Ziel führen. Auf diese Weise kann die Green-Funktion für ein endliches Gebiet aus jener für das unendliche Gebiet zusammengesetzt werden. Dies ist der grundlegende Gedanke der „Methode der Bilder". Der Name hat seinen Ursprung in der Elektrostatik und wir werden Beispiele betrachten, die dies veranschaulichen.

4.4.4 Die Green-Funktion der Helmholtz-Gleichung

Die inhomogene Helmholtz-Gleichung geht aus (4.53) hervor, wenn dort $P(r) = k^2$ gesetzt wird und entsprechend lautet dann gemäß (4.54) die zugehörige Differenzialgleichung der Green-Funktion

$$\Delta G(r, r') + k^2 G(r, r') = -\delta(r - r') \,. \tag{4.82}$$

Wir betrachten das unendliche Gebiet. Die Green-Funktion wird dann wiederum, wie im allgemeinen Fall, kugelsymmetrisch sein und nur von $R = |r - r'|$ abhängen. Auch ist ihr singuläres Verhalten bei $R = 0$ durch die Näherung (4.72) bestimmt. Wir machen daher den Lösungsansatz

$$G(R) = -\frac{f(R)}{4\pi R} \,, \tag{4.83}$$

wo $f(R)$ nur mehr eine reguläre Funktion ist, und wir setzen dies in die Differenzialgleichung (4.82) in Kugelkoordinaten ein. Dies ergibt

$$\frac{1}{R^2} \frac{\mathrm{d}}{\mathrm{d}R} \left(R^2 \frac{\mathrm{d}}{\mathrm{d}R} \frac{f(R)}{R} \right) + k^2 \frac{f(R)}{R} = 4\pi\delta(R) \tag{4.84}$$

und wir erhalten nach dem Ausdifferenzieren

$$f''(R) + k^2 f(R) = -4\pi R \delta(R) = 0 \; , \tag{4.85}$$

denn gemäß Abschn. 2.3.2, (2.92), ist $x\delta(x) = 0$. Die letzte Gleichung hat die möglichen Lösungen

$$f(R) = \mathrm{e}^{ikR} \; , \quad f(R) = \mathrm{e}^{-ikR} \; , \quad f(R) = \cos kR \; , \tag{4.86}$$

hingegen ist die Lösung $f(R) = \sin kR$ auszuschließen, da sie das singuläre Verhalten der Green-Funktion bei $R = 0$ kompensieren würde, da bekanntlich $\lim_{x\to 0} \frac{\sin x}{x} = 1$ ist. Welche der genannten Lösungen (4.86) von physikalischem Interesse ist, hängt von den asymptotischen Bedingungen ab, die der Green-Funktion für $R \to \infty$ auferlegt werden. Man nennt, wie wir später noch zeigen werden, die mithilfe des Ansatzes (4.83) und mit (4.86) gefundene Lösung

$$G^{(+)}(R) = \frac{\mathrm{e}^{ikR}}{4\pi R} \; , \quad R = |\boldsymbol{r} - \boldsymbol{r}'| \tag{4.87}$$

die retardierte Green-Funktion, welche eine nach Unendlich auslaufende Kugelwelle beschreibt und entsprechend ist

$$G^{(-)}(R) = \frac{\mathrm{e}^{-ikR}}{4\pi R} \; , \quad R = |\boldsymbol{r} - \boldsymbol{r}'| \tag{4.88}$$

die avancierte Green-Funktion, welche eine einlaufende Kugelwelle darstellt. Die dritte Variante, die sich aus (4.83,4.86) ergibt, beschreibt dann die Superposition einer ein- und auslaufenden Kugelwelle, somit eine stehende Welle.

Beispiele

1. Lösung der Poisson'schen Differenzialgleichung Die Lösung der Poisson-Gleichung für das unendliche Raumgebiet haben wir bereits in Abschn. 2.3 als Anwendungsbeispiel für die δ-Funktion betrachtet. Wegen der Wichtigkeit dieser Differenzialgleichung bei physikalischen Anwendungen, wie in der Beschreibung statischer elektrischer Felder und in der Gravitationstheorie beliebiger Massenverteilungen, wollen wir diese Gleichung hier nochmals unter den inzwischen hinzugewonnenen Aspekten betrachten. Ausgangspunkt ist also die Gleichung

$$\Delta \Phi(\boldsymbol{r}) = -\alpha \rho(\boldsymbol{r}) \; . \tag{4.89}$$

Wir untersuchen ihre Lösung im unendlichen Raumgebiet, nehmen aber an, dass die Quellverteilung $\rho(\boldsymbol{r})$ räumlich auf ein vergleichsweise kleines Gebiet beschränkt sein möge. Da beim betrachteten Problem die Hülle F, die das Raumgebiet umschließt, im Unendlichen liegt, hat dort die Lösung Φ der Poisson-Gleichung eine ganz bestimmte Randbedingung zu erfüllen. Wir wählen als Randbedingung, die physikalisch durch das Coulomb-Gesetz, bzw. durch das Gravitationsgesetz begründet werden kann, dass asymptotisch für

$r \to \infty$ die gesuchte Lösung $\Phi \sim \frac{1}{r} \to 0$ streben soll. Dasselbe asymptotische Verhalten haben wir bereits für die zugehörige Green-Funktion in (4.72) gefunden. Daher wird das Oberflächenintegral in (4.57) beim einsetzen des asymptotischen Verhaltens von Φ und G verschwinden, denn asymptotisch wird $\Phi \frac{\partial G}{\partial n} \cong G \frac{\partial \Phi}{\partial n} \cong \frac{1}{r^3}$ sein, hingegen das Oberflächenelement $\mathrm{d}f = r^2 \mathrm{d}\Omega$, wo $\mathrm{d}\Omega = \sin\vartheta \mathrm{d}\vartheta \mathrm{d}\varphi$ das Oberflächenelement auf der Einheitskugel darstellt. Also können wir für die gesuchte Lösung der Poisson'schen Differenzialgleichung den Ansatz machen

$$\Phi(\boldsymbol{r}) = \alpha \int_{V'} G(\boldsymbol{r}, \boldsymbol{r}') \rho(\boldsymbol{r}') \mathrm{d}v' \ . \tag{4.90}$$

Wenn wir auf diese Gleichung den Laplace-Operator anwenden, so erhalten wir

$$\Delta\Phi(\boldsymbol{r}) = -\alpha\rho(\boldsymbol{r}) = \alpha \int_{V'} \Delta_{\boldsymbol{r}} G(\boldsymbol{r}, \boldsymbol{r}') \rho(\boldsymbol{r}') \mathrm{d}v' \ . \tag{4.91}$$

Damit also beide Seiten einander gleich sind, muss die Green-Funktion der Differenzialgleichung $\Delta_{\boldsymbol{r}} G = -\delta(\boldsymbol{r} - \boldsymbol{r}')$ genügen, wie wir schon in Abschn. 3.5 anhand eines einfachen Beispiels festgestellt und erläutert haben. Nach Einsetzen des bereits gefundenen Ausdrucks (4.72) für die Green-Funktion der Poisson'schen Differenzialgleichung erhalten wir die Lösung

$$\Phi(\boldsymbol{r}) = -\frac{\alpha}{4\pi} \int_{V'} \frac{\rho(\boldsymbol{r}')}{|\boldsymbol{r} - \boldsymbol{r}'|} \mathrm{d}v' \ . \tag{4.92}$$

Wenn wir uns in großer Entfernung vom Quellgebiet befinden und den Ursprung des Koordinatensystems in das Quellgebiet setzen, dann werden wir $R = |\boldsymbol{r} - \boldsymbol{r}'| \cong r$ setzen können und vor das Integral ziehen dürfen, sodass in diesem asymptotischen Bereich, wo $r >> r'$ ist, wir für das Potenzial erhalten

$$\Phi(r) \cong -\frac{\alpha}{4\pi} \frac{Q}{r} \ , \tag{4.93}$$

wo Q die gesamte aufintegrierte Ladung oder Masse der Quellverteilung ist. Dies ist zum Beispiel der Grund, warum in erster Näherung bei der Berechnung der Planetenbewegung um die Sonne sowohl die Sonne als auch die Planeten als Massenpunkte betrachtet werden können.

2. Lösung der inhomogenen Helmholtz-Gleichung Zur Lösung der inhomogenen Helmholtz-Gleichung im unendlichen Raumgebiet machen wir gleichfalls die Annahme, dass aus physikalischen Gründen das Quellgebiet räumlich beschränkt ist und wir machen denselben Lösungsansatz (4.90). Um hier zu erreichen, dass im Unendlichen das Oberflächenintegral verschwindet, genügt es nicht der Lösung der Helmholtz-Gleichung die asymptotische Bedingung $\Phi \cong \frac{1}{r} \mathrm{e}^{\mathrm{i}kr}$ aufzuerlegen, denn wenn wir dies gemeinsam mit der asymptotischen Form der retardierten Green-Funktion $G \cong \frac{1}{r} \mathrm{e}^{\mathrm{i}kr}$ in das Oberflächenintegral in (4.57) einsetzen, so wird dieses für $r \to \infty$ nicht verschwinden. Dies wird erst dann der Fall sein, wenn wir die Wellenzahl durch einen kleinen imaginären Anteil zu $k+\mathrm{i}\varepsilon$ ergänzen, wo $\varepsilon \to 0$ strebt. Auf diesen notwendigen Rechentrick, um die Konvergenz zu erzwingen, werden wir später in Kap. 7, Abschn. 7.3.8, nochmals zu sprechen kommen. Unter den genannten Bedingungen erhalten wir dann mithilfe der Green-Funktion $G^{(+)}(R)$ von (4.87) als Lösung der inhomogenen Helmholtz-Gleichung im unendlichen Gebiet

$$\Phi(\boldsymbol{r}) = -\frac{\alpha}{4\pi} \int_{V'} \frac{\mathrm{e}^{\mathrm{i}kR}}{R} \rho(\boldsymbol{r}')\mathrm{d}v' \;, \quad R = |\boldsymbol{r} - \boldsymbol{r}'| \;. \tag{4.94}$$

Auch hier betrachten wir die Lösung in großer Entfernung vom Quellgebiet und erhalten für $r \gg r'$

$$\Phi(r) \cong -\frac{\alpha Q}{4\pi} \frac{\mathrm{e}^{\mathrm{i}kr}}{r} \;. \tag{4.95}$$

3. Lösung der inhomogenen d'Alembert-Gleichung In Abschn. 4.2 dieses Kapitels haben wir gesehen, wie durch die Fourier-Integraltransformation (4.7) aus der inhomogenen d'Alembert'schen Wellengleichung die inhomogene Helmholtz-Gleichung (4.8) hergeleitet werden kann. Dort machten wir die Ansätze

$$\Phi(\boldsymbol{r},t) = \int \Phi(\boldsymbol{r},\omega)\mathrm{e}^{-\mathrm{i}\omega t}\mathrm{d}\omega \;, \quad \rho(\boldsymbol{r},t) = \int \rho(\boldsymbol{r},\omega)\mathrm{e}^{-\mathrm{i}\omega t}\mathrm{d}\omega \;. \tag{4.96}$$

Nun können wir auf der rechten Seite der ersten dieser beiden Gleichungen unter dem Integralzeichen unsere Lösung (4.94) der inhomogenen Helmholtz-Gleichung einsetzen und beachten, dass diese Lösung nun auch von der Frequenz ω abhängen wird, ebenso wie die Quellfunktion ρ. Dies liefert, da die Wellenzahl $k = \frac{\omega}{c}$ ist

$$\Phi(\boldsymbol{r},t) = -\frac{\alpha}{4\pi} \int_{V'} \frac{\mathrm{d}v'}{R} \int \rho(\boldsymbol{r}',\omega)\mathrm{e}^{-\mathrm{i}\omega\left(t-\frac{R}{c}\right)}\mathrm{d}\omega \tag{4.97}$$

und durch Vergleich mit der zweiten Gleichung von (4.96) erkennen wir, dass die letzte Formel auch in folgender Weise ausgedrückt werden kann

$$\Phi(\boldsymbol{r},t) = -\frac{\alpha}{4\pi} \int_{V'} \frac{\mathrm{d}v'}{R} \rho\left(\boldsymbol{r}',t-\frac{R}{c}\right) \;. \tag{4.98}$$

Dies ist die sogenannte retardierte Lösung der d'Alembert'schen Wellengleichung. Sie ist von grundlegender Bedeutung für die Behandlung von Ausstrahlungsproblemen in der Elektrodynamik, Akustik und Quantenfeldtheorie, sowie in der Theorie der Gravitationswellen. Ihre physikalische Interpretation ist die folgende. Ist t' der Zeitpunkt der Emission eines Signals vom Quellpunkt $\boldsymbol{r}'$ und t der Zeitpunkt des Empfangs im Aufpunkt $\boldsymbol{r}$ des Beobachters, so ist $t - t' = \frac{R}{c} = \frac{|\boldsymbol{r}-\boldsymbol{r}'|}{c}$ die Zeit, die wegen der endlichen Ausbreitungsgeschwindigkeit c von Licht oder Schall verstreicht, damit das

Signal vom Quellpunkt zum Aufpunkt gelangen kann. Diese Retardierungszeit ist Ausdruck des Kausalitätsprinzips, wonach die Ursache vor der Wirkung zu suchen ist. Wenn das Quellgebiet ausreichend klein ist im Vergleich zur Entfernung des Beobachters, wird die Retardierungszeit über das ganze Quellgebiet näherungsweise dieselbe sein. Wir können dann $R = |r - r'| \cong r$ setzen, wenn wir den Ursprung unseres Koordinatensystems wieder in das Quellgebiet verlegen. In diesem Fall erhalten wir für die retardierte Lösung

$$\Phi(r, t) = -\frac{\alpha}{4\pi} \frac{Q(t - \frac{r}{c})}{r} \, , \tag{4.99}$$

dabei ist $Q(t - \frac{r}{c})$ die gesamte über r' aufintegrierte Quellverteilung. Mithilfe der δ-Funktion können wir die retardierte Lösung (4.98) in äquivalenter Form auch folgendermaßen ausdrücken

$$\Phi(r, t) = -\frac{\alpha}{4\pi} \int_{V'} \mathrm{d}v' \mathrm{d}\, t' \frac{\delta\left(t - t' - \frac{R}{c}\right)}{R} \rho(r', t') \tag{4.100}$$

und daraus die retardierte Green-Funktion der d'Alembert'schen Wellengleichung ablesen

$$G\left(r - r'; t - t'\right) = -\frac{1}{4\pi R} \delta\left(t - t' - \frac{R}{c}\right) \, . \tag{4.101}$$

Bei Anwendung des d'Alembert-Operators $\Delta - \frac{1}{c^2}\frac{\partial^2}{\partial t^2}$ auf die Gleichung (4.100) erkennen wir dann sofort, wie bei früheren Überlegungen, dass diese Green-Funktion der folgenden Differenzialgleichung genügen muss

$$\left[\Delta - \frac{1}{c^2}\frac{\partial^2}{\partial t^2}\right] G\left(r - r'; t - t'\right) = \delta\left(r - r'; t - t'\right) \, . \tag{4.102}$$

4. Das quantenmechanische Streuproblem Wir betrachten die Streuung von Teilchen, z. B. von Elektronen, an einem Atom. In vielen praktischen Fällen kann die Struktur des Atoms vernachlässigt werden und man kann die Einwirkung des Atoms auf die streuenden Teilchen durch ein Potenzial $V(r)$ beschreiben. Bei der Streuung von Teilchen an einem Potenzial ändert sich die kinetisch Energie, $E = \frac{p^2}{2m}$, nicht. Dabei ist $p = |p|$ der Betrag des Teilchenimpulses. Bei der Potenzialstreuung ändert sich nur die Bewegungsrichtung der Teilchen. Zur Beschreibung des Streuvorganges wählen wir als Ausgangspunkt die Schrödinger-Gleichung (4.5) für das hier betrachtete, zeitunabhängige kugelsymmetrische Potenzial $V(r)$

$$\left[-\frac{\hbar^2}{2m}\Delta + V(r)\right] \Phi = \mathrm{i}\hbar \frac{\partial \Phi}{\partial t} \, . \tag{4.103}$$

Da der Operator auf der linke Seite nur raumabhängig ist und jener auf der
rechten Seite nur zeitabhängig, können wir den Separationsansatz machen

$$\Phi(\boldsymbol{r}, t) = \psi(\boldsymbol{r})f(t) \ . \tag{4.104}$$

Setzt man dies in die Schrödinger-Gleichung ein, so erhält man nach Separation die beiden Gleichungen

$$\left[-\frac{\hbar^2}{2m}\Delta + V(r) \right] \psi = E\psi \ , \quad \mathrm{i}\hbar\frac{\mathrm{d}f}{\mathrm{d}t} = Ef \ . \tag{4.105}$$

Dabei wurde als Separationsparameter sogleich der Energieparameter E eingeführt. Die Lösung der zweiten Gleichung ist elementar und liefert $f(t) =
\mathrm{e}^{-\frac{\mathrm{i}}{\hbar}Et}$. Diese bestimmt die Zeitabhängigkeit der sogenannten stationären
Zustände des Teilchens, dessen Energie sich mit der Zeit nicht ändert. Wir
interessieren uns für die Lösung der ersten Gleichung, die den Zustand eines
Teilchens konstanter Energie beschreibt. Wir multiplizieren diese Gleichung
mit $\frac{2m}{\hbar^2}$, schaffen den Potenzialterm auf die rechte Seite und den Energieterm
auf die linke Seite. Dies liefert die Gleichung

$$[\Delta + k^2]\psi = \frac{2m}{\hbar^2}V(r)\psi \ , \tag{4.106}$$

wobei wir verwendet haben, dass nach de Broglie zwischen der Wellenzahl
und dem Impuls eines Teilchens die Beziehung gilt $p = \hbar k$ und sich daher die
Energie der Streuteilchen in folgender Form ausdrücken lässt $E = \frac{\hbar^2 k^2}{2m}$. Nun
legen wir der Streulösung von (4.106) folgende asymptotische Bedingung auf

$$\lim_{r \to \infty} \psi = \mathrm{e}^{\mathrm{i}kz} + f(\theta)\frac{\mathrm{e}^{\mathrm{i}kr}}{r} \ . \tag{4.107}$$

Folglich soll die Streuwelle (vgl. Abb. 4.1) asymptotisch aus einer in z-
Richtung durch eine Blende (B) einfallenden ebenen Welle bestehen, welche das auf das Atom bei (T) einfallende Teilchen beschreibt, und aus einer
durch den Streuvorgang modifizierten auslaufenden Kugelwelle, die das ge-
streute Teilchen (Z) repräsentiert. $f(\theta)$ nennt man die vom Streuwinkel θ
abhängige Streuamplitude. Um der Bedingung (4.107) zu genügen, betrachten wir formal die rechte Seite der Gleichung (4.106) als Quellfunktion einer
inhomogenen Helmholtz-Gleichung, deren partikuläre Lösung im unendlichen
Gebiet wir bereits kennen. Daher können wir mithilfe von (4.94) die gesuchte
Streulösung formal in der Form ansetzen

$$\psi(\boldsymbol{r}) = \mathrm{e}^{\mathrm{i}kz} - \frac{m}{2\pi\hbar^2} \int \frac{\mathrm{e}^{\mathrm{i}kR}}{R}V(r')\psi(\boldsymbol{r}')\mathrm{d}v' \ , \tag{4.108}$$

wobei in unserem Fall der Parameter $\alpha = -\frac{2m}{\hbar^2}$ zu setzen ist. Die so gefundene
Gleichung ist die Integralgleichung der Streutheorie. Eine Integralgleichung

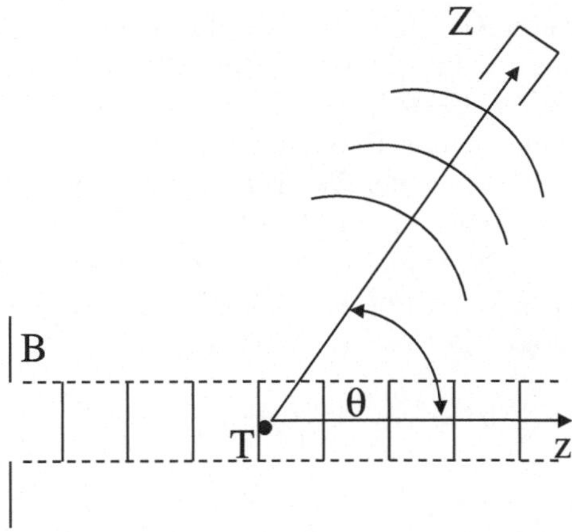

Abbildung 4.1. Quantenmechanischer Streuprozess

ist sie deswegen, weil rechts unter dem Integralzeichen gleichfalls die gesuchte Lösung ψ steht. Die Theorie der Integralgleichungen ist ein sehr umfangreiches Gebiet der Mathematik, mit dem wir uns hier nicht näher beschäftigen wollen. Die Gleichung (4.108) können wir näherungsweise iterativ lösen, wenn das Streupotenzial schwach gegenüber der Energie der einfallenden Teilchen ist. Dann können wir in unserer Integralgleichung rechts unter dem Integralzeichen in nullter Näherung die ungestörte ebene Welle des einfallenden Teilchens einsetzen. Dies liefert dann als erste Näherung für die Streulösung

$$\psi(\boldsymbol{r}) = \mathrm{e}^{\mathrm{i}kz} - \frac{m}{2\pi\hbar^2} \int \frac{\mathrm{e}^{\mathrm{i}kR}}{R} V(r')\mathrm{e}^{\mathrm{i}kz'}\mathrm{d}v' \ . \tag{4.109}$$

Um hieraus in erster Näherung die Streuamplitude zu erhalten, müssen wir auf der rechten Seite unter dem Integralzeichen $r \to \infty$ streben lassen. Dabei können wir im Nenner $R \cong r$ setzen, doch in der Exponentialfunktion müssen wir R etwas genauer annähern, damit die Winkelabhängigkeit des Streuprozesses sichtbar wird. Dazu entwickeln wir R nach Potenzen von $\frac{r'}{r}$ und behalten nur den linearen Term bei. Das ergibt

$$R = |\boldsymbol{r} - \boldsymbol{r}'| = \sqrt{(\boldsymbol{r} - \boldsymbol{r}')^2} = r\sqrt{1 + \left(\frac{r'}{r}\right)^2 - 2\frac{\boldsymbol{r} \cdot \boldsymbol{r}'}{r^2}} \cong r - \frac{\boldsymbol{r} \cdot \boldsymbol{r}'}{r} + \cdots \ . \tag{4.110}$$

Nun ist aber $\frac{\boldsymbol{r}}{r} = \boldsymbol{n}$ ein Einheitsvektor, der in die radiale Richtung der auslaufenden Streuwelle weist. Daher finden wir für $r \gg r'$ die Näherung

$$kR = kr - k\,\boldsymbol{n} \cdot \boldsymbol{r}' + \cdots = kr - \boldsymbol{k}' \cdot \boldsymbol{r}' + \cdots \ . \tag{4.111}$$

Setzen wir diese Näherung in die Streulösung (4.109) ein, so erhalten wir

$$\psi(\boldsymbol{r}) \cong \mathrm{e}^{\mathrm{i}kz} - \left\{ \frac{m}{2\pi\hbar^2} \int \mathrm{d}v' V(r')\mathrm{e}^{\mathrm{i}(kz' - \boldsymbol{k}' \cdot \boldsymbol{r}')} \right\} \frac{\mathrm{e}^{\mathrm{i}kr}}{r} \ . \tag{4.112}$$

Aus dieser Formel können wir durch Vergleich mit (4.109) die sogenannte erste Born'sche Näherung für die Streuamplitude $f(\theta)$ ablesen. Dabei können wir setzen $kz' - \boldsymbol{k}' \cdot \boldsymbol{r}' = (\boldsymbol{k} - \boldsymbol{k}') \cdot \boldsymbol{r}' = \boldsymbol{K} \cdot \boldsymbol{r}'$. Hier stellt $\boldsymbol{Q} = \hbar\boldsymbol{K}$ den bei der Streuung der Teilchen an das Potenzial (Atom) übertragenen Impuls dar. Ferner ist der Streuwinkel θ der Winkel zwischen dem Impuls $\hbar\boldsymbol{k}$ der auf das Atom einfallenden Teilchen und dem Impuls $\hbar\boldsymbol{k}'$ der gestreuten Teilchen. Also folgt $\boldsymbol{k} \cdot \boldsymbol{k}' = k^2 \cos\theta$, wobei zu beachten ist, dass sich bei der Streuung der Betrag des Teilchenimpulses nicht ändert. Damit lautet schließlich die Streuamplitude in erster Born'scher Näherung

$$f(\theta) = -\frac{m}{2\pi\hbar^2} \int \mathrm{d}v' V(r') \mathrm{e}^{\mathrm{i}\boldsymbol{K}\cdot\boldsymbol{r}'} \ . \tag{4.113}$$

Daraus erkennen wir, dass bis auf den Vorfaktor $\frac{m}{\hbar^2}$ die Streuamplitude in erster Born'scher Näherung durch die Fourier-Transformierte des Streupotenzials gegeben ist.

5. Das elektrostatische Influenzproblem Wird eine kleine positive Ladung $+q$ im Abstand z_0 vor eine geerdete metallische Platte gesetzt, so wird in dieser Platte eine negative Ladungsverteilung influenziert. Wir wollen das elektrostatische Feld dieser Ladungsverteilung bestimmen. Dazu haben wir das elektrostatische Potenzial dieser Ladungsverteilung zu berechnen. Auf der geerdeten Platte ist das Potenzial $\Phi = 0$. Dies ist die Dirichlet'sche Randbedingung mit der wir die Poisson'sche Differenzialgleichung mit der Ladungsverteilung $\rho(\boldsymbol{r}) = q\delta(\boldsymbol{r} - \boldsymbol{r}_0)$ zu lösen haben, wo $\boldsymbol{r}_0 = z_0\boldsymbol{e}_z$ ist. Die geometrische Anordnung unseres Dirichlet-Problems ist in Abb. 4.2 skizziert. Der Halbraum rechts von der Platte ist unser Innengebiet, der linke Halbraum das Außengebiet. Wir denken uns die Platte unendlich ausgedehnt und im Unendlichen zu

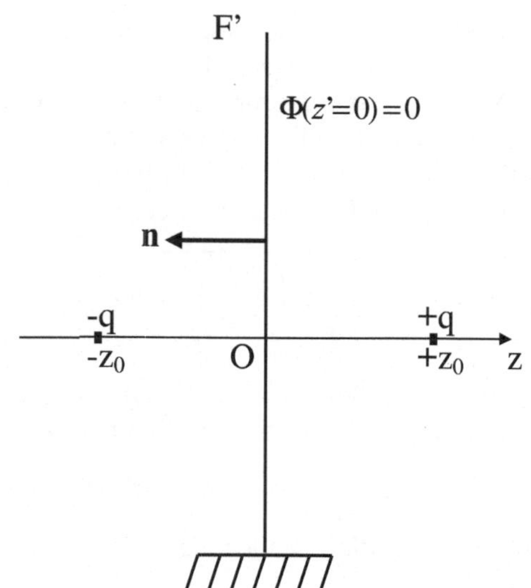

Abbildung 4.2. Influenzproblem der Elektrostatik

einer Hülle geschlossen. Die Normale n auf dieser Hülle weist nach außen, wie in der Skizze angedeutet ist. Wir haben also das folgende Dirichlet-Problem zu lösen

$$\Phi(r) = \alpha \int G_D(r, r')\rho(r')\mathrm{d}v' + 0 \,, \qquad (4.114)$$

da das Oberflächenintegral über die Hülle F' wegen der Randbedingung verschwindet. Zur Auffindung der Green-Funktion, die auf F' der Dirichlet'schen Randbedingung $G_D = 0$ genügen muss, verwenden wir die Methode der Bilder. Wenn wir in (4.114) die angegebene Ladungsverteilung für die Punktladung q bei z_0 einsetzen, so liefert das

$$\Phi(r) = \alpha q \int G_D(r, r')\delta(r' - r_0)\mathrm{d}v' = \alpha q G_D(r, r_0) \,. \qquad (4.115)$$

Wäre keine leitende Platte da, so wäre die Lösung der Poisson-Gleichung für die Punktladung $\Phi = \frac{\alpha q}{4\pi |r-r_0|}$. Um der Dirichlet-Bedingung für die Green-Funktion zu genügen, machen wir daher gemäß (4.81) den Lösungsansatz

$$G_D = \frac{1}{4\pi}\left[\frac{1}{\sqrt{x^2 + y^2 + (z - z_0)^2}} + \frac{a}{\sqrt{x^2 + y^2 + (z - z_1)^2}}\right] \qquad (4.116)$$

und bestimmen a und z_1 so, dass $G_D(x, y, z = 0) = 0$ ist. Dabei muss z_1 im Außengebiet liegen. Ersichtlich ist die Dirichlet-Bedingung erfüllt, wenn $z_1 = -z_0$ und $a = -1$ gewählt werden. Damit lautet dann die gesuchte Lösung der Poisson-Gleichung unseres Problems

$$\Phi(x, y, z) = \frac{\alpha q}{4\pi}\left[\frac{1}{\sqrt{x^2 + y^2 + (z - z_0)^2}} - \frac{1}{\sqrt{x^2 + y^2 + (z + z_0)^2}}\right] \,. \qquad (4.117)$$

Ersichtlich wurde die gewünschte Lösung gefunden, indem an der Stelle $z = -z_0$ eine fiktive Ladungsmenge $-q$ gesetzt wurde. Daher der Name Methode der Bilder oder „Spiegelbilder". Durch Gradientbildung können wir dann aus (4.117) das elektrostatische Feld E berechnen und stellen dabei fest, dass dieses auf der Platte senkrecht steht. Ebenso kann man berechnen, dass die gesamte auf der Platte induzierte negative Ladungsmenge genau der Spiegelladung $-q$ entspricht.

6. Potenzial einer Punktladung vor einer isolierten Metallkugel Dieses Problem ist etwas komplizierter als das vorhergehende, doch kann es auch mithilfe der Methode der Bildladungen gelöst werden. Wir betrachten folgende Anordnung (vgl. Abb. 4.3). Eine geerdete Metallkugel kann durch Aufladung auf das Potenzial $\Phi = V$ gebracht werden. Vor ihr steht im Abstand z_0 eine Punktladung der Ladungsmenge q. Das Innengebiet ist in diesem Fall das äußere der Kugel und die Lösung Φ der Poisson- Gleichung verschwindet im Unendlichen wie $\Phi \sim \frac{1}{r}$. Als Außengebiet ist das Innere der Kugel zu betrachten, in welche die Oberflächennormale nach innen hinein weist. Die Kugel habe den

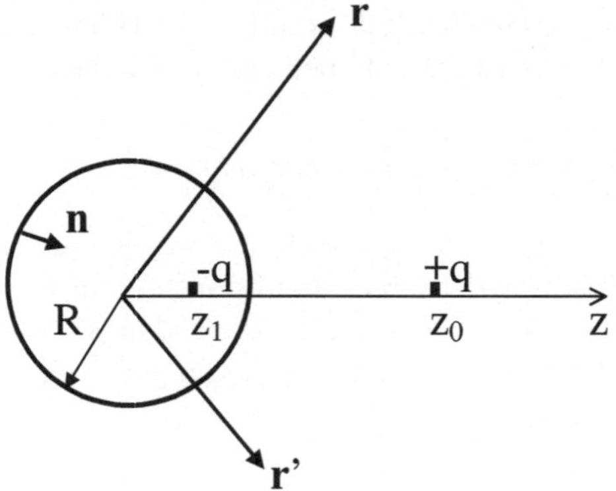

Abbildung 4.3. Influenz auf metallischer Kugel

Radius R. Wir machen die z-Achse zur Polarachse, um für einen beliebigen Punkt r im Innengebiet Kugelkoordinaten r, θ, φ einzuführen. Ein beliebiger Punkt r' im ladungserfüllten Raum und auf der Kugel hat dann analog die Koordinaten r', θ', φ'. Wir haben die Poisson'sche Differenzialgleichung mit den obigen Randbedingungen zu lösen und die Green-Funktion muss der Dirichlet-Bedingung $G_D = 0$ auf der Kugel genügen. Die allgemeine Lösung unseres Dirichlet-Problems lautet also

$$\Phi(r) = \alpha \int_V G_D(r, r')\rho(r')\mathrm{d}v' + \iint_K V \frac{\partial G_D}{\partial r'}\bigg|_{r'=R} R^2 \mathrm{d}\Omega' \ . \tag{4.118}$$

Dabei wurde bereits berücksichtigt, dass hier die Oberflächennormale n ins Innere der Kugel weist, sodass das Oberflächenintegral, im Gegensatz zu (4.58), positives Vorzeichen erhält. Ferner ist angedeutet, dass das Oberflächenintegral über die Kugel vom Radius R zu erstrecken ist. Wir betrachten zunächst den Fall der geerdeten Kugel. Dann ist $V = 0$ auf der Kugel. Für die Punktladung ist die Ladungsverteilung wieder $\rho(r') = q\delta(r' - r_0)$ und die Lösung der Poisson-Gleichung lautet dann $\Phi_1(r) = \alpha q G_D(r, r_0)$. Zur Auffindung der Green-Funktion machen wir wieder den Ansatz (4.116) und drücken ihn in Kugelkoordinaten aus. Dies ergibt

$$G_D(r, r_0) = \frac{1}{4\pi} \left[\frac{1}{\sqrt{r^2 + z_0^2 - 2rz_0\cos\theta}} + \frac{a}{\sqrt{r^2 + z_1^2 - 2rz_1\cos\theta}} \right] \ . \tag{4.119}$$

Im Gegensatz zum ebenen Problem vermuten wir hier, dass die Abbildung nach dem Verhältnis der „reziproken Radien" erfolgt, dass also gilt $z_1 z_0 = R^2$. Denn wenn die Punktladung auf der Kugel liegt, ist $z_1 = z_0 = R$ und wenn $z_0 \to \infty$ strebt, geht gleichzeitig $z_1 \to 0$. Setzt man daher in (4.119) $z_1 = \frac{R^2}{z_0}$

und betrachtet Punkte r auf der Kugel, so muss gelten

$$G_D(R,\theta) = \frac{1}{4\pi}\left[\frac{1}{\sqrt{R^2 + z_0^2 - 2Rz_0\cos\theta}} + \frac{a}{\sqrt{R^2 + \frac{R^4}{z_0^2} - 2\frac{R^3}{z_0}\cos\theta}}\right] = 0\,,$$

$$(4.120)$$

woraus die Beziehung folgt

$$\left[a^2 - \left(\frac{R}{z_0}\right)^2\right](R^2 + z_0^2 - 2Rz_0\cos\theta) = 0 \qquad (4.121)$$

und daher muss $a = -\frac{R}{z_0}$ gesetzt werden, da die andere Lösung der quadratischen Gleichung nicht zum gewünschten Ziel führt. Daher erhalten wir für den Fall der geerdeten Kugel als Lösung der Poisson-Gleichung

$$\begin{aligned}
\Phi_1(r,\theta) &= \alpha q G_D(r,\theta,z_0)\\
&= \frac{\alpha q}{4\pi}\left[\frac{1}{\sqrt{r^2 + z_0^2 - 2rz_0\cos\theta}} - \frac{\frac{R}{z_0}}{\sqrt{R^2 + (\frac{R^2}{z_0})^2 - 2r\frac{R^2}{z_0}\cos\theta}}\right]\,. \quad (4.122)
\end{aligned}$$

Nun betrachten wir den allgemeinen Fall, bei dem die Kugel isoliert aufgestellt ist und auf ihr das Potenzial $\Phi = V \neq 0$ ist. Zur Berechnung des Oberflächenintegrals in (4.118) benötigen wir die allgemeinere Form der Green-Funktion, wenn der Quellpunkt r' nicht auf der z-Achse sondern, wie in der Abb. 4.3 angedeutet, in beliebiger Richtung liegt. Diese Green-Funktion können wir aber leicht finden, indem wir in (4.122) die Koordinate z_0 durch r' ersetzen und gleichzeitig den Polarwinkel θ durch den Winkel Θ zwischen den beiden Vektoren r und r'. Damit lautet dann die allgemeine Form der Green-Funktion für die Kugel in Polarkoordinaten für das Dirichlet-Problem

$$G_D(\boldsymbol{r},\boldsymbol{r}') = \frac{1}{4\pi}\left[\frac{1}{\sqrt{r^2 + r'^2 - 2rr'\cos\Theta}} - \frac{\frac{R}{r'}}{\sqrt{r^2 + (\frac{R^2}{r'})^2 - 2r\frac{R^2}{r'}\cos\Theta}}\right]\,.$$

$$(4.123)$$

Nun berechnen wir das Oberflächenintegral in (4.118). Dazu erhalten wir nach einfacher Rechnung

$$\left.\frac{\partial G_D}{\partial r'}\right|_{r'=R} = \frac{1}{4\pi R}\frac{r^2 - R^2}{(r^2 + R^2 - 2rR\cos\Theta)^{\frac{3}{2}}} \qquad (4.124)$$

und finden damit nach einsetzen in (4.118) für das Oberflächenintegral, das wir Φ_2 bezeichnen wollen,

$$\begin{aligned}
\Phi_2 &= \iint_{K'}\left(\left.\frac{\partial G_D}{\partial r'}\right|_{r'=R}\right) r^2\sin\Theta\,\mathrm{d}\Theta\,\mathrm{d}\varphi\\
&= \frac{VR}{2}(r^2 - R^2)\int_{-1}^{+1}\frac{\mathrm{d}\zeta}{(r^2 + R^2 - 2rR\zeta)^{\frac{3}{2}}} = \frac{VR}{r}\,. \quad (4.125)
\end{aligned}$$

Dabei konnte die Integration über φ sofort ausgeführt werden und lieferte den Faktor 2π, während für die Integration über Θ die neue Variable $\zeta = \cos\Theta$ eingeführt wurde. Die Lösung unseres Dirichlet-Problems ergibt sich somit aus (4.122) und (4.125) zu

$$\Phi(r,\theta) = \Phi_1 + \Phi_2 = \alpha q G_D(r,\theta,z_0) + \frac{VR}{r} \ . \qquad (4.126)$$

Wäre die Ladung $q = 0$, so würden wir das Potenzial $\Phi = \frac{VR}{r}$ erhalten. Wenn wir dies mit dem Potenzial $\Phi = \frac{\alpha Q}{4\pi r}$ einer Punktladung vergleichen, so erhalten wir die Äquivalenz $\frac{\alpha Q}{4\pi} = VR$. Wir hätten also das Potenzial Φ_2 auch erhalten können, indem wir in das Zentrum der Kugel eine fiktive Ladung $Q = \frac{4\pi VR}{\alpha}$ gesetzt hätten. Dies wäre der elementare Weg zur Lösung unseres inhomogenen Randwertproblems gewesen.

Übungsaufgaben

1. Betrachte die homogene d'Alembert'sche Wellengleichung in einer Raumdimension und setze $ct = y$. Zur Lösung der gefundenen Gleichung in x und y führe man neue Veränderliche durch die Beziehungen $x = \xi + \eta$ und $y = \xi - \eta$ ein und finde die allgemeine Lösung der neuen Gleichung. Nach Rücktransformation auf die Veränderlichen x und t mache man eine Fourier-Integraltransformation in Bezug auf die Zeit t und zeige, dass die gefundenen Lösungen eine Superposition von ebenen Wellen darstellen, die sich in positiver und negativer x-Richtung fortpflanzen. Wie werden diese Lösungen aussehen, wenn man durch Rotation des Koordinatensystems erreicht, dass sich die Wellen in beliebiger Raumrichtung fortpflanzen?

2. Man löse das Problem der schwingenden Saite, die in den Endpunkten bei $x = 0$ und $x = L$ eingespannt ist, derart, dass dort die Lösung für alle Zeiten verschwindet. Zur Zeit $t = 0$ wird die Saite bei $x = \frac{L}{2}$ angeschlagen (Klavierhammer). Zu lösen ist also die d'Alembert'sche Wellengleichung mit der homogenen Randbedingung $\Phi(0,t) = \Phi(L,t) = 0$ und der Anfangsbedingung $\Phi(x, t = 0) = 0$, $\frac{\partial\Phi(x,t)}{\partial t}\big|_{t=0} = A\delta(x - \frac{L}{2})$. Die Lösung erhält man mit einem Separationsansatz und Aufsuchung der Eigenfunktionen des Randwertproblems.

3. Gesucht ist die Lösung des räumlich eindimensionalen homogenen Diffusionsproblems im unendlichen Gebiet mit der Anfangsbedingung $\Phi(x, t = 0) = f(x) = A\delta(x)$. Zur Lösung verwende man die Fourier-Integraltransformation in Bezug auf die Veränderliche x.

4. Man finde die vollständige Lösung der Laplace'schen Differenzialgleichung in ebenen Polarkoordinaten mithilfe des Separationsansatzes $\Phi(r,\varphi) = R(r)f(\varphi)$. Als Anwendung löse man folgendes einfache Randwertproblem. Gegeben sei ein konzentrischer Hohlzylinder von unendlicher Ausdehnung in z-Richtung mit den Radien $R_1 < R_2$. Auf diesen Zylindern sollen entsprechend die Potenziale V_1 und V_2 herrschen.

5. Man finde die Eigenfunktionen der Helmholtz-Gleichung für ein Quadrat der Kantenlänge L mit der Randbedingung, dass die Lösungen an den Kanten des Quadrates verschwinden und in einer der Ecken des Quadrats sich der Ursprung des Koordinatensystems befindet. Man löse das inhomogene Randwertproblem $\Delta\Phi(x,y) + k^2\Phi(x,y) = f(x,y)$ mithilfe der Methode der Green-Funktion, wobei die Quellfunktion $f(x,y)$ denselben Randbedingungen genügt.

6. Man löse die Laplace'sche Differenzialgleichung in einem Kreis vom Radius R. Innerhalb des Kreises soll die Lösung regulär sein und auf dem Kreis sei $\Phi(R,\varphi) = U(\varphi)$ eine vorgegebene periodische Funktion $U(\varphi) = U(\varphi+2\pi)$. Aus den Randbedingungen berechne man die Fourier-Koeffizienten und setze diese wieder in die Lösungsreihe ein, um einen komplizierten Integralausdruck für die Lösung $\Phi(r,\varphi)$ zu erhalten.

7. Man berechne die avancierte Lösung der inhomogenen d'Alembert-Gleichung und leite aus ihr die avancierte Green-Funktion ab.

8. Berechne die retardierte Lösung der inhomogenen d'Alembert'schen Wellengleichung für eine Quellverteilung von der Form $\rho(\boldsymbol{r}',t') = q\delta(\boldsymbol{r}' - \boldsymbol{r}_0(t'))$, welche die Bewegung einer Punktladung q auf einer vorgegebenen Bahn $\boldsymbol{r}_0(t')$ beschreibt. Zur Integration der retardierten Lösung der d'Alembert-Gleichung über die Raum- und Zeitkoordinaten, ist es zweckmäßig, die Variable $u = t' - |\frac{\boldsymbol{r}-\boldsymbol{r}_0(t')}{c}|$ einzuführen. Die Lösung ist der skalare Anteil der Lienard-Wichert-Potenziale der Elektrodynamik.

9. Zwei Metallplatten werden längs einer geraden Kante zu einem rechten Winkel zusammengefügt, sodass die beiden Platten längs der x- und y-Achse orientiert sind. Durch Erdung werden die Platten auf das Potenzial $\Phi = 0$ gebracht. Innerhalb des Winkelbereiches wird im Abstand a von der x-Achse und Abstand b von der y-Achse eine Punktladung q gesetzt. Man bestimme mit der Methode der Bilder die Dirichlet'sche Green-Funktion und das Potenzial $\Phi(\boldsymbol{r})$ dieser Ladungsverteilung im Winkelbereich.

Spezielle Funktionen

5.1 Einleitung

Auf die speziellen Funktionen wird man vor allem bei der Separation homogener, linearer partieller Differenzialgleichungen zweiter Ordnung geführt, wie wir anhand der Separation der Helmholtz-Gleichung im vorangehenden Abschn. 4.3 gezeigt haben. Die wichtigsten unter diesen Funktionen, die hier behandelt werden sollen, sind zunächst die Kugelfunktionen und die Bessel-Funktionen, welche sowohl bei Problemen der Elektrodynamik als auch in der Quantentheorie auftreten. In der Quantentheorie werden daneben bei einzelnen Beispielen die Hermite- und Laguerre-Funktionen angetroffen. Ferner sind noch die Euler'sche Gammafunktion und einige damit verwandte Funktionen von Interesse, wie wir im nächsten Abschnitt zeigen werden.

5.2 Die Gammafunktion und Verwandtes

Die Gammafunktion wurde von Leonhard Euler eingeführt, um bei der Berechnung von $n! = 1\cdot2\cdot3\cdots n$, Fakultät genannt, zwischen den ganzen Zahlen interpolieren zu können. Zur Herleitung der Gammafunktion $\Gamma(x)$ finden wir zunächst eine Integraldarstellung von $n!$. Dazu wählen wir als Ausgangspunkt das Parameterintegral

$$\int_0^\infty e^{-\alpha t}\mathrm{d}t = -\left.\frac{e^{-\alpha t}}{\alpha}\right|_0^\infty = \frac{1}{\alpha}, \quad \alpha > 0 \,. \tag{5.1}$$

Dieses Integral ist für $\alpha > 0$ konvergent und diese Konvergenz gilt auch für die allgemeinere Funktion $t^n e^{-\alpha t}$, wobei $n \geq 0$ ist. Daher dürfen wir das Integral (5.1) n-mal nach α differenzieren und die Differenziation mit der Integration vertauschen (siehe Anh. A.1.12). Dies ergibt zunächst

$$\frac{\mathrm{d}}{\mathrm{d}\alpha}\int_0^\infty e^{-\alpha t}\mathrm{d}t = -\int_0^\infty t e^{-\alpha t}\mathrm{d}t = \frac{\mathrm{d}}{\mathrm{d}\alpha}\left(\frac{1}{\alpha}\right) = -\frac{1}{\alpha^2} \,. \tag{5.2}$$

Nun sei angenommen, es gelte

$$\int_0^\infty t^n \mathrm{e}^{-\alpha t}\mathrm{d}t = \frac{n!}{\alpha^{n+1}} \, . \tag{5.3}$$

Dann erhalten wir

$$\frac{\mathrm{d}}{\mathrm{d}\alpha}\int_0^\infty t^n \mathrm{e}^{-\alpha t}\mathrm{d}t = -\int_0^\infty t^{n+1}\mathrm{e}^{-\alpha t}\mathrm{d}t = -\frac{(n+1)!}{\alpha^{n+2}} \, , \tag{5.4}$$

womit durch den üblichen Schluss von n auf $n+1$ die Richtigkeit der Formel nachgewiesen ist. Nun setzen wir $\alpha = 1$ und finden für $n!$ die Integraldarstellung

$$n! = \int_0^\infty t^n \mathrm{e}^{-t}\mathrm{d}t \, . \tag{5.5}$$

Nach Euler taufen wir nun $n! = \Gamma(n+1)$ und definieren als Verallgemeinerung für beliebige Werte von $x \neq n$

$$\Gamma(x) = \int_0^\infty t^{x-1}\mathrm{e}^{-t}\mathrm{d}t \, . \tag{5.6}$$

Diese Definition ist für alle reellen Werte von x sinnvoll, für die das Integral konvergiert. Für alle Werte von x sorgt der Faktor e^{-t} für die Konvergenz des Integrals für $t \to \infty$. Nahe $t = 0$ ist das Verhalten des Integrals durch $\int_0 t^{x-1}\mathrm{d}t$ bestimmt, welches für $x > 0$ konvergiert. Doch lässt sich zeigen, dass das Integral (5.6) auch die Funktion $\Gamma(z)$ für komplexe Werte $z = x+iy$ definiert, vorausgesetzt die Konvergenzbedingung $\mathrm{Re}\,z > 0$ ist erfüllt. Wenn wir den Ausdruck für $\Gamma(x)$ partiell integrieren, so ergibt sich

$$\int_0^\infty t^{x-1}\mathrm{e}^{-t}\mathrm{d}t = \frac{1}{x}\left[t^x\mathrm{e}^{-t}\Big|_0^\infty + \int_0^\infty t^{(x+1)-1}\mathrm{e}^{-t}\mathrm{d}t \right] \tag{5.7}$$

und da für $x > 0$ der erste Term auf der rechten Seite dieser Gleichung verschwindet, erhalten wir für die Γ-Funktion folgende Rekursionsformel

$$\Gamma(x+1) = x\Gamma(x) \, , \tag{5.8}$$

welche eine Verallgemeinerung der Beziehung $n! = n(n-1)!$ darstellt. Aus der Rekursionsformel folgt auch für $x > 0$ und einer ganzen Zahl $m > 0$

$$\Gamma(x+m) = (x+m-1)(x+m-2)\cdots(x+2)(x+1)x\Gamma(x) \, . \tag{5.9}$$

Damit haben wir eine einfache Möglichkeit, die Definition von $\Gamma(x)$ auch in den Bereich $x < 0$ fortzusetzen, indem wir annehmen, dass die Beziehung (5.9) auch für $x < 0$ Gültigkeit hat. Genauer gesagt, wenn $x > -m$, wo m eine ganze Zahl mit $m > 0$ ist, dann ist jedenfalls $x + m > 0$ und daher $\Gamma(x+m)$ mithilfe der Formel (5.6) für $\Gamma(x)$ und der Substitution $x \to x+m$

definiert. Daher lässt sich die Beziehung

$$\Gamma(x) = \frac{\Gamma(x+m)}{x(x+1)(x+2)\cdots(x+m-2)(x+m-1)} \tag{5.10}$$

zur Definition von $\Gamma(x)$ für $x < 0$ heranziehen und diese Funktion ist dann überall eine reguläre Funktion, außer an den offensichtlichen Polen bei $x = 0, -1, -2, -3, \cdots$ wo die Funktion divergiert.

Bei der Behandlung der sphärischen Bessel-Funktionen in Abschn. 5.5.4 werden wir insbesondere die Werte von $\Gamma(n + \frac{1}{2})$ benötigen, wo n eine ganze Zahl ist. Aufgrund unserer vorangehenden Formeln lassen sich diese alle rekursiv auf die Berechnung von $\Gamma(\frac{1}{2})$ zurückführen. Mit der Substitution $t = s^2$, $dt = 2sds$ erhalten wir

$$\Gamma\left(\frac{1}{2}\right) = \int_0^\infty t^{-\frac{1}{2}} \mathrm{e}^{-t} dt = 2 \int_0^\infty \mathrm{e}^{-s^2} ds = \sqrt{\pi}\,. \tag{5.11}$$

Zur Berechnung des letzten Integrals, dem sogenannten vollständigen Gauß'schen Fehlerintegral, betrachten wir das Integral

$$4I^2 = 4 \int_0^\infty \mathrm{e}^{-x^2} dx \int_0^\infty \mathrm{e}^{-y^2} dy = 4 \int_0^{\frac{\pi}{2}} d\varphi \int_0^\infty \mathrm{e}^{-r^2} r dr = -\pi \mathrm{e}^{-r^2}\Big|_0^\infty = \pi\,, \tag{5.12}$$

wobei die Integration über den ersten Quadranten des (x, y)-Koordinatensystems in ebene Polarkoordinaten (r, φ) umgerechnet wurde, sodass nun $x^2 + y^2 = r^2$ und $dxdy = rdrd\varphi$ sind. Aus dem Integral (5.12) folgt dann $2I = \sqrt{\pi}$ dem Wert von $\Gamma(\frac{1}{2})$. Mithilfe von (5.11) lässt sich dann allgemein $\Gamma(n + \frac{1}{2})$ für $n \geq 0$ in folgender Form ausdrücken

$$\Gamma\left(n + \frac{1}{2}\right) = \left(n - \frac{1}{2}\right)\left(n - \frac{3}{2}\right)\left(n - \frac{5}{2}\right)\cdots\frac{3}{2}\frac{1}{2}\sqrt{\pi} \tag{5.13}$$

und analog für $n \leq -1$

$$\Gamma\left(n + \frac{1}{2}\right) = \frac{\sqrt{\pi}}{\left(n + \frac{1}{2}\right)\left(n + \frac{3}{2}\right)\left(n + \frac{5}{2}\right)\cdots\left(-\frac{3}{2}\right)\left(-\frac{1}{2}\right)}\,. \tag{5.14}$$

Als nächstes leiten wir eine wichtige Beziehung zwischen Gammafunktionen her. Dazu betrachten wir für $(x, y > 0)$ das Produkt von Gammafunktionen

$$\Gamma(x)\Gamma(y) = \int_0^\infty t^{x-1}\mathrm{e}^{-t} dt \int_0^\infty s^{y-1}\mathrm{e}^{-s} ds \tag{5.15}$$

und setzen $t + s = u$, um das Doppelintegral in t und u auszudrücken. Dies liefert

$$\Gamma(x)\Gamma(y) = \int_0^\infty du \int_0^u dt\, t^{x-1}(u-t)^{y-1}\mathrm{e}^{-u}\,. \tag{5.16}$$

Nun setzen wir $t = u\tau$ und erhalten

$$\Gamma(x)\Gamma(y) = \int_0^\infty \mathrm{d}u\, \mathrm{e}^{-u} u^{x+y-1} \int_0^1 \mathrm{d}\tau\, \tau^{x-1}(1-\tau)^{y-1} = \Gamma(x+y)B(x,y)\,,$$

$$(5.17)$$

wobei die Betafunktion $B(x,y)$ durch folgende Beziehung definiert ist

$$B(x,y) = \frac{\Gamma(x)\Gamma(y)}{\Gamma(x+y)} = \int_0^1 \mathrm{d}\tau\, \tau^{x-1}(1-\tau)^{y-1}\,. \qquad (5.18)$$

Die in der letzten Gleichung angegebene Integraldarstellung der Betafunktion gilt für Werte $(x,y) > 0$, während die vorangehende Beziehung zwischen den Gammafunktionen für alle Werte (x,y) Gültigkeit hat. An der obigen Relation erkennt man auch die Symmetrie der Betafunktion $B(x,y) = B(y,x)$. Einen interessanten Spezialfall erhält man für $y = 1 - x$. Dann ergibt sich aus (5.18)

$$\Gamma(x)\Gamma(1-x) = \Gamma(1)B(x,1-x) = \int_0^1 \tau^{x-1}(1-\tau)^{-x}\mathrm{d}\tau\,. \qquad (5.19)$$

Wenn wir in dieser Gleichung $\tau = \frac{t}{1-t}$ setzen, so ergibt sich

$$\Gamma(x)\Gamma(1-x) = \int_0^\infty \frac{t^{x-1}}{1+t}\mathrm{d}t = \frac{\pi}{\sin \pi x}\,. \qquad (5.20)$$

Die Berechnung dieses Integrals erfolgt mit Methoden, die wir in Abschn. 7.3.8 bei der Behandlung der Theorie der Integration in der komplexen Zahlenebene kennen lernen werden. Der Integrand hat bei $t = -1$ einen Pol erster Ordnung und bei $t = 0$ einen Verzweigungspunkt. Die bisherige Ableitung gilt nur für $0 < x < 1$, doch sind beide Seiten reguläre Funktionen bis auf Pole erster Ordnung bei $x = 0, \pm 1, \pm 2, \cdots$. Eine andere wichtige Anwendung der Betafunktion führt auf die Gauß'sche Definition der Gammafunktion, die mit $\Pi(x) = \Gamma(x+1)$ bezeichnet wird. Wenn wir in der entsprechenden Definition der Betafunktion

$$B(x+1, y+1) = \frac{\Pi(x)\Pi(y)}{\Pi(x+y+1)} = \int_0^1 \tau^x(1-\tau)^y \mathrm{d}\tau \qquad (5.21)$$

für y eine ganze Zahl n wählen und $\tau = \frac{p}{n}$ setzen, so ergibt dies

$$\frac{\Pi(x)n!}{\Pi(x+n+1)} = \frac{1}{n^{x+1}} \int_0^n \mathrm{d}p\, p^x \left(1 - \frac{p}{n}\right)^n\,. \qquad (5.22)$$

Nun lassen wir $n \to \infty$ gehen, sodass $(1 - \frac{p}{n})^n \to \mathrm{e}^{-p}$ strebt und damit das Integral auf der rechten Seite dieser Gleichung die Funktion $\Pi(x)$ ergibt. Mithilfe der Substitution $x \to x - 1$ erhalten wir dann aus (5.22) für $x > 0$

$$\lim_{n\to\infty} \frac{n!n^x}{\Pi(x+n)} = 1 \qquad (5.23)$$

und mit der Beziehung (5.9) folgt schließlich für die Gauß'sche Definition der Faktoriellen

$$\Pi(x) = \lim_{n \to \infty} \frac{n! n^x}{(x+1)(x+2)\cdots(x+n)} \, . \tag{5.24}$$

Dieser Grenzwert enthält ersichtlich nur einfache algebraische Ausdrücke. Der Grenzwert existiert und ist endlich für alle reellen x außer für $x = -1, -2, -3, \cdots$ und wir können daher diesen Ausdruck als die allgemeine Definition der Funktion $\Pi(x)$ betrachten. Für $x > 0$ stimmt die Definition (5.24) jedenfalls mit der früher gegebenen, Euler'schen Definition überein, doch lässt sich durch analytische Fortsetzung (siehe Abschn. 7.3.5) in der komplexen Zahlenebene der Beweis der Übereinstimmung auch für $x < 0$ erbringen.

Die logarithmische Ableitung von $\Pi(x)$ nennt man die „Digammafunktion" $\psi(x)$ und wir finden mithilfe der Gauß'schen Definition von $\Pi(x)$

$$\psi(x) = \frac{\mathrm{d}}{\mathrm{d}x} \ln \Pi(x) = \lim_{n \to \infty} \left[\ln n - \frac{1}{x+1} - \frac{1}{x+2} - \frac{1}{x+3} \cdots - \frac{1}{x+n} \right] . \tag{5.25}$$

Wenn m eine ganze Zahl ist, erhalten wir dann

$$\psi(x+m) = \psi(x) + \frac{1}{x+1} + \frac{1}{x+2} + \frac{1}{x+3} \cdots + \frac{1}{x+m} \, . \tag{5.26}$$

Ferner ergibt sich aus (5.25) für $x = 0$

$$\psi(0) = \lim_{n \to \infty} \left[\ln n - 1 - \frac{1}{2} - \frac{1}{3} \cdots - \frac{1}{n} \right] = -\gamma \, . \tag{5.27}$$

Man kann zeigen, dass dieser Limes einen endlichen Wert hat, der mit γ bezeichnet wird und die „Euler'sche Konstante" heißt. Ihr Wert ist $\gamma = 0{,}577215\ldots$ und die Existenz dieses Grenzwertes ergibt sich aus folgender Abschätzung

$$s_n = \sum_{\ell=0}^{n} \frac{1}{\ell} - \ln n < \int_1^n \frac{\mathrm{d}x}{x} - \ln n + 1 = 1 \tag{5.28}$$

und daher ist $\lim_{n \to \infty} s_n = \gamma < 1$. Die Gammafunktion, die Pifunktion und die Euler'sche Konstante werden uns bei der Darstellung der Bessel-Funktionen in Abschn. 5.5 begegnen.

Schließlich leiten wir noch eine Näherung für die Pifunktion $\Pi(x)$ ab. Als Ausgangspunkt wählen wir die Integraldarstellung (5.6) von $\Gamma(x)$ für $x \to x+1$

$$\Pi(x) = \int_0^{\infty} t^x \mathrm{e}^{-t} \mathrm{d}t \tag{5.29}$$

und machen die Variablentransformation $t = x + \tau\sqrt{x}$, sodass

$$\Pi(x) = \int_{-\sqrt{x}}^{\infty} (x + \tau\sqrt{x})^x \mathrm{e}^{-(x+\tau\sqrt{x})} \sqrt{x}\,\mathrm{d}\tau \qquad (5.30)$$

wird. Zieht man in dieser Gleichung die τ-unabhängigen Terme vor das Integral, so kann man setzen

$$\begin{aligned}
\frac{\Pi(x)}{\mathrm{e}^{-x}x^{x+\frac{1}{2}}} &= \int_{-\sqrt{x}}^{\infty} \mathrm{e}^{-\tau\sqrt{x}} \left(1 + \frac{\tau}{\sqrt{x}}\right)^x \mathrm{d}\tau \\
&= \int_{-\sqrt{x}}^{\infty} \exp\left[-\tau\sqrt{x} + x\ln\left(1 + \frac{\tau}{\sqrt{x}}\right)\right] \mathrm{d}\tau \, . \qquad (5.31)
\end{aligned}$$

Hier lässt sich der zweite Integralausdruck in zwei Anteile aufgespalten, nämlich in ein Integral mit den Grenzen $(-\sqrt{x}, +\sqrt{x})$ und ein weiteres mit den Grenzen $(\sqrt{x}, \infty)$, wobei im ersten dieser Integrale der Logarithmus in eine Reihe nach $\frac{\tau}{\sqrt{x}}$ entwickelt wird. Dies ergibt

$$\begin{aligned}
\frac{\Pi(x)}{\mathrm{e}^{-x}x^{x+\frac{1}{2}}} &= \int_{-\sqrt{x}}^{\sqrt{x}} \exp\left[-\tau\sqrt{x} + x\left(\frac{\tau}{\sqrt{x}} - \frac{\tau^2}{2x} + \cdots\right)\right] \mathrm{d}\tau \\
&\quad + \int_{\sqrt{x}}^{\infty} \exp\left[-\tau\sqrt{x} + x\ln\left(1 + \frac{\tau}{\sqrt{x}}\right)\right] \mathrm{d}\tau \, . \qquad (5.32)
\end{aligned}$$

Für $x \to \infty$ strebt das zweite Integral gegen Null, kann also für große Werte von x vernachlässigt werden. Im ersten Integral heben sich in der Exponentialfunktion die beiden ersten Terme gegenseitig weg und es bleibt daher das Integral

$$\frac{\Pi(x)}{\mathrm{e}^{-x}x^{x+\frac{1}{2}}} = \int_{-\infty}^{\infty} \mathrm{e}^{-\frac{\tau^2}{2}}\,\mathrm{d}\tau = \sqrt{2\pi} \, , \qquad (5.33)$$

wobei das letzte Integral wie in (5.12) berechnet wurde. Wenn nun $x = n$ eine sehr große ganze Zahl ist, erhalten wir mithilfe (5.33) wegen $\Pi(n) = n!$ die „Stirling'sche Näherung" für $n!$, nämlich

$$n! = \sqrt{2\pi}\,\mathrm{e}^{-n}n^{n+\frac{1}{2}} \, . \qquad (5.34)$$

Diese Formel liefert überraschend genaue Werte selbst für kleine ganze Zahlen n. Wenn zum Beispiel $n = 3$ ist und daher $n! = 6$, wird die Stirling-Formel die Näherung $n! \cong 5.836$ ergeben. Für $n = 10$ ist $n! = 3.628.800$ während nach Stirling $n! \cong 3.598.695,618$ ist, entsprechend einer Genauigkeit von 1%. Die Stirling-Formel findet daher wichtige Anwendungen in der Wahrscheinlichkeitstheorie großer Zahlen, also in der Physik ganz besonders in der Statistischen Thermodynamik und der Quantenstatistik (vgl. Kap. 8).

Den Übergang zu einer Reihe von Funktionen, die mit der Gammafunktion verwandt sind, gestattet die unvollständige Gammafunktion. Diese wird für $x > 0$ und $y \geq 0$ durch folgendes Integral definiert

$$\Gamma(x, y) = \int_y^\infty t^{x-1} \mathrm{e}^{-t} \mathrm{d}t \tag{5.35}$$

welches mithilfe von (5.6) auf die Gestalt gebracht werden kann

$$\Gamma(x, y) = \int_0^\infty t^{x-1} \mathrm{e}^{-t} \mathrm{d}t - \int_0^y t^{x-1} \mathrm{e}^{-t} \mathrm{d}t \; . \tag{5.36}$$

Setzen wir in (5.35) $x = 0$, so erhalten wir für $y > 0$ die Definition des „Exponentialintegrals"

$$\mathrm{ei}(y) = \int_y^\infty \frac{\mathrm{e}^{-t}}{t} \mathrm{d}t \tag{5.37}$$

und wenn wir in diesem Integral $t = -\ln u$, $\mathrm{d}t = -\frac{\mathrm{d}u}{u}$ setzen und $\mathrm{e}^{-y} = z$ nennen, so ergibt sich

$$\mathrm{ei}(y) = -\int_{\mathrm{e}^{-y}}^0 \frac{\mathrm{d}u}{\ln u} = \int_0^z \frac{\mathrm{d}u}{\ln u} = \mathrm{li}(z) \; , \tag{5.38}$$

wo die Funktion $\mathrm{li}(z)$ den sogenannten „Integrallogarithmus" bezeichnet. Wenn wir ferner im Integral (5.37) die Substitution $t \to -it$ machen aber die Integrationsgrenzen nicht ändern, so erhalten wir

$$-\int_y^\infty \frac{\mathrm{e}^{\mathrm{i}t}}{t} \mathrm{d}t = -\int_y^\infty \frac{\cos t}{t} \mathrm{d}t - i \int_y^\infty \frac{\sin t}{t} \mathrm{d}t = \mathrm{ci}(y) + i\mathrm{si}(y) \tag{5.39}$$

und diese Funktionen werden der „Integralcosinus" und der „Integralsinus" genannt, wobei genau genommen $\mathrm{Si}(y) = \mathrm{si}(y) + \frac{\pi}{2}$ definiert ist. Auf das unvollständige Gauß'sche Fehlerintegral oder die Gauß'sche Fehlerfunktion werden wir geführt, wenn wir in der unvollständigen Gammafunktion (5.35) $x = \frac{1}{2}$ setzen. Dies ergibt nach der Transformation $t = u^2$, $\mathrm{d}t = u\mathrm{d}u$

$$\Gamma\left(\frac{1}{2}, y\right) = \int_y^\infty t^{-\frac{1}{2}} \mathrm{e}^{-t} \mathrm{d}t = \int_{\sqrt{y}}^\infty \mathrm{e}^{-u^2} \mathrm{d}u$$

$$= \int_0^\infty \mathrm{e}^{-u^2} \mathrm{d}u - \int_0^{\sqrt{y}} \mathrm{e}^{-u^2} \mathrm{d}u = \frac{\sqrt{\pi}}{2} - \int_0^{\sqrt{y}} \mathrm{e}^{-u^2} \mathrm{d}u \; , \tag{5.40}$$

wobei wir das Resultat (5.11) für das vollständige Gauß'sche Fehlerintegral verwendet haben. Um dieses letzte Integral auf 1 zu normieren, definiert man die „Gauß'sche Fehlerfunktion" durch

$$\mathrm{erf}(z) = \frac{2}{\sqrt{\pi}} \int_0^z \mathrm{e}^{-u^2} \mathrm{d}u \tag{5.41}$$

und ihr Komplement $\mathrm{erf\,c}(z) = 1 - \mathrm{erf}(z)$ ist dann gegeben durch

$$\mathrm{erf\,c}(z) = 1 - \mathrm{erf}(z) = \frac{2}{\sqrt{\pi}} \int_z^\infty \mathrm{e}^{-u^2} \mathrm{d}u \ . \tag{5.42}$$

Diese Fehlerfunktionen sind bei der Lösung von partiellen Differenzialgleichungen in der Diffusions- und Wärmeleitungstheorie von Interesse, aber von ganz besonderer Bedeutung in der Wahrscheinlichkeitstheorie und in der Statistik (siehe Abschn. 8.4.2). Außerdem werden alle zuletzt angegebenen Funktionen bei der Laplace-Transformation angetroffen, auf die wir in Abschn. 7.4 zurückkommen werden. Für die Fehlerfunktion und die anderen speziellen Funktionen lassen sich asymptotische Darstellungen für große Werte von x angeben. Um dies zu zeigen, betrachten wir $\mathrm{erf\,c}(z)$ und erhalten nach Erweiterung von Zähler und Nenner durch die Variable u und anschließender partieller Integration

$$\begin{aligned}
\mathrm{erf\,c}(z) &= \frac{2}{\sqrt{\pi}} \int_z^\infty \mathrm{e}^{-u^2} \mathrm{d}u = \frac{2}{\sqrt{\pi}} \int_z^\infty u\mathrm{e}^{-u^2} \frac{\mathrm{d}u}{u} \\
&= -\frac{\mathrm{e}^{-u^2}}{\sqrt{\pi}u}\bigg|_z^\infty - \frac{1}{\sqrt{\pi}} \int_z^\infty \mathrm{e}^{-u^2} \frac{\mathrm{d}u}{u^2} \ ,
\end{aligned} \tag{5.43}$$

sodass in erster Näherung bei Vernachlässigung des zweiten Terms

$$\mathrm{erf\,c}(z) = \frac{\mathrm{e}^{-z^2}}{\sqrt{\pi}z} \tag{5.44}$$

gesetzt werden kann. Führt man in (5.43) beim letzten Term nach dem selben Schema eine neuerliche partielle Integration durch, so erhalten wir anstelle (5.44)

$$\mathrm{erf\,c}(z) = \frac{\mathrm{e}^{-z^2}}{\sqrt{\pi}z} \left(1 - \frac{1}{2z^2} + \cdots \right) \tag{5.45}$$

und die Näherung für $\mathrm{erf\,c}(z)$ wird umso besser, je mehr Terme der Potenzreihe in $\frac{1}{z^2}$ berechnet werden. Bei den anderen betrachteten Funktionen kann man ganz analog vorgehen. Abschließend nennen wir noch die „Fresnel'schen Integrale" $C(x)$ und $S(x)$, die bei der Wellenausbreitung, insbesondere bei der Theorie der Beugung auftreten. Sie sind ersichtlich mit der Fehlerfunktion $\mathrm{erf}(z)$ verwandt und durch das Integral definiert

$$\int_0^x \mathrm{e}^{\mathrm{i}\frac{\pi}{2}u^2} \mathrm{d}u = \int_0^x \cos\left(\frac{\pi}{2}u^2\right) \mathrm{d}u + \mathrm{i} \int_0^x \sin\left(\frac{\pi}{2}u^2\right) \mathrm{d}u = C(x) + \mathrm{i}S(x) \ . \tag{5.46}$$

Die Eigenschaften aller Funktionen, die in diesem Abschnitt genannt wurden, sind eingehend untersucht und der Leser findet in den am Ende des Buches genannten Tabellenwerken detailliertere Angaben.

5.3 Gewöhnliche lineare Differenzialgleichungen

Für die eingehende Diskussion der speziellen Funktionen, die aus der Separation linearer partieller Differenzialgleichungen hervorgehen, benötigen wir einige Kenntnisse über die Lösung gewöhnlicher, linearer Differenzialgleichungen zweiter Ordnung mit variablen Koeffizienten. Darunter sind auch solche Differenzialgleichungen von physikalischem Interesse, deren Koeffizienten periodische Funktionen des Ortes x oder der Zeit t sind. Der eingehenden Diskussion der Lösung solcher Differenzialgleichungen sind die folgenden Abschnitte gewidmet.

5.3.1 Lösung von Differenzialgleichungen durch Potenzreihen

a) *Lineare Differenzialgleichungen mit konstanten Koeffizienten*

Im Folgenden diskutieren wir einige allgemeine Eigenschaften gewöhnlicher, linearer Differenzialgleichungen, insbesondere jener zweiter Ordnung, und deren Lösungen mithilfe der Methode der Potenzreihen. Als Ausgangspunkt unserer Betrachtungen wählen wir die homogene lineare Differenzialgleichung zweiter Ordnung mit konstanten Koeffizienten p, q, r in der Form

$$py''(x) + qy'(x) + ry(x) = 0 \ . \tag{5.47}$$

Diese lässt sich durch den Euler'schen Ansatz $y(x) = Ce^{\alpha x}$ lösen, wo C eine beliebige Konstante und α ein noch zu bestimmender Parameter ist. Das Einsetzen des Ansatzes und die Ausführung der Differenziationen liefert

$$(p\alpha^2 + q\alpha + r)Ce^{\alpha x} = 0 \ . \tag{5.48}$$

Da diese Gleichung für beliebige Werte von x erfüllt sein soll, kann dies nur der Fall sein, wenn der Ausdruck in der Klammer verschwindet. Also erhalten wir eine quadratische Gleichung für die Bestimmung der beiden möglichen Werte von α. Hat diese Gleichung zwei voneinander verschiedene Wurzeln α_1 und α_2, so lautet die allgemeine Lösung der Differenzialgleichung, da diese linear ist

$$y(x) = C_1 y_1(x) + C_2 y_2(x) = C_1 e^{\alpha_1 x} + C_2 e^{\alpha_2 x} \tag{5.49}$$

und die beiden linear unabhängigen Lösungen $y_{1,2}(x) = e^{\alpha_{1,2} x}$ nennt man ein Fundamentalsystem der Differenzialgleichung. Dieses System hat die Eigenschaft, dass seine Wronski-Determinate nicht gleich Null ist. Dabei ist diese „Wronski-Determinante" folgendermaßen definiert

$$\Delta = \begin{vmatrix} y_1(x) & y_2(x) \\ y_1'(x) & y_2'(x) \end{vmatrix} = \begin{vmatrix} e^{\alpha_1 x} & e^{\alpha_2 x} \\ \alpha_1 e^{\alpha_1 x} & \alpha_2 e^{\alpha_2 x} \end{vmatrix} = (\alpha_2 - \alpha_1)e^{(\alpha_1 + \alpha_2)x} \ . \tag{5.50}$$

Dieses Nichtverschwinden der Wronski-Determinante ist ein Ausdruck für die lineare Unabhängigkeit der beiden Lösungen $y_1(x)$ und $y_2(x)$. Da jede beliebige Lösung einer linearen Differenzialgleichung zweiter Ordnung durch Vorgabe von y_0 und y_0' an einer beliebigen Stelle x_0 eindeutig bestimmt ist, denn dann lassen sich alle höheren Ableitungen bei x_0 aus der Differenzialgleichung berechnen und somit die Lösung in Form einer Taylor-Reihe angeben. Somit können wir auch nach Auffindung eines Fundamentalsystems aus den beiden Gleichungen

$$y_0 = C_1 y_1(x_0) + C_2 y_2(x_0) \,, \quad y_0' = C_1 y_1'(x_0) + C_2 y_2'(x_0) \tag{5.51}$$

wegen $\Delta \neq 0$ die beiden Koeffizienten C_1 und C_2 eindeutig berechnen und damit ist die in (5.49) gefundene Darstellung tatsächlich die allgemeine Lösung der Differenzialgleichung. Hat die charakteristische Gleichung, die aus (5.48) folgt, für den Parameter α zwei gleiche Wurzeln $\alpha_1 = \alpha_2$, dann kann neben $y_1(x) = \mathrm{e}^{\alpha_1 x}$ eine zweite linear unabhängige Lösung gefunden werden, indem man folgenden Limes betrachtet

$$\lim_{\alpha_2 \to \alpha_1} \frac{\mathrm{e}^{\alpha_2 x} - \mathrm{e}^{\alpha_1 x}}{\alpha_2 - \alpha_1} = \frac{\mathrm{d}}{\mathrm{d}\alpha} \mathrm{e}^{\alpha x} \Big|_{\alpha = \alpha_1} = x \mathrm{e}^{\alpha_1 x} \,. \tag{5.52}$$

Dann bilden $y_1(x) = \mathrm{e}^{\alpha_1 x}$ und $y_2(x) = x \mathrm{e}^{\alpha_1 x}$ ein Fundamentalsystem, da dann $\Delta = \mathrm{e}^{2\alpha_1 x} \neq 0$ ist.

Wir betrachten nun die Lösung der inhomogenen linearen Differenzialgleichung

$$p y''(x) + q y'(x) + r y(x) = \hat{f}(x) \,, \tag{5.53}$$

wo $\hat{f}(x)$ physikalisch irgend eine Quellfunktion darstellt, wie sie früher in Abschn. 3.5 schon besprochen wurden. Wie sich zeigen lässt, besteht die allgemeine Lösung dieser Gleichung aus der allgemeinen Lösung der homogenen Gleichung und einem partikulären Integral $\hat{y}(x)$ der inhomogenen Gleichung, d. h.

$$y(x) = C_1 y_1(x) + C_2 y_2(x) + \hat{y}(x) \,, \tag{5.54}$$

wobei die Lösung wieder eindeutig bestimmt ist, wenn an einer Stelle x_0 die Werte y_0 und y_0' gegeben sind, sodass die Koeffizienten C_1 und C_2 berechnet werden können. Die übliche Methode zur Auffindung des partikulären Integrals der inhomogenen Gleichung besteht in der Variation der Konstanten, d. h. man macht den Lösungsansatz

$$\hat{y}(x) = C_1(x) y_1(x) + C_2(x) y_2(x) \,. \tag{5.55}$$

Dieser liefert beim einsetzen in die Differenzialgleichung (5.53)

$$p[C_1'' y_1 + C_2'' y_2 + 2(C_1' y_1' + C_2' y_2')]$$
$$+ q(C_1' y_1 + C_2' y_2) + r(C_1 y_1 + C_2 y_2) = \hat{f}(x) \,. \tag{5.56}$$

Diese Gleichung genügt jedoch nicht zur eindeutigen Festlegung der Funktionen $C_1(x)$ und $C_2(x)$. Dies geschieht mithilfe der zweiten Bedingung

$$C_1' y_1 + C_2' y_2 = 0 \, , \tag{5.57}$$

sodass dann auch $(C_1' y_1 + C_2' y_2)' = 0$ ist. Mit dieser letzten Bedingung folgt dann aus der Differenzialgleichung (5.53)

$$C_1' y_1' + C_2' y_2' = \frac{\hat{f}(x)}{p} \tag{5.58}$$

und die beiden Gleichungen (5.57) und (5.58) können dann zur Berechnung der Funktionen $C_1'(x)$ und $C_2'(x)$ dienen. Im Fall der konstanten Koeffizienten p, q, r liefert dann die Auflösung und Integration (wenn $\alpha_1 \neq a_2$ ist)

$$C_1(x) = \int^x \hat{f}(t) \frac{y_2(t)}{\Delta(t)} \mathrm{d}t = \int^x \hat{f}(t) \frac{\mathrm{e}^{\alpha_1 t}}{\alpha_2 - \alpha_1} \mathrm{d}t \tag{5.59}$$

und

$$C_2(x) = - \int^x \hat{f}(t) \frac{y_1(t)}{\Delta(t)} \mathrm{d}t = \int^x \hat{f}(t) \frac{\mathrm{e}^{\alpha_2 t}}{\alpha_2 - \alpha_1} \mathrm{d}t \, , \tag{5.60}$$

wobei die beliebigen Integrationskonstanten weggelassen wurden.

b) *Lineare Differenzialgleichungen mit variablen Koeffizienten*

Die soeben angegebenen Sätze für die Lösung linearer Differenzialgleichungen mit konstanten Koeffizienten gelten auch allgemeiner für Gleichungen der Form

$$p(x)y''(x) + q(x)y'(x) + r(x)y(x) = \hat{f}(x) \, . \tag{5.61}$$

Wichtig ist auch hier die Bestimmung eines Fundamentalsystems der homogenen Differenzialgleichung mit $\hat{f}(x) = 0$. Da aber hier die Lösungen im allgemeinen nicht durch elementare Funktionen wie $\mathrm{e}^{\alpha x}$ darstellbar sind, da der Euler'sche Lösungsansatz versagt, suchen wir eine Darstellung der Lösungen in Form von Potenzreihen, durch welche dann eine ganze Klasse von für die Physik wichtigen Funktionen definiert werden kann. Diese Methode stammt von „Frobenius". Dieser zeigte, dass sich viele lineare, homogene Differenzialgleichungen durch einen Lösungsansatz von der Form

$$y(x) = x^s \sum_{n=0}^{\infty} c_n x^n \tag{5.62}$$

behandeln lassen, wo s nicht notwendig eine ganz Zahl ist, die aber auch Null sein kann. Zur Erläuterung des Verfahrens betrachten wir ein elementares Problem.

Beispiel

Gegeben sei die Differenzialgleichung

$$\frac{\mathrm{d}T(t)}{\mathrm{d}t} + \alpha T(t) = 0 \, , \tag{5.63}$$

wo $\alpha > 0$ ein konstanter Parameter ist. Diese Gleichung ist etwa von Bedeutung bei der Beschreibung des radioaktiven Zerfalls instabiler Atomkerne. Wir machen den Lösungsansatz

$$T(t) = t^s \sum_{n=0}^{\infty} c_n t^n \, . \tag{5.64}$$

Beim einsetzen in die Differenzialgleichung erhält man

$$c_0 s t^{s-1} + \sum_{k=1}^{\infty} \{(s+k)c_k + \alpha c_{k-1}\} t^{s+k-1} = 0 \, . \tag{5.65}$$

Damit diese Gleichung für alle Werte von t erfüllt ist, ist notwendig, dass die Koeffizienten aller Potenzen von t einzeln gleich Null sind. Also folgt aus dem ersten Term, wenn $c_0 \neq 0$ sein soll, dass $s = 0$ sein muss. Aus dem Verschwinden der einzelnen Koeffizienten der $\sum_k$ schließen wir, dass $kc_k + \alpha c_{k-1} = 0$ ist. Dies liefert zur Bestimmung der Koeffizienten c_k die Rekursionsformel

$$c_k = -\frac{\alpha}{k} c_{k-1} \, , \quad c_k = c_0 \frac{(-1)^k \alpha^k}{k!} \, , \tag{5.66}$$

wobei die letzte Beziehung für die Koeffizienten c_k sich ergibt, wenn man die Rekursionsformel sukzessive anwendet. Also lautet die Lösungsreihe der betrachteten Differenzialgleichung

$$T(t) = c_0 \sum_{n=0}^{\infty} \frac{(-\alpha)^n}{n!} t^n \, . \tag{5.67}$$

Dies ist aber die Reihe, durch welche die Exponentialfunktion (vom Argument $-\alpha t$) definiert wird. Also lautet die Lösung der obigen Differenzialgleichung

$$T(t) = c_0 \mathrm{e}^{-\alpha t} \, . \tag{5.68}$$

Ganz ähnlich lassen sich andere spezielle Funktionen der Physik durch ihre Differenzialgleichung und deren Lösungsreihen definieren. Mit der gleichen Methode können wir auch die Lösung folgender Differenzialgleichung behandeln

$$y''(x) + k^2 y(x) = 0 \, . \tag{5.69}$$

Hier zeigt sich, wie der Leser selbst nachprüfen möge, dass die Lösungsreihe für $y(x)$ zwei unbestimmte Koeffizienten c_0 und c_1 enthält, von denen jede eine andere Reihe definiert, welche die Cosinus- und die Sinus-Funktionen darstellen. Also bestimmt hier die Wahl $c_0 = 1$, $c_1 = 0$ und $c_0 = 0$, $c_1 = 1$ ein Fundamentalsystem der Differenzialgleichung, d. h. die Cosinus- und die Sinus-Funktionen stellen zwei linear unabhängige Lösungen dar.

Nun kehren wir zur allgemeinen Form (5.61) der homogenen linearen Differenzialgleichung mit $\hat{f}(x) = 0$ zurück, dividieren diese durch $p(x)$ und setzen $\frac{q(x)}{p(x)} = Q(x)$ und $\frac{r(x)}{p(x)} = R(x)$ und betrachten die nun homogene Gleichung

$$y''(x) + Q(x)y'(x) + R(x)y(x) = 0 \ . \tag{5.70}$$

Die Gleichung lässt eine Lösung mithilfe der Methode von Frobenius zu, wenn eine der folgenden Bedingungen erfüllt ist:

I: Der reguläre Punkt. Die Stelle $x = a$ heißt ein regulärer Punkt der Differenzialgleichung, wenn die Funktionen $Q(x)$ und $R(x)$ in der Umgebung $|x - a| < R$ sich regulär verhalten, d. h. nicht unendlich werden. Man kann zeigen, dass dann auch jede Lösung $y(x)$ in derselben Umgebung eine reguläre Funktion ist, also im Bereich $|x - a| < R$ durch eine konvergente Potenzreihe

$$y(x) = \sum_{n=0}^{\infty} c_n (x - a)^n \tag{5.71}$$

dargestellt werden kann. Sind insbesondere $Q(x)$ und $R(x)$ Polynome in x, so gilt diese Darstellung für alle $|x| < \infty$. Die Koeffizienten c_n erhält man rekursiv nach Einsetzen des Lösungsansatzes (5.71) in die Differenzialgleichung.

II: Der singuläre Punkt. Die Stelle $x = a$ heißt ein singulärer Punkt der Differenzialgleichung, wenn eine der beiden Funktionen $Q(x)$ und $R(x)$ sich bei $x = a$ nicht regulär verhält. Hat jedoch $Q(x)$ bei $x = a$ höchstens einen Pol erster Ordnung, d. h. in der Umgebung der singulären Stelle ist $Q(x) \sim \frac{A}{x-a}$, und $R(x)$ höchstens einen Pol zweiter Ordnung, also nahe der Singularität $R(x) \sim \frac{B}{(x-a)^2}$, so kann man die Differenzialgleichung in folgender Form ansetzen

$$y''(x) + \frac{g(x)}{x - a} y'(x) + \frac{h(x)}{(x - a)^2} y(x) = 0 \ , \tag{5.72}$$

wo $g(x)$ und $h(x)$ bei $x = a$ regulär sind. In diesem Fall nennt man die Stelle $x = a$ eine außerwesentliche Singularität der Differenzialgleichung. Alle anderen Punkte der Differenzialgleichung mit Divergenzen höherer Ordnung nennt man wesentliche Singularitäten der Differenzialgleichung.

Ist $x = a$ eine außerwesentliche Singularität der Differenzialgleichung so gilt das „Fuchs'sche Theorem", wonach mindestens eine Lösung der folgenden Form existiert

$$y(x) = (x - a)^s \sum_{n=0}^{\infty} c_n (x - a)^n \ . \tag{5.73}$$

Verhalten sich $g(x)$ und $h(x)$ in $|x - a| < R$ regulär, so konvergiert die Darstellung für $y(x)$ im selben Bereich. Macht man für $g(x)$ und $h(x)$ die

Potenzreihenansätze

$$g(x) = \sum_{\ell=0}^{\infty} g_\ell (x-a)^\ell \, , \quad h(x) = \sum_{\ell=0}^{\infty} h_\ell (x-a)^\ell \tag{5.74}$$

und setzt dies gemeinsam mit dem Lösungsansatz (5.73) in die Differenzial-gleichung ein, so liefert der Koeffizient von $(x-a)^s$ gleich Null gesetzt die sogenannte Fundamental- oder Indexgleichung

$$c_0 s(s-1) + g_0 c_0 s + h_0 c_0 = 0 \, , \tag{5.75}$$

sodass wir für $c_0 \neq 0$ die folgende quadratische Gleichung zur Bestimmung von s erhalten

$$s^2 + (g_0 - 1)s + h_0 = 0 \, . \tag{5.76}$$

Setzt man analog die Koeffizienten von $(x-a)^{s+n}$ gleich Null, so erhält man eine zweigliedrige Rekursionsformel zur sukzessiven Bestimmung der Koeffizienten c_n, die auch noch von s abhängen. Da die Indexgleichung (5.76) stets zwei Wurzeln s_1 und s_2 hat, ergeben sich zwei Folgen von Koeffizienten $c_n^{(1)}$ und $c_n^{(2)}$ und daher die beiden Lösungsreihen

$$y_1(x) = \sum_{n=0}^{\infty} c_n^{(1)} (x-a)^{s_1+n} \, , \quad y_2(x) = \sum_{n=0}^{\infty} c_n^{(2)} (x-a)^{s_2+n} \, . \tag{5.77}$$

Je nach Beschaffenheit der beiden Wurzeln der Indexgleichung sind drei verschiedene Fälle zu unterscheiden

(I): $s_1 - s_2 \neq 0$, bzw. $\neq \ell$, wo ℓ eine ganze Zahl ist. Dann sind die beiden obigen Lösungen $y_1(x)$ und $y_2(x)$ linear unabhängig und bilden ein Fundamentalsystem der Differenzialgleichung.

(II): $s_1 = s_2$. In diesem Fall sind die beiden Lösungen $y_1(x)$ und $y_2(x)$ (meist bis auf einen konstanten Faktor) mit einander identisch. Hier kann man zeigen, dass ein Fundamentalsystem durch folgende beiden Reihen gegeben ist

$$y_1(x) = (x-a)^{s_1} \sum_{n=0}^{\infty} c_n^{(1)} (x-a)^n \tag{5.78}$$

und

$$y_2(x) = y_1(x) \ln(x-a) + (x-a)^{s_1} \sum_{n=0}^{\infty} \left(\frac{\partial c_n^{(1)}}{\partial s} \right)_{s=s_1} (x-a)^n \, . \tag{5.79}$$

(III): $s_1 - s_2 = \ell$, wo $\ell > 0$ und eine ganze Zahl ist. Hier sind alle Koeffizienten c_n in der Reihe für $s_2 < s_1$ ab einer gewissen Stelle entweder unendlich oder unbestimmt. Doch kann man nachweisen, dass die bei-

den folgenden Reihen

$$y_1(x) = (x-a)^{s_1} \sum_{n=0}^{\infty} c_n^{(1)} (x-a)^n \qquad (5.80)$$

und

$$y_2(x) = C y_1(x) \ln(x-a) + (x-a)^{s_2} \sum_{n=0}^{\infty} b_n (x-a)^n \qquad (5.81)$$

ein Fundamentalsystem liefern. C ist dabei eine Konstante, die auch Null sein kann. In diesem Fall fehlt das logarithmische Glied.

In den Fällen *(II)* und *(III)* kann man sich die zweite Lösung $y_2(x)$ in folgender Weise verschaffen und dabei auch das Auftreten des logarithmischen Anteils verstehen. Dazu betrachten wir die Wronski-Determinante (5.50)

$$\Delta(x) = y_1(x) y_2'(x) - y_1'(x) y_2(x) \, . \qquad (5.82)$$

Wenn wir diese nach x differenzieren und beachten, dass $y_1(x)$ und $y_2(x)$ Lösungen der Differenzialgleichungen sein sollen, dann erhalten wir für $\Delta(x)$ (gemäß (5.70)) die folgende Differenzialgleichung und deren Lösung

$$\Delta'(x) + Q(x)\Delta(x) = 0 \, , \quad \Delta(x) = \Delta(x_0) \exp\left[- \int_{x_0}^{x} Q(x') \mathrm{d}x' \right] \, . \qquad (5.83)$$

Andererseits kann man aber durch Ausdifferenzieren leicht nachweisen, dass $\Delta(x)$ auch in folgender Form als Differenzialgleichung ausgedrückt werden kann, deren Lösung leicht anzugeben ist

$$y_1^2(x) \frac{\mathrm{d}}{\mathrm{d}x}\left(\frac{y_2(x)}{y_1(x)} \right) = \Delta(x) \, , \quad y_2(x) = y_1(x) \int_{x_0}^{x} \frac{\Delta(x')}{y_1^2(x')} \mathrm{d}x' \, . \qquad (5.84)$$

Damit ergibt sich ein Weg mithilfe der Kenntnis von $\Delta(x)$, wegen der Gleichung (5.83), und der Lösung $y_1(x)$ eine zweite, linear unabhängige Lösung $y_2(x)$ der Differenzialgleichung zu finden, die bei der expliziten Ausrechnung das angegebene Verhalten zeigt. Um dies direkt nachzuweisen, betrachten wir folgendes Beispiel einer Differenzialgleichung vom Fuchs'schen Typ.

Beispiel

Gegeben sei folgende Differenzialgleichung

$$y''(x) - \frac{1}{x} y'(x) + \frac{1}{x^2} y(x) = 0 \, . \qquad (5.85)$$

Die Gleichung hat bei $x = 0$ eine außerwesentliche Singularität. Eine Lösung an dieser Stelle kann durch den Ansatz $y(x) = x^\lambda$ gefunden werden. Einsetzen in die Differenzialgleichung liefert für die Bestimmung von λ die Gleichung

$$[\lambda(\lambda - 1) - \lambda + 1]x^\lambda = 0 \,, \quad (\lambda - 1)^2 = 0 \,. \tag{5.86}$$

Wir erhalten also auf diesem Wege eine Doppelwurzel $\lambda = 1$ und daher nur eine Lösung $y_1(x) = x$. Zur Berechnung der zweiten Lösung beachten wir, dass hier $Q(x) = -\frac{1}{x}$ ist und wir finden daher mithilfe von (5.83)

$$\Delta(x) = \Delta(x_0) \exp\left[\int_{x_0}^{x} \frac{\mathrm{d}x'}{x'}\right] = \Delta(x_0)\mathrm{e}^{\ln \frac{x}{x_0}} = Cx \tag{5.87}$$

und daher beim einsetzen der Lösung für $\Delta(x)$ in die Gleichung (5.84)

$$y_2(x) = Cx \int_{x_0}^{x} \frac{\mathrm{d}x'}{x'} = Cx \ln x + Dx = y_1(x) \ln x + F(x) \,. \tag{5.88}$$

Das erhaltene Fundamentalsystem ist dann in Übereinstimmung mit (5.79).

Es sei noch bemerkt, dass man in den Fällen *(II)* und *(III)* auch eine zweite Lösung durch den Ansatz $y_2(x) = u(x)y_1(x)$ finden kann. Setzt man nämlich diesen Ansatz in die Differenzialgleichung (5.72) ein und beachtet, dass $y_1(x)$ eine Lösung der Differenzialgleichung ist, so erhält man eine Differenzialgleichung erster Ordnung für die Funktion $u(x)$ und nach deren Lösung bilden die so gefundenen Funktionen $y_1(x)$ und $y_2(x)$ ein Fundamentalsystem.

III: Der unendlich ferne Punkt. Bei vielen Problemen sucht man Lösungen der betrachteten Differenzialgleichung (5.70), die für große Werte von x gelten. Dazu betrachtet man eine unendliche Reihe in $\frac{1}{x}$. Mithilfe der Transformation $x = \frac{1}{\xi}$ gelangt der unendlich ferne Punkt in den Nullpunkt der ξ-Achse. Bei dieser Variablentransformation geht die Gleichung (5.70) in folgende Gleichung über

$$\frac{\mathrm{d}^2 y}{\mathrm{d}\xi^2} + \left\{\frac{2}{\xi} - \frac{1}{\xi^2}Q\left(\frac{1}{\xi}\right)\right\} \frac{\mathrm{d}y}{\mathrm{d}\xi} + \frac{1}{\xi^4}R\left(\frac{1}{\xi}\right) y = 0 \,. \tag{5.89}$$

Sind die Koeffizienten von $y'(\xi)$ und $y(\xi)$ für $\xi \to 0$ analytisch, so ist $\xi = 0$ ein regulärer Punkt der Differenzialgleichung und man nennt dann $x = \infty$ einen regulären Punkt der ursprünglichen Differenzialgleichung. Kehrt man zu dieser Gleichung und der Variablen x zurück, so zeigt sich, dass im Unendlichen ein regulärer Punkt der Differenzialgleichung vorliegt, wenn die Bedingung erfüllt ist

$$Q(x) = \frac{2}{x} + O\left(\frac{1}{x^2}\right) \,, \quad R(x) = O\left(\frac{1}{x^4}\right) \,, \quad x \to \infty \,, \tag{5.90}$$

wo O die „Ordnung" andeutet. Dann haben die Lösungen der Differenzialgleichung (5.70) die Form

$$y(x) = \sum_{n=0}^{\infty} c_n \frac{1}{x^n} \,. \tag{5.91}$$

Ebenso heißt der Punkt im Unendlichen ein außerwesentlich singulärer Punkt der Differenzialgleichung, wenn für $x \to \infty$

$$Q(x) = \frac{Q_0}{x} + O\left(\frac{1}{x^2}\right) , \quad R(x) = \frac{R_0}{x^2} + O\left(\frac{1}{x^3}\right) \tag{5.92}$$

und wo Q_0 und R_0 Konstante sind. Die entsprechende Indexgleichung hat dann die Form

$$s^2 + (1 - Q_0)s + R_0 = 0 . \tag{5.93}$$

Wenn s_1 und s_2 die Wurzeln dieser Gleichung sind, so haben für große Werte von x die beiden Lösungen der Differenzialgleichung die Form

$$y_1(x) = \frac{1}{x^{s_1}} \sum_{n=0}^{\infty} c_n^{(1)} \frac{1}{x^n} , \quad y_2(x) = \frac{1}{x^{s_2}} \sum_{n=0}^{\infty} c_n^{(2)} \frac{1}{x^n} . \tag{5.94}$$

5.3.2 Differenzialgleichungen mit periodischen Koeffizienten

Diese Differenzialgleichungen sind von Bedeutung bei der Beschreibung der periodischen Bewegung der Gestirne, bei der Diskussion der Teilchenbahnen in zirkularen Beschleunigungsanlagen, zur Beschreibung der Bewegung der Elektronen im periodischen Potenzial der Ionen in einem Kristall, bei Problemstellungen in der Laserphysik und ähnliches mehr. Daher sollen die Grundzüge der Lösungen solcher Differenzialgleichungen hier behandelt werden. Der Einfachheit wegen betrachten wir die folgende Differenzialgleichung, die in den meisten Fällen angetroffen wird

$$y''(x) + R(x)y(x) = 0 . \tag{5.95}$$

Da in dieser Gleichung der Koeffizient $Q(x) = 0$ ist, wird wegen der Gleichung (5.83) die Wronski-Determinante Δ eine Konstante, d. h. unabhängig von der Koordinate x sein. Dies ist für die folgenden Überlegungen von Bedeutung. Der Koeffizient $R(x)$ habe die Periode a, sodass $R(x) = R(x + a)$ ist. Es seien $y_1(x)$ und $y_2(x)$ zwei Lösungen der Differenzialgleichung, die ein Fundamentalsystem bilden. Da sich die Differenzialgleichung nicht ändert, wenn wir x durch $x + a$ ersetzen, werden auch $\bar{y}_1(x) = y_1(x + a)$ und $\bar{y}_2(x) = y_2(x + a)$ ein Fundamentalsystem darstellen, denn wenn eine lineare Beziehung $c_1\bar{y}_1 + c_2\bar{y}_2 = 0$ bestünde, so würde mit der Substitution $x \to x - a$ auch eine solche Beziehung zwischen y_1 und y_2 bestehen, im Gegensatz zur Annahme der linearen Unabhängigkeit. Zwischen den Lösungen $\bar{y}_1$, $\bar{y}_2$ und y_1, y_2 wird aber ein linearer Zusammenhang folgender Form bestehen

$$\begin{aligned} \bar{y}_1 &= a_{11}y_1 + a_{12}y_2 \\ \bar{y}_2 &= a_{21}y_1 + a_{22}y_2 \end{aligned} , \tag{5.96}$$

wobei die Determinante der reellen Koeffizienten a_{ik} ungleich Null sein wird, da sonst zwischen den Lösungen $\bar{y}_1$ und $\bar{y}_2$ ein linearer Zusammenhang bestünde. Anstelle des Fundamentalsystems y_1 und y_2 führen wir nun ein anderes System Y_1, Y_2 ein, das bei der Vermehrung von x um die Periode a eine möglichst einfache Transformation erfährt. Wir versuchen dazu zwei Konstanten γ_1 und γ_2 so zu bestimmen, dass die Funktion $Y(x) = \gamma_1 y_1(x) + \gamma_2 y_2(x)$ in die Funktion $\bar{Y}(x) = \gamma_1 \bar{y}_1(x) + \gamma_2 \bar{y}_2(x) = sY(x)$ übergeht, wo s eine noch zu bestimmende Konstante ist. Drücken wir hier $\bar{y}_1$ und $\bar{y}_2$ mithilfe der linearen Substitution (5.96) durch y_1 und y_2 aus, so liefert dies die Gleichung

$$\gamma_1(a_{11}y_1 + a_{12}y_2) + \gamma_2(a_{21}y_1 + a_{22}y_2) - s(\gamma_1 y_1 + \gamma_2 y_2) = 0 \ . \qquad (5.97)$$

Da aber laut Voraussetzung zwischen y_1 und y_2 keine lineare Beziehung besteht, müssen in der letzten Gleichung nach der Ausmultiplikation die Koeffizienten von y_1 und y_2 verschwinden. Dies führt auf das folgende homogene lineare Gleichungssystem

$$\begin{aligned}
(a_{11} - s)\gamma_1 + a_{21}\gamma_2 &= 0 \\
a_{12}\gamma_1 + (a_{22} - s)\gamma_2 &= 0
\end{aligned} \ . \qquad (5.98)$$

Damit dieses System eine Lösung (γ_1, γ_2) besitzt, ist notwendig und hinreichend, dass die Determinante der Koeffizienten des Gleichungssystems verschwindet, also

$$\begin{vmatrix} a_{11} - s & a_{21} \\ a_{12} & a_{22} - s \end{vmatrix} = s^2 - (a_{11} + a_{22})s + (a_{11}a_{22} - a_{12}a_{21}) = 0 \ . \qquad (5.99)$$

Diese Gleichung wird wesentlich vereinfacht, wenn wir beachten, dass in unserem Fall die Wronski-Determinante unabhängig von x, also eine Konstante ist. Dann folgt nämlich, dass in (5.99) die Determinante $a_{11}a_{22} - a_{12}a_{21} = 1$ ist. Zum Nachweis betrachten wir die Wronski-Determinate von $(\bar{y}_1, \bar{y}_2)$ und verwenden die linearen Beziehungen (5.96). Dies ergibt mithilfe der Regeln für die Multiplikation von Determinanten (vgl. Anh. B.2.2.5)

$$\begin{aligned}
\begin{vmatrix} \bar{y}_1 & \bar{y}_1' \\ \bar{y}_2 & \bar{y}_2' \end{vmatrix} &= \begin{vmatrix} a_{11}y_1 + a_{12}y_2 & a_{11}y_1' + a_{12}y_2' \\ a_{21}y_1 + a_{22}y_2 & a_{21}y_1' + a_{22}y_2' \end{vmatrix} \\
&= \begin{vmatrix} a_{11} & a_{12} \\ a_{21} & a_{22} \end{vmatrix} \cdot \begin{vmatrix} y_1 & y_1' \\ y_2 & y_2' \end{vmatrix} = \begin{vmatrix} y_1 & y_1' \\ y_2 & y_2' \end{vmatrix} ,
\end{aligned} \qquad (5.100)$$

woraus die Behauptung folgt. Da aber die quadratische Gleichung (5.99) mithilfe ihrer beiden Wurzeln s_1 und s_2 auch auf folgende Form gebracht werden kann $(s - s_1)(s - s_2) = s^2 - (s_1 + s_2) + s_1 s_2 = 0$, ist nach dem Vorhergehenden $s_1 s_2 = 1$. Diese Gleichung lässt sich erfüllen, wenn wir $s_1 = \mathrm{e}^{\mu a}$ und $s_2 = \frac{1}{s_1} = \mathrm{e}^{-\mu a}$ setzen. Wenn der Parameter $\mu \neq 0$ ist, erhalten wir so zwei verschiedene Wurzeln der quadratischen Gleichung. Entsprechend liefert das homogene, lineare Gleichungssystem (5.98) die beiden Lösungen

$(\gamma_1^{(1)}, \gamma_2^{(1)})$ und $(\gamma_1^{(2)}, \gamma_2^{(2)})$ und daher die beiden Lösungen der Differenzialgleichung (5.95)

$$Y_i(x) = \gamma_1^{(i)} y_1(x) + \gamma_2^{(i)} y_2(x) \, , \quad i = 1, 2 \, , \qquad (5.101)$$

die bei der Substitution $x \to x + a$ in die Lösungen $\bar{Y}_i(x) = s_i Y_i(x)$ ($i = 1, 2$) übergehen. Die beiden Funktionen (5.101) bilden ein Fundamentalsystem der Differenzialgleichung, denn wenn zwischen ihnen eine lineare Beziehung der Form $C_1 Y_1 + C_2 Y_2 = 0$ bestünde, so würde nach der Substitution $x \to x + a$ folgen, dass $s_1 = s_2$ sein muss, entgegen der Voraussetzung. Die beiden Lösungen $Y_1(x)$, $Y_2(x)$ lassen sich folgendermaßen darstellen. Wenn wir in der Funktion $e^{\mu x}$, $x \to x + a$ ersetzen, so geht diese Funktion in $e^{\mu x} e^{\mu a}$ über und wenn in $e^{-\mu x}$, $x \to x + a$ gesetzt wird, so folgt $e^{-\mu x} e^{-\mu a} = s_2 e^{-\mu x}$. Daher bleiben bei den Transformationen $\bar{Y}_i = s_i Y_i$ die Funktionen

$$u_1(x) = \frac{Y_1(x)}{e^{\mu x}} \, , \quad u_2(x) = \frac{Y_2(x)}{e^{-\mu x}} \qquad (5.102)$$

unverändert und daher hat die Differenzialgleichung (5.95) für $s_1 \neq s_2$ ein Fundamentalsystem der Form

$$Y_1(x) = e^{\mu x} u_1(x) \, , \quad Y_2(x) = e^{-\mu x} u_2(x) \, , \qquad (5.103)$$

wo $u_1(x)$ und $u_2(x)$ periodische Funktionen von x mit der Periode a sind. Wenn insbesondere der Koeffizient $R(x)$ in der Differenzialgleichung (5.95) symmetrisch ist, d. h. wenn $R(x) = R(-x)$ ist, dann ändert sich die Differenzialgleichung nicht, wenn x durch $-x$ ersetzt wird. In diesem Fall geht in (5.103) die Lösung $Y_2(x)$ aus $Y_1(x)$ durch die Substitution $x \to -x$ hervor und daher ist dann $u_2(x) = u_1(-x)$. Beide Lösungen bleiben aber dennoch voneinander linear unabhängig und die vollständige Lösung der Differenzialgleichung lautet dann

$$Y(x) = C_1 e^{\mu x} u(x) + C_2 e^{-\mu x} u(-x) \, . \qquad (5.104)$$

Die Lösungen (5.103) und (5.104) werden das „Floquet-Theorem" genannt. Da die Koeffizienten a_{ik} der Transformation (5.96) reell sind, ist in der quadratischen Gleichung (5.99) $a_{11} + a_{22} = s_1 + s_2 = e^{\mu a} + e^{-\mu a}$ reell. Dies kann auf zweierlei Weise verwirklicht werden. Wenn $|a_{11} + a_{22}| \geq 2$ ist, muss μ reell sein, denn dann ist $|s_1 + s_2| = 2|\cosh \mu a| \geq 2$. In diesem Fall sind die Lösungen (5.103) der Differenzialgleichung instabil, da sie für $x \to \pm\infty$ divergieren. Wenn dagegen $|a_{11} + a_{22}| \leq 2$ ist, muss $\mu = ik$ also imaginär sein, da dann $|s_1 + s_2| = 2|\cos ka| \leq 2$ ist und damit sind die Lösungen der Differenzialgleichung (5.95) stabil, da sie dann periodisch als Funktion von x oszillieren und folglich beschränkt bleiben. Die allgemeine Lösung einer Differenzialgleichung mit periodischen Koeffizienten besitzt daher stabile und instabile Zonen der Lösung. An den Zonengrenzen ist $|s_1 + s_2| = 2$ und die Lösungen der Differenzialgleichung sind periodische Funktionen von x mit der Periode a.

5.4 Kugelfunktionen

Die Kugelfunktionen sind für die Behandlung einer großen Anzahl physikalischer Problemstellungen, insbesondere Rand- und Eigenwertaufgaben, im Bereich der klassischen Physik und der Quantenphysik von Bedeutung. Dazu zählen etwa Multipolentwicklungen in der Gravitationstheorie, der Elektrostatik und der Strahlungstheorie, Strömungsprobleme bei Gasen und Flüssigkeiten, Analyse der quantenmechanischen Drehimpulseigenschften von Atomen und Molekülen, in der quantenmechanischen Streutheorie etc. Daher soll hier der Diskussion dieser Funktionen breiterer Raum gewidmet werden. Als Ausgangspunkt unserer Betrachtungen wählen wir die in Abschn. 4.3.2 durch Separation der homogenen Helmholtz-Gleichung erhaltene Differenzialgleichung (4.34) für den winkelabhängigen Anteil der Lösung

$$\frac{1}{\sin\vartheta}\frac{\partial}{\partial\vartheta}\left(\sin\vartheta\frac{\partial Y(\vartheta,\varphi)}{\partial\vartheta}\right) + \frac{1}{\sin^2\vartheta}\frac{\partial^2 Y(\vartheta,\varphi)}{\partial\varphi^2} + \ell(\ell+1)Y(\vartheta,\varphi) = 0 \quad (5.105)$$

und machen den weiteren Separationsansatz $Y(\vartheta,\varphi) = P(\vartheta)\Phi(\varphi)$. Beim Einsetzen in die Differenzialgleichung und Ausführung der Separation mit der Separationskonstanten C^2, erhalten wir zunächst die Gleichung

$$\frac{\mathrm{d}^2\Phi}{\mathrm{d}\varphi^2} + C^2\Phi = 0 \quad (5.106)$$

mit den beiden Lösungen $\Phi(\varphi) = \mathrm{e}^{\pm\mathrm{i}C\varphi}$. Aus physikalischen Überlegungen über die gewünschte Eindeutigkeit der Lösungen als Funktion des Azimuts φ, verlangen wir, dass $\Phi(\varphi) = \Phi(\varphi + 2\pi)$ sein soll. Dann muss $\mathrm{e}^{\pm\mathrm{i}C2\pi} = 1$ sein, oder $2\pi C = 2\pi m$. Daher sind die normierten azimutalen Lösungen

$$\Phi(\varphi) = \frac{1}{\sqrt{2\pi}}\mathrm{e}^{\mathrm{i}m\varphi}\,, \quad m = 0, \pm 1, \pm 2, \pm 3, \cdots \quad (5.107)$$

und dies sind die uns wohlbekannten Fourier-Funktionen auf dem Einheitskreis. Als zweite Differenzialgleichung liefert dann die Separation

$$\frac{1}{\sin\vartheta}\frac{\mathrm{d}}{\mathrm{d}\vartheta}\left(\sin\vartheta\frac{\mathrm{d}P(\vartheta)}{\mathrm{d}\vartheta}\right) + \left[\ell(\ell+1) - \frac{m^2}{\sin^2\vartheta}\right]P(\vartheta) = 0\,, \quad (5.108)$$

oder wenn wir $\cos\vartheta = z$ setzen, sodass das Variablenintervall $0 \le \vartheta \le \pi$ in das Intervall $-1 \le z \le 1$ übergeht, lautet die transformierte Gleichung für $P(z)$

$$(1 - z^2)P''(z) - 2zP'(z) + \left[\ell(\ell+1) - \frac{m^2}{1 - z^2}\right]P(z) = 0\,. \quad (5.109)$$

Dies ist die Differenzialgleichung der zugeordneten Legendre-Funktionen $P(z)$ und ist der Ausgangspunkt der folgenden Überlegungen.

5.4.1 Die Legendre-Polynome

Wir betrachten zunächst den Fall $m = 0$ und erhalten so die Legendre'sche Differenzialgleichung

$$P''(z) - \frac{2z}{1-z^2}P'(z) + \frac{\ell(\ell+1)}{1-z^2}P(z) = 0 \ . \tag{5.110}$$

Diese Gleichung hat ersichtlich bei $z = \pm 1$ eine außerwesentliche Singularität und ist daher gemäß Abschn. 5.3.1 vom Fuchs'schen Typus. Wir erwarten also, dass eine der beiden Lösungen der Differenzialgleichung bei $z = \pm 1$ singulär sein wird. Die Stelle $z = 0$ hingegen ist ein regulärer Punkt der Differenzialgleichung und wir können daher dort zur Lösung einen Potenzreihenansatz machen

$$P(z) = \sum_{n=0}^{\infty} c_n z^n \ . \tag{5.111}$$

Setzen wir dies in die Differenzialgleichung ein, nachdem wir diese mit $(1-z^2)$ multipliziert haben, und ordnen nach gleichen Potenzen von z, so ergibt sich

$$\sum_{n=0}^{\infty} \{(n+2)(n+1)c_{n+2} + [\ell(\ell+1) - n(n+1)]c_n\}z^n = 0 \ , \tag{5.112}$$

woraus wir für die Koeffizienten c_n die zweigliedrige Rekursionsformel ablesen

$$c_{n+2} = \frac{\ell(\ell+1) - n(n+1)}{(n+2)(n+1)}c_n \ . \tag{5.113}$$

Aus dieser Rekursionsformel ist ersichtlich, dass die Koeffizienten c_0 und c_1 willkürlich gewählt werden können, entsprechend den beiden beliebigen Konstanten in der allgemeinen Lösung der Legendre'schen Differenzialgleichung. Wenn wir $c_1 = 0$ wählen, sind alle ungeraden Koeffizienten c_3, c_5, $\cdots = 0$. Die resultierende Lösung ist dann eine Reihe mit geraden Potenzen von z, wobei c_0 die einzige willkürliche Konstante ist. Analog liefert die Wahl von $c_0 = 0$, $c_1 \neq 0$ eine Reihe mit ungeraden Potenzen von z. Solange der Parameter ℓ beliebige Werte annehmen kann, folgt aus der Rekursionsformel, dass alle $c_n \neq 0$ sein werden und für große Werte von n wird $c_{n+2} \cong c_n$ sein. Damit werden die beiden Lösungsreihen ab einer gewissen Potenz z^r die asymptotische Form

$$P(z) \approx z^r \sum_{s=0}^{\infty} (z^2)^s = \frac{z^r}{1-z^2} \tag{5.114}$$

haben. In diesem Fall divergieren die beiden Lösungsreihen bei $z = \pm 1$, entsprechend den beiden Polarwinkeln $\vartheta = 0$ und $\vartheta = \pi$. Bei den meisten physikalischen Problemstellungen sind aber Lösungen, die längs der Polarachse divergieren, uninteressant. Vielmehr suchen wir Lösungen, die für alle Werte in $0 \leq \vartheta \leq \pi$, bzw. in $-1 \leq z \leq +1$ endlich bleiben. Wir können solche Lösungen nur dann finden, wenn der Reihenansatz (5.111) für $P(z)$ bei einer bestimmten Potenz abbricht, d. h. einer der Koeffizienten $c_n = 0$ wird. Dies ist dann der Fall, wenn in der Legendre'schen Differenzialgleichung (5.110) der Parameter ℓ ganze positive Zahlen $\ell = 0, 1, 2, 3, \cdots$ durchläuft, da dann aufgrund der Rekursionsformel (5.113) der Koeffizient $c_{\ell+2} = 0$ wird. Wenn ℓ gerade ist, endet die Lösungsreihe mit geraden Potenzen und wir wählen entsprechen $c_1 = 0$. Wenn hingegen ℓ ungerade ist, wird entsprechend $c_0 = 0$ gesetzt. Diese Polynomlösungen der Legendre'schen Differenzialgleichung werden Legendre-Polynome genannt. Bei diesen Polynomen hat der Index n die Werte $0, 2, 4, \cdots \ell$, wenn ℓ gerade ist und hat die Werte $1, 3, 5, \cdots \ell$ wenn ℓ ungerade ist. Beide Summationen lassen sich zusammenfassen, wenn wir wählen $n = \ell - 2k$. Dann ergeben sich für gerades wie für ungerades ℓ die oben genannten n-Werte, wenn wir $k = 0, 1, 2, \cdots [\frac{\ell}{2}]$ durchlaufen lassen, wo $[\frac{\ell}{2}]$ das größte Ganze von $\frac{\ell}{2}$ bedeutet, d. h. es ist gleich $\frac{\ell}{2}$, wenn ℓ gerade ist und es ist gleich $\frac{\ell-1}{2}$, wenn ℓ eine ungerade Zahl darstellt. Das Verhalten der Koeffizienten mit den Indizes $k - 1$, bzw. k ist dann wegen der Rekursionsformel (5.113) gegeben durch

$$\frac{c_{n+2}}{c_n} = -\frac{2k(2\ell - 2k + 1)}{(\ell - 2k + 2)(\ell - 2k + 1)} = \frac{d_{k-1}}{d_k} \, , \qquad (5.115)$$

wobei zu beachten ist, dass zunehmendes n gleichzeitig abnehmendes k bedeutet. Dieses Verhältnis der Koeffizienten wird genau dann erhalten, wenn die Legendre-Polynome die folgende Gestalt haben

$$P_\ell(z) = \sum_{k=0}^{[\frac{\ell}{2}]} d_k z^{\ell-2k} = \sum_{k=0}^{[\frac{\ell}{2}]} \frac{(-1)^k (2\ell - 2k)!}{2^k k! (\ell - k)! (\ell - 2k)!} z^{\ell-2k} \, . \qquad (5.116)$$

Dabei wurden die Koeffizienten c_0 und c_1 der geraden und ungeraden Polynome so gewählt, dass der Koeffizient zur höchsten Potenz z^ℓ den Wert $\frac{(2\ell)!}{2^\ell (\ell!)^2}$ annimmt. Dies führt auf eine zweckmäßige Normierung der Legendre-Polynome, wie wir später noch sehen werden. Die ersten vier Polynome haben die folgende Form

$$\begin{aligned}
P_0(z) &= 1 \, , & P_1(z) &= z \\
P_2(z) &= \frac{1}{2}(3z^2 - 1) \, , & P_3(z) &= \frac{1}{2}(5z^3 - 3z) \, .
\end{aligned} \qquad (5.117)$$

Eine elegante Darstellung der Legendre-Polynome erhalten wir, wenn wir die Funktion $v(z) = (z^2 - 1)^\ell$ ℓ-mal nach z ableiten. Wenn wir diese ℓ-malige Ableitung mit $v_\ell(z)$ bezeichnen, so stellt sich heraus, dass diese Funktion der Legendre'schen Differenzialgleichung (5.110) genügt. Also ist $P_\ell(z) = C v_\ell(z)$ und nach Berechnung der Konstante C ergibt sich die elegante Formel von „Rodrigues"

$$P_\ell(z) = \frac{1}{2^\ell \ell!} \frac{\mathrm{d}^\ell}{\mathrm{d}z^\ell}(z^2 - 1)^\ell \, . \tag{5.118}$$

Bisher haben wir für eine feste ganzer Zahl ℓ nur die Lösung $P_\ell(z)$ der Legendre'schen Differenzialgleichung (5.110) gefunden. Macht man in der Umgebung der singulären Stelle $z = \pm 1$ einen Frobenius-Ansatz für die Lösung der Differenzialgleichung, so zeigt sich, dass die beiden Lösungen s_1 und s_2 der Indexgleichung sich um eine ganze Zahl unterscheiden. Daher ist zu erwarten, dass die zweite Lösung einen logarithmischen Term enthalten wird, wie in Abschn. 5.3.1 besprochen wurde. Diese zweite Lösung wird mit $Q_\ell(z)$ bezeichnet und Legendre-Funktion zweiter Art genannt. Sie kann durch folgenden Lösungsansatz gefunden werden

$$Q_\ell(z) = u(z)P_\ell(z) \, . \tag{5.119}$$

Setzt man dies in die Legendre'sche Differenzialgleichung ein und beachtet, dass $P_\ell(z)$ eine Lösung ist, so erhält man die folgende Differenzialgleichung erster Ordnung zur Bestimmung der Funktion $u(z)$

$$u'(z) = \frac{C_\ell}{P_\ell^2(z)(1 - z^2)} \, , \tag{5.120}$$

wo C_ℓ eine Integrationskonstante ist. Für $\ell = 0$ und $\ell = 1$ lässt sich diese Gleichung leicht lösen. Man findet

$$Q_0(z) = \frac{C_0}{2} \ln \frac{1 + z}{1 - z} \, , \quad Q_1(z) = \frac{C_1 z}{2} \ln \frac{1 + z}{1 - z} - C_1 \, . \tag{5.121}$$

Die genauere Rechnung liefert allgemein

$$Q_\ell(z) = \frac{1}{2} P_\ell(z) \ln \frac{1 + z}{1 - z} + p_{\ell-1}(z) \, , \tag{5.122}$$

wo $p_{\ell-1}(z)$ ein Polynom $\ell - 1$-ter Ordnung in z darstellt. Mit diesen zweiten Lösungen der Legendre'schen Differenzialgleichung wollen wir uns aber nicht näher beschäftigen.

5.4.2 Zweite Definition der Legendre-Polynome

Zu einer zweiten Definition der Legendre-Polynome gelangen wir durch folgende Betrachtung. In Abschn. 4.4.4 fanden wir als Beispiel in (4.92) die Lösung der Poisson'schen Differenzialgleichung in der Form

$$\Phi(\boldsymbol{r}) = \frac{\alpha}{4\pi} \int_{V'} \frac{1}{R} \rho(\boldsymbol{r}') \mathrm{d}v' \, , \tag{5.123}$$

wo $R = |\boldsymbol{r} - \boldsymbol{r}'|$ ist. Nun wählen wir folgende spezielle Ladungsverteilung (vgl. Abb. 5.1). An der Stelle $a\boldsymbol{k}$ längs der z-Achse, die wir als Polarachse wählen, befinde sich eine Punktladung, die durch die Ladungsverteilung

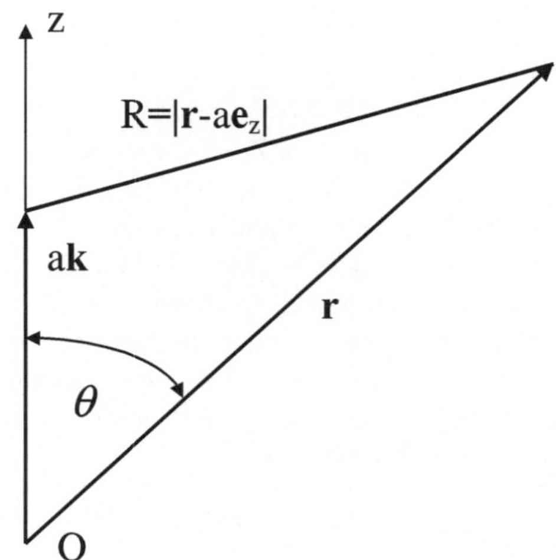

Abbildung 5.1. Zur Erzeugenden der Legendre-Polynome

$\rho(\boldsymbol{r'}) = q\delta(\boldsymbol{r'} - a\boldsymbol{k})$ beschrieben wird. Dann lautet das Potenzial dieser speziellen Ladungsverteilung nach Ausrechnung des Integrals (5.123)

$$\Phi(\boldsymbol{r}) = \frac{\alpha q}{4\pi R} , \quad R = |\boldsymbol{r} - a\boldsymbol{k}| . \tag{5.124}$$

Führen wir, wie in der Abbildung eingezeichnet, Polarkoordinaten (r, θ) ein, so nimmt das Potenzial der Punktladung q folgende Gestalt an

$$\Phi(\boldsymbol{r}) = \frac{\alpha q}{4\pi} \frac{1}{\sqrt{r^2 + a^2 - 2ar\cos\theta}} . \tag{5.125}$$

Wenn $r > a$ ist, können wir r vor die Wurzel ziehen. Nun taufen wir $\frac{a}{r} = t$ und $\cos\theta = z$ und betrachten nach weglassen der Vorfaktoren den Wurzelausdruck

$$E(z,t) = \frac{1}{\sqrt{1 - 2tz + t^2}} . \tag{5.126}$$

Wenn wir diesen in eine binomische Reihe nach Potenzen von t entwickeln, so stellt sich heraus, dass die Entwicklungskoeffizienten mit den Legendre-Polynomen $P_\ell(z)$ übereinstimmen. Es gilt also

$$E(z,t) = \sum_{\ell=0}^{\infty} P_\ell(z)t^\ell \tag{5.127}$$

und wir nennen daher $E(z,t)$ die erzeugende Funktion der Legendre-Polynome. Um diese Identität nachzuweisen, führen wir die binomische Entwicklung der erzeugenden Funktion explizit durch. Dies liefert

$$E(z,t) = \frac{1}{\sqrt{1 + t(t - 2z)}} = \sum_{m=0}^{\infty} \frac{(-\frac{1}{2})(-\frac{3}{2})\cdots(\frac{1}{2} - m)}{m!} t^m (t - 2z)^m , \tag{5.128}$$

wo die Koeffizienten der Entwicklung die Binomialkoeffizienten $\begin{pmatrix} -\frac{1}{2} \\ m \end{pmatrix}$ sind. Analog liefert der binomische Satz (siehe Abschn. 8.2.2)

$$(t - 2z)^m = \sum_{k=0}^{m} \binom{m}{k} t^k (-2z)^{m-k} \; . \tag{5.129}$$

Daher ist der Koeffizient von t^ℓ in der Entwicklung (5.127)

$$\sum_{\substack{m+k=\ell \\ 0 \le k \le m}} \frac{(-\frac{1}{2})(-\frac{3}{2}) \cdots (\frac{1}{2} - m)}{m!} \frac{m!}{k!(m-k)!} (-2z)^{m-k} \; . \tag{5.130}$$

Wenn wir wegen der Nebenbedingung $m = \ell - k$ setzen, erhalten wir

$$\sum_{k=0}^{[\frac{\ell}{2}]} \left[\left(-\frac{1}{2} \right)^{\ell-k} \frac{1 \cdot 3 \cdot 5 \cdots (2\ell - 2k - 3)(2\ell - 2k - 1)}{k!(\ell - 2k)!} (-2)^{\ell-2k} \right] z^{\ell-2k} \tag{5.131}$$

und nach Vereinfachung ist der Koeffizient von t^ℓ mit dem Polynom (5.116) identisch. Dies bestätigt die Äquivalenz der beiden Definitionen der Legendre-Polynome. Mithilfe der erzeugenden Funktion (5.126) und ihrer Reihenentwicklung (5.127) lassen sich eine Reihe sehr nützlicher Rekursionsformeln der Legendre-Polynome herleiten. Wenn wir $E(z,t)$ partiell nach t differenzieren, erhalten wir

$$\frac{z - t}{[1 - 2tz + t^2]^{\frac{3}{2}}} = \sum_{\ell=1}^{\infty} \ell P_\ell(z) t^{\ell-1} \; . \tag{5.132}$$

In dieser Gleichung können wir auf der linken Seite einen der Wurzelfaktoren nach den $P_\ell(z)$ entwickeln und danach die Gleichung folgendermaßen umschreiben

$$(z - t) \sum_{\ell=0}^{\infty} P_\ell(z) t^\ell = \left(1 - 2tz + t^2 \right) \sum_{\ell=1}^{\infty} \ell P_\ell(z) t^{\ell-1} \; . \tag{5.133}$$

Nach Ausmultiplizieren auf der linken und rechten Seite dieser Gleichung, schaffen wir alle Terme auf eine Seite und ordnen nach gleichen Potenzen t^ℓ. Dies ergibt die Gleichung

$$\sum_{\ell} [(2\ell + 1)z P_\ell(z) - (\ell + 1) P_{\ell+1}(z) - \ell P_{\ell-1}(z)] t^\ell = 0 \tag{5.134}$$

und da dies für beliebige Werte von t im Intervall $0 < t < 1$ wegen der Annahme $a < r$ gelten soll, müssen die einzelnen Koeffizienten von t^ℓ verschwinden und wir erhalten so die erste Rekursionsformel

$$(2\ell + 1)z P_\ell(z) - (\ell + 1) P_{\ell+1}(z) - \ell P_{\ell-1}(z) = 0 \; . \tag{5.135}$$

Wenn wir als nächstes die Erzeugende $E(z,t)$ partiell nach z differenzieren, so ergibt sich in analoger Weise die zweite Rekursionsformel

$$2zP_\ell'(z) - P_{\ell+1}'(z) - P_{\ell-1}'(z) + P_\ell(z) = 0 \ . \tag{5.136}$$

Aus diesen beiden Formel erhält man durch Kombination eine Reihe weiterer Rekursionsformeln. Wenn wir etwa (5.135) nach z differenzieren und (5.136) mit ℓ multiplizieren und dann die resultierenden Gleichungen voneinander abziehen, ergibt sich

$$P_{\ell+1}'(z) - zP_\ell'(z) = (\ell+1)P_\ell(z) \ . \tag{5.137}$$

Wenn wir diese Beziehung mit 2 multiplizieren und zur Gleichung (5.136) addieren, folgt die weitere Formel

$$P_{\ell+1}'(z) - P_{\ell-1}'(z) = (2\ell+1)P_\ell(z) \tag{5.138}$$

und wenn wir diese von der vorhergehenden Gleichung abziehen, resultiert

$$zP_\ell'(z) - P_{\ell-1}'(z) = \ell P_\ell(z) \ . \tag{5.139}$$

Eine letzte Formel erhalten wir schließlich, wenn wir die vorangehende Beziehung mit z multiplizieren und davon (5.137) nach vorheriger Substitution $\ell \to l-1$ abziehen

$$(z^2-1)P_\ell'(z) = \ell z P_\ell(z) - \ell P_{\ell-1}(z) \ . \tag{5.140}$$

Wenn man schließlich diese letzte Gleichung nach z differenziert und mit (5.139) kombiniert, so findet man auf anderem Wege, dass die durch die Reihenentwicklung von $E(z,t)$ definierten Funktionen $P_\ell(z)$ der Legendre'schen Differenzialgleichung genügen, also bis auf einen konstanten Faktor mit den Legendre-Polynomen identisch sein müssen. Ferner erhalten wir mithilfe der Erzeugenden $E(z,t)$ Information über den Werteverlauf der Polynome $P_\ell(z)$ im Intervall $-1 \le z \le +1$. Dazu betrachten wir zunächst $E(z,t)$ an den Stellen $z = \pm 1$ und finden die Reihe

$$\frac{1}{1 \mp t} = \sum_{\ell=0}^{\infty} P_\ell(\pm 1) t^\ell \ . \tag{5.141}$$

Wenn wir andererseits $\frac{1}{1\mp t}$ nach Potenzen von t mithilfe des Binomialtheorems entwickeln und die Koeffizienten von t^ℓ mit (5.141) vergleichen, so ergibt sich

$$P_\ell(1) = 1 \ , \quad P_\ell(-1) = (-1)^\ell \ , \quad \ell = 0,\, 1,\, 2,\, 3,\, \cdots \ . \tag{5.142}$$

Um Information über die Werte von $P_\ell(z)$ für $|z| < 1$ zu erhalten, setzen wir $z = \cos\theta$ und machen folgende Reihenentwicklung von $E(\cos\theta, t)$

$$\frac{1}{\sqrt{1 - 2t\cos\theta + t^2}} = \frac{1}{\sqrt{1 - te^{i\theta}}} \frac{1}{\sqrt{1 - te^{-i\theta}}}$$
$$= \left[\sum_{r=0}^{\infty} \alpha_r (te^{i\theta})^r\right]\left[\sum_{s=0}^{\infty} \alpha_s (te^{-i\theta})^s\right] , \qquad (5.143)$$

wobei die Koeffizienten der binomischen Entwicklung $\alpha_r = \frac{1 \cdot 2 \cdot 3 \cdots (2r+1)}{2^{r+1} r!}$ alle positive Werte haben. Der Koeffizient von t^ℓ dieser Entwicklung, welcher $P_\ell(\cos\theta)$ darstellt, ist daher durch die Summe gegeben

$$P_\ell(\cos\theta) = \sum_{\substack{r+s=\ell \\ r,s \geq o}} \alpha_r \alpha_s e^{i\theta(r-s)} = \sum_{\substack{r+s=\ell \\ r,s \geq o}} \alpha_r \alpha_s \cos(r-s)\theta . \qquad (5.144)$$

Da alle Terme dieser Summe positive Koeffizienten haben, hat $P_\ell(\cos\theta)$ für $0 \leq \theta \leq \pi$ seinen maximalen Wert, wenn $\theta = 0$ oder π ist, denn dann haben alle Summenglieder das gleiche Vorzeichen und jedes Glied hat seinen maximalen Wert. Daraus schließen wir, dass für alle z im Intervall $(-1, +1)$ gilt

$$|P_\ell(z)| \leq |P_\ell(\pm 1)| = 1 . \qquad (5.145)$$

Eine weitere Folgerung aus diesem Resultat besagt, dass die Reihenentwicklung der Erzeugenden $E(z, t)$ für $t < 1$ konvergiert, wie durch Vergleich mit der geometrischen Reihe $\sum_{\ell=0}^{\infty} t^\ell$ zu ersehen ist. Daher ergibt sich für das Potenzial (5.125) der Punktladungsanordnung von Abb. 5.1

$$\Phi = \sum_{\ell=0}^{\infty} \frac{a^\ell}{r^{\ell+1}} P_\ell(\cos\theta) , \quad a < r \qquad (5.146)$$

und da Φ in seiner ursprünglichen Form (5.125) symmetrisch in a und r ist, können wir das Potenzial auch entwickeln, wenn $a > r$ ist, indem wir a und r miteinander vertauschen, also

$$\Phi = \sum_{\ell=0}^{\infty} \frac{r^\ell}{a^{\ell+1}} P_\ell(\cos\theta) , \quad a > r . \qquad (5.147)$$

Aus den beiden Eigenschaften (5.142) der Legendre-Polynome ist ersichtlich, dass keine der beiden Reihenentwicklungen (5.146, 5.147) konvergiert, wenn $r = a$ und $\theta = 0$ oder π ist.

5.4.3 Orthogonalität der Legendre-Polynome

Die Legendre'sche Differenzialgleichung in der Form

$$\frac{\mathrm{d}}{\mathrm{d}z}\left[(1-z^2)\frac{\mathrm{d}P_\ell}{\mathrm{d}z}\right]+\ell(\ell+1)P_\ell(z)=0 \tag{5.148}$$

mit den Randbedingungen (5.142) in den Endpunkten des Intervalls $(-1,+1)$ bildet ersichtlich ein Sturm-Liouville'sches Eigenwertproblem, wie in Abschn. 3.5 diskutiert wurde. Daher ist zu erwarten, dass die Legendre-Polynome zueinander orthogonal sind und dass sie im obigen Intervall ein vollständiges Funktionensystem bilden. Um die Orthogonalität nachzuweisen, multiplizieren wir die Gleichung (5.148) von links mit $P_n(z)$ und integrieren dann über das Intervall $(-1,+1)$. Dies ergibt

$$\int_{-1}^{+1}\mathrm{d}z[P_n(z)(1-z^2)P_\ell''(z)-2zP_n(z)P_\ell'(z)+\ell(\ell+1)P_n(z)P_\ell(z)]=0 \;. \tag{5.149}$$

In diesem Ausdruck integrieren wir den ersten Term partiell. Dann wird an den Grenzen der ausintegrierte Anteil verschwinden und der neue Integralanteil negatives Vorzeichen haben. Dies ergibt beim Einsetzen in (5.149)

$$\int_{-1}^{+1}\mathrm{d}z[-(1-z^2)P_n'(z)P_\ell'(z)+\ell(\ell+1)P_n(z)P_\ell(z)]$$

$$+\int_{-1}^{+1}\mathrm{d}z[2zP_n(z)P_\ell'(z)-2zP_n(z)P_\ell'(z)]=0 \;. \tag{5.150}$$

Ersichtlich heben sich in dieser Gleichung die beiden Terme des zweiten Integrals gegenseitig auf. Beim ersten Term machen wir eine nochmalige partielle Integration, bei welcher wiederum der ausintegrierte Anteil verschwindet und der neue Integralanteil nun positives Vorzeichen hat. Dies ergibt

$$\int_{-1}^{+1}\mathrm{d}z\left\{P_\ell(z)\frac{\mathrm{d}}{\mathrm{d}z}\left[(1-z^2)\frac{\mathrm{d}P_n}{\mathrm{d}z}\right]+\ell(\ell+1)P_n(z)P_\ell(z)\right\}$$

$$=[\ell(\ell+1)-n(n+1)]\int_{-1}^{+1}\mathrm{d}zP_n(z)P_\ell(z)=0 \;, \tag{5.151}$$

wobei im ersten Term des ersten Integrals die Differenzialgleichung (5.148) mit der Substitution $\ell\to n$ verwendet wurde. Wenn also $n\neq\ell$ ist, folgt aus dem Verschwinden des zweiten Integrals die Orthogonalität der Legendre-Polynome. Zur Berechnung der Normierung dieser Funktionen verwenden wir die Rekursionsformel (5.135) mit $\ell\to\ell-1$. Dies ergibt für das Normierungsintegral

$$\ell\int_{-1}^{+1}P_\ell^2(z)\mathrm{d}z=(2\ell-1)\int_{-1}^{+1}zP_{\ell-1}(z)P_\ell(z)\mathrm{d}z-(\ell-1)\int_{-1}^{+1}P_{\ell-2}(z)P_\ell(z)\mathrm{d}z \;, \tag{5.152}$$

wo wegen der nachgewiesenen Orthogonalität, rechts das zweite Integral verschwindet. Auf die restliche Gleichung wenden wir nach Division durch ℓ nochmals die Rekursionsformel (5.135) an. Wir multiplizieren diese Beziehung mit $P_\ell(z)$ und erhalten so

$$\int_{-1}^{+1} P_\ell^2(z)\mathrm{d}z = \frac{2(\ell-1)+1}{\ell(2\ell+1)} \int_{-1}^{+1} P_{\ell-1}(z)[(\ell+1)P_{\ell+1}(z) + \ell P_{\ell-1}(z)]\mathrm{d}z$$

$$= \frac{2(\ell-1)+1}{(2\ell+1)} \int_{-1}^{+1} P_{\ell-1}^2(z)\mathrm{d}z \;. \tag{5.153}$$

Dabei wurde neuerlich die Orthogonalität der P_ℓ herangezogen. Das letzte Integral kann in derselben Weise behandelt werden, indem man in (5.135) $\ell \to \ell-1$ ersetzt. Auf diesem Weg kann man fortfahren bis schließlich $P_0^2 = 1$ erreicht wird und wir schließlich erhalten

$$\int_{-1}^{+1} P_\ell^2(z)\mathrm{d}z = \cdots = \frac{1}{2\ell+1} \int_{-1}^{+1} P_0^2(z)\mathrm{d}z = \frac{2}{2\ell+1} \;. \tag{5.154}$$

Da offenbar die Legendre-Polynome nicht auf eins normiert sind, lautet ihre Orthogonalitätsrelation

$$\int_{-1}^{+1} P_\ell(z)P_n(z)\mathrm{d}z = \frac{2}{2\ell+1}\delta_{\ell,n} \tag{5.155}$$

und die entsprechende Vollständigkeitsrelation der Legendre-Polynome hat die Gestalt

$$\sum_{\ell=0}^{\infty} \frac{2}{2\ell+1} P_\ell(z)P_\ell(\zeta) = \delta(z-\zeta) \;. \tag{5.156}$$

Folglich kann eine beliebige Funktion $f(z)$, die in $-1 \le z \le 1$ definiert ist und den Dirichlet-Bedingungen genügt, in eine Reihe nach Legendre-Polynomen entwickelt werden, also

$$f(z) = \sum_{\ell=0}^{\infty} c_\ell P_\ell(z) \;, \quad c_\ell = \frac{2\ell+1}{2} \int_{-1}^{+1} P_\ell(z)f(z)\mathrm{d}z \;. \tag{5.157}$$

5.4.4 Die zugeordneten Legendre-Polynome

Wir kehren zur Differenzialgleichung (5.109) der zugeordneten Legendre-Funktionen zurück und betrachten nun den Fall $m \ne 0$. Auch diese Gleichung hat bei $z = \pm 1$ eine außerwesentliche Singularität. Da $z = 0$ ein regulärer Punkt der Differenzialgleichung ist, können wir in seiner Umgebung einen Potenzreihenansatz wie (5.111) machen, doch die Lösungsreihen divergieren bei $z = \pm 1$, wenn ℓ nicht weiterhin eine ganze Zahl ist. Wir werden so auf die zugeordneten Legendre-Polynome $P_\ell^m(z)$ geführt. Um einen Ausdruck für diese Polynome zu erhalten, machen wir den Ansatz

$$P_\ell^m(z) = (1 - z^2)^{\frac{m}{2}} f_\ell^m(z) \tag{5.158}$$

und setzen diesen in die Legendre'sche Differenzialgleichung der zugeordneten Funktionen (5.109) ein. Dies ergibt für die Funktionen $f_\ell^m(z)$ die Gleichung

$$(1-z^2)f_\ell^{m\,\prime\prime}(z)-2(m+1)zf_\ell^{m\,\prime}(z)+[\ell(\ell+1)-m(m+1)]f_\ell^m(z) = 0 \ . \tag{5.159}$$

Wenn wir andererseits die Legendre'sche Differenzialgleichung (5.148) m-mal nach z differenzieren, dann genügen die m-ten Ableitungen $P_\ell^{(m)}(z)$ der Legendre-Polynome $P_\ell(z)$ genau der Differenzialgleichung (5.159). Also können wir $f_\ell^m(z) = P_\ell^{(m)}(z)$ setzen und daher lassen, bei Beachtung der Formel (5.118) von Rodrigues, die zugeordneten Legendre-Polynome folgende Darstellung zu

$$P_\ell^m(z) = (1 - z^2)^{\frac{m}{2}} P_\ell(z) = (1 - z^2)^{\frac{m}{2}} \frac{1}{2^\ell \ell!} \frac{\mathrm{d}^{\ell+m}}{\mathrm{d}z^{\ell+m}}(z^2 - 1)^\ell \ . \tag{5.160}$$

Damit haben wir für gegebenes ℓ und m nur eine Lösung der Legendre-Gleichung für die zugeordneten Funktionen gefunden. Die zweite Lösung, die an den Stellen $z = \pm 1$ singulär wird, kann durch den Ansatz $Q_\ell^m(z) = u(z)P_\ell^m(z)$ gefunden werden, wenn dieser in die Gleichung (5.109) eingesetzt wird, um so zu einer Differenzialgleichung erster Ordnung für die Funktion $u(z)$ zu gelangen. Diese zweiten Lösungen $Q_\ell^m(z)$ sind jedoch von geringerem physikalischen Interesse und sollen hier nicht weiter behandelt werden. Durch Multiplikation mit dem Faktor $(1-z^2)^{\frac{m}{2}}$ und m -malige Differenziation können aus den Rekursionsformeln der Legendre-Polynome die entsprechenden Rekursionsformeln der zugeordneten Polynome abgeleitet werden. Dies werden wir hier nicht weiter ausführen. Die einfachsten dieser Beziehungen sind

$$(2\ell + 1)zP_\ell^m(z) - (\ell - m + 1)P_{\ell+1}^m(z) - (\ell + m)P_{\ell-1}^m(z) = 0 \ , \tag{5.161}$$

wobei diese Rekursionsformel eine Verallgemeinerung von (5.135) darstellt. Analog ist die Beziehung

$$(z^2 - 1)P_\ell^{m\,\prime}(z) = (\ell + 1)P_{\ell+1}^m(z) - (\ell + 1)zP_\ell^m(z) \tag{5.162}$$

mit (5.140) verwandt. Auch die zugeordneten Legendre-Polynome $P_\ell^m(z)$ bilden im Intervall $(-1 \leq z \leq +1)$ für $\ell = m, m + 1, m + 2, \cdots \infty$ ein vollständiges Orthogonalsystem. Man beachte, dass wegen (5.160) für $l < m$ alle $P_\ell^m(z) = 0$ sind. Die Orthogonalität der zugeordneten Funktionen ist leicht zu zeigen. Dazu betrachten wir die Differenzialgleichung (5.109) der zugeordneten Funktionen einmal für $P_\ell^m(z)$ und dann für $P_n^m(z)$ und multiplizieren die erste dieser Gleichungen von links mit $P_n^m(z)$ und die zweite analog mit $P_\ell^m(z)$. Dann subtrahieren wir die resultierenden Gleichungen voneinander und integrieren diesen Ausdruck über das Intervall $(-1 \leq z \leq +1)$. Dies ergibt

$$\int_{-1}^{+1} \mathrm{d}z \left[P_n^m(z) \frac{\mathrm{d}}{\mathrm{d}z} \left((1 - z^2) \frac{\mathrm{d}P_\ell^m(z)}{\mathrm{d}z} \right) - P_\ell^m(z) \frac{\mathrm{d}}{\mathrm{d}z} \left((1 - z^2) \frac{\mathrm{d}P_n^m(z)}{\mathrm{d}z} \right) \right]$$

$$= - \int_{-1}^{+1} [\ell(\ell + 1) - n(n + 1)] P_\ell^m(z) P_n^m(z) \mathrm{d}z \ . \tag{5.163}$$

Bei partieller Integration der beiden Terme auf der linken Seite, verschwinden die ausintegrierten Anteile an den Integrationsgrenzen und die resultierenden neuen Integralterme heben sich gegenseitig auf. Daraus folgt, dass das Integral auf der rechten Seite verschwindet und somit für $\ell \neq n$ die $P_\ell^m(z)$ zueinander orthogonal sind. Die Normierung der $P_\ell^m(z)$ kann auf ganz ähnlichem Wege gefunden werden, wie wir das für die $P_n(z)$ gezeigt haben. Bei wiederholter Anwendung der Rekursionsformel (5.161) kann sukzessive im Normierungsintegral der Wert des Index ℓ herabgesetzt werden, bis man schließlich folgendes Resultat erhält

$$\int_{-1}^{+1} P_\ell^m(z) P_n^m(z) \mathrm{d}z = \frac{2}{2\ell + 1} \frac{(\ell + m)!}{(\ell - m)!} \delta_{\ell,n} \ . \tag{5.164}$$

Ferner ist aus der verallgemeinerten Rodrigues-Formel (5.160) der zugeordneten Legendre-Polynome ersichtlich, dass diese Polynome auch für negative Werte von m definiert sind und sich in den Endpunkten des Intervalls $(-1, +1)$ regulär verhalten. Ebenso kann man zeigen, dass zwischen den Polynomen mit positivem Index m und jenen mit negativem m folgender Zusammenhang besteht

$$P_\ell^{-m}(z) = (-1)^m \frac{(\ell - m)!}{(\ell + m)!} P_\ell^m(z) \ . \tag{5.165}$$

Reihenentwicklungen nach den zugeordneten Legendre-Polynomen $P_\ell^m(z)$ allein sind physikalisch weniger interessant und wir wollen sie daher nicht explizit anführen. Weitaus wichtiger hingegen sind die Kugelflächenfunktionen, denen wir uns im folgenden Abschnitt zuwenden.

5.4.5 Die Kugelflächenfunktionen

Wir kehren zur Differenzialgleichung (5.105) zurück. Jene Lösungen dieser Gleichung, die auf der Oberfläche einer Kugel vom Radius $R = 1$ sich überall regulär verhalten, haben wir in den vorangehenden Abschnitten gefunden. Im Separationsansatz $Y(\vartheta, \varphi) = P(\vartheta)\Phi(\varphi)$ ist der azimutale Anteil $\Phi(\varphi)$ durch die Fourier-Funktionen (5.107) bestimmt und der laterale Anteil $P(\vartheta)$ ist durch die zugeordneten Legendre-Polynome (5.160) gegeben. Wenn wir die Normierung der Funktionen $\Phi(\varphi)$ in (5.107) und der Funktionen $P(\vartheta)$ in

(5.164) berücksichtigen, so erhalten wir folgendes orthonormales Funktionensystem auf der Einheitskugel

$$Y_\ell^m(\vartheta, \varphi) = \sqrt{\frac{2\ell+1}{4\pi}\frac{(\ell-m)!}{(\ell+m)!}}\, P_\ell^m(\cos\vartheta)\mathrm{e}^{\mathrm{i}m\varphi}\ . \tag{5.166}$$

Diese Funktionen spielen in der Physik eine wichtige Rolle und werden die Kugelflächenfunktionen genannt. Ihre Orthogonalitätsrelation lautet

$$\int_0^{2\pi} \mathrm{d}\varphi \int_0^\pi \sin\vartheta\mathrm{d}\vartheta Y_\ell^{m*}(\vartheta, \varphi) Y_n^{m'}(\vartheta, \varphi) = \delta_{\ell,n}\delta_{m,m'}\ , \tag{5.167}$$

wobei die folgende Beziehung zwischen den Kugelflächenfunktionen $Y_\ell^m(\vartheta, \varphi)$ und ihrem konjugiert komplexen Ausdruck zu berücksichtigen ist

$$Y_\ell^{m*}(\vartheta, \varphi) = (-1)^m Y_\ell^{-m}(\vartheta, \varphi) \tag{5.168}$$

und die Beziehung (5.165) beachtet wurde. Die Funktionen niedrigster Ordnung lassen sich elementar leicht ausrechnen und wir erhalten

$$\ell = 0\ , \quad Y_0^0(\vartheta, \varphi) = \frac{1}{\sqrt{4\pi}} \tag{5.169}$$

$$Y_1^{\ 1}(\vartheta, \varphi) = \sqrt{\frac{3}{8\pi}}\sin\vartheta\mathrm{e}^{\mathrm{i}\varphi}$$

$$\ell = 1\ , \quad Y_1^0(\vartheta, \varphi) = \sqrt{\frac{3}{4\pi}}\cos\vartheta \tag{5.170}$$

$$Y_1^{\ -1}(\vartheta, \varphi) = -\sqrt{\frac{3}{8\pi}}\sin\vartheta\mathrm{e}^{-\mathrm{i}\varphi}\ .$$

Da die Differenzialgleichung (5.105) ein Sturm-Liouville'sches Eigenwertproblem mit dem Eigenwertparameter $\lambda = \ell(\ell + 1)$ und den Eigenlösungen $Y_\ell^m(\vartheta, \varphi)$ definiert, ist ersichtlich, dass zum Eigenwert $\lambda = \ell(\ell + 1)$ jene Kugelflächenfunktionen gehören, deren Index m die Werte $-\ell, -\ell + 1, -\ell + 2, \cdots 0, 1, 2, \cdots \ell - 2, \ell - 1, \ell$ annimmt. Daher ist der betreffende Eigenwert $2\ell + 1$-fach entartet. Da die Kugelflächenfunktionen ein vollständiges Funktionensystem darstellen, kann eine beliebige Funktion $F(\vartheta, \varphi)$, die auf der Kugeloberfläche den Dirichlet-Bedingungen genügt, in eine Reihe nach den $Y_\ell^m(\vartheta, \varphi)$ entwickelt werden, also

$$F(\vartheta, \varphi) = \sum_{\ell=0}^\infty \sum_{m=-\ell}^{+\ell} c_{\ell,m} Y_\ell^m(\vartheta, \varphi)\ , \quad c_{\ell,m} = \int_\Omega \mathrm{d}\Omega Y_\ell^{m*}(\vartheta, \varphi) F(\vartheta, \varphi)\ , \tag{5.171}$$

wo zur Berechnung der verallgemeinerten Fourier-Koeffizienten $c_{\ell,m}$ über die gesamte Oberfläche Ω der Einheitskugel integriert wurde und $\mathrm{d}\Omega = $

$\sin\vartheta d\vartheta d\varphi$ das Oberflächenelement auf der Einheitskugel darstellt. Setzt man den Ausdruck für die Fourier-Koeffizienten $c_{\ell,m}$ wieder in die Reihenentwicklung ein, nachdem man neue Integrationsvariable ϑ', φ' eingeführt hat, so lässt sich, ähnlich wie in Abschn. 3.4.2 (3.55) gezeigt wurde, folgende Vollständigkeitsrelation der Kugelflächenfunktionen herleiten

$$\sum_{\ell=0}^{\infty} \sum_{m=-\ell}^{+\ell} Y_\ell^m(\vartheta,\varphi) Y_\ell^{m*}(\vartheta',\varphi') = \frac{1}{\sin\vartheta}\delta(\vartheta - \vartheta')\delta(\varphi - \varphi') \ . \tag{5.172}$$

5.4.6 Das Additionstheorem der Kugelflächenfunktionen

Da die Kugelflächenfunktionen auf der Oberfläche der Einheitskugel definiert sind und es wegen der Kugelsymmetrie egal sein wird, in welcher Richtung vom Kugelzentrum ausgehend wir unsere Polarachse wählen und in Bezug auf welche Ebene durch diese Polarachse wir das Azimut messen, wird zwischen den Kugelflächenfunktionen in Bezug auf zwei verschiedene Koordinatensysteme auf der Kugel ein linearer Zusammenhang bestehen müssen. Da die Differenzialgleichung (5.105) der $Y(\vartheta,\varphi)$ in Bezug auf zwei verschiedene Systeme (ϑ,φ) und (θ,ϕ) dieselbe Gestalt haben wird und in beiden Fällen der Eigenwertparameter denselben Wert $\lambda = \ell(\ell+1)$ annehmen wird, kann der lineare Zusammenhang nur solche Kugelflächenfunktionen umfassen, die zum gleichen Wert ℓ aber zu verschiedenem m mit $-\ell \leq m \leq +\ell$ gehören. Wir betrachten auf der Einheitskugel einen Winkel θ, dessen Endpunkte von einem anderen Koordinatensystem aus gemessen, die Koordinaten ϑ,φ und ϑ',φ' haben werden. Für das so definierte sphärische Dreieck fanden wir in Abschn. 1.3.1 unter (1.43) den Cosinus-Satz der sphärischen Trigonometrie, den wir hier nochmals anführen

$$\cos\theta = \cos\vartheta\cos\vartheta' + \sin\vartheta\sin\vartheta'\cos(\varphi' - \varphi) \ . \tag{5.173}$$

Wenn wir daher in Bezug auf das Koordinatensystem θ,ϕ das Legendre-Polynom $P_\ell(\cos\theta)$ betrachten, so wird sich dieses wegen (5.173) sowohl in Bezug auf die Koordinaten (ϑ,φ) als auch (ϑ',φ') in eine Reihe nach Kugelflächenfunktionen entwickeln lassen, deren Index m die Werte $-\ell \leq m \leq \ell$ durchläuft. Dies ergibt zum Beispiel

$$P_\ell(\cos\theta) = \sum_{m=-\ell}^{+\ell} c_m(\vartheta',\varphi') Y_\ell^m(\vartheta,\varphi) \ . \tag{5.174}$$

Da aber die Fourier-Koeffizienten c_m von ϑ', φ' abhängen werden, können diese in eine Reihe nach den $Y_\ell^{m\,\prime}(\vartheta',\varphi')$ entwickelt werden. Jedoch in (5.173) taucht nur die Differenz $\varphi' - \varphi$ auf. Daher wird m' durch $-m$ zu ersetzen sein, da dann in der Reihe in Bezug auf das Azimut nur Faktoren $e^{im(\varphi-\varphi')}$ auftreten werden. Da aber wegen (5.168) $Y_\ell^{-m}(\vartheta',\varphi') \approx Y_\ell^{m*}(\vartheta',\varphi')$ ist, können wir die Reihe auf folgende Form bringen

$$P_\ell(\cos\theta) = \sum_{m=-\ell}^{+\ell} C_m Y_\ell^{m*}(\vartheta',\varphi') Y_\ell^m(\vartheta,\varphi) . \tag{5.175}$$

Zur Berechnung der noch unbekannten Koeffizienten C_m, suchen wir in (5.175) mithilfe der Orthogonalitätseigenschaften die Fourier-Koeffizienten der Reihe bezüglich den $Y_\ell^m(\vartheta,\varphi)$ und finden

$$C_m Y_\ell^{m*}(\vartheta',\varphi') = \int_\Omega d\Omega\, Y_\ell^{m*}(\vartheta,\varphi) P_\ell(\cos\theta) . \tag{5.176}$$

Nun entwickeln wir auf der rechten Seite die $Y_\ell^{m*}(\vartheta,\varphi)$ in eine Reihe nach $Y_\ell^{r*}(\theta,\phi)$ in Bezug auf die Koordinaten θ,ϕ und erhalten

$$Y_\ell^{m*}(\vartheta,\varphi) = \sum_{r=-\ell}^{+\ell} a_r Y_\ell^{r*}(\theta,\phi) . \tag{5.177}$$

Daraus ergibt sich zunächst für $\vartheta = \vartheta'$ und $\varphi = \varphi'$, dass $\theta = 0$ und $\phi = 0$ sind und daher wegen (5.166) gelten muss

$$Y_\ell^{m*}(\vartheta,\varphi) = \sum_{r=-\ell}^{+\ell} a_r Y_\ell^{r*}(0,0) = a_0 \sqrt{\frac{2\ell+1}{4\pi}} P_0(0) = a_0 \sqrt{\frac{2\ell+1}{4\pi}} . \tag{5.178}$$

Setzen wir andererseits die Reihe (5.177) auf der rechten Seite von (5.176) ein, so ergibt dies

$$C_m Y_\ell^{m*}(\vartheta',\varphi') = \sqrt{\frac{4\pi}{2\ell+1}} \sum_{r=-\ell}^{+\ell} a_r \int_\Omega d\Omega\, Y_\ell^{r*}(\theta,\phi) Y_\ell^r(\theta,\phi) = a_0 \sqrt{\frac{4\pi}{2\ell+1}} ,$$
$$\tag{5.179}$$

wobei die Orthogonalität der Kugelflächenfunktionen beachtet wurde. Kombiniert man das letzte Resultat mit dem Ergebnis (5.178), welches für $\vartheta = \vartheta', \varphi = \varphi'$ gilt, so folgt dass $C_m = \frac{4\pi}{2\ell+1}$ sein muss und das Additionstheorem der Kugelflächenfunktionen lautet daher

$$P_\ell(\cos\theta) = \frac{4\pi}{2\ell+1} \sum_{m=-\ell}^{+\ell} Y_\ell^{m*}(\vartheta',\varphi') Y_\ell^m(\vartheta,\varphi) . \tag{5.180}$$

Dieses Theorem findet in der Physik vielfältige Anwendungen, wie die Beispiele zeigen werden.

Beispiele

1. Die Multipolentwicklung: Die Multipolentwicklung ist für viele Probleme der Physik von Interesse, wo die Potenziale ungleichmäßiger Ladungsverteilungen zu behandeln sind. So kann man etwa bei der Beschreibung der Planetenbewegung um die Sonne in erster Näherung die Himmelskörper durch

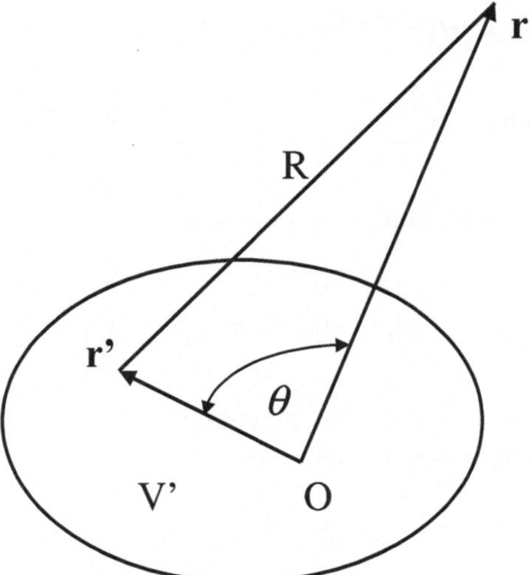

Abbildung 5.2. Zur Multipolentwicklung

Massenpunkte beschreiben. Wenn aber die Bewegung eines Satelliten nahe an einem solchen Körper vorbeiführt, hat man den Einfluss der ungleichmäßigen Massenverteilung eines solchen Körpers zu berücksichtigen. Die Beschreibung solcher Effekte gelingt mithilfe der Multipolentwicklung. Wir werden später sehen, dass die Multipolentwicklung aber auch bei der Behandlung von Strahlungsprozessen von einigem Interesse ist. Ausgangspunkt unserer Herleitung der Multipolentwicklung ist etwa das Potenzial einer beliebigen Ladungsverteilung in der Elektrostatik. Dazu kehren wir zur Potenzialgleichung (5.123) zurück und betrachten die Abb. 5.2. Den Ursprung eines Polarkoordinatensystems legen wir in die Ladungsverteilung. Orte innerhalb der Verteilung seien durch die Polarkoordinaten r', ϑ', φ' bestimmt und der Aufpunkt des Beobachters habe die Koordinaten r, ϑ, φ. Die Ortsvektoren $\boldsymbol{r}'$ und $\boldsymbol{r}$, die beziehungsweise zum Quellpunkt und zum Aufpunkt führen, mögen den Winkel θ einschließen. Dann finden wir für den Abstand R zwischen Quellpunkt und Aufpunkt $R = |\boldsymbol{r} - \boldsymbol{r}'| = \sqrt{r^2 + r'^2 - 2rr'\cos\theta} = r\sqrt{1 - 2\frac{r'}{r}\cos\theta + (\frac{r'}{r})^2}$, wobei wir berücksichtigt haben, dass in den meisten Fällen $r >> r'$ ist, also das Quellgebiet klein gegenüber dem Abstand des Beobachters ist. Damit können wir dann mithilfe von (5.127) das Potenzial nach Legendre-Polynomen entwickeln, also

$$\Phi(\boldsymbol{r}) = \frac{\alpha}{4\pi}\int_{V'}\frac{\rho}{R}\mathrm{d}v' = \frac{\alpha}{4\pi r}\sum_{\ell=0}^{\infty}\int_{V'}\mathrm{d}v'\rho\left(\frac{r'}{r}\right)^{\ell}P_{\ell}(\cos\theta)\,. \qquad (5.181)$$

Nun verwenden wir das Additionstheorem (5.180) der Kugelflächenfunktionen und drücken $P_{\ell}(\cos\theta)$ durch die Polarwinkel ϑ', φ' des Quellpunktes und ϑ, φ

des Aufpunktes aus. Das ergibt folgende Multipoldarstellung des Potenzials

$$\Phi(\boldsymbol{r}) = \alpha \sum_{\ell=0}^{\infty} \sum_{m=-\ell}^{+\ell} \frac{q_{\ell,m}}{(2\ell+1)r^{\ell+1}} Y_\ell^m(\vartheta,\varphi) \,, \tag{5.182}$$

wo die $q_{\ell,m}$, die sogenannten Multipolmomente, durch folgenden Ausdruck gegeben sind

$$q_{\ell,m} = \int_{V'} \rho(r',\vartheta',\varphi') r'^{(\ell+2)} \mathrm{d}r' Y_\ell^{m*}(\vartheta',\varphi') \sin\vartheta' \mathrm{d}\vartheta' \mathrm{d}\varphi' \,. \tag{5.183}$$

Wegen der Eigenschaft (5.168) der Kugelflächenfunktionen gilt für die Multipolmomente die Symmetriebeziehung

$$q_{\ell,m}^* = (-1)^m q_{\ell,-m} \,. \tag{5.184}$$

Die Darstellung des Potenzials $\Phi(\boldsymbol{r})$ als eine Summe von Multipolpotenzialen gestattet in geeigneter Weise die Abweichungen von der Kugelsymmetrie der Potenzialverteilung zu beschreiben. Die Berechnung der einzelnen Multipolkomponenten zeigt, dass die einzelnen Multipolpotenziale verschiedene charakteristische Winkelverteilungen besitzen und dass der Einfluss der einzelnen Komponenten mit zunehmendem Abstand r rasch abklingt. Die explizite Ausrechnung liefert für die ersten Multipolkomponenten zunächst den Monopol

$$q_{0,0} = \int_{V'} \rho(r',\vartheta',\varphi') Y_0^0(\vartheta',\varphi') r'^2 \mathrm{d}r' \mathrm{d}\Omega' = \frac{Q}{4\pi} \,, \tag{5.185}$$

wo Q die Gesamtladung ist und als nächstes die Dipolkomponenten

$$q_{1,1} = \sqrt{\frac{3}{8\pi}} \int \rho \sin\vartheta' \mathrm{e}^{-\mathrm{i}\varphi'} r'^3 \mathrm{d}r' \mathrm{d}\Omega' = \sqrt{\frac{3}{8\pi}} \int \rho(x'-\mathrm{i}y')\mathrm{d}v'$$

$$= \sqrt{\frac{3}{8\pi}} (p_x - \mathrm{i}p_y)$$

$$q_{1,0} = \sqrt{\frac{3}{4\pi}} \int \rho \cos\vartheta' r'^3 \mathrm{d}r' \mathrm{d}\Omega' = \sqrt{\frac{3}{4\pi}} \int \rho z' \mathrm{d}v' = \sqrt{\frac{3}{4\pi}} p_z \tag{5.186}$$

$$q_{1,-1} = -\sqrt{\frac{3}{8\pi}} \int \rho \sin\vartheta' \mathrm{e}^{\mathrm{i}\varphi'} r'^3 \mathrm{d}r' \mathrm{d}\Omega' = -\sqrt{\frac{3}{8\pi}} \int \rho(x'+\mathrm{i}y')\mathrm{d}v'$$

$$= -\sqrt{\frac{3}{8\pi}} (p_x + \mathrm{i}p_y) \,,$$

dabei wurde im zweiten Teil der Integration zu Kartes'schen Koordinaten übergegangen, in welchen das vektorielle Dipolmoment in folgender Weise definiert ist

$$\boldsymbol{p} = \int_{V'} \mathrm{d}v' \rho(\boldsymbol{r}')\boldsymbol{r}' \,. \tag{5.187}$$

In ähnlicher Weise kann man auch die Quadrupolkomponenten $q_{2,\pm 2}$, $q_{2;\pm 1}$, $q_{2,0}$ berechnen und in Kartes'schen Koordinaten den Quadrupoltensor durch den Ausdruck definieren

$$Q_{i,j} = \int \mathrm{d}v' \rho(\boldsymbol{r}')(3x_i' x_j' - r'^2 \delta_{i,j}) \,, \tag{5.188}$$

sodass in Kartes'schen Koordinaten die ersten Terme der Multipolentwicklung die Gestalt haben

$$\Phi = \frac{\alpha}{4\pi}\left[\frac{Q}{r} + \frac{p_i x_i}{r^3} + \frac{Q_{i,j} x_i x_j}{r^5} + \cdots\right] \,. \tag{5.189}$$

Dasselbe Resultat kann man auch erhalten, wenn man die Green-Funktion in (5.181) in Kartes'schen Koordinaten in eine Taylor-Reihe nach Potenzen von x_i' entwickelt, doch wird diese Entwicklung für höhere Terme sehr umständlich und die Entwicklung nach Kugelflächenfunktionen Y_ℓ^m ist weitaus eleganter. Aus (5.189) geht explizit hervor, dass jede beliebige, begrenzte Ladungsverteilung (oder Massenverteilung) in großer Entfernung das Potenzial einer Punktquelle liefert. Das Dipolpotenzial tritt nur bei Ladungsverteilungen verschiedener Polarität auf. Bei Massenverteilungen fehlt dieser Term und da das Quadrupolpotenzial rasch mit der Entfernung abklingt, ist die Approximation durch Punktmassen eine sehr gute Näherung.

2. *Ein Dirichlet'sches Randwertproblem* In Abschn. 4.3.2 haben wir unter (4.42) die Lösung der Laplace'schen Differenzialgleichung in Kugelkoordinaten angegeben. In Kugelflächenfunktionen ausgedrückt lautet diese Lösung

$$\Phi(r,\vartheta,\varphi) = \sum_{\ell=0}^{\infty} \sum_{m=-\ell}^{+\ell} \left(A_{\ell,m} r^\ell + B_{\ell,m} r^{-(\ell+1)}\right) Y_\ell^m(\vartheta,\varphi) \,. \tag{5.190}$$

Wir betrachten nun zwei konzentrische Kugeln mit den Radien R_1 und R_2, wobei $R_1 < R_2$ sein soll. Auf den beiden Kugeloberflächen seien verschiedene Potenzialverteilungen vorgegeben. Es sei $\Phi(R_1,\vartheta,\varphi) = 0$ und $\Phi(R_2,\vartheta,\varphi) = F_0 \cos\vartheta$. Zur Lösung dieses elementaren Dirichlet'schen Randwertproblems, setzen wir die obigen Bedingungen in (5.190) ein. Dies ergibt

$$\begin{aligned} 0 &= \sum_{\ell,m}\left(A_{\ell,m} R_1^\ell + B_{\ell,m} R_1^{-(\ell+1)}\right) Y_\ell^m(\vartheta,\varphi) \\ F_0 \cos\vartheta &= \sum_{\ell,m}\left(A_{\ell,m} R_2^\ell + B_{\ell,m} R_2^{-(\ell+1)}\right) Y_\ell^m(\vartheta,\varphi) \end{aligned} \tag{5.191}$$

Zur Berechnung der Koeffizienten $A_{\ell,m}$ und $B_{\ell,m}$ multiplizieren wir beide Gleichungen von links $Y_{\ell'}^{m'*}(\vartheta,\varphi)$ und integrieren über $\mathrm{d}\Omega$. Dies ergibt wegen der Orthogonalität und Normiertheit der Kugelflächenfunktionen für die erste dieser Gleichungen

$$0 = A_{\ell',m'} R_1^{\ell'} + B_{\ell',m'} R_1^{-(\ell'+1)} \,, \quad A_{\ell',m'} = -B_{\ell',m'} R_1^{-(2\ell'+1)} \tag{5.192}$$

und für die zweite Gleichung

$$\int d\Omega\, Y_{\ell'}^{m'*}(\vartheta,\varphi) F_0 \cos\vartheta = \sqrt{\frac{4\pi}{3}}\,\delta_{\ell',1}\delta_{m',0} = A_{\ell',m'} R_2^{\ell'} + B_{\ell',m'} R_2^{-(\ell'+1)}\;.$$

(5.193)

Aus beiden Gleichungen schließen wir zunächst für $\ell' \neq 1, m' \neq 0$, dass die Koeffizienten $A_{\ell',m'} = B_{\ell',m'} = 0$ sein müssen, da sonst im Gegensatz zur Annahme, $R_1 = R_2$ sein müsste. Aus den restlichen Gleichungen erhalten wir die Beziehungen

$$A_{1,0} = -B_{1,0} R_1^{-3}\;, \qquad \sqrt{\frac{4\pi}{3}}\,F_0 = A_{1,0} R_2 + B_{1,0} R_2^{-2}\;, \qquad (5.194)$$

mit denen sich $A_{1,0}$ und $B_{1,0}$ berechnen lassen und somit die Lösung des Problems schließlich lautet

$$\begin{aligned}
\Phi(r,\vartheta,\varphi) &= \sqrt{\frac{4\pi}{3}}\,F_0 \frac{R_2^2}{R_2^3 - R_1^3}\left(r - \frac{R_1^3}{r^2}\right) Y_1^0(\vartheta,\varphi) \\
&= F_0 \frac{R_2^2}{R_2^3 - R_1^3}\left(r - \frac{R_1^3}{r^2}\right)\cos\vartheta\;.
\end{aligned}$$

(5.195)

Die Erfüllung der Randbedingungen lässt sich leicht nachprüfen. Da die zweite Randbedingung rotationssymmetrisch ist, hätten wir sogleich einen Lösungsansatz für die Laplace-Gleichung in der Form

$$\Phi(r,\vartheta) = \sum_{\ell=0}^{\infty}\left(A_\ell r^\ell + B_\ell r^{-(\ell+1)}\right) P_\ell(\cos\vartheta)$$

(5.196)

machen können, was wir uns im nächsten Beispiel zunutze machen werden.

3. Strömung einer Flüssigkeit um eine Kugel Das Geschwindigkeitsfeld einer reibungsfreien Flüssigkeit lässt sich aus einem Strömungspotenzial herleiten, das bei Abwesenheit von Quellen der Laplace'schen Differenzialgleichung genügt. Hier gilt

$$\boldsymbol{v}(\boldsymbol{r}) = -\nabla\Phi(\boldsymbol{r})\;.$$

(5.197)

Wir betrachten nun die Umströmung einer Kugel vom Radius R. Es ist anschaulich verständlich, dass senkrecht zur Kugeloberfläche die Strömungsgeschwindigkeit gleich Null sein wird. Dies führt auf die Neumann'sche Randbedingung

$$\boldsymbol{v}_r = -\left.\frac{\partial\Phi}{\partial r}\right|_{r=R} = 0\;.$$

(5.198)

In großer Entfernung von der Kugel wird diese keinen Einfluss auf die Strömung haben und wir nehmen daher an, dort herrsche Parallelströmung $\boldsymbol{v} = v_0\boldsymbol{k}$ in Richtung der z-Achse, die wir zu unserer Polarachse machen und welche durch das Kugelzentrum verläuft. Das Potenzial der Parallelströmung kann leicht angegeben werden

$$\Phi \underset{r\to\infty}{\to} -v_0 z = -v_0 r \cos\vartheta \ . \tag{5.199}$$

Dies ist unsere zweite, Dirichlet'sche Randbedingung. Wir wenden zuerst die Randbedingung (5.198) auf den Lösungsansatz (5.196) an. Dies ergibt

$$0 = \sum_{\ell=0}^{\infty} \left[A_\ell R^{\ell-1} - B_\ell (\ell+1) R^{-(\ell+2)} \right] P_\ell(\cos\vartheta) \ . \tag{5.200}$$

Nach Multiplikation dieser Gleichung mit $P_n(\cos\vartheta)$ und Integration über das Intervall $(0,\pi)$, erhalten wir wegen der Orthogonalität der Legendre-Polynome

$$B_n = A_n \frac{n}{n+1} R^{2n+1} \ . \tag{5.201}$$

Setzen wir die zweite Randbedingung (5.199) auf der linken Seite von (5.196) ein, multiplizieren diese Gleichung mit $P_n(\cos\vartheta)$ und integrieren über $(0,\pi)$, so erhalten wir für $r \to \infty$ die Beziehung

$$-v_0 r \delta_{n,1} = A_n r^n \ . \tag{5.202}$$

Aus (5.201) und (5.202) schließen wir für $n=1$, dass $A_1 = -v_0$ und $B_1 = -\frac{v_0}{2} R^3$ ist und dass für $n \neq 1$ die Koeffizienten $A_n = B_n = 0$ sind. Daher lautet das Potenzial der die Kugel umströmenden reibungsfreien Flüssigkeit

$$\Phi(r,\vartheta) = -v_0 \left(r + \frac{R^3}{2r^2} \right) \cos\vartheta \ . \tag{5.203}$$

Der Leser erkennt an den letzten beiden Beispielen, dass man mit ein wenig Routine von Anfang an einen passenden Lösungsansatz machen kann und sich so viel Rechenarbeit erspart. Der hier beschriebene Weg ist jedenfalls der sichere.

5.5 Bessel-Funktionen

Neben den Kugelfunktionen zählen die Bessel-Funktionen zu den wichtigsten speziellen Funktionen der Physik und treten hauptsächlich bei zylindrischen Problemstellungen auf, weshalb sie auch Zylinderfunktionen genannt werden. Je nach der physikalischen Problemstellung, gibt es für diese Funktionen verschiedene Varianten, deren wichtigste wir der Reihe nach diskutieren wollen. Unter gewissen Bedingungen definieren die Bessel-Funktionen ein Sturm-Liouville'sches Eigenwertproblem und Funktionen können dann in eine Fourier-Bessel-Reihe entwickelt werden.

5.5.1 Reihenlösung der Bessel'schen Differenzialgleichung

In Abschn. 4.3.2 wurden wir bei der Separation der Helmholtz-Gleichung in Kugel- und Zylinderkoordinaten auf die Bessel'sche Differenzialgleichung geführt. Ausgangspunkt unserer Betrachtungen sei ihre allgemeine Form

$$Z''(x) + \frac{1}{x}Z'(x) + \left(1 - \frac{\nu^2}{x^2}\right)Z(x) = 0 \,, \qquad (5.204)$$

wo ν ein beliebiger reeller Parameter sein soll. Ersichtlich ist die Gleichung vom Fuchs'schen Typus und hat bei $x = 0$ eine außerwesentliche Singularität. Daher können wir zur Lösung der Gleichung in der Umgebung dieser Stelle einen Frobenius-Ansatz machen (vgl. Abschn. 5.3.1)

$$Z(x) = x^s \sum_{\ell=0}^{\infty} c_\ell x^\ell \,. \qquad (5.205)$$

Setzen wir dies in die Differenzialgleichung ein und ordnen nach gleichen Potenzen von x, so erhalten wir

$$\sum_{\ell=0}^{\infty} \left[(\ell+s)^2 - \nu^2\right] c_\ell x^{s+\ell} + \sum_{\ell=2}^{\infty} c_{\ell-2} x^{s+\ell} = 0 \,. \qquad (5.206)$$

Da diese Gleichung für beliebige Werte von x gleich Null sein soll, erhalten wir für $\ell = 0, 1$

$$(s^2 + \nu^2)c_0 = 0 \,, \quad [(s+1)^2 - \nu^2]c_1 = 0 \qquad (5.207)$$

und für $\ell \geq 2$ ergibt sich folgende zweigliedrige Rekursionsformel für die Koeffizienten c_ℓ

$$c_\ell = \frac{c_{\ell-2}}{(\ell+s)^2 - \nu^2} = \frac{c_{\ell-2}}{(\ell+s+\nu)(\ell+s-\nu)} \,. \qquad (5.208)$$

Wegen der Beziehungen (5.207) können wir entweder $c_0 \neq 0$, $c_1 = 0$ wählen oder umgekehrt, da sonst s überbestimmt wäre. Wir wählen den ersten Fall und die Indexgleichung hat dann die beiden Lösungen $s_{1,2} = \pm\nu$. Dann sind alle Koeffizienten $c_{2k+1} = 0$ und alle c_{2k} $(k = 0, 1, 2, \cdots)$ durch c_0 ausdrückbar. Wir betrachten zuerst den Fall $s_1 = \nu$. Durch sukzessive Anwendung finden wir mithilfe der Rekursionsformel (5.208)

$$c_{2k} = \frac{(-1)^k c_0}{2^{2k}(k+\nu)(k+\nu-1)\cdots(k+1)k(k-1)\cdots 2 \cdot 1} \,. \qquad (5.209)$$

Aus Zweckmäßigkeit ist es üblich, den Koeffizienten c_0 folgendermaßen zu wählen, sodass die Koeffizienten c_{2k} lauten

$$c_0 = \frac{(\frac{1}{2})^\nu}{\Gamma(\nu+1)} \,, \quad c_{2k} = \frac{(-1)^k(\frac{1}{2})^{\nu+2k}}{\Gamma(\nu+k+1)k!} \,, \qquad (5.210)$$

wo $\Gamma(\nu + 1)$ die in Abschn. 5.2 (5.6) definierte Euler'sche Gammafunktion ist. Damit lautet eine erste Lösung der Bessel-Gleichung (5.204)

$$J_\nu(x) = \sum_{k=0}^{\infty} \frac{(-1)^k (\frac{x}{2})^{\nu+2k}}{\Gamma(\nu + k + 1)k!} \qquad (5.211)$$

und diese wird die Bessel-Funktion 1. Art von der Ordnung ν genannt. Diese Lösung ist eine bei $x = 0$ reguläre Funktion. Sie hat für $x << \nu$ das asymptotische Verhalten

$$J_\nu(x) \cong \frac{(\frac{x}{2})^\nu}{\Gamma(\nu + 1)} + \cdots , \quad x << \nu . \qquad (5.212)$$

Eine zweite, linear unabhängige Lösung finden wir für $s_2 = -\nu$, da $s_1 - s_2 \neq n$ also keine ganze Zahl ist (vgl. Abschn. 5.3.1). Diese Lösung lautet

$$J_{-\nu}(x) = \sum_{k=0}^{\infty} \frac{(-1)^k (\frac{x}{2})^{-\nu+2k}}{\Gamma(-\nu + k + 1)k!} \qquad (5.213)$$

und sie ist offenkundig bei $x = 0$ singulär. Es gilt für $x << \nu$

$$J_{-\nu}(x) \cong \frac{(\frac{x}{2})^{-\nu}}{\Gamma(-\nu + 1)} + \cdots , \quad x << \nu . \qquad (5.214)$$

Ferner schließen wir aus (5.210), dass für große Werte von k die Koeffizienten $c_{2k} \leq \frac{1}{k!}(\frac{1}{2})^{\pm\nu+2k}$ sind und daher die beiden Bessel-Funktionen (5.211) und (5.213) die Majoranten haben

$$J_{\pm\nu}(x) \leq \left(\frac{|x|}{2}\right)^{\pm\nu} \sum_{k=0}^{\infty} \frac{1}{k!} \left(\frac{|x|}{2}\right)^{2k} = \left(\frac{|x|}{2}\right)^{\pm\nu} e^{\frac{x^2}{4}} , \qquad (5.215)$$

wonach beide Bessel-Funktionen für alle x und ν absolut konvergent sind, außer $J_{-\nu}(x)$ bei $x = 0$. Die beiden Lösungen (5.211) und (5.213) bilden ein Fundamentalsystem der Bessel'schen Differenzialgleichung und ihre allgemeine Lösung lautet daher

$$Z_\nu(x) = AJ_\nu(x) + BJ_{-\nu}(x) . \qquad (5.216)$$

Wenn der Index der Bessel-Funktionen ganzzahlig ist, dann ist $s_1 - s_2 = 2n$ und wir wissen aus Abschn. 5.3.1, dass dann die zweite linear unabhängige Lösung auf anderem Wege gefunden werden muss.

5.5.2 Bessel-Funktionen mit ganzzahligem Index

Wenn wir in der Bessel-Funktion (5.213) $\nu = n$ setzen, d. h. $s_2 = -n$ wählen, so folgt aus der Rekursionsformel (5.208)

$$c_{2k} = \frac{c_{2k-2}}{(2k-n)^2 - n^2} = \frac{c_{2k-2}}{4k(k-n)} \qquad (5.217)$$

und daher wäre der Koeffizient $c_{2n} = \infty$, außer es ist $c_{2n-2} = 0$. Dann müssen aber auch $c_{2n-4}, c_{2n-6}, \cdots c_2, c_0 = 0$ sein und der erste Term der Reihe (5.205) für $J_{-n}(x)$ beginnt dann mit dem Term $c_{2n}x^n$. Daher lautet die Reihe für $J_{-\nu}(x)$ im Fall $\nu = n$

$$J_{-n}(x) = \sum_{k=n}^{\infty} \frac{(-1)^k \left(\frac{x}{2}\right)^{-n+2k}}{\Gamma(-n+k+1)k!} \cdot \qquad (5.218)$$

Diese Formel ist aber auch dann richtig, wenn $k - n < 0$ ist, da dann wegen der Pole der Γ-Funktion (siehe Abschn. 5.2 (5.10)), $\Gamma(-n+k+1) = \infty$ wird. Daher können wir in (5.218) $k - n$ durch k ersetzen und diesen Index von Null weg zählen. Dann finden wir beim Vergleich mit (5.211), dass

$$J_{-n}(x) = (-1)^n J_n(x) \qquad (5.219)$$

ist und daher die beiden Lösungen $J_{-n}(x)$ und $J_n(x)$ bis auf einen konstanten Faktor mit einander identisch sind. In diesem Fall kann eine zweite, lineare unabhängige Lösung auf folgendem Wege gefunden werden. Dazu definieren wir die Bessel-Funktion 2. Art, auch die Neumann-Funktion genannt, durch folgenden Ansatz

$$Y_\nu(x) = \frac{J_\nu(x)\cos\nu\pi - J_{-\nu}(x)}{\sin\nu\pi}, \qquad (5.220)$$

der zusammen mit $J_\nu(x)$ sicherlich auch ein Fundamentalsystem bildet, da er eine Linearkombination der beiden vorhergehenden Lösungen darstellt. Nun definieren wir die Neumann-Funktion von ganzzahligem Index mithilfe der de l'Hospital Regel (siehe (A.32)) durch den Limes

$$Y_n(x) = \lim_{\nu \to n} \frac{J_\nu(x)\cos\nu\pi - J_{-\nu}(x)}{\sin\nu\pi} = \frac{(-1)^n}{\pi} \lim_{\nu \to n} \frac{\partial}{\partial\nu}[J_\nu(x)\cos\nu\pi - J_{-\nu}(x)].$$
$$(5.221)$$

Die mühsame Ausrechnung dieses Limes führt auf folgenden komplizierten Ausdruck, welcher die in Abschn. 5.2 unter (5.25) definierte Digammafunktion enthält

$$Y_n(x) = \frac{1}{\pi}\left[2J_n(x)\ln\left(\frac{x}{2}\right) - \sum_{k=0}^{n-1} \frac{(n-k-1)!}{k!}\left(\frac{x}{2}\right)^{2k-n}\right]$$
$$-\frac{1}{\pi}\sum_{k=0}^{\infty} \frac{(-1)^k}{k!(n+k)!}\left(\frac{x}{2}\right)^{2k+n}\{\psi(k) + \psi(n+k)\}. \qquad (5.222)$$

Wie ersichtlich, enthält dieser Ausdruck einen logarithmischen Term, wie wir ihn ganz allgemein aufgrund des Fuchs'schen Theorems von Abschn. 5.3.1 erwarten, da sich die beiden Lösungen s_1 und s_2 der Indexgleichung (5.207) um eine ganze Zahl unterscheiden. Wenn $x << n$ ist, liefert (5.222) folgendes asymptotische Verhalten von $Y_n(x)$

$$n = 0 \, , \qquad Y_0(x) \cong \frac{2}{\pi} \ln x - 0.11593$$
$$n \neq 0 \, , \qquad Y_n(x) \cong -\frac{(n-1)!}{\pi} \left(\frac{2}{x}\right)^n \, . \tag{5.223}$$

Wenn der Index n der Bessel-Funktionen ganzzahlig ist, lautet also die allgemeine Lösung der Bessel'schen Differenzialgleichung

$$Z_n(x) = A J_n(x) + B Y_n(x) \, . \tag{5.224}$$

Bei der Lösung der Helmholtz-Gleichung in Kugelkoordinaten, etwa im Zusammenhang mit der Behandlung von Ausstrahlungsproblemen in der klassischen Elektrodynamik, wird man auf Lösungen der Bessel'schen Differenzialgleichung geführt, die zweckmäßiger durch die folgenden beiden Linearkombinationen von $J_n(x)$ und $Y_n(x)$ beschrieben werden

$$H_n^{(1)}(x) = J_n(x) + \mathrm{i} Y_n(x) \, , \quad H_n^{(2)}(x) = J_n(x) - \mathrm{i} Y_n(x) \, , \tag{5.225}$$

welche die „Hankel-Funktionen" erster und zweiter Art genannt werden. Die anschauliche Bedeutung der bisher betrachteten Lösungen der Bessel'schen Differenzialgleichung wird klar, wenn wir das asymptotische Verhalten dieser Lösungen für $x \to \infty$ betrachten. Dazu machen wir in der Differenzialgleichung (5.204) folgende Transformation

$$Z(x) = \frac{g(x)}{\sqrt{x}} \, . \tag{5.226}$$

Diese führt auf folgende Differenzialgleichung

$$g''(x) + \left(1 - \frac{\nu^2 - \frac{1}{4}}{x^2}\right) g(x) = 0 \, , \tag{5.227}$$

welche für $x \to \infty$ die asymptotische Lösung $g(x) = A \cos x + B \sin x$ besitzt und daher hat die Bessel'sche Differenzialgleichung folgende asymptotische Lösung

$$Z(x) \cong A \frac{\cos x}{\sqrt{x}} + B \frac{\sin x}{\sqrt{x}} \, . \tag{5.228}$$

Dieses Resultat zeigt zunächst die Verwandtschaft der Lösungen der Bessel-Gleichung mit den elementaren trigonometrischen Funktionen, was bei praktischen Anwendungen von Nutzen ist. Wird die obige asymptotische Analyse genauer durchgeführt, findet man für die Bessel- und Hankel-Funktionen folgende asymptotische Darstellungen, vorausgesetzt $x \gg \nu$, also für große Werte des Arguments gegenüber dem Index

$$J_\nu(x) = \sqrt{\frac{2}{\pi x}} \cos\left[x - \frac{(2\nu + 1)\pi}{4} \right] \, ,$$

$$Y_\nu(x) = \sqrt{\frac{2}{\pi x}} \sin\left[x - \frac{(2\nu + 1)\pi}{4} \right] \tag{5.229}$$

$$H_\nu^{(1)}(x) = \sqrt{\frac{2}{\pi x}} \, e^{i\left[x - \frac{(2\nu+1)\pi}{4} \right]} \, , \qquad H_\nu^{(2)}(x) = \sqrt{\frac{2}{\pi x}} \, e^{-i\left[x - \frac{(2\nu+1)\pi}{4} \right]} \, . \tag{5.230}$$

Aus der asymptotischen Form der Bessel-Funktionen können wir entnehmen, dass diese Funktionen eine unendliche Anzahl von Nullstellen besitzen. Die Untersuchung der Lage dieser Nullstellen für die Bessel-Funktionen erster Art von ganzzahligem Index n wird später von besonderem Interesse sein. Daher sollen diese hier etwas eingehender behandelt werden. Damit $J_n(x) = 0$ ist, schließen wir aus (5.229), dass gelten muss

$$x - \frac{(2n + 1)\pi}{4} \cong \frac{(2k + 1)\pi}{2} \, , \quad k = 0, \, 1, \, 2, \, \cdots . \tag{5.231}$$

Daraus ergibt sich für die näherungsweise Lage der Nullstellen

$$x_k \cong \left(2k + n + \frac{3}{2} \right) \frac{\pi}{2} \, , \quad x_k - x_{k-1} \cong \pi \tag{5.232}$$

und damit die Ableitung $J_n'(x) \cong -\sin[x - \frac{(2n+1)\pi}{4}] = 0$ ist, wird gelten müssen

$$x - \frac{(2n + 1)\pi}{4} \cong k\pi \, , \quad k = 0, \, 1, \, 2, \, \cdots , \tag{5.233}$$

weshalb die ungefähre Lage der Nullstellen durch die Werte gegeben ist

$$x_k \cong \left(2k + n + \frac{1}{2} \right) \frac{\pi}{2} \, , \quad x_k - x_{k-1} \cong \pi \, . \tag{5.234}$$

Aus den beiden Resultaten (5.232) und (5.234) entnehmen wir aber sogleich, dass zwischen der Lage der Nullstellen von $J_n(x)$ und $J_n'(x)$ eine Differenz $\Delta x_k \cong \frac{\pi}{2}$ besteht. Beide Funktionen haben also keine gemeinsame Nullstelle. Ganz allgemein kann man für die Bessel-Funktionen zeigen, dass folgendes gilt:

1. die Bessel-Funktionen $J_n(x)$ haben keine komplexen Wurzeln,
2. die Funktionen $J_n(x)$ und $J_{n+1}(x)$ haben keine gemeinsame Wurzeln,
3. außer Null sind alle Nullstellen einfach,
4. zwischen zwei Nullstellen von $J_n(x)$ liegt nur eine Nullstelle von $J_{n\pm1}(x)$.

5.5.3 Rekursionsformeln und Verwandtes

Ähnlich wie für die Legendre-Polynome kann man auch für die Bessel-Funktionen eine Reihe sehr nützlicher Rekursionsformeln herleiten. Obwohl diese für alle Zylinderfunktionen in gleicher Weise gelten, wollen wir sie hier nur für die Bessel-Funktionen 1. Art auffinden. Ausgangspunkt ist wiederum eine erzeugende Funktion. Dazu betrachten wir folgendes Produkt zweier Exponentialfunktionen und ihren Reihenentwicklungen

$$E(x,t) = e^{\frac{x}{2}t}e^{-\frac{x}{2t}} = \sum_{\ell=0}^{\infty}\sum_{k=0}^{\infty} \frac{1}{\ell!k!} \left(\frac{x}{2}t\right)^{\ell} \left(-\frac{x}{2}\frac{1}{t}\right)^{k} \tag{5.235}$$

und setzen $\ell = n + k$, wobei wir beachten, dass für $\ell = 0$ und $k \to \infty$ gleichzeitig $n \to -\infty$ strebt. Daher erhalten wir durch Umordnung für die obige Reihe

$$e^{\frac{x}{2}(t-\frac{1}{t})} = \sum_{n=-\infty}^{+\infty} \left[\sum_{k=0}^{\infty} \frac{(-1)^k}{k!(n+k)!} \left(\frac{x}{2}\right)^{n+2k} \right] t^n \;, \tag{5.236}$$

in welcher ersichtlich der Koeffizient von t^n in der Summe auf der rechten Seite mit der Reihe (5.211) für die Bessel-Funktion $J_n(x)$ übereinstimmt. Demnach können die Bessel-Funktionen durch die folgende Reihe definiert werden

$$e^{\frac{x}{2}(t-\frac{1}{t})} = \sum_{n=-\infty}^{+\infty} J_n(x)t^n \;. \tag{5.237}$$

Wenn wir diese Beziehung auf beiden Seiten nach t differenzieren, erhalten wir

$$\frac{x}{2}\left(1 - \frac{1}{t^2}\right) \sum_{n=-\infty}^{+\infty} J_n(x)t^n = \sum_{n=-\infty}^{+\infty} n J_n(x)t^{n-1} \;. \tag{5.238}$$

Nun schaffen wir in dieser Gleichung alle Terme auf eine Seite und ordnen nach gleichen Potenzen t^n. Dann muss jeder Koeffizient zu einer Potenz t^n für sich gleich Null sein, wenn die Beziehung (5.238) für alle Werte t gelten soll. Dies liefert die erste Rekursionsformel, nachdem wir n durch $n-1$ ersetzt haben

$$\frac{2n}{x}J_n(x) = J_{n-1}(x) + J_{n+1}(x) \;. \tag{5.239}$$

Wenn wir die Gleichung (5.237) nach x differenzieren, ergibt sich die Beziehung

$$\left(t - \frac{1}{t}\right) \sum_{n=-\infty}^{+\infty} J_n(x)t^n = 2 \sum_{n=-\infty}^{+\infty} J_n'(x)t^n \tag{5.240}$$

und aus dieser schließen wir, sobald alle Terme auf eine Seite gebracht wurden und die Koeffizienten von t^n gleich Null gesetzt werden, die zweite Rekursionsformel

$$2J_n'(x) = J_{n-1}(x) - J_{n+1}(x) \; . \tag{5.241}$$

Nach Multiplikation dieser Formel mit x und anschließender Addition zu oder Subtraktion von (5.239) ergeben sich folgende weitere beiden Rekursionsformeln

$$xJ_n'(x) = xJ_{n-1}(x) - J_n(x) \; , \quad xJ_n'(x) = nJ_n(x) - xJ_{n+1}(x) \; . \tag{5.242}$$

Da die beiden Rekursionsformeln (5.239) und (5.241) nachweisbar auch für $\nu \neq n$ Gültigkeit haben, können wir noch die folgenden beiden Differenziationsformeln herleiten

$$\frac{\mathrm{d}}{\mathrm{d}x}[x^\nu J_\nu(x)] = x^\nu J_{\nu-1}(x) \; , \quad \frac{\mathrm{d}}{\mathrm{d}x}[x^{-\nu} J_\nu(x)] = -x^{-\nu} J_{\nu+1}(x) \; . \tag{5.243}$$

Wir zeigen dies für die erste dieser beiden Gleichungen mithilfe der Rekursionsformeln (5.239) und (5.241) durch differenzieren und umordnen

$$\frac{\mathrm{d}}{\mathrm{d}x}[x^\nu J_\nu(x)] = \nu x^{\nu-1} J_\nu(x) + x^\nu J_\nu'(x)$$

$$= \frac{1}{2}x^\nu \left[\frac{2\nu}{x} J_\nu(x) + 2J_v'(x) \right] = x^\nu J_{\nu-1}(x) \; . \tag{5.244}$$

Die Herleitung der zweiten Formel in (5.243) erfolgt nach dem gleichen Schema. Diese zweite Formel erweist sich als besonders nützlich bei der Herleitung der Bessel-Funktionen von halbzahligem Index, worauf wir später zurückkommen werden. Eine weitere einfache Beziehung zwischen Bessel-Funktionen erhalten wir, indem wir die Wronski-Determinante der Bessel-Funktionen erster und zweiter Art betrachten. Mithilfe der asymptotischen Darstellungen (5.229) erhalten wir

$$J_\nu(x)Y_\nu'(x) - Y_\nu(x)J_\nu'(x)$$

$$= \frac{2}{\pi x} \left\{ \cos^2\left[x - (2\nu + 1)\frac{\pi}{4} \right] + \sin^2\left[x - (2\nu + 1)\frac{\pi}{4} \right] \right\} = \frac{2}{\pi x} \; , \tag{5.245}$$

doch kann man die Gültigkeit dieser Gleichung für beliebige Werte von x beweisen. Eine weitere nützliche Formel finden wir, indem wir die Erzeugende (5.237) für die Variablen x und y betrachten und die beiden Reihen miteinander multiplizieren. Dies ergibt

$$\mathrm{e}^{\frac{1}{2}(x+y)(t-\frac{1}{t})} = \sum_{n=-\infty}^{+\infty} J_n(x+y)t^n$$

$$= \mathrm{e}^{\frac{x}{2}(t-\frac{1}{t})}\mathrm{e}^{\frac{y}{2}(t-\frac{1}{t})} = \sum_{r=-\infty}^{+\infty} \sum_{s=-\infty}^{+\infty} J_r(x)J_s(y)t^{r+s} \; . \tag{5.246}$$

Wenn wir hier in der Doppelsumme auf der rechten Seite $r + s = n$ taufen, sodass $r = n - s$ wird und wir nun über s und n summieren können, so erhalten wir beim Vergleich der Koeffizienten von t^n in den beiden Summen über n das Additionstheorem der Bessel-Funktionen

$$J_n(x + y) = \sum_{s=-\infty}^{+\infty} J_{n-s}(x)J_s(y) \ . \tag{5.247}$$

Wenn wir ferner in der Erzeugenden (5.237) $t = \mathrm{e}^{\mathrm{i}\varphi}$ setzen, so erhalten wir die Reihe

$$\mathrm{e}^{\frac{x}{2}(\mathrm{e}^{\mathrm{i}\varphi} - \mathrm{e}^{-\mathrm{i}\varphi})} = \mathrm{e}^{\mathrm{i}x\sin\varphi} = \sum_{n=-\infty}^{+\infty} J_n(x)\mathrm{e}^{\mathrm{i}n\varphi} \ , \tag{5.248}$$

wonach die Bessel-Funktionen die Fourier-Koeffizienten der Reihenentwicklung von $\mathrm{e}^{\mathrm{i}x\sin\varphi}$ sind. Wenn wir in der üblichen Weise mithilfe der Orthogonalitätsrelation der Funktionen $\mathrm{e}^{\mathrm{i}n\varphi}$ die Fourier-Koeffizienten dieser Reihenentwicklung berechnen, so erhalten wir folgende Integraldarstellung der Bessel-Funktionen

$$J_n(x) = \frac{1}{2\pi} \int_0^{2\pi} \mathrm{e}^{\mathrm{i}[x\sin\varphi - n\varphi]}\mathrm{d}\varphi \ . \tag{5.249}$$

Da die Bessel-Funktionen reell sind, erwarten wir, dass in der letzten Gleichung der Imaginärteil verschwindet. Dies können wir mithilfe der Variablentransformation $\varphi = \psi + \pi$ und der Beziehung (5.219) nachweisen, denn dies ergibt

$$J_n(x) = \frac{1}{2\pi} \int_{-\pi}^{+\pi} [\cos(x\sin\psi - n\psi) + \mathrm{i}\sin(x\sin\psi - n\psi)]\mathrm{d}\psi \ . \tag{5.250}$$

Da aber der Imaginärteil des Integranden schiefsymmetrisch in ψ ist, wird dieser Anteil bei der Integration verschwinden. Der Realteil, hingegen ist symmetrisch und liefert die reelle Integraldarstellung der Bessel-Funktionen

$$J_n(x) = \frac{1}{\pi} \int_0^{\pi} \cos(x\sin\psi - n\psi)\mathrm{d}\psi \ . \tag{5.251}$$

Doch da das Argument des Integrals $|\cos(x\sin\psi - n\psi)| \leq 1$, also beschränkt ist, schließen wir aus der letzten Formel die wichtige Abschätzung

$$|J_n(x)| \leq 1 \ . \tag{5.252}$$

Also bleiben alle Bessel-Funktionen 1. Art von reellem Argument und ganzzahligem Index im Intervall $0 \leq x < \infty$ beschränkt. Dies wird später von Interesse sein.

5.5.4 Sphärische Bessel-Funktionen

Bei der Separation der Helmholtz-Gleichung in Kugelkoordinaten in Abschn. 4.3.2 wurden wir auf die Bessel'sche Differenzialgleichung (4.36) mit halbzahligem Index $\nu = \ell + \frac{1}{2}$ geführt. Die zugehörigen Bessel-Funktionen und Neumann-Funktionen vom halbzahligen Index können in folgender Weise hergeleitet werden. Dazu wählen wir als Ausgangspunkt die zweite Rekursionsformel (5.243), die wir etwas umschreiben, sodass der rekursive Charakter etwas besser zu erkennen ist

$$\frac{J_{\nu+1}(x)}{x^{\nu+1}} = -\frac{1}{x}\frac{\mathrm{d}}{\mathrm{d}x}\left[\frac{J_\nu(x)}{x^\nu}\right] . \tag{5.253}$$

Wenn wir hier $\nu = \ell - \frac{1}{2}$ setzen und die gewonnen Formel sukzessive anwenden, so erhalten wir

$$\frac{J_{\ell+\frac{1}{2}}(x)}{x^{\ell+\frac{1}{2}}} = -\frac{1}{x}\frac{\mathrm{d}}{\mathrm{d}x}\left[\frac{J_{\ell-1+\frac{1}{2}}(x)}{x^{\ell-1+\frac{1}{2}}}\right] = \cdots (-1)^\ell \left[\left(\frac{1}{x}\frac{\mathrm{d}}{\mathrm{d}x}\right)^\ell \frac{J_{\frac{1}{2}}(x)}{\sqrt{x}}\right] \tag{5.254}$$

und erkennen, dass wir mit dieser Formel nacheinander alle Besselfunktionen mit dem Index $\nu = \ell + \frac{1}{2}$ aus der Funktion für $\nu = \frac{1}{2}$ herleiten können und entsprechend alle Bessel-Funktionen mit dem Index $\nu = -\ell - \frac{1}{2}$ aus der Funktion für $\nu = -\frac{1}{2}$. Mithilfe der allgemeinen Darstellung (5.211) der Bessel-Funktionen $J_\nu(x)$ erhalten wir zunächst für $\nu = \frac{1}{2}$

$$J_{\frac{1}{2}}(x) = \sum_{k=0}^{\infty} \frac{\sqrt{2}(-1)^k}{\Gamma(k+\frac{3}{2})k!}\frac{x^{2k+\frac{1}{2}}}{2^{2k+1}} . \tag{5.255}$$

Doch zeigten wir in Abschn. 5.2, dass sich die Gammafunktionen von halbzahligem Argument mithilfe der Rekursionsformel (5.8) und dem Integral (5.11) elementar berechnen lassen. Dies führt auf die Formel $\Gamma(k+\frac{3}{2}) = \frac{(2k+1)!\sqrt{\pi}}{2^{2k+1}k!}$. Setzen wir dies in (5.255) ein, so erhalten wir für $\nu = \frac{1}{2}$ die Reihe

$$J_{\frac{1}{2}}(x) = \sqrt{\frac{2}{\pi x}}\sum_{k=0}^{\infty}\frac{(-1)^k x^{2k+1}}{(2k+1)!} = \sqrt{\frac{2}{\pi x}}\sin x . \tag{5.256}$$

Ganz ähnlich finden wir für $\nu = -\frac{1}{2}$

$$J_{-\frac{1}{2}}(x) = \sum_{k=0}^{\infty}\frac{\sqrt{2}(-1)^k}{\Gamma(k+\frac{1}{2})k!}\frac{x^{2k-\frac{1}{2}}}{2^{2k+1}} \tag{5.257}$$

und wegen $\Gamma(k+\frac{1}{2}) = \frac{(2k)!\sqrt{\pi}}{2^{2k}k!}$ erhalten wir

$$J_{-\frac{1}{2}}(x) = \sqrt{\frac{2}{\pi x}}\sum_{k=0}^{\infty}\frac{(-1)^k x^{2k}}{(2k)!} = \sqrt{\frac{2}{\pi x}}\cos x . \tag{5.258}$$

Für alle Bessel-Funktionen höherer Ordnung vom Index $\nu = \ell + \frac{1}{2}$ findet man dann mithilfe der Rekursionsformel (5.254) den folgenden Ausdruck

$$J_{\ell+\frac{1}{2}}(x) = \sqrt{\frac{2x}{\pi}}(-1)^{\ell}x^{\ell}\left(\frac{1}{x}\frac{\mathrm{d}}{\mathrm{d}x}\right)^{\ell}\frac{\sin x}{x}\,. \qquad (5.259)$$

Also können alle Bessel-Funktionen von positiver halbzahliger Ordnung durch eine Summe von Cosinus- und Sinus-Funktionen dargestellt werden, deren Koeffizienten $f_{\ell+\frac{1}{2}}(x)$ und $g_{\ell+\frac{1}{2}}(x)$ bezeichnet werden und Polynome mit absteigenden Potenzen von x sind, also

$$J_{\ell+\frac{1}{2}}(x) = \sqrt{\frac{2}{\pi x}}\left[f_{\ell+\frac{1}{2}}(x)\sin x - g_{\ell+\frac{1}{2}}(x)\cos x\right]\,. \qquad (5.260)$$

Analog können wir mithilfe der allgemeinen Definition (5.220) der Neumann-Funktionen für $\nu = \ell + \frac{1}{2}$ die Neumann-Funktionen von halbzahligem Index herleiten und erhalten nach elementarer Rechnung

$$Y_{\ell+\frac{1}{2}}(x) = (-1)^{\ell+1}J_{-\ell-\frac{1}{2}}(x) \qquad (5.261)$$

und mithilfe der Rekursionsformel (5.253), die auch für die Neumann-Funktionen Gültigkeit hat, finden wir mit (5.258) die Darstellung

$$Y_{\ell+\frac{1}{2}}(x) = \sqrt{\frac{2x}{\pi}}(-1)^{\ell+1}x^{\ell}\left[\left(\frac{1}{x}\frac{\mathrm{d}}{\mathrm{d}x}\right)^{\ell}\frac{\cos x}{x}\right]\,. \qquad (5.262)$$

Diese Funktionen sind ebenso Kombinationen von Sinus- und Cosinus-Funktionen mit den gleichen Koeffizienten $f_{\ell+\frac{1}{2}}(x)$ und $g_{\ell+\frac{1}{2}}(x)$ nur in umgekehrter Reihenfolge. Es lässt sich folgende Beziehung herleiten

$$Y_{\ell+\frac{1}{2}}(x) = \sqrt{\frac{2}{\pi x}}\left[g_{\ell+\frac{1}{2}}(x)\sin x + f_{\ell+\frac{1}{2}}(x)\cos x\right] \qquad (5.263)$$

und man erhält für die niedrigen Ordnungen folgende Koeffizienten

$$\begin{aligned}
\ell = 1\,, \quad &f_{\frac{3}{2}} = \frac{1}{x}\,, \qquad &&g_{\frac{3}{2}} = 1 \\
\ell = 2\,, \quad &f_{\frac{5}{2}} = \frac{3}{x^2} - 1\,, \qquad &&g_{\frac{5}{2}} = \frac{3}{x}\,.
\end{aligned} \qquad (5.264)$$

Da die Lösung der Helmholtz-Gleichung (4.39) in Kugelkoordinaten einen Faktor $\frac{1}{\sqrt{kr}}$ enthält, ist es zweckmäßig, einen Faktor $\sqrt{\frac{\pi}{2x}}$ in die sphärischen Bessel- und Neumann-Funktionen einzubeziehen und diese Funktionen folgendermaßen zu definieren

$$j_{\ell}(x) = \sqrt{\frac{\pi}{2x}}J_{\ell+\frac{1}{2}}(x) = (-1)^{\ell}x^{\ell}\left[\left(\frac{1}{x}\frac{\mathrm{d}}{\mathrm{d}x}\right)^{\ell}\frac{\sin x}{x}\right]\,, \qquad (5.265)$$

$$n_{\ell}(x) = \sqrt{\frac{\pi}{2x}}Y_{\ell+\frac{1}{2}}(x) = (-1)^{\ell+1}x^{\ell}\left[\left(\frac{1}{x}\frac{\mathrm{d}}{\mathrm{d}x}\right)^{\ell}\frac{\cos x}{x}\right]\,. \qquad (5.266)$$

Die ersten dieser beiden Funktionen sind bei $x = 0$ regulär, während die zweiten divergieren. Aus den Reihendarstellungen (5.211) und (5.213) von $J_{\pm\nu}(x)$ für $\nu = \ell + \frac{1}{2}$ ergibt sich folgendes asymptotisches Verhalten für $x \to 0$

$$j_\ell(x) \cong \frac{2^\ell \ell!}{(2\ell+1)!} x^\ell + \cdots , \quad n_\ell(x) \cong \frac{(2\ell)!}{2^\ell \ell!} \frac{1}{x^{\ell+1}} + \cdots . \tag{5.267}$$

Aus physikalischen Überlegungen ist es zweckmäßig, auch sphärische Hankel-Funktionen 1. und 2. Art einzuführen. Diese sind durch folgende Ausdrücke gegeben

$$h_\ell^{(1)}(x) = j_\ell(x) + in_\ell(x) = (-1)^\ell x^\ell \left[\left(\frac{1}{x} \frac{\mathrm{d}}{\mathrm{d}x} \right)^\ell \frac{\mathrm{e}^{\mathrm{i}x}}{\mathrm{i}x} \right] , \tag{5.268}$$

$$h_\ell^{(2)}(x) = j_\ell(x) - in_\ell(x) = (-1)^\ell x^\ell \left[\left(\frac{1}{x} \frac{\mathrm{d}}{\mathrm{d}x} \right)^\ell \frac{\mathrm{e}^{-\mathrm{i}x}}{-\mathrm{i}x} \right] . \tag{5.269}$$

Bei der Untersuchung des asymptotischen Verhaltens dieser Funktionen für $x \to \infty$ ist es ausreichend im Nenner die niedrigsten Potenzen von x beizubehalten. Dies ergibt nach ℓ-maliger Differenziation von $\mathrm{e}^{\pm\mathrm{i}x}$ die folgende asymptotische Näherung der sphärischen Hankel-Funktionen

$$h_\ell^{(1)}(x) \cong \frac{\mathrm{e}^{\mathrm{i}[x-(\ell+1)\frac{\pi}{2}]}}{x} , \quad h_\ell^{(2)}(x) \cong \frac{\mathrm{e}^{-\mathrm{i}[x-(\ell+1)\frac{\pi}{2}]}}{x} . \tag{5.270}$$

Daraus ergeben sich durch Subtraktion und Addition sehr einfach die asymptotischen Formen der sphärischen Bessel- und Neumann-Funktionen.

Beispiel

Asymptotische Lösung der d'Alembert'schen Wellengleichung: Zur Lösung der d'Alembert'schen Wellengleichung (4.3)

$$\Delta\Phi - \frac{1}{c^2} \frac{\partial^2}{\partial t^2} \Phi = 0 \tag{5.271}$$

können wir den Separationsansatz machen $\Phi(\boldsymbol{r}, t) = \Psi(\boldsymbol{r})T(t)$. Dies ergibt beim einsetzen in die Differenzialgleichung und nach Einführung der Separationskonstanten $-k^2 = -(\frac{\omega}{c})^2$ die folgenden beiden Gleichungen

$$\Delta\Psi + k^2\Psi = 0 , \quad \frac{\mathrm{d}^2 T}{\mathrm{d}t^2} + (ck)^2 T = 0 . \tag{5.272}$$

Die zeitabhängige Gleichung hat die allgemeine Lösung $T(t) = A\mathrm{e}^{\mathrm{i}\omega t} + B\mathrm{e}^{-\mathrm{i}\omega t}$. Die Lösung der ersten Gleichung, der Helmholtz-Gleichung, in Kugelkoordinaten fanden wir in Abschn. 4.3.2. Die entsprechende Gleichung (4.39) können wir jetzt etwas umschreiben, indem wir die soeben definierten sphärischen

Bessel- und Neumann-Funktionen (5.265) und (5.266) verwenden und die Winkelabhängigkeit durch die Kugelflächenfunktionen (5.166) ausdrücken. Damit erhalten wir die partikulären Lösungen

$$\Psi_{\ell,m}(r,\vartheta,\varphi) = [A_{\ell,m}j_\ell(kr) + B_{\ell,m}n_\ell(kr)]Y_\ell^m(\vartheta,\varphi) \ . \tag{5.273}$$

Bei Ausstrahlungsprozessen ist es aber meist interessanter, die radiale Abhängigkeit durch die sphärischen Hankel-Funktionen zu beschreiben. Dann lässt sich bei Berücksichtigung der Zeitabhängigkeit eine partikuläre Lösung der d'Alembert'schen Wellengleichung in folgender Form darstellen

$$\Phi_{\ell,m}(r,\vartheta,\varphi,t) = \left[C_{\ell,m}h_\ell^{(1)}(kr) + D_{\ell,m}h_\ell^{(2)}(kr) \right] e^{-\mathrm{i}\omega t}Y_\ell^m(\vartheta,\varphi) \ . \tag{5.274}$$

Betrachten wir nun den Grenzfall $r \to \infty$, so können wir die asymptotischen Lösungen (5.270) einsetzen und erhalten

$$\begin{aligned}
&\Phi_{\ell,m}(r,\vartheta,\varphi,t) \\
&\underset{r\to\infty}{\cong} \left[C_{\ell,m}\frac{e^{\mathrm{i}[kr-\omega t-(\ell+1)\frac{\pi}{2}]}}{kr} + D_{\ell,m}\frac{e^{-\mathrm{i}[kr+\omega t-(\ell+1)\frac{\pi}{2}]}}{kr} \right] Y_\ell^m(\vartheta,\varphi) \ .
\end{aligned} \tag{5.275}$$

Demnach besteht die asymptotische Lösung der d'Alembert'schen Wellengleichung aus der Überlagerung von winkelabhängigen auslaufenden und einlaufenden Kugelwellen. Bei passender Wahl der Koeffizienten $C_{\ell,m}$ und $D_{\ell,m}$ kommt es zur Ausbildung von stehenden Wellen. So kann man zu einer anschaulichen physikalischen Deutung der sphärischen Bessel- und Neumann-Funktionen, bzw. Hankel-Funktionen gelangen.

5.5.5 Modifizierte Bessel-Funktionen

Die modifizierten Bessel-Funktionen oder Bessel-Funktionen von imaginärem Argument werden insbesondere bei Problemen der Wärmeleitung und der Diffusionstheorie angetroffen. Der einfachste Fall, bei dem man auf die modifizierten Bessel-Funktionen geführt wird, ist die Separation der Laplace'schen Differenzialgleichung in Zylinderkoordinaten. Diese Gleichung lautet

$$\left[\frac{1}{r}\frac{\partial}{\partial r}r\frac{\partial}{\partial r} + \frac{1}{r^2}\frac{\partial^2}{\partial \varphi^2} + \frac{\partial^2}{\partial z^2} \right] \Phi(r,\varphi,z) = 0 \ . \tag{5.276}$$

Wegen der gewünschten Eindeutigkeit der azimutalen Abhängigkeit der Lösung können wir den Ansatz machen

$$\Phi(r,\varphi,z) = \Psi(r,z)e^{\mathrm{i}n\varphi} \tag{5.277}$$

und mithilfe des weiteren Separationsansatzes $\Psi(r,z) = R(r)Z(z)$ werden wir auf die Gleichung geführt

$$\frac{1}{R(r)}\left[R''(r) + \frac{1}{r}R'(r) - \frac{n^2}{r^2}R(r) \right] = \frac{1}{Z(z)}Z''(z) \ . \tag{5.278}$$

Nennen wir hier die Separationskonstante $-k^2$, so erhalten wir in z-Richtung periodische Lösungen

$$Z(z) = A\mathrm{e}^{\mathrm{i}kz} + B\mathrm{e}^{-\mathrm{i}kz} \tag{5.279}$$

und die linke Seite von (5.278) führt dann mit der Substitution $\rho = kr$ auf die Differenzialgleichung der Bessel- und Neumann-Funktionen von ganzzahligem Index n. Aber nicht immer ist man an periodischen Lösungen in der z-Richtung interessiert, sondern eher an exponentiell ansteigenden oder abklingenden Lösungsfunktionen. Dann wählen wir als Separationsparameter anstelle $-k^2$ den entsprechenden Parameter κ^2 und die Lösungen (5.279) werden jetzt durch

$$Z(z) = A\mathrm{e}^{\kappa z} + B\mathrm{e}^{-\kappa z} \tag{5.280}$$

ersetzt sein. Daher lautet jetzt die radiale Differenzialgleichung nach der Substitution $\rho = \kappa r$

$$R''(\rho) + \frac{1}{\rho}R'(\rho) - \left(1 + \frac{n^2}{\rho^2}\right)R(\rho) = 0 \tag{5.281}$$

und dies ist die Differenzialgleichung der modifizierten Bessel- und Neumann-Funktionen von ganzzahligem Index n. Wir betrachten nun die allgemeinere Gleichung für $\nu \neq n$ in der folgenden Form

$$B''(y) + \frac{1}{y}B'(y) - \left(1 + \frac{\nu^2}{y^2}\right)B(y) = 0 \tag{5.282}$$

und setzen nun $y = \mathrm{i}x$, sodass diese Gleichung in die Gleichung (5.204) der gewöhnlichen Bessel-Funktionen $J_\nu(\mathrm{i}x)$ und $J_{-\nu}(\mathrm{i}x)$, bzw. $Y_\nu(\mathrm{i}x)$ übergeht. Man definiert daher entsprechend die reellen modifizierten Bessel-Funktionen 1. Art durch die Gleichung

$$I_{\pm\nu}(x) = \mathrm{e}^{\mp\mathrm{i}\frac{\pi}{2}\nu}J_{\pm\nu}(\mathrm{i}x) = \sum_{k=0}^{\infty}\frac{\left(\frac{x}{2}\right)^{\pm\nu+2k}}{\Gamma(\pm\nu + k + 1)k!} \tag{5.283}$$

und da für $\nu = n$ wegen (5.219) $I_{-n}(x) = I_n(x)$ ist, wählt man daher als die zweiten, linear unabhängigen Lösungen die modifizierten Bessel-Funktionen 2. Art in der Form

$$K_\nu(x) = \frac{\pi}{2}\mathrm{e}^{\mathrm{i}\frac{\pi}{2}(\nu+1)}H_\nu^{(1)}(\mathrm{i}x) = -\frac{\pi}{2}\frac{\mathrm{e}^{-\mathrm{i}\frac{\pi}{2}\nu}J_\nu(\mathrm{i}x) - \mathrm{e}^{\mathrm{i}\frac{\pi}{2}\nu}J_\nu(-\mathrm{i}x)}{\sin\nu\pi}$$
$$= -\frac{\pi}{2}\frac{I_\nu(x) - I_{-\nu}(x)}{\sin\nu\pi} . \tag{5.284}$$

Mithilfe der asymptotischen Ausdrücke von $J_{\pm\nu}(\mathrm{i}x)$ und $H_\nu^{(1)}(\mathrm{i}x)$ für $x \to 0$ und $x \to \infty$, die wir in (5.212), (5.214), bzw. in (5.229), (5.230) angegeben haben, erhalten wir für die modifizierten Bessel-Funktionen 1. und 2. Art das folgende asymptotische Verhalten

$$I_\nu(x) \cong \frac{1}{\Gamma(\nu+1)} \left(\frac{x}{2}\right)^\nu + \cdots$$

$$x \to 0\,, \qquad K_\nu(x) \cong \begin{cases} \dfrac{\Gamma(\nu)}{2} \left(\dfrac{x}{2}\right)^{-\nu} + \cdots\cdots\,, & \nu \neq 0 \\[2mm] \ln x - 0{,}11593 + \cdots\,, & \nu = 0 \end{cases} \tag{5.285}$$

$$x \to \infty\,, \qquad \begin{cases} I_\nu(x) \cong \dfrac{\mathrm{e}^x}{\sqrt{2\pi x}} + \cdots\cdots \\[3mm] K_\nu(x) \cong \sqrt{\dfrac{\pi}{2x}}\,\mathrm{e}^{-x} + \cdots \end{cases}\,. \tag{5.286}$$

Wegen des engen Zusammenhanges zwischen den modifizierten Bessel-Funktionen und den gewöhnlichen Bessel-Funktionen, kann man leicht aus den Rekursionsformeln der letzteren solche für die modifizierten Funktionen herleiten, was hier jedoch nicht im Detail geschehen soll.

5.5.6 Das Sturm-Liouville-Problem der Bessel-Funktionen

Wir haben gesehen, dass die Bessel-Funktionen $J_n(x)$ im gesamten Intervall $0 \leq x < \infty$ gemäß (5.252) beschränkte Funktionen sind, eine unendlich Anzahl voneinander verschiedener Nullstellen besitzen und große Ähnlichkeiten mit den elementaren Sinus- und Cosinus-Funktionen besitzen. Es liegt daher nahe, zu vermuten, dass diese Funktionen ähnlich wie die Kreisfunktionen als Funktion ihrer Nullstellen ein vollständiges Funktionensystem definieren. Zum Nachweis der Orthogonalität der Bessel-Funktionen von gegebenem Index n, aber verschiedenem Index k ihrer Wurzeln, stellen wir folgende Überlegungen an. Wir betrachten das System von Funktionen

$$y_k(x) = J_n(\lambda_{n,k}x)\,, \quad k = 0,\, 1,\, 2,\, \cdots\infty \tag{5.287}$$

im Intervall $0 \leq x \leq a$ mit den beiden Dirichlet'schen Randbedingungen $y_k(0) = 0$, wenn $n \neq 0$ ist und $y_k(0) = 1$, wenn $n = 0$ ist, sowie $y_k(a) = 0$. Die erste der beiden Randbedingungen ist wegen des Verhaltens der Bessel-Funktionen im Ursprung erfüllt, während die zweite Randbedingung dann erfüllt ist, wenn $\lambda_{n,k} = \frac{x_{n,k}}{a}$ gesetzt wird, wo $x_{n,k}$ eine der Nullstellen der Bessel-Funktion ist. Die Differenzialgleichung (5.204) der Bessel-Funktionen vom ganzzahligen Index $\nu = n$ können wir durch Multiplikation mit x auf die selbstadjungierte Gestalt von Abschn. 3.5, (3.89), bringen. Dann genügen die obigen Funktionen $y_k(x)$ der Differenzialgleichung

$$\frac{\mathrm{d}}{\mathrm{d}x}\left[x\frac{\mathrm{d}y_k(x)}{\mathrm{d}x}\right] - \left(\frac{n^2}{x} - \lambda_{n,k}^2 x\right) y_k(x) = 0\,. \tag{5.288}$$

Der Nachweis der Orthogonalität der Funktionen $y_k(x)$ erfolgt nun auf ähnlichem Wege, wie in Abschn. 5.4.3 für die Legendre-Polynome. Wir multiplizieren (5.288) von links mit einer anderen Funktion $y_\ell(x)$ des Systems

(5.287), schreiben analog die Gleichung (5.288) für $y_\ell(x)$ an und multiplizieren diese von links mit $y_k(x)$. Danach subtrahieren wir beide Gleichungen voneinander und integrieren das Resultat über das Intervall $(0, a)$. Dies ergibt

$$\int_0^a \left\{ y_\ell(x)\frac{\mathrm{d}}{\mathrm{d}x}\left[x\frac{\mathrm{d}y_k(x)}{\mathrm{d}x}\right] - y_k(x)\frac{\mathrm{d}}{\mathrm{d}x}\left[x\frac{\mathrm{d}y_\ell(x)}{\mathrm{d}x}\right] \right.$$
$$\left. + (\lambda_{n,k}^2 - \lambda_{n,\ell}^2)xy_\ell(x)y_k(x) \right\} \mathrm{d}x = 0 . \tag{5.289}$$

Wie man durch ausdifferenzieren leicht erkennt, lassen sich die beiden ersten Terme unter dem Integralzeichen in dieser Gleichung durch das folgende vollständige Differenzial ersetzen

$$\frac{\mathrm{d}}{\mathrm{d}x}\left[y_\ell(x)x\frac{\mathrm{d}y_k(x)}{\mathrm{d}x} - y_k(x)x\frac{\mathrm{d}y_\ell(x)}{\mathrm{d}x}\right] . \tag{5.290}$$

Daher wird bei der Integration dieses Terms der Ausdruck in den eckigen Klammern an den Grenzen $(0, a)$ verschwinden, also bleibt das folgende Integral übrig

$$(\lambda_{n,k}^2 - \lambda_{n,\ell}^2) \int_0^a xy_\ell(x)y_k(x)\mathrm{d}x = 0 . \tag{5.291}$$

Da aber gemäß Abschn. 5.5.2 alle Nullstellen der Bessel-Funktionen voneinander verschieden sind, folgt für $\ell \neq k$ aus (5.291) die Orthogonalität des Funktionensystems (5.287). Zur Berechnung der Normierung der Funktionen $y_k(x)$ setzen wir (5.290) in (5.289) ein und differenzieren vor der Integration nach $\lambda_{n,k}$. Dies ergibt

$$\int_0^a \frac{\mathrm{d}}{\mathrm{d}x}\left[y_\ell(x)x\frac{\mathrm{d}y_k'(x)}{\mathrm{d}x} - y_k'(x)x\frac{\mathrm{d}y_\ell(x)}{\mathrm{d}x}\right] \mathrm{d}x$$
$$+ \int_0^a \left\{ 2\lambda_{n,k}xy_\ell(x)y_k(x) + (\lambda_{n,k}^2 - \lambda_{n,\ell}^2)x^2 y_\ell(x)y_k'(x)\right\} \mathrm{d}x = 0 , \tag{5.292}$$

wo $y_k'(x) = J_n'(\lambda_{n,k}x)$ die Ableitung der Bessel-Funktion nach dem Argument $\lambda_{n,k}x$ bedeutet. Nun setzen wir in (5.292) $\ell = k$. Dann verschwindet der zweite Term des zweiten Integrals. Bei Ausführung des ersten Integrals ergibt sich mithilfe der Randbedingungen

$$2\lambda_{n,k} \int_0^a xy_k^2(x)\mathrm{d}x = \left[-y_k(x)x\frac{\mathrm{d}y_k'(x)}{\mathrm{d}x} + \lambda_{n,k}x^2 y_k'^2(x)\right]_0^a = \lambda_{n,k}a^2 y_k'^2(a) . \tag{5.293}$$

Doch ist aufgrund der zweiten Rekursionsformel von (5.242) $\lambda_{n,k}ay_k'(a) = ny_k(a) - \lambda_{n,k}aJ_{n+1}(\lambda_{n,k}a)$ und da $y_k(a) = 0$ ist und die Bessel-Funktion $J_{n+1}(x)$ nicht dieselben Nullstellen wie $J_n(x)$ hat, ergibt sich aus (5.293) das Normierungsintegral

$$\int_0^a xy_k^2(x)\mathrm{d}x = \frac{a^2}{2}J_{n+1}^2(\lambda_{n,k}\,a) . \tag{5.294}$$

Schließlich erhalten wir aus (5.291) und (5.294) zusammengefasst die Orthogonalitätsrelation der Bessel-Funktionen $J_n(\lambda_{n,k}x)$

$$\int_0^a xJ_n(\lambda_{n,k}x)J_n(\lambda_{n,\ell}x)\mathrm{d}x = \frac{a^2}{2}J_{n+1}^2(\lambda_{n,k}\,a)\delta_{k,\ell}\ . \qquad (5.295)$$

Daher kann jede beliebige in $(0,a)$ definierte Funktion $f(x)$, die etwa den Dirichlet-Bedingungen genügt, durch eine Fourier-Bessel-Reihe dargestellt werden. Also

$$f(x) = \sum_{k=0}^\infty c_k J_n(\lambda_{n,k}x)\ , \quad c_k = \frac{2}{a^2 J_{n+1}^2(\lambda_{n,k}a)} \int_0^a xJ_n(\lambda_{n,k}x)f(x)\mathrm{d}x\ ,$$
$$(5.296)$$

wo die Fourier-Koeffizienten c_k in üblicher Weise mithilfe der Orthogonalitätsrelation (5.295) berechnet werden. Setzt man den Ausdruck für c_k in die Reihenentwicklung von $f(x)$ ein und vertauscht die Summation mit der Integration, so ergibt sich die Vollständigkeitsbeziehung des Fourier-Bessel'schen Funktionensystems

$$\frac{2}{a^2} \sum_{k=0}^\infty \frac{\xi}{J_{n+1}^2(\lambda_{n,k}a)} J_n(\lambda_{n,k}\xi)J_n(\lambda_{n,k}x) = \delta(x - \xi)\ . \qquad (5.297)$$

Schließlich zeigen wir noch, wie wir für $a \to \infty$ von der Fourier-Bessel-Reihe (5.296) zur Fourier-Bessel-Integraltransformation gelangen. Dazu gehen wir ganz ähnlich vor, wie wir dies bei der Herleitung der Fourier-Transformation aus der Fourier-Reihe in Abschn. 3.3 getan haben. Wir setzen den Ausdruck für die Fourier-Koeffizienten c_k in die Reihe für $f(x)$ ein und erhalten

$$f(x) = \sum_{k=0}^\infty \left[\frac{2}{a^2 J_{n+1}^2(\lambda_{n,k}a)} \int_0^a \xi J_n(\lambda_{n,k}\xi)f(\xi)\mathrm{d}\xi \right] J_n(\lambda_{n,k}x)\ . \qquad (5.298)$$

Da $\lambda_{n,k} = \frac{x_{n,k}}{a}$ ist, wo $x_{n,k}$ eine der Wurzeln der Bessel-Funktion $J_n(x)$ darstellt, wird im Limes $a \to \infty$ der Übergang $\lambda_{n,k} \to \lambda$ stattfinden. In Abschn. 5.5.2 haben wir in (5.232) gezeigt, dass die Wurzeln der Bessel-Funktion $J_n(x)$ näherungsweise an den Stellen $x_{n,k} = (2k + n + \frac{3}{2})\frac{\pi}{2}$ gelegen sind, weshalb sich für zwei aufeinander folgende Wurzeln ergibt, dass $x_{n,k} - x_{n,k-1} \cong \pi$ ist. Daher gilt dann im Limes $a \to \infty$ für die Differenz $\lambda_{n,k} - \lambda_{n,k-1} \cong \frac{\pi}{a} \to \mathrm{d}\lambda$. Entsprechend können wir dann die Substitution machen $\sum_k \frac{\pi}{a} \to \int \mathrm{d}\lambda$. Schließlich erhalten wir noch mit der asymptotischen Formel (5.229) für $J_{n+1}(x)$ und obigem genäherten Ausdruck für die Nullstellen $x_{n,k}$, dass im Limes $J_{n+1}^2(\lambda_{n,k}a) \to \frac{2}{\pi\lambda a}\cos^2(k\pi) = \frac{2}{\pi\lambda a}$ ist. Setzt man die so gewonnenen asymptotischen Beziehungen in die obige Formel (5.298) ein, so erhalten wir das Fourier-Bessel'sche Integraltheorem

$$f(x) = \int_0^\infty \lambda\mathrm{d}\lambda \left[\int_0^\infty \xi\mathrm{d}\xi J_n(\lambda\xi)f(\xi) \right] J_n(\lambda x) \qquad (5.299)$$

und wir benennen in Analogie zur Fourier-Transformation in Abschn. 3.3, (3.22)

$$F(\lambda) = \int_0^\infty \xi \, \mathrm{d}\xi \, J_n(\lambda\xi) f(\xi) \tag{5.300}$$

Die Fourier-Bessel-Transformierte der Funktion $f(x)$ und entsprechend lautet die Fourier-Bessel-Umkehrtransformation

$$f(x) = \int_0^\infty \lambda \, \mathrm{d}\lambda \, J_n(\lambda x) F(\lambda) \, . \tag{5.301}$$

Die letzten beiden Formeln sind ersichtlich zueinander reziprok. Wir schließen auch aus dem Fourier-Bessel-Theorem, dass in Analogie zu (5.297) die folgende Beziehung erfüllt ist

$$\int_0^\infty \lambda \, \mathrm{d}\lambda \, J_n(\lambda x) J_n(\lambda\xi) = \frac{1}{\xi} \delta(\xi - x) \, ,$$

welche die Vollständigkeit der Fourier-Bessel-Transformation zum Ausdruck bringt. Schließlich sei noch erwähnt, dass auch die sphärischen Bessel-Funktionen $j_\ell(\lambda_{\ell,r} x)$ ein Eigenwertproblem definieren, da sie sehr ähnliche Eigenschaften wie die Bessel-Funktionen $J_n(\lambda_{n,k} x)$ besitzen. Hier lautet die Orthogonalitätsrelation

$$\int_0^a x^2 j_\ell(\lambda_{\ell,r} x) j_\ell(\lambda_{\ell,s} x) \mathrm{d}x = \frac{a^3}{2} j_{\ell+1}^2(\lambda_{\ell,r} a) \delta_{r,s} \, . \tag{5.302}$$

Beispiele

1. Die Schwingungen einer Trommel Wir beschreiben die Trommel als eine kreisförmige ebene Membran vom Radius R, die an ihrer Berandung eingespannt ist. Die Schwingungen der Membran genügen bei kleinen Auslenkungen der d'Alembert'schen Wellengleichung. Dann haben wir folgendes Rand- und Anfangswertproblem zu lösen. In ebenen Polarkoordinaten lautet die d'Alembert'sche Wellengleichung nach Abschn. 4.3.2

$$\left[\frac{1}{r} \frac{\partial}{\partial r} \left(r \frac{\partial}{\partial r} \right) + \frac{1}{r^2} \frac{\partial^2}{\partial \varphi^2} - \frac{1}{c^2} \frac{\partial^2}{\partial t^2} \right] \Phi(r, \varphi, t) = 0 \, . \tag{5.303}$$

Sie ist einerseits mit der homogenen Dirichlet'schen Randbedingung $\Phi(R, \varphi, t) = 0$ und andererseits mit der Cauchy'schen Anfangswertbedingung $\Phi(r, \varphi, t = 0) = 0$, $\frac{\partial}{\partial t} \Phi(r, \varphi, t = 0) = F(r, \varphi)$ zu lösen. Diese Bedingungen beschreiben einerseits, dass die Membran an ihrer Berandung eingespannt ist und andererseits, dass sie zur Zeit $t = 0$ angeschlagen wird, also die Membran eine Anfangsgeschwindigkeit erfährt. Mit dem Separationsansatz $\Phi(r, \varphi, t) = \psi(r, \varphi) T(t)$ erhalten wir die beiden Gleichungen

$$T(t) = C \cos \omega t + D \sin \omega t \tag{5.304}$$

$$\left[\frac{1}{r} \frac{\partial}{\partial r} \left(r \frac{\partial}{\partial r} \right) + \frac{1}{r^2} \frac{\partial^2}{\partial \varphi^2} + k^2 \right] \psi(r, \varphi) = 0 \, , \tag{5.305}$$

wo $\omega = kc$ ist. Die zweite Gleichung hat aber nach Abschn. 4.3.2, (4.50), die Lösung

$$\psi(r,\varphi) = \sum_{n=0}^{\infty} [A_n J_n(kr) + B_n Y_n(kr)](E_n \cos n\varphi + F_n \sin n\varphi) . \qquad (5.306)$$

Da jedoch die $Y_n(kr)$ im Ursprung singulär sind und die Schwingungen der Membran endlich bleiben, ist dieser Lösungsanteil auszuschließen und daher sind die $B_n = 0$ zu setzen und wir können die A_n in die anderen beiden Konstanten subsummieren. Damit lautet unser aus (5.304) und (5.306) zusammengesetzter Lösungsansatz

$$\Phi(r,\varphi,t) = \sum_{n=0}^{\infty} J_n(kr)(E_n \cos n\varphi + F_n \sin n\varphi)(C_n \cos \omega t + D_n \sin \omega t) .$$

$$(5.307)$$

Dieser Ansatz hat für $r = R$ die Randbedingung $\Phi(R,\varphi,t) = 0$ zu erfüllen. Dies ist dann der Fall, wenn $k_{n,r} = \frac{x_{n,r}}{R}$ eine der Wurzeln von $J_n(kR) = 0$ ist. Folglich ist die allgemeine Lösung eine Fourier-Bessel-Reihe von der Form

$$\Phi(r,\varphi,t) = \sum_{r=0}^{\infty} \sum_{n=0}^{\infty} J_n(k_{n,r}r)(E_{n,r} \cos n\varphi + F_{n,r} \sin n\varphi)$$
$$\times (C_{n,r} \cos \omega_{n,r}t + D_{n,r} \sin \omega_{n,r}t) , \qquad (5.308)$$

wo die Eigenfrequenzen der Schwingungen der Trommel, $\omega_{n,r} = k_{n,r}c$ durch die Nullstellen der Bessel-Funktionen bestimmt sind. Die noch unbekannten Koeffizienten ergeben sich nun aus den beiden Anfangsbedingungen, einerseits mithilfe der Orthogonalität der Funktionen $\cos n\varphi$ und $\sin n\varphi$ und andererseits aus der Orthogonalität der Bessel-Funktionen $J_n(k_{n,r}r)$ im Intervall $(0, R)$. Wir wollen hier nur den einfachen Fall behandeln, bei dem die Anfangsbedingung $\frac{\partial}{\partial t}\Phi(r,\varphi,t = 0) = F(r)$ rotationssymmetrisch ist, d. h. die Membran möge ideal im Zentrum angeschlagen werden. In diesem Fall wird auch die Lösung (5.308) rotationssymmetrisch sein und wir erhalten daher den vereinfachten Lösungsansatz

$$\Phi(r,t) = \sum_{r=0}^{\infty} J_0(k_r r)(C_r \cos \omega_r t + D_r \sin \omega_r t) . \qquad (5.309)$$

Nun haben wir noch die beiden Anfangsbedingungen $\Phi(r,t = 0) = 0$ und $\frac{\partial}{\partial t}\Phi(r,t = 0) = F(r)$ zu erfüllen. Dies führt auf die beiden Gleichungen

$$0 = \sum_{r=0}^{\infty} J_0(k_r r)C_r , \quad F(r) = \sum_{r=0}^{\infty} J_0(k_r r)\omega_r D_r . \qquad (5.310)$$

Aus der ersten dieser Gleichungen schließen wir wegen der Orthogonalität der Bessel-Funktionen $J_0 k_r r)$, dass alle $C_r = 0$ sein müssen. Die zweite Gleichung multiplizieren wir von links mit $rJ_0(k_s r)$ und integrieren über das Intervall $(0, R)$. Dies ergibt mithilfe der Orthogonalitätsrelation (5.295) der Bessel-Funktionen

$$\int_0^R rJ_0(k_r r)F(r)\mathrm{d}r = \frac{R^2}{2}J_1^2(k_s R)\omega_s D_s \; , \tag{5.311}$$

woraus sich die Entwicklungskoeffizienten D_s berechnen lassen, sobald $F(r)$ vorgegeben ist. Es sei $F(r) = F_0$, für $0 \le r \le a$ und $F(r) = 0$ für $r > a$. Dann kann das Integral (5.311) näherungsweise berechnet werden, indem man die Faktoren $J_0(k_s a)F_0$ vor das Integral zieht. Die restliche Integration ist dann elementar und wir erhalten

$$\frac{a^2}{2}J_0(k_s a)F_0 = \frac{R^2}{2}J_1^2(k_s R)\omega_s D_s \; . \tag{5.312}$$

Mit dieser Näherung lautet dann die Lösung (5.309)

$$\Phi(r, t) = \sum_{r=0}^{\infty} J_0(k_r r)\frac{J_0(k_r a)F_0 a^2}{J_1^2(k_r R)R^2}\frac{\sin \omega_r t}{\omega_r} \; . \tag{5.313}$$

Die Lösung des Problems ist demnach eine unendliche Summe von radial stehenden Wellen der Frequenz ω_r. Die Knotenkreise der Schwingungen sind durch die Nullstellen von $J_0(k_r r)$ bestimmt, die näherungsweise aus der asymptotischen Form der Bessel-Funktion $J_0(k_r r) \approx \cos(k_r r - \frac{\pi}{4})$ berechnet werden können. Wird die Trommel nicht zentral angeschlagen, dann enthält die Lösung auch azimutale Abhängigkeiten von $\cos n\varphi$ und $\sin n\varphi$ und es treten dann neben den Knotenkreisen auch radiale Knotenlinien der Schwingungen auf.

2. Entwicklung einer ebenen Welle nach Kugelwellen Unter den Beispielen von Abschn. 2.2.8 haben wir ebene elektromagnetische Wellen betrachtet. Pflanzt sich eine solche Welle in z-Richtung fort, so hat sie die Gestalt

$$\Phi(z, t) = \Phi_0 \mathrm{e}^{\mathrm{i}kz - \mathrm{i}\omega t} \tag{5.314}$$

und sie genügt der d'Alembert'schen Wellengleichung. Wählen wir die z-Richtung als Polarachse von Kugelkoordinaten r, θ, φ, so lässt sich die ebene Welle wegen $z = r\cos\theta$ in Kugelkoordinaten auf die Gestalt bringen

$$\Phi(r\cos\theta, t) = \Phi_0 \mathrm{e}^{\mathrm{i}kr\cos\theta - \mathrm{i}\omega t} \; . \tag{5.315}$$

Diese Welle muss daher auch Lösung der d'Alembert'schen Wellengleichung in Kugelkoordinaten sein. Wegen der Rotationssymmetrie um die z-Achse, tritt ersichtlich das Azimut φ nicht auf. Wir können daher einen Lösungsansatz in der Form einer Reihe nach den Legendre-Polynomen $P_\ell(\cos\theta)$ machen. Die radiale Abhängigkeit der Lösung wird, wegen der speziellen Gestalt (5.273) der Lösung der Helmholtz-Gleichung, durch die sphärischen Bessel-Funktionen $j_\ell(kr)$ bestimmt sein, da die ebene Welle im Ursprung des Koordinatensystems sich regulär verhält und daher ein Beitrag der sphärischen

Neumann-Funktionen $n_\ell(k,r)$ auszuschließen ist. Wir können also für den räumlichen Anteil der ebenen Welle in Kugelkoordinaten den Lösungsansatz machen

$$e^{ikr\cos\theta} = \sum_{\ell=0}^{\infty} c_\ell \, j_\ell(kr) P_\ell(\cos\theta) \ . \tag{5.316}$$

Zur Bestimmung der unbekannten Koeffizienten c_ℓ multiplizieren wir diese Gleichung von links mit $P_n(\cos\theta)$ und integrieren über das Intervall $(0,\pi)$. Dann erhalten wir wegen der Orthogonalität (5.155) der Legendre-Polynome mit der neuen Variablen $x = \cos\theta$ die Gleichung

$$c_n j_n(kr) = \frac{2n+1}{2} \int_{-1}^{+1} P_n(x) e^{ikrx} dx \ . \tag{5.317}$$

Wir betrachten diese Gleichung im asymptotischen Bereich für $r \to \infty$. Dann können wir auf der linken Seite der Gleichung den asymptotischen Ausdruck für die sphärische Bessel-Funktion, der aus den Beziehungen (5.270) herleitbar, einsetzen. Auf der rechten Seite führt partielle Integration der Exponentialfunktion e^{ikrx} auf zwei Terme, von denen wir nur den ausintegrierten Anteil beibehalten, da der nächste Term bei neuerlicher partieller Integration bereits wie $\frac{1}{(kr)^2}$ abklingt und daher für $r \to \infty$ rascher gegen Null strebt. Diese Rechnung ergibt

$$\frac{c_n}{kr} \cos\left[kr - (n+1)\frac{\pi}{2}\right]$$
$$= \frac{2n+1}{2} \left[P_n(x) \frac{e^{ikrx}}{ikr} \Big|_{-1}^{+1} - \frac{1}{ikr} \int_{-1}^{+1} P_n'(x) e^{ikrx} dx \right] \ . \tag{5.318}$$

Da wir auf der rechten Seite nur den ersten Term beibehalten, erhalten wir nach einsetzen der Grenzen wegen (5.142) die asymptotische Beziehung

$$\frac{2n+1}{2ikr} \left[e^{ikr} + (-1)^{n+1}e^{-ikr}\right] = \frac{2n+1}{2ikr} \left[e^{ikr} + e^{i(n+1)\pi}e^{-ikr}\right] \ . \tag{5.319}$$

Nun ziehen wir auf der rechten Seite dieser Gleichung $e^{i(n+1)\frac{\pi}{2}} = i^{n+1}$ vor die eckige Klammer. Dies ergibt

$$\frac{2n+1}{2kr}i^n \left[e^{i\left[kr-(n+1)\frac{\pi}{2}\right]} + e^{-i\left[kr-(n+1)\frac{\pi}{2}\right]}\right] = \frac{2n+1}{kr} \cos\left[kr - (n+1)\frac{\pi}{2}\right] \ . \tag{5.320}$$

Aus dieser Gleichung schließen wir nach Vergleich mit (5.318), dass die gesuchten Koeffizienten $c_n = (2n+1)i^n$ sind. Daher erhalten wir aus dem Lösungsansatz (5.316)

$$e^{ikr\cos\theta} = \sum_{\ell=0}^{\infty} (2\ell+1)i^\ell j_\ell(kr) P_\ell(\cos\theta) \tag{5.321}$$

und die ebene Wellenlösung der d'Alembert'schen Gleichung lautet dann in
Kugelkoordinaten

$$\Phi(r, \theta, t) = \Phi_0 e^{-i\omega t} \sum_{\ell=0}^{\infty} (2\ell + 1) i^\ell j_\ell(kr) P_\ell(\cos\theta) . \qquad (5.322)$$

Wenn wir in dieser Gleichung $(2\ell + 1)j_\ell(kr)$ asymptotisch für $r \to \infty$ durch
die linke Seite von (5.320) ausdrücken, ist zu erkennen, dass die ebene Welle
(5.322) in Kugelkoordinaten asymptotisch aus einer Überlagerung von ein-
und auslaufenden Kugelwellen besteht. Dieser Zusammenhang ist bei der
Diskussion von einer Reihe physikalischer Problemstellungen nützlich.

3. Multipolentwicklung bei Ausstrahlungsprozessen Die Multipolentwicklung,
die wir in Abschn. 5.4.6 bereits als Beispiel besprochen haben, ist nicht
nur zur Berechnung des Potenzials von Ladungs- und Massenverteilungen
von Interesse, sondern in abgeänderter Form auch in der Strahlungstheorie von Bedeutung, wobei es sich um Schallausbreitung, elektromagnetischer
Strahlungsemission oder in der allgemeinen Relativitätstheorie um die Aus-
breitung von Gravitationswellen handelt. Wir betrachten hier als einfaches
Beispiel die Multipolentwicklung der retardierten Lösung der inhomogenen
d'Alembert'schen Wellengleichung. Diese retardierte Lösung haben wir in
Abschn. 4.4.4 als Beispiel in der Form (4.98) kennen gelernt, die wir hier
nochmals angeben wollen

$$\Phi(\boldsymbol{r}, t) = \frac{\alpha}{4\pi} \int_{V'} \frac{\mathrm{d}v'}{R} \int \rho(\boldsymbol{r}', \omega) e^{-i\omega(t - \frac{R}{c})} \mathrm{d}\omega . \qquad (5.323)$$

Dabei ist $R = |\boldsymbol{r} - \boldsymbol{r}'|$ der Abstand zwischen dem Aufpunkt am Ort $\boldsymbol{r}$, wo die
Strahlung beobachtet wird, und dem Quellpunkt bei $\boldsymbol{r}'$ innerhalb des Quell-
gebiets V', von wo die Strahlung emittiert wird (vgl. die analoge Situation
in Abb. 5.2). Wir betrachten der Einfachheit wegen nur monochromatische
Strahlungsemission, sodass die Integration über die Frequenz ω wegfällt. In
den praktischen Fällen ist der Beobachter vom Quellgebiet weit entfernt, so-
dass $|\boldsymbol{r}| >> |\boldsymbol{r}'|$ ist. In diesem Fall können wir im Nenner auf der rechten
Seite der Gleichung $R \cong r$ setzen und als Faktor vor das Integral ziehen.
Die in der Exponentialfunktion auftretenden Retardierungseffekte von den
verschiedenen Quellpunkten sind jedoch vorsichtiger zu behandeln, da sie zu
Interferenzerscheinungen führen, die für die Multipolentwicklung maßgeblich
sind. Hier machen wir die folgende Näherung

$$R = \sqrt{r^2 + r'^2 - 2rr' \cos\theta}$$

$$= r\sqrt{1 - 2\left(\frac{r'}{r}\right)\cos\theta + \left(\frac{r'}{r}\right)^2} \cong r - r' \cos\theta + \cdots , \qquad (5.324)$$

wobei der Winkel zwischen den Vektoren $\boldsymbol{r}$ und $\boldsymbol{r}'$ mit θ bezeichnet wurde. Setzen wir diese Näherungen in den monochromatischen Spezialfall von

(5.323) ein, so erhalten wir mit $\frac{\omega}{c} = k$

$$\Phi(\boldsymbol{r},t) = \frac{\alpha}{4\pi}\,\frac{\mathrm{e}^{\mathrm{i}(kr-\omega t)}}{r}\int_{V'}\mathrm{d}v'\rho(\boldsymbol{r}')\mathrm{e}^{-\mathrm{i}kr'\cos\theta}\;. \tag{5.325}$$

Hier können wir auf die Exponentialfunktion unter dem Integralzeichen die soeben gefundene Reihenentwicklung (5.321) anwenden, wobei wir die imaginäre Einheit i hier durch $-$i zu ersetzen haben. Dies ergibt für das Integral

$$\int_{V'}\mathrm{d}v'\rho(\boldsymbol{r}')\sum_{\ell=0}^{\infty}(2\ell+1)(-\mathrm{i})^{\ell}j_{\ell}(kr')P_{\ell}(\cos\theta)\;. \tag{5.326}$$

Nun bezeichnen wir die Punkte des Quellgebietes durch die Kugelkoordinaten (r',ϑ',φ') und den Aufpunkt durch die Koordinaten (r,ϑ,φ). Daher können wir in (5.326) auf $P_{\ell}(\cos\theta)$ das Additionstheorem (5.180) der Kugelflächenfunktionen anwenden und die letzte Gleichung folgendermaßen neu darstellen

$$4\pi\sum_{\ell=0}^{\infty}\sum_{m=-\ell}^{+\ell}(-1)^{\ell}Y_{\ell}^{m}(\vartheta,\varphi)\int_{V'}r'^{2}\mathrm{d}r'\mathrm{d}\Omega'\rho(r',\vartheta',\varphi')j_{\ell}(kr')Y_{\ell}^{m*}(\vartheta',\varphi')\;. \tag{5.327}$$

Wenn wir in dieser Gleichung, in Analogie zur statischen Multipolentwicklung (5.183), die einzelnen Integralausdrücke als Multipolmomente $q_{\ell,m}$ definieren, so können wir schließlich die Multipolentwicklung der asymptotischen Lösung (5.325) der inhomogenen d'Alembert'schen Wellengleichung in folgender Weise ausdrücken

$$\Phi(r,\vartheta,\varphi,t) = \alpha\frac{\mathrm{e}^{\mathrm{i}(kr-\omega t)}}{r}\sum_{\ell=0}^{\infty}\sum_{m=-\ell}^{+\ell}(-\mathrm{i})^{\ell}q_{\ell,m}Y_{\ell}^{m}(\vartheta,\varphi)\;. \tag{5.328}$$

Offenbar haben die einzelnen Komponenten der Multipolentwicklung verschiedene Winkelabhängigkeiten, die in praktischen Fällen experimentell nachgewiesen werden können.

5.6 Die Hermite- und Laguerre-Funktionen

Die Hermite- und Laguerre-Funktionen sind von besonderem Interesse für die Lösung der Schrödinger-Gleichung des linearen harmonischen Oszillators bzw. des Wasserstoffatoms in der Quantenmechanik. Wir wollen daher diese Funktionen anhand der Lösung dieser beiden Probleme einführen und ihre Eigenschaften diskutieren. In Abschn. 4.2 haben wir die Schrödinger-Gleichung unter (4.5) angeführt. Für die folgenden Überlegungen wollen wir sie nochmals angeben

$$\left[-\frac{\hbar^{2}}{2m}\Delta + V(x,y,z,t) - \mathrm{i}\hbar\frac{\partial}{\partial t}\right]\Phi = 0\;. \tag{5.329}$$

Wenn das Potenzial V nicht explizit von der Zeit t abhängt, können wir folgenden Separationsansatz machen

$$\Phi = \psi(x, y, z)\mathrm{e}^{-\frac{i}{\hbar}Et} \,, \tag{5.330}$$

wo E den Energieparameter darstellt. Beim Einsetzen dieses Ansatzes in die Gleichung (5.329) erhalten wir die zeitunabhängige Schrödinger-Gleichung

$$\left[-\frac{\hbar^2}{2m}\Delta + V(x, y, z)\right]\psi(x, y, z) = E\psi(x, y, z) \,. \tag{5.331}$$

Diese Gleichung ist nach Schrödinger mit der Bedingung zu lösen, dass

$$\int_\infty |\psi(x, y, z)|^2 \mathrm{d}v < \infty \tag{5.332}$$

ist, wobei die Integration über den gesamten unendlichen Raum zu erstrecken ist. Diese Bedingung besagt nichts anderes, als dass die Lösungen der Schrödinger-Gleichung quadratisch integrabel sein müssen. Die folgenden beiden Probleme haben wir unter diesen Bedingungen zu lösen.

5.6.1 Die Hermite-Funktionen

In der klassischen Mechanik genügt der lineare harmonische Oszillator der elementaren Newton'schen Bewegungsgleichung

$$m\ddot{x} = K = -\kappa x \,. \tag{5.333}$$

Die rücktreibende Kraft $K = -\kappa x = -\nabla V(x)$ können wir aus dem Potenzial $V(x) = \frac{\kappa}{2}x^2$ herleiten. Daher lautet die entsprechende Schrödinger-Gleichung des linearen harmonischen Oszillators

$$\left[-\frac{\hbar^2}{2m}\frac{\mathrm{d}^2}{\mathrm{d}x^2} + \frac{\kappa}{2}x^2\right]\psi(x) = E\psi(x) \,. \tag{5.334}$$

Die Lösungen dieses Sturm-Liouville'schen Eigenwertproblems sind im Intervall $-\infty < x < +\infty$ unter Beachtung der Bedingung (5.332) zu suchen. Es ist zweckmäßig, folgende neue Veränderliche und folgende Abkürzungen einzuführen

$$\xi = \left(\frac{m\kappa}{\hbar^2}\right)^{-\frac{1}{4}} x \,, \quad \lambda = \frac{2E}{\hbar\omega} \,, \quad \omega = \sqrt{\frac{\kappa}{m}} \,. \tag{5.335}$$

Dabei ist ω die Kreisfrequenz des harmonischen Oszillators und λ misst die Eigenwerte der Energie in den Einheiten $\hbar\omega = h\nu$, wo ν die klassische Frequenz des Oszillators und h das Plancksche Wirkungsquantum sind. Mit den neuen Variablen und Parametern lautet das zu lösende Eigenwertproblem

$$\frac{\mathrm{d}^2\psi(\xi)}{\mathrm{d}\xi^2} + (\lambda - \xi^2)\psi(\xi) = 0 \,. \tag{5.336}$$

Diese Gleichung hat für $\xi \to \infty$ eine außerwesentliche Singularität, wie man durch die Transformation $\xi = \frac{1}{\eta}$ nachweisen kann, wenn man auf diese Weise gemäß Abschn. 5.3.1 die Singularität in den Ursprung verlegt. Wir betrachten daher zunächst das asymptotische Verhalten der Lösungen von (5.336) für $\xi \to \infty$. In diesem Fall genügt es, die folgende Gleichung zu betrachten

$$\psi''(\xi) - \xi^2 \psi(\xi) = 0 \ . \tag{5.337}$$

Wie wir durch einsetzen nachweisen können, wird diese Gleichung asymptotisch durch folgenden Ansatz

$$\psi(\xi) \cong e^{\pm \frac{\xi^2}{2}} \tag{5.338}$$

gelöst. Wegen der Bedingung (5.332) ist für die folgenden Überlegungen in der asymptotischen Lösung (5.338) jedenfalls das positive Vorzeichen auszuschließen. Wir machen daher zur Lösung der Eigenwertgleichung (5.336) den Lösungsansatz

$$\psi(\xi) = H(\xi) e^{-\frac{\xi^2}{2}} \ . \tag{5.339}$$

Dieser Ansatz führt beim einsetzen in (5.336) auf die folgende Differenzialgleichung für $H(\xi)$

$$H''(\xi) - 2\xi H'(\xi) + (\lambda - 1)H(\xi) = 0 \ . \tag{5.340}$$

Die Stelle $\xi = 0$ ist jedenfalls ein regulärer Punkt dieser Differenzialgleichung. Daher können wir zur Lösung den Potenzreihenansatz machen

$$H(\xi) = \sum_{\ell=0}^{\infty} c_\ell \xi^\ell \ . \tag{5.341}$$

Dies ergibt beim einsetzen in die Differenzialgleichung

$$\sum_{\ell=0}^{1} \ell(\ell-1)c_\ell \xi^{\ell-2} + \sum_{\ell=2}^{\infty} [(\ell+2)(\ell+1)c_{\ell+2} - (2\ell+1-\lambda)c_\ell]\xi^\ell = 0 \ . \tag{5.342}$$

Aus den ersten beiden Termen der Reihe schließen wir, dass entweder $c_0 \neq 0$ und $c_1 = 0$ oder umgekehrt, gewählt werden kann. Wir wählen den ersten Fall. Aus der zweiten Summe erhalten wir, in der inzwischen geläufigen Schlussweise, die folgende zweigliedrige Rekursionsformel zur Berechnung der Koeffizienten c_ℓ

$$c_{\ell+2} = \frac{2\ell+1-\lambda}{(\ell+2)(\ell+1)} c_\ell \ . \tag{5.343}$$

Für große Werte von ℓ schließen wir daraus, dass $c_{\ell+2} \cong \frac{2}{\ell} c_\ell$ ist und wenn wir $\ell = 2k$ setzen, so ergibt sich rekursiv $c_{2k} \cong \frac{c_0}{k!}$ und daher strebt $H(\xi)$

nach folgender Näherung

$$H(\xi) \to c_0 \sum_{k=0}^{\infty} \frac{\xi^{2k}}{k!} = c_0 \mathrm{e}^{\xi^2} \ . \tag{5.344}$$

Dieses Resultat würde aber zusammen mit dem Ansatz (5.339) bedeuten, dass die gesuchte Lösung $\psi(\xi)$ im Unendlichen divergiert, entgegen der Voraussetzung. Um dies zu vermeiden, muss daher die Reihe für $H(\xi)$ für einen bestimmten Index $\ell = n$ abbrechen, sodass aufgrund der Rekursionsformel $c_{n+2} = 0$ ist. Dies wird erreicht, wenn der Parameter λ die folgenden diskreten Werte annimmt

$$\lambda_n = 2n + 1 \ , \quad n = 0,\, 1,\, 2,\, 3,\, \cdots \tag{5.345}$$

und daher lauten, wegen der Definition (5.335) des Parameters λ, die Energieeigenwerte des linearen harmonischen Oszillators

$$E_n = \hbar\omega \left(n + \frac{1}{2} \right) \ . \tag{5.346}$$

Die Lösungen $H(\xi)$, die der Differenzialgleichung (5.340) genügen, sind nun die Hermite-Polynome $H_n(\xi)$, die gemäß (5.345) die Differenzialgleichung erfüllen

$$H_n''(\xi) - 2\xi H_n'(\xi) + 2n H_n(\xi) = 0 \tag{5.347}$$

und durch die Polynome

$$H_n(\xi) = \sum_{\ell=0}^{n} c_\ell \xi^\ell \tag{5.348}$$

bestimmt sind, deren Koeffizienten sich aus (5.343) mit $\lambda = 2n + 1$ berechnen lassen, wobei die noch frei zu wählende Konstante mit $c_0 = 2^n$ festgelegt wird. Die Eigenfunktionen der Schrödinger-Gleichung des harmonischen Oszillators sind dann die Hermite-Funktionen

$$\psi_n(\xi) = H_n(\xi)\mathrm{e}^{-\frac{\xi^2}{2}} \ , \tag{5.349}$$

deren Eigenschaften wir nun diskutieren. Wir beginnen mit den Hermite-Polynomen. Diese haben die erzeugende Funktion

$$F(\xi, t) = \mathrm{e}^{2t\xi - t^2} = \sum_{n=0}^{\infty} \frac{H_n(\xi)}{n!} t^n \ , \tag{5.350}$$

welche sich in folgender Weise umschreiben und in eine Taylor-Reihe entwickeln lässt

$$F(\xi, t) = \mathrm{e}^{\xi^2} \mathrm{e}^{-(\xi - t)^2} = \sum_{n=0}^{\infty} \frac{t^n}{n!} \left(\frac{\partial^n F(\xi, t)}{\partial t^n} \right)_{t=0} \ . \tag{5.351}$$

Demnach sind die Hermite-Polynome durch folgende Formel bestimmt

$$H_n(\xi) = e^{\xi^2} \left[\frac{\partial^n}{\partial t^n} e^{-(\xi-t)^2}\right]_{t=0} = (-1)^n e^{\xi^2} \frac{d^n}{d\xi^n} e^{-\xi^2} \ , \qquad (5.352)$$

wobei im letzten Ausdruck die Differenziation nach t mit jener nach ξ vertauscht wurde, was den Vorfaktor $(-1)^n$ mit sich brachte. Für die ersten Hermite-Polynome finden wir durch Ausrechnung

$$H_0(\xi) = 1 \ , \quad H_1(\xi) = 2\xi \ , \quad H_2(\xi) = 4\xi^2 - 2 \ , \cdots \ . \qquad (5.353)$$

Bisher wissen wir aber noch gar nicht, ob die so definierten Polynome in der Tat der Hermite'schen Differenzialgleichung genügen. Dies können wir verifizieren, indem wir aus der Erzeugenden $F(\xi, t)$ durch Differenziation nach ξ und t die Rekursionsformeln herleiten. Die Differenziation nach ξ ergibt

$$2te^{2\xi\,t-t^2} = 2\sum_{n=1}^{\infty} \frac{H_{n-1}(\xi)}{(n-1)!} t^n = \sum_{n=0}^{\infty} \frac{H_n(\xi)}{n!} t^n \ . \qquad (5.354)$$

Der Vergleich der Koeffizienten von t^n auf beiden Seiten dieser Beziehung liefert die erste Rekursionsformel

$$2nH_{n-1}(\xi) = H_n'(\xi) \ . \qquad (5.355)$$

Als nächstes differenzieren wir die Erzeugende nach t. Dies ergibt

$$2(\xi - t)e^{2\xi\,t-t^2} = 2\sum_{n=0}^{\infty} \xi\frac{H_n(\xi)}{n!} t^n - 2\sum_{n=1}^{\infty} \frac{H_{n-1}(\xi)}{(n-1)!} t^n = \sum_{n=-1}^{\infty} \frac{H_{n-1}(\xi)}{n!} t^n \ , \qquad (5.356)$$

woraus wir über den Koeffizienten von $\frac{t^n}{n!}$ auf die zweite Rekursionsformel schließen können

$$2\xi H_n(\xi) - 2nH_{n-1}(\xi) = H_{n+1}(\xi) \ . \qquad (5.357)$$

Addieren wir die beiden Rekursionsformeln (5.355, 5.357), so erhalten wir eine dritte Formel

$$H'_n(\xi) = 2\xi H_n(\xi) - H_{n+1}(\xi) \ . \qquad (5.358)$$

Wenn wir schließlich diese Rekursionsformel nach ξ differenzieren und mit der ersten Rekursionsformel (5.355) nach der Substitution $n \rightarrow n+1$ kombinieren, so finden wir, dass die durch die Erzeugende $F(\xi, t)$ definierten Polynome in der Tat der Hermite'schen Differenzialgleichung (5.347) genügen. Mithilfe der soeben gefundenen Rekursionsformeln der Hermite-Polynome $H_n(\xi)$ können wir sogleich die entsprechenden Rekursionsformeln der Hermite-Funktionen $\psi_n(\xi) = e^{-\frac{\xi^2}{2}} H_n(\xi)$ (5.339) herleiten. Wenn wir $\psi_n(\xi)$ nach ξ

differenzieren und danach mit der Rekursionsformel (5.355) kombinieren, so erhalten wir die erste Rekursionsformel für $\psi_n(\xi)$

$$\psi_n'(\xi) = 2n\psi_{n-1}(\xi) - \xi\psi_n(\xi) \ . \tag{5.359}$$

Multiplizieren wir die Gleichung (5.357) mit $e^{-\frac{\xi^2}{2}}$, so ergibt sich die zweite Rekursionsformel

$$2\xi\psi_n(\xi) - 2n\psi_{n-1}(\xi) = \psi_{n+1}(\xi) \ . \tag{5.360}$$

Schließlich liefert die Addition der beiden letzten Formeln die dritte Rekursionsformel

$$\psi_n'(\xi) = \xi\psi_n(\xi) - \psi_{n+1}(\xi) \ . \tag{5.361}$$

Diese Rekursionsformeln können wir gleich dazu verwenden, um die Orthogonalität und Normierung der Hermite-Funktionen zu bestimmen. Setzen wir in (5.336) $\lambda = 2n+1$, so lautet die Differenzialgleichung der Hermite-Funktionen

$$\psi_n''(\xi) + (2n + 1 - \xi^2)\psi(\xi) = 0 \ . \tag{5.362}$$

Zum Nachweis der Orthogonalität der Hermite-Funktionen multiplizieren wir diese Gleichung von links mit $\psi_m(\xi)$ und setzen eine analoge Differenzialgleichung für $\psi_m(\xi)$ an, die wir dann von links mit $\psi_n(\xi)$ multiplizieren. Die resultierenden Gleichungen ziehen wir dann voneinander ab und integrieren das Resultat über $(-\infty, +\infty)$. Dies ergibt

$$\int_{-\infty}^{+\infty} [\psi_n(\xi)\psi_m''(\xi) - \psi_m(\xi)\psi_n''(\xi)]\mathrm{d}\xi \overset{!}{=} 0 = 2(n - m)\int_{-\infty}^{+\infty} \psi_n(\xi)\psi_m(\xi)\mathrm{d}\xi \ . \tag{5.363}$$

Die linke Seite dieser Gleichung ist aber Null, wie angedeutet, denn wenn wir dort partiell integrieren, dann verschwindet der ausintegrierte Anteil an den Grenzen $(-\infty, +\infty)$ und die Argumente des restlichen Integrals heben sich gegenseitig auf. Daher folgt aus dieser Gleichung für $n \neq m$ die Orthogonalität der Hermite-Funktionen $\psi_n(\xi)$. Zur Herleitung der Normierung dieser Funktionen betrachten wir folgendes Integral und wenden die zweite Rekursionsformel (5.360) an

$$\int_{-\infty}^{+\infty} 2\xi\psi_n(\xi)\psi_{n-1}(\xi)\mathrm{d}\xi$$

$$= 2n\int_{-\infty}^{+\infty} \psi_{n-1}(\xi)\psi_{n-1}(\xi)\mathrm{d}\xi + \int_{-\infty}^{+\infty} \psi_{n+1}(\xi)\psi_{n-1}(\xi)\mathrm{d}\xi \ . \tag{5.364}$$

Das Integral auf der linken Seite können wir aber auch mithilfe der Rekursionsformel (5.360) für $n \to n - 1$ so ausdrücken

$$\int_{-\infty}^{+\infty} \psi_n(\xi)[2\xi\psi_{n-1}(\xi)]\mathrm{d}\xi$$

$$= 2(n - 1)\int_{-\infty}^{+\infty} \psi_n(\xi)\psi_{n-2}(\xi)\mathrm{d}\xi + \int_{-\infty}^{+\infty} \psi_n(\xi)\psi_n(\xi)\mathrm{d}\xi \ . \tag{5.365}$$

Da die Integrale auf der linken Seite der beiden letzten Formeln miteinander identisch sind, gilt dies auch für ihre rechten Seiten. Dabei fällt jeweils eines der dortigen Integrale wegen der bereits bewiesenen Orthogonalität der $\psi_n(\xi)$ weg und wir finden für das Normierungsintegral die folgende Rekursionsformel

$$I_{n,n} = \int_{-\infty}^{+\infty} \psi_n(\xi)\psi_n(\xi)\mathrm{d}\xi = 2n \int_{-\infty}^{+\infty} \psi_{n-1}(\xi)\psi_{n-1}(\xi)\mathrm{d}\xi = 2nI_{n-1,n-1} \ .$$

$$(5.366)$$

Wenn wir mit der Rekursion fortfahren, erhalten wir schließlich wegen des vollständigen Gauß'schen Fehlerintegrals (5.11)

$$I_{n,n} = 2nI_{n-1,n-1} = 2^2 n(n-1)I_{n-2,n-2} = \cdots$$
$$= 2^n n! \int_{-\infty}^{+\infty} \psi_0(\xi)\psi_0(\xi)\mathrm{d}\xi = 2^n n! \int_{-\infty}^{+\infty} \mathrm{e}^{-\xi^2}\mathrm{d}\xi = 2^n n!\sqrt{\pi} \ . \quad (5.367)$$

Somit lauten die normierten Eigenfunktionen des linearen harmonischen Oszillators

$$\psi_n(\xi) = \frac{1}{\sqrt{2^n n!\sqrt{\pi}}} H_n(\xi)\mathrm{e}^{-\frac{\xi^2}{2}} \ . \quad (5.368)$$

5.6.2 Die Laguerre-Funktionen

Das Wasserstoffatom besteht aus einem Proton der Masse M und der Ladung $+e$ und aus einem Elektron der Masse m und der Ladung $-e$. Da $M \cong 1000m$ ist, können wir die Mitbewegung des Atomkerns in erster Näherung vernachlässigen und annehmen, das Proton befände sich als Kraftzentrum im Ursprung des Koordinatensystems. Die elektrostatische Kraft, die das Proton auf das Elektron ausübt, ist durch das Coulomb'sche Gesetz bestimmt. Das elektrostatische Potenzial dieser Kraft ist kugelsymmetrisch und durch folgenden Ausdruck gegeben

$$V(r) = -\frac{e^2}{r} \ , \quad (5.369)$$

aus dem durch $\boldsymbol{K} = -\nabla V(r)$ die Coulomb'sche Kraft berechnet werden kann. Wegen der Kugelsymmetrie und Zeitunabhängigkeit der Kraftwirkung wird es zweckmäßig sein, die Schrödinger-Gleichung der stationären Zustände des Wasserstoffatoms in Kugelkoordinaten auszudrücken. Mithilfe des Ausdrucks (1.146) in Abschn. 1.5.2 für den Laplace-Operator in Kugelkoordinaten und mit dem Potenzial (5.369) erhält die Schrödinger-Gleichung (5.331) die Gestalt

$$\left\{ -\frac{\hbar^2}{2mr^2} \left[\frac{\partial}{\partial r}\left(r^2\frac{\partial}{\partial r}\right) + \frac{1}{\sin\vartheta}\frac{\partial}{\partial\vartheta}\left(\sin\vartheta\frac{\partial}{\partial\vartheta}\right) \right.\right.$$
$$\left.\left. + \frac{1}{\sin^2\vartheta}\frac{\partial^2}{\partial\varphi^2}\right] - \frac{e^2}{r}\right\}\psi(r,\vartheta,\varphi) = E\psi(r,\vartheta,\varphi) \ . \quad (5.370)$$

Durch einen Vergleich mit der Lösung der Helmholtz-Gleichung in Kugelkoordinaten in Abschn. 4.3.2, können wir auch hier sofort den Lösungsansatz (4.31) machen

$$\psi_{\ell,m}(r,\vartheta,\varphi) = R_\ell(r)Y_\ell^m(\vartheta,\varphi) \, , \tag{5.371}$$

wodurch wir beim Einsetzen in (5.370) auf die radiale Schrödinger-Gleichung geführt werden

$$R_\ell''(r) + \frac{2}{r}R_\ell'(r) + \left[\frac{2m}{\hbar^2}\left(E + \frac{e^2}{r}\right) - \frac{\ell(\ell+1)}{r^2}\right]R_\ell(r) = 0 \, . \tag{5.372}$$

Wir betrachten zunächst das asymptotische Verhalten der Lösungen dieser Gleichung für $r \to \infty$. Dann erhalten wir aus (5.372) die genäherte Gleichung

$$R_\ell''(r) + \frac{2m}{\hbar^2}ER_\ell(r) = 0 \, . \tag{5.373}$$

Hier haben wir nun zwei Lösungsfälle zu unterscheiden, je nachdem ob der Energieparameter $E > 0$ oder $E < 0$ ist. Dies ergibt die beiden asymptotischen Lösungsmöglichkeiten

$$E > 0 \, , \quad R_\ell(r) \cong \mathrm{e}^{\pm\mathrm{i}\frac{\sqrt{2mE}}{\hbar}r} \, , \quad E < 0 \, , \quad R_\ell(r) \cong \mathrm{e}^{\pm\frac{\sqrt{2mE}}{\hbar}r} \, . \tag{5.374}$$

Im ersten Fall sind die Lösungen im Unendlichen periodisch oszillierend und erfüllen daher nicht die Bedingung (5.332) der quadratischen Integrabilität. Dennoch ist dieser Fall physikalisch interessant, doch soll er hier nicht näher untersucht werden, denn er führt auf das Streuproblem, das wir genähert im Beispiel 4 von Abschn. 4.4.4 behandelt haben. Im zweiten Fall können nur die Lösungen mit dem negativen Vorzeichen von Interesse sein, da sie die Konvergenz im Unendlichen garantieren. Für die folgenden weiteren Untersuchungen ist es zweckmäßig, eine neue Veränderliche und eine Reihe von Abkürzungen einzuführen, die auch dem negativen Wert des Energieparameters Rechnung tragen. Wir setzen

$$\frac{2mE}{\hbar^2} = -\frac{1}{r_0^2} \, , \quad \rho = \frac{2r}{r_0} \, , \quad A = \frac{me^2}{\hbar^2}r_0 \, . \tag{5.375}$$

Dann haben die zulässigen asymptotischen Lösungen die Gestalt $R_\ell(\rho) \cong \mathrm{e}^{-\frac{\rho}{2}}$ und die radiale Schrödinger-Gleichung lautet nun

$$R_\ell''(\rho) + \frac{2}{\rho}R_\ell'(\rho) - \left[\frac{1}{4} - \frac{A}{\rho} + \frac{\ell(\ell+1)}{\rho^2}\right]R_\ell(\rho) = 0 \, . \tag{5.376}$$

Um das Verhalten der zulässigen Lösungen im Unendlichen zu berücksichtigen, machen wir den Ansatz

$$R_\ell(\rho) = F_\ell(\rho)\mathrm{e}^{-\frac{\rho}{2}} \tag{5.377}$$

und erhalten damit für $F_\ell(\rho)$ eine Differenzialgleichung vom Fuchs'schen Typus (vgl. Abschn. 5.3.1)

$$F_\ell''(\rho) + \left(\frac{2}{\rho} - 1\right) F_\ell'(\rho) + \left[\frac{A-1}{\rho} - \frac{\ell(\ell+1)}{\rho^2}\right] F_\ell(\rho) = 0 \ . \qquad (5.378)$$

Anstelle zur Lösung formal einen Frobenius'schen Reihenansatz zu machen, betrachten wir zuerst die asymptotischen Lösungen dieser Gleichung für $\rho \to 0$. In der Umgebung von $\rho = 0$ ist der am stärksten singulär werdende Anteil der Differenzialgleichung (5.378) bestimmt durch

$$F_\ell''(\rho) + \frac{2}{\rho} F_\ell'(\rho) - \frac{\ell(\ell+1)}{\rho^2} F_\ell(\rho) = 0 \ . \qquad (5.379)$$

Diese Gleichung gestattet den Lösungsansatz $F_\ell(\rho) = \rho^\lambda$. Dies ergibt beim einsetzen in (5.379) zur Bestimmung des Parameters λ die Gleichung $\lambda(\lambda + 1) = \ell(\ell + 1)$ mit den beiden Lösungen $\lambda = \ell$ und $\lambda = -\ell - 1$. Die zweite Lösung ist offensichtlich auszuschließen, da sonst die Funktion $F_\ell(\rho)$ bei $\rho = 0$ singulär würde. Also können wir zur Lösung von (5.378) den Ansatz machen

$$F_\ell(\rho) = \rho^\ell L_\ell(\rho) \ . \qquad (5.380)$$

Dies ergibt beim einsetzen in (5.378) die folgende Gleichung für $L_\ell(\rho)$

$$\rho L_\ell''(\rho) + [2(\ell+1) - \rho]L_\ell'(\rho) + (A - \ell - 1)L_\ell(\rho) = 0 \ . \qquad (5.381)$$

Zur Lösung dieser Gleichung machen wir den Potenzreihenansatz

$$L_\ell(\rho) = \sum_{r=0}^{\infty} c_r \rho^r \ . \qquad (5.382)$$

Dieser Ansatz ergibt beim einsetzen und ordnen nach gleichen Potenzen von ρ

$$\sum_{r=0}^{\infty} \left[(r+1)(r+2\ell+2)c_{r+1} - (r+\ell+1-A)c_r\right]\rho^r = 0 \ , \qquad (5.383)$$

woraus wir auf die Rekursionsformel schließen

$$c_{r+1} = \frac{r+\ell+1-A}{(r+1)(r+2\ell+2)} c_r \ . \qquad (5.384)$$

Wir betrachten zunächst das asymptotische Verhalten der Koeffizienten c_r für $r \gg 1$. In diesem Fall liefert die Rekursionsformel $c_{r+1} \cong \frac{1}{r}c_r$, sodass näherungsweise $c_{r+1} \cong \frac{1}{r!}c_0$ ist. Folglich erhalten wir aus (5.382) für die Lösungsreihe die asymptotische Näherung $L_\ell(\rho) \to e^\rho$. Damit würden aber die Lösungen (5.377) der radialen Schrödinger-Gleichung entgegen der Voraussetzung im Unendlichen divergieren. Um dies zu vermeiden, muss der Potenzreihenansatz (5.382) für einen bestimmten Index $r = n_r$ abbrechen.

Daher können die gesuchten Lösungen von (5.381) nur Polynomlösungen sein. Es muss also für $r = n_r$, $c_r = 0$ sein und wir erhalten aus dieser Bedingung die Eigenwertbeziehung des Wasserstoffatoms

$$n_r + \ell + 1 - A = 0 \ . \tag{5.385}$$

Man nennt n_r die radiale Quantenzahl, ℓ die Drehimpulsquantenzahl und führt die Hauptquantenzahl $n = n_r + \ell + 1$ ein. Da $n_r = 0, 1, 2, \cdots$ sein kann, muss für gegebenen Wert von $\ell = 0, 1, 2, \cdots$, die Quantenzahl $n \geq \ell+1$ sein. Dann lautet mithilfe der Definitionen (5.375) der Parameter A und r_0 die Quantenbedingung

$$n^2 = A^2 = \frac{me^4}{2\hbar^2|E|} \ , \quad E_n = -\frac{me^4}{2\hbar^2 n^2} \ , \quad n = 1, 2, 3, \cdots , \tag{5.386}$$

wobei E_n die negativen Energieniveaus der gebundenen Zustände des Wasserstoffatoms sind. Setzt man in der Differenzialgleichung (5.381) für $L_\ell(\rho)$ den Parameter $A = n$, so erhält man die Differenzialgleichung der zugeordneten Laguerre-Polynome $L_{n+1}^{(2\ell+1)}(\rho)$

$$\left\{ \rho\frac{\mathrm{d}^2}{\mathrm{d}\rho^2} + [2(\ell + 1) - \rho]\frac{\mathrm{d}}{\mathrm{d}\rho} + (n - \ell - 1) \right\} L_{n+1}^{(2\ell+1)}(\rho) = 0 \ . \tag{5.387}$$

Damit lauten gemäß (5.371) die Eigenfunktionen der stationären Zustände des Wasserstoffatoms

$$\psi_{n,\ell,m}(r, \vartheta, \varphi) = R_{n,\ell}(r)Y_\ell^m(\vartheta, \varphi) \ , \tag{5.388}$$

wobei die radialen Zustandsfunktionen wegen (5.377), (5.380) und (5.387) gegeben sind durch

$$R_{n,\ell}(r) = \mathrm{e}^{-\frac{\rho}{2}} \rho^\ell L_{n+1}^{(2\ell+1)}(\rho) \ , \quad \rho = \frac{2r}{r_0} \ . \tag{5.389}$$

a) *Die Laguerre-Polynome*

Den Ausgangspunkt für die Einführung der zugeordneten Laguerre-Polynome bilden die gewöhnlichen Laguerre-Polynome. Diese sind durch die Differenzialgleichung definiert

$$xL_n''(x) + (1 - x)L_n'(x) + nL_n(x) = 0 \tag{5.390}$$

und lassen sich für $t < 1$ und $x > 0$ aus folgender erzeugenden Funktion herleiten

$$F(x,t) = \frac{\mathrm{e}^{-\frac{xt}{1-t}}}{1 - t} = \sum_{n=0}^{\infty} \frac{L_n(x)}{n!} t^n \ , \tag{5.391}$$

wonach die $L_n(x)$ ersichtlich die Differenzialkoeffizienten der Taylor'schen Reihenentwicklung von $F(x,t)$ sind. Setzt man auf beiden Seiten der Gleichung (5.391) $x = 0$, so kann man die linke Seite in eine geometrische Reihe nach t^n entwickeln und schließt beim Vergleich der beiden Seiten, dass $L_n(0) = n!$ ist. Wenn man die Exponentialfunktion in (5.391) etwas umschreibt, so zeigt sich, dass die Laguerre-Polynome durch die folgende Formel gegeben sind

$$L_n(x) = \mathrm{e}^x \left(\frac{\mathrm{d}^n}{\mathrm{d}t^n} \frac{\mathrm{e}^{-\frac{x}{1-t}}}{1-t} \right)_{t=0} = \mathrm{e}^x \frac{\mathrm{d}^n}{\mathrm{d}x^n} (x^n \mathrm{e}^{-x}) \,, \qquad (5.392)$$

wobei die Äquivalenz der beiden letzten Formeln für $n = 1$ leicht nachzuweisen ist und die allgemeine Gültigkeit durch den Induktionsschluss von n auf $n + 1$ gefunden werden kann. Differenziert man die Erzeugende $F(x,t)$ nach x, so ergibt sich

$$-\frac{t}{1-t} F(x,t) = -\frac{t}{1-t} \sum_{n=0}^{\infty} \frac{L_n(x)}{n!} t^n = \sum_{n=0}^{\infty} \frac{L_n'(x)}{n!} t^n \qquad (5.393)$$

und hieraus folgert man nach Umordnung auf gleiche Potenzen von t die erste Rekursionsformel

$$L_n'(x) - nL_{n-1}'(x) + nL_{n-1}(x) = 0 \,. \qquad (5.394)$$

Wenn wir die erzeugende Funktion nach t differenzieren, so erhalten wir

$$\frac{1-t-x}{(1-t)^2} F(x,t) = \frac{1-t-x}{(1-t)^2} \sum_{n=0}^{\infty} \frac{L_n(x)}{n!} t^n = \sum_{n=0}^{\infty} \frac{L_n(x)}{(n-1)!} t^{n-1} \qquad (5.395)$$

und daraus ergibt sich nach Umordnung die zweite Rekursionsformel

$$(2n + 1 - x)L_n(x) - L_{n+1}(x) - n^2 L_{n-1}(x) = 0 \,. \qquad (5.396)$$

Wird die zweite Rekursionsformel zwei mal nach x differenziert und ersetzt man n durch $n + 1$, so folgt daraus

$$L_{n+2}''(x) + (x - 2n - 3)L_{n+1}''(x) + (n + 1)^2 L_n''(x) + 2L_{n+1}'(x) = 0 \,. \quad (5.397)$$

Nun kann man in der ersten Rekursionsformel (5.394) n durch $n + 1$ bzw. durch $n + 2$ ersetzen und anschließend differenzieren. Dies ergibt Ausdrücke, die es gestatten in (5.397) die Terme L_{n+2}'', L_{n+1}'' und L_{n+1}' zu eliminieren und man gelangt auf diese Weise zur Differenzialgleichung (5.390) der Laguerre-Polynome, womit dann nachgewiesen ist, dass die durch die erzeugende Funktion (5.391) definierten Funktionen bis auf einen konstanten Faktor mit den Laguerre-Polynomen identisch sind.

b) *Die Laguerre-Funktionen*

Die soeben behandelten Laguerre-Polynome sind aber nicht die Eigenfunktionen eines Sturm-Liouville'schen Eigenwertproblems. Man definiert dazu unter Bezug auf (5.377) die Laguerre-Funktionen durch die Gleichung

$$\phi_n(x) = e^{-\frac{x}{2}} L_n(x) \,. \tag{5.398}$$

Diese Funktionen bilden dann im Intervall $(0 \leq x < \infty)$ ein vollständiges orthogonales Funktionensystem und genügen in selbstadjungierter Form (vgl. Abschn. 5.3.1) der Differenzialgleichung

$$\frac{d}{dx} \left(x \frac{d\phi_n(x)}{dx} \right) + \left(n + \frac{1}{2} - \frac{x}{4} \right) \phi_n(x) = 0 \,. \tag{5.399}$$

Zum Nachweis der Orthogonalität der Lösungen $\phi_n(x)$ gehen wir in bereits bekannter Weise vor. Wir multiplizieren die letzte Gleichung von links mit $\phi_m(x)$ und betrachten eine analoge Gleichung, in der n und m vertauscht wurden. Dann subtrahieren wir diese beiden Gleichungen und integrieren das Resultat über das Definitionsintervall $(0 \leq x < \infty)$. Dies ergibt

$$\int_0^\infty \left[\phi_m(x) \frac{d}{dx} \left(x \frac{d\phi_n(x)}{dx} \right) - \phi_n(x) \frac{d}{dx} \left(x \frac{d\phi_m(x)}{dx} \right) \right.$$
$$\left. + (n - m) \phi_m(x) \phi_n(x) \right] dx = 0 \,. \tag{5.400}$$

Bei der partiellen Integration der ersten beiden Terme in dieser Gleichung verschwindet der ausintegrierte Anteil an den Integrationsgrenzen und die resultierenden Integrale der partiellen Integration heben sich gegenseitig auf. Daraus folgt für $m \neq n$ die Orthogonalität der Laguerre-Funktionen $\phi_n(x)$. Zur Berechnung ihrer Normierung gehen wir von folgendem Integral aus, bei welchem wir hintereinander zweimal die zweite Rekursionsformel (5.396) der Laguerre-Polynome anwenden. Dies ergibt mithilfe der Orthogonalitätsrelation (5.400)

$$\int_0^\infty \phi_n(x)\phi_n(x)dx = \int_0^\infty e^{-x} L_n(x) L_n(x)dx = n^2 \int_0^\infty \phi_{n-1}(x)\phi_{n-1}(x)dx \,. \tag{5.401}$$

Daraus können wir rekursiv das Normierungsintegral berechnen und erhalten schließlich die Orthogonalitätsrelation der Laguerre-Funktionen

$$\int_0^\infty \phi_n(x)\phi_m(x)dx = (n!)^2 \delta_{n,m} \,. \tag{5.402}$$

Daher sind die normierten Laguerre-Funktionen durch folgenden Ausdruck gegeben

$$\bar{\phi}_n(x) = \frac{1}{n!} e^{-\frac{x}{2}} L_n(x) \,. \tag{5.403}$$

Ferner sind die zugeordneten Laguerre-Polynome definiert durch die k-te Ableitung der Laguerre-Polynome (5.392)

$$L_n^k(x) = \frac{\mathrm{d}^k}{\mathrm{d}x^k} L_n(x) = \frac{\mathrm{d}^k}{\mathrm{d}x^k}\left[\mathrm{e}^x \frac{\mathrm{d}^n}{\mathrm{d}x^n}(x^n \mathrm{e}^{-x})\right] \qquad (5.404)$$

und diese genügen der Differenzialgleichung

$$xL_n^{k\prime\prime}(x) + (k+1-x)L_n^{k\prime}(x) + (n-k)L_n^k(x) = 0\ , \qquad (5.405)$$

wie sich durch k-malige Differenziation von (5.390) nachweisen lässt. Die bereits betrachtete Gleichung (5.387) stellt demnach einen speziellen Fall von (5.405) dar.

c) *Die zugeordneten Laguerre-Funktionen*

Eine erzeugende Funktion der zugeordneten Laguerre-Polynome kann man durch k-malige Differenziation der erzeugenden Funktion (5.391) nach x herleiten. Dies ergibt

$$F^{(k)}(x,t) = (-1)^k \frac{t^k}{(1-t)^{k+1}} \mathrm{e}^{-\frac{xt}{1-t}} = \sum_{n=k}^{\infty} \frac{L_n^k(x)}{n!} t^n\ , \qquad (5.406)$$

wobei zu beachten ist, dass $n \geq k$ sein muss. Von physikalischem Interesse sind die bereits in (5.389) angegebenen radialen Zustandsfunktionen $R_{n,\ell}(\rho)$, welche den zugeordneten Laguerre-Funktionen äquivalent sind. Zur Berechnung des Normierungsintegrals dieser Funktionen, welches durch den Ausdruck gegeben ist

$$\begin{aligned}
I_{n,\ell} &= \int_0^\infty \left[R_{n,\ell}(\rho)\right]^2 \rho^2 \mathrm{d}\rho = \int_0^\infty \mathrm{e}^{-\rho}\rho^{2\ell}\left[L_{\ell+n}^{(2\ell+1)}(\rho)\right]^2 \rho^2 \mathrm{d}\rho \\
&= \frac{2n[(n+\ell)!]^3}{(n-\ell-1)!}\ , \qquad (5.407)
\end{aligned}$$

verwenden wir die erzeugende Funktion $F^{(k)}(x,t)$ der zugeordneten Laguerre-Polynome und betrachten die folgende Summe

$$\begin{aligned}
&\sum_{n=\ell+1}^{\infty} \sum_{n'=\ell+1}^{\infty} \frac{L_{\ell+1}^{(2\ell+1)}(\rho)L_{\ell+1}^{(2\ell+1)}(\rho)}{(n+\ell)!(n'+\ell)!} t^{n+\ell}\tau^{n'+\ell} \\
&= \frac{\exp\left(-\frac{\rho t}{1-t} - \frac{\rho\tau}{1-\tau}\right)}{(1-t)^{2\ell+2}(1-\tau)^{2\ell+2}} t^{2\ell+1}\tau^{2\ell+1}\ . \qquad (5.408)
\end{aligned}$$

Nun werden beide Seiten dieser Gleichung mit $\mathrm{e}^{-\rho}\rho^{2\ell+2}$ multipliziert und über das Intervall $(0,\infty)$ integriert. Die Integration über die Exponentialfunktionen auf der rechten Seite ist elementar und wir erhalten mithilfe des binomischen Satzes

$$\frac{(t\tau)^{2\ell+1}}{(1-t)^{2\ell+2}(1-\tau)^{2\ell+2}} \int_0^\infty \rho^{2\ell+2} \mathrm{e}^{-\rho-\frac{\rho t}{1-t}-\frac{\rho\tau}{1-\tau}}\, \mathrm{d}\rho$$

$$= (1-t-\tau-t\tau) \sum_{r=0}^\infty \frac{(2\ell+r+2)}{r!}(t\tau)^{2\ell+r+1}\,. \tag{5.409}$$

Vergleicht man nun den Koeffizienten von $(t\tau)^{n+1}$ auf der rechten Seite von (5.409) mit jenem auf der linken Seite von (5.408), so erhält man sofort den Ausdruck für das Normierungsintegral (5.407). Folglich lauten schließlich die normierten Eigenfunktionen der stationären Zustände des Wasserstoffatoms mithilfe von (5.375), (5.386), (5.388), (5.389) und (5.407)

$$\Phi_{n,\ell,m}(r,\vartheta,\varphi,t) = \psi_{n,\ell,m}(r,\vartheta,\varphi)\mathrm{e}^{-\frac{\mathrm{i}}{\hbar}E_n t}\,, \quad E_n = -\frac{me^4}{2\hbar^2 n}\,, \tag{5.410}$$

wobei die normierten Zustandsfunktionen $\psi_{n,\ell,m}(r,\vartheta,\varphi)$ durch folgenden Ausdruck gegeben sind

$$\psi_{n,\ell,m}(r,\vartheta,\varphi) = N_{n,\ell}\mathrm{e}^{-\frac{\rho}{2}}\rho^\ell L_{n+\ell}^{2\ell+1}(\rho)Y_\ell^m(\vartheta,\varphi)\,, \quad \rho = \frac{2r}{r_0} \tag{5.411}$$

und die Normierungskonstanten $N_{n,\ell}$ lauten

$$N_{n,\ell} = \left[\left(\frac{2}{na_0}\right)^3 \frac{(n-\ell-1)!}{2n[(n+\ell)!]^3}\right]^{\frac{1}{2}}\,. \tag{5.412}$$

Darin ist $r_0 = na_0$, wo $a_0 = \frac{\hbar^2}{me^2}$ der Bohrsche Radius des Wasserstoffatoms ist. Schließlich sei darauf hingewiesen, dass die Zustände (5.410) n^2-fach entartet sind.

Übungsaufgaben

1. Eine leitende Kugel wird in ein homogenes statisches elektrisches Feld eingebettet. Man berechne das elektrostatische Potenzial und die Feldverteilung in der Umgebung der Kugel mit den Randbedingungen, dass im Unendlichen das Feld homogen ist und auf der Kugeloberfläche das Potenzial konstant, $\Phi(R,\vartheta) = V$, ist. Es ist zweckmäßig die z-Achse zur Polarachse von Kugelkoordinaten zu machen, und das homogene elektrische Feld in die z-Richtung zu orientieren. Man beachte die Rotationssymmetrie um die z-Achse.

2. Am einen Ende einer masselosen Stange der Länge R ist eine Masse M montiert. Das andere Ende ist im Ursprung O eines Koordinatensystems fixiert, sodass die Masse frei auf einer Kugel vom Radius R rotieren kann. Man stelle die Schrödinger-Gleichung dieses Rotators auf und finde die Eigenwerte und Eigenfunktionen.

3. Man betrachte ein Elektron im Grundzustand des Wasserstoffatoms. Die Zustandsfunktion $\psi_{1,0,0}$, welche (5.411) und (5.412) entnommen werden kann, definiert eine Ladungsverteilung $\rho(\boldsymbol{r}') = e|\psi_{1,0,0}|^2$. Man berechne das Potenzial dieser Ladungsverteilung in einem beliebigen Aufpunkt $\boldsymbol{r}$.

4. Auf einer Kugel vom Radius R ist das Potenzial $\Phi = A\cos\vartheta\cos\varphi$ vorgegeben. Man bestimme das Potenzial außerhalb der Kugel mit der Randbedingung $\Phi \to 0$ für $r \to \infty$.

5. Man berechne die allgemeine Lösung der Laplace'schen Differenzialgleichung im Inneren einer Kugel vom Radius R, wenn auf der Kugel das Potenzial $\Phi(R,\vartheta,\varphi) = U(\vartheta,\varphi)$ vorgegeben ist. Zur Lösung verwendet man das Additionstheorem der Kugelflächenfunktionen.

6. Betrachte den räumlichen harmonischen Oszillator in der Quantentheorie. Das Potenzial ist in diesem Fall $V = \frac{\kappa}{2}r^2 = \frac{\kappa}{2}(x^2 + y^2 + z^2)$. Die Schrödinger-Gleichung kann sowohl in Kugel- als auch in Kartes'schen Koordinaten gelöst werden. Finde in beiden Fällen die Eigenfunktionen und Eigenwerte und vergleiche die Resultate.

7. Betrachte die Lösung der Laplace'schen Differenzialgleichung in ebenen Polarkoordinaten und wende sie auf die Berechnung des Potenzials eines Zylinderkondensators an. Dieser besteht aus zwei idealisiert unendlich langen konzentrischen Zylindern der Radien R_1 und R_2 auf denen die Potenziale V_1 und V_2 herrschen. Betrachte auch den allgemeineren Fall wo $V_2 = V_2(\varphi)$ ist.

8. Löse die Laplace'sche Differenzialgleichung innerhalb eines Kreises vom Radius R. Auf dem Kreis herrsche das Potenzial $\Phi(R,\varphi) = U(\varphi)$ und innerhalb des Kreises sei die Lösung regulär.

9. Betrachte einen unendlich langen Zylinder vom Radius R, der senkrecht zur Zylinderachse von einer reibungsfreien Flüssigkeit umströmt wird. Finde das Strömungspotenzial. Im Unendlichen herrsche Parallelströmung und auf dem Zylinder verschwindet die senkrechte Geschwindigkeitskomponente der Strömung.

10. Der Fluss einer inkompressiblen Flüssigkeit kann durch ein Potenzial $u(r,\theta,\phi)$ beschrieben werden derart, dass das Strömungsfeld $\boldsymbol{v}(r,\theta,\phi) = -\nabla u(r,\theta,\phi)$ ist. Suche das Potenzial für die Strömung um eine Kugel mit den Randbedingungen $u(r \to \infty) = -v_0 z = -v_0 r\cos\theta$ und $\frac{\partial u}{\partial r} = v_r = 0$ für $r = R$, wo R der Radius der Kugel, die ihr Zentrum im Ursprung O des Koordinatensystems hat. Das Problem ist rotationssymmetrisch um die z-Achse, daher kann ein vereinfachter Ansatz für das Potenzial u gemacht werden. (Lösung: $u(r,\theta) = -v_0(r + \frac{R^3}{2r^2})\cos\theta$).

11. Bestimme das Potenzial im Inneren eines Zylinders vom Radius R und der Höhe a. Auf der Oberfläche des Zylinders mögen folgende Randbedingungen herrschen $\Phi(r,\varphi,0) = \Phi(r,\varphi,a) = 0$ und $\Phi(R,\varphi,z) = V$. Das Potenzial im Inneren des Zylinders soll regulär sein.

12. Löse die Laplace'sche Differenzialgleichung zwischen zwei unendlich ausgedehnten parallelen Platten, die im Abstand a senkrecht zur z-Achse

stehen. Auf der Platte bei $z = 0$ herrsche das Potenzial $U(r, \varphi)$ und auf der Platte bei $z = a$ das Potenzial $V(r, \varphi)$.

13. Man finde die Eigenwerte und Eigenfunktionen der Schrödinger-Gleichung für einen zylindrischen, unendlich hohen Potenzialtopf vom Radius R. Auf der Oberfläche des Zylinders gilt die Randbedingung $\psi(R, \varphi) = 0$.

14. Man löse das zu Beispiel 12 analoge Problem für einen Zylinder vom Radius R und der Höhe a mit der Randbedingung dass $\psi = 0$ ist auf der Oberfläche des Zylinders.

15. Eine Schallwelle wird an einem unendlich langen Zylinder gestreut. Die in z-Richtung senkrecht zur Zylinderachse einfallende ebene monochromatische Welle zusammen mit der auslaufenden monochromatischen Streuwelle müssen auf dem Zylinder vom Radius R der Randbedingung $\frac{\partial \Phi(r,\varphi,t)}{\partial r}\big|_{r=R} = 0$ genügen. Man entwickelt die ebene Welle nach Zylinderwellen und macht einen Ansatz für die Streuwelle nach auslaufenden Zylinderwellen (Hankel-Funktionen 1. Art). Mithilfe der Randbedingungen können die unbekannten Entwicklungskoeffizienten gefunden werden.

16. Ähnlich geht man vor bei der Streuung von Schallwellen an einer Kugel. Hier ist die einfallende Welle nach Kugelwellen zu entwickeln und die Streuwelle nach auslaufenden Kugelwellen, deren radialer Anteil durch die sphärischen Hankel-Funktionen 1. Art beschrieben wird. Für $r \to \infty$ kann man dann die Streuamplitude $f(\vartheta)$ ablesen. (vgl. das in Abschn. 4.4.4 unter den Beispielen behandelte Streuproblem, insbesondere (4.112)).

17. Finde die Eigenfunktionen und Eigenwerte der Schrödinger-Gleichung für ein Teilchen in einer Kugel vom Radius R mit der Randbedingung, dass $\psi(R, \vartheta, \varphi) = 0$ ist.

18. Finde die allgemeine Lösung der Schrödinger-Gleichung in einem unendlich hohen zylindrischen Potenzialkasten in welchem das Potenzial $V = 0$ herrscht. Nach einem Separationsansatz der Form $\psi(r, \theta)\mathrm{e}^{-\mathrm{i}Et/\hbar}$ wird man auf die Eigenwertgleichung $\Delta u(r, \theta) + k^2 u(r, \theta) = 0$ geführt, deren Eigenwerte und Eigenfunktionen aus der Randbedingung $u(R, \phi) = 0$ auf der Oberfläche des Zylinders vom Radius R zu bestimmen sind. Da die Lösung im Inneren des Zylinders regulär sein soll und die Randbedingung rotationssymmetrisch ist, folgen sofort der Lösungsansatz und die Eigenwertbedingung für die zulässigen Teilchenenergien. (Lösung $\psi(r, t) = \sum_{n=0}^{\infty} A_n J_0(k_n r)\mathrm{e}^{-\mathrm{i}E_n t/\hbar}$).

6

Variationsrechnung

6.1 Einleitung

Die Variationsrechnung ist eine sehr elegante mathematische Methode zur Formulierung physikalischer Problemstellungen. Sie findet nicht nur Anwendung in der klassischen Newton'schen Mechanik, sondern ist von weitaus größerer Bedeutung für die Formulierung von klassischen und quantenmechanischen Feldtheorien und daraus resultierenden Eigenwertproblemen. Während in der elementaren Analysis die Extrema einer differenzierbaren Funktion untersucht werden, wofür als notwendige Bedingung das Verschwinden der ersten Ableitung einer Funktion $f(x)$ anzusehen ist (siehe Anh. A.1.7), untersucht die Variationsrechnung die Extrema einer Funktionenfunktion oder eines Funktionals. Es werden also die Extrema von Funktionen $\Phi[y]$ untersucht, wobei Φ ein ganz bestimmtes Integral über eine gewisse Klasse von Funktionen $\bar{y}(x)$ darstellt und es wird jene Funktion $y(x)$ unter diesen Funktionen gesucht, welche Φ zu einem Extremum macht. Dabei wollen wir uns hier nur mit der Auffindung der notwendigen Bedingung für die Extrema beschäftigen, wobei dann meist aus physikalischen Überlegungen festgestellt werden kann, ob es sich um ein Maximum, Minimum oder einen stationären Wert von Φ handelt. Die Variationsrechnung ist dabei nur ein bestimmtes Teilgebiet der Funktionalanalysis.

6.2 Die Euler-Gleichung der Variationsrechnung

Ausgangspunkt unserer Überlegungen ist das folgende einfache Problem. Wir betrachten eine Funktion $F[y(x), y'(x), x]$, die in einem bestimmten Gebiet der (x, y)-Ebene definiert sei und dort stetige Ableitungen sowohl nach y als auch nach y' und x habe, wobei $y'(x) = \frac{\mathrm{d}y(x)}{\mathrm{d}x}$ ist. Wir suchen eine notwendige Bedingung dafür, dass das folgende Integral ein Extremum oder einen

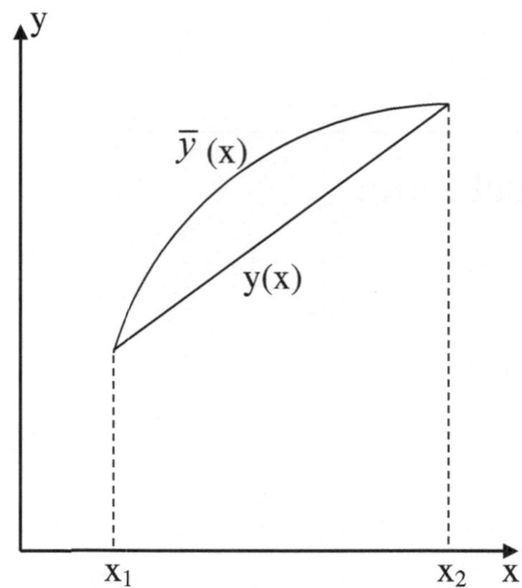

Abbildung 6.1. Zur Variationsrechnung

stationären Wert besitzt

$$\Phi[y] = \int_{x_1}^{x_2} F[y(x), y'(x), x]\mathrm{d}x \ . \tag{6.1}$$

Der Integrand F ist dabei eine Funktion der unabhängigen Veränderlichen x und der beiden abhängigen Veränderlichen $y(x)$ und $y'(x)$. Wir nehmen an, die Endpunkte der Integration x_1 und x_2 seien festgehalten und $y(x)$ und $y'(x)$ haben demnach dort feste Werte. Der Wert des Integrals $\Phi[y]$ wird von der gewählten Funktion $\bar{y}(x)$ abhängen, welche die beiden Endpunkte verbindet. Wir nehmen an, wir hätten jene Funktion $y(x)$ gefunden, welche das Integral zu einem Extremum macht und betrachten daneben eine infinitesimal benachbarte Vergleichsfunktion $\bar{y}(x)$ (vgl. Abb. 6.1). Wir definieren dann die beiden Variationen

$$\delta y(x) = \bar{y}(x) - y(x) \ , \quad \delta F = F[\bar{y}(x), \bar{y}'(x), x] - F[y(x), y'(x), x] \ . \tag{6.2}$$

Sie stellen die Abweichungen der wahren Lösungen von den Vergleichslösungen dar und die entsprechenden Unterschiede in den Argumenten des Integrals. Es ist dabei zu beachten, dass sich die Variation „δ" nicht auf die Koordinate x bezieht. Aus der Definition der Variationen folgt dann, dass

$$\delta \frac{\mathrm{d}y(x)}{\mathrm{d}x} = \frac{\mathrm{d}\bar{y}(x)}{\mathrm{d}x} - \frac{\mathrm{d}y(x)}{\mathrm{d}x} = \frac{\mathrm{d}}{\mathrm{d}x}[\bar{y}(x) - y(x)] = \frac{\mathrm{d}}{\mathrm{d}x}\delta y(x) \tag{6.3}$$

ist, wonach die Differenziation mit der Variation vertauscht werden darf. Da $y(x)$ und $\bar{y}(x)$ infinitesimal benachbart sind, folgt dann aus der zweiten

Beziehung in (6.2), dass

$$\delta F[y, y', x] = F[y + \delta y, y' + \delta y', x] - F[y, y', x] = \frac{\partial F}{\partial y}\delta y + \frac{\partial F}{\partial y'}\delta y' \qquad (6.4)$$

ist. Also sind die formalen Regeln für die Berechnung der Variationen dieselben wie jene für die Berechnung von Differenzialen. Damit können wir nun die Variation der Funktionals $\Phi[y]$ in (6.1) berechnen und gelangen damit zu dem Schluss, dass das Funktional $\Phi[y]$ stationär wird, wenn

$$\delta\Phi[y] = \delta \int_{x_1}^{x_2} F[y(x), y'(x), x]\mathrm{d}x = 0 \qquad (6.5)$$

ist. Dies bedeutet, dass das Integral für die Funktionen $y(x)$ und $y(x) + \delta y(x)$ denselben Wert hat. Also ist dies ganz analog zum Ergebnis in der elementaren Analysis, dass $\mathrm{d}y = f'(x)\mathrm{d}x = 0$ wird, wenn die Funktion $f(x)$ ein Extremum hat, wo $f'(x) = 0$ ist. Da wir annehmen, dass die Funktionen $y(x)$ an den Grenzen des Intervalls (x_1, x_2) nicht variiert werden, können wir die Variation mit der Integration vertauschen und erhalten somit wegen der beiden Variationsregeln (6.3) und (6.4)

$$\int_{x_1}^{x_2} \left[\frac{\partial F}{\partial y}\delta y + \frac{\partial F}{\partial y'}\frac{\mathrm{d}}{\mathrm{d}x}(\delta y)\right]\mathrm{d}x = 0 . \qquad (6.6)$$

In diesem Ausdruck ist es nun zweckmäßig, den zweiten Term unter dem Integralzeichen partiell zu integrieren. Dies ergibt

$$\int_{x_1}^{x_2} \left[\frac{\partial F}{\partial y'}\frac{\mathrm{d}}{\mathrm{d}x}(\delta y)\right]\mathrm{d}x = -\int_{x_1}^{x_2}\left[\frac{\mathrm{d}}{\mathrm{d}x}\frac{\partial F}{\partial y'}\right]\delta y\,\mathrm{d}x + \left[\frac{\partial F}{\partial y'}\delta y\right]_{x_1}^{x_2} . \qquad (6.7)$$

Hier verschwindet aber der ausintegrierte Anteil, da wir angenommen haben, dass in den Endpunkten des Integrationsintervalls (x_1, x_2) die Variationen $\delta y = 0$ sind. Also erhalten wir anstelle (6.6) die Extremalbedingung

$$\int_{x_1}^{x_2} \left[\frac{\partial F}{\partial y} - \frac{\mathrm{d}}{\mathrm{d}x}\frac{\partial F}{\partial y'}\right]\delta y\,\mathrm{d}x = 0 . \qquad (6.8)$$

Obgleich man im allgemeinen aus dieser Bedingung nicht schließen kann, dass daher der Integrand dieses Integrals verschwinden muss, können wir dies dennoch unter Vorbehalten tun und gelangen damit zur Euler'schen Differenzialgleichung der Variationsrechnung

$$\frac{\partial F}{\partial y} - \frac{\mathrm{d}}{\mathrm{d}x}\frac{\partial F}{\partial y'} = 0 . \qquad (6.9)$$

Die obige Schlussweise ist deshalb erlaubt, da die Bedingung (6.8) auch dann gilt, wenn der Integrand mit einer infinitesimal kleinen, doch sonst beliebigen Funktion $\delta y(x)$ multipliziert ist. Denn wenn die linke Seite von (6.9) nicht für alle Werte von x verschwinden würde, müsste sie für ein stets positives δy für einzelne Teile des Integrationsintervalls positiv und für andere negativ sein, damit das Integral (6.8) gleich Null wird. Wir könnten dann aber das Vorzeichen von δy stets so wählen, dass der Integrand von (6.8) stets positiv ist und damit würde das Integral nicht verschwinden, entgegen unserer Voraussetzung. Eine Funktion $y(x)$, welche der Euler'schen Differenzialgleichung genügt, nennt man eine „Extremale". Welche von diesen Extremalen das, in den meisten Fällen, gesuchte Minimum des Funktionals $\Phi[y]$ liefert, ist aus physikalischen Überlegungen festzustellen, wenn ein solches Minimum überhaupt existiert. Die Euler'sche Gleichung können wir auch in folgende äquivalente Form transformieren

$$\frac{\partial F}{\partial x} - \frac{\mathrm{d}}{\mathrm{d}x}\left[F - y'\frac{\partial F}{\partial y'}\right] = 0\,. \tag{6.10}$$

Die Äquivalenz können wir leicht durch explizites Ausdifferenzieren des Ausdrucks in der eckigen Klammer nachweisen, denn wir erhalten

$$\frac{\partial F}{\partial x} - \frac{\mathrm{d}}{\mathrm{d}x}\left[F - y'\frac{\partial F}{\partial y'}\right] = \frac{\partial F}{\partial x} - \frac{\partial F}{\partial x} - \frac{\partial F}{\partial y}y' - \frac{\partial F}{\partial y'}y'' + y''\frac{\partial F}{\partial y'} + y'\frac{\mathrm{d}}{\mathrm{d}x}\frac{\partial F}{\partial y'}$$

$$= -y'\left[\frac{\partial F}{\partial y} - \frac{\mathrm{d}}{\mathrm{d}x}\frac{\partial F}{\partial y'}\right] = 0\,, \tag{6.11}$$

wobei vorauszusetzen ist, dass $y'(x) \neq 0$ ist. Die zweite Form (6.10) der Euler-Gleichung eignet sich besonders dann, wenn die Funktion $F(y,y')$ nicht explizit von x abhängt. Es sei noch bemerkt, dass bei unserer Wahl der Funktion $F(y,y',x)$ die resultierende Euler-Gleichung eine Differenzialgleichung zweiter Ordnung ist, also keine höheren Ableitungen als y'' enthält. Da aber die meisten in der Physik auftretenden gewöhnlichen und partiellen Differenzialgleichungen von zweiter Ordnung sind, ist unsere Wahl der Funktion F nahe liegend. Dies gilt auch für unsere späteren Überlegungen, bei denen wir Variationsprobleme mit mehreren abhängigen Veränderlichen sowie Probleme, die auf partielle Differenzialgleichungen führen, betrachten werden.

Beispiele

1. Die geodätische Linie: Auf einer beliebig gekrümmten Fläche nennt man die kürzeste Verbindung zweier Punkte eine geodätische Linie. Auf einer Kugel ist sie ein Stück eines Großkreises als Schnittlinie einer Ebene mit der Kugel durch ihren Mittelpunkt. Im gekrümmten Raum der allgemeinen Relativitätstheorie spielen diese geodätischen Linien eine wichtige Rolle. In der Euklid'schen Geometrie betrachten wir es als selbstverständlich, dass die kürzeste Verbindung zweier Punkte eine Gerade ist. Wir wollen diese Extremale mit der Variationsrechnung auffinden. Wir betrachten dazu in der (x,y)-Ebene zwischen zwei Punkten P_1 und P_2 ein beliebiges, stetig differenzierbares Kurvenstück $y(x)$ (vgl. Abb. 6.2). Das infinitesimale Linienelement

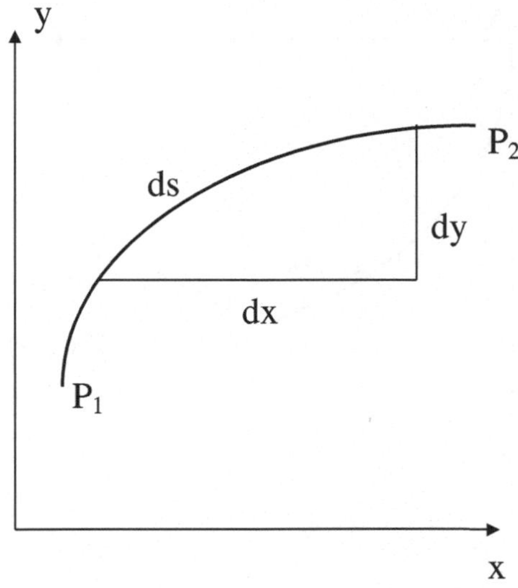

Abbildung 6.2. Zur geodätischen Linie

dieser Kurve ist dann $ds = \sqrt{dx^2 + dy^2} = \sqrt{1 + y'^2(x)}\,dx$. Daher lautet die Bedingung für ein Extremum der Kurve

$$\delta\Phi[y] = \delta \int_{P_1}^{P_2} ds = \delta \int_{x_1}^{x_2} \sqrt{1 + y'^2(x)}\,dx \tag{6.12}$$

und daher ist gemäß (6.9) die Euler'sche Gleichung dieses Problems

$$\frac{d}{dx}\left[\frac{\partial}{\partial y'} \sqrt{1 + y'^2(x)}\right] = 0\,, \tag{6.13}$$

deren elementare Integration ergibt

$$\frac{y'(x)}{\sqrt{1 + y'^2(x)}} = C\,. \tag{6.14}$$

Nach Quadrieren dieser Gleichung erhalten wir $y'^2(x) = C^2[1 + y'^2(x)]$ oder $y'^2(x) = \frac{C^2}{1-C^2}$. Also ist $y'(x) = $ const. Folglich ist die gesuchte Extremale $y(x) = cx + d$, wo die Konstanten c und d den Koordinaten der Punkte P_1 und P_2 anzupassen sind. Die Variationsrechnung bestätigt also, dass die minimale Verbindung zweier Punkte in der Ebene durch eine Gerade gegeben ist.

2. Die Brachystochrone Dieses Problem war historisch für die Entwicklung der Variationsrechnung von Bedeutung. Es behandelt die Frage welche Kurve gewählt werden muss, damit ein Massenpunkt reibungsfrei längs einer Kurve von einem höheren Punkt A nach einem tieferen Punkt B unter der Einwirkung der Gravitation in kürzester Zeit gelangt. Wir lassen den Punkt A mit dem Ursprung des Koordinatensystems zusammenfallen, wählen die x-Achse

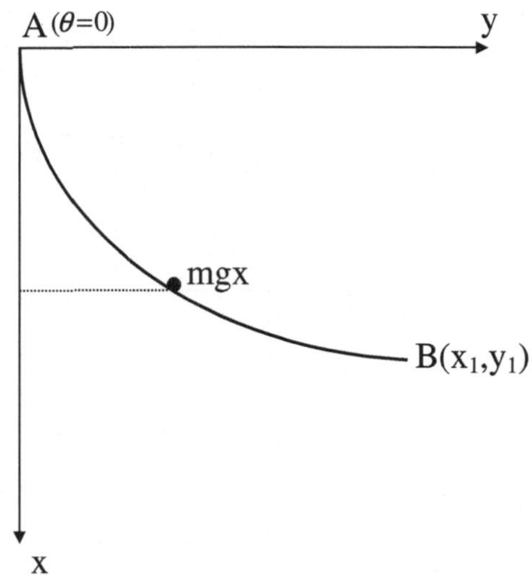

Abbildung 6.3. Die Brachystochrone

nach abwärts orientiert und die y-Achse nach rechts. Der Endpunkt B habe die Koordinaten (x_1, y_1) (vgl. Abb. 6.3). Die potenzielle Energie des Körpers der Masse m werde vom Punkt A ausgehend gemessen. Daher sind dann zur Zeit $t = 0$ die kinetische Energie als auch die potenzielle Energie des Körpers gleich Null. Zu einem späteren Zeitpunkt, wenn die Masse ein Stück die Kurve C hinuntergeglitten ist, hat dieser Körper dann die potenzielle Energie mgx, wo g die Konstante der Erdbeschleunigung bezeichnet, und die kinetische Energie $\frac{1}{2}mv^2$, wo v die augenblickliche Geschwindigkeit des Körpers ist. Wegen des Energieerhaltungssatzes muss daher gelten

$$\frac{1}{2}mv^2 = mgx \; . \tag{6.15}$$

Da $v = \frac{\mathrm{d}s}{\mathrm{d}t}$ und $\mathrm{d}s = \sqrt{1 + y'^{\,2}(x)}\,\mathrm{d}x$ ist, erhalten wir die Gleichung

$$v = \frac{\mathrm{d}s}{\mathrm{d}t} = \frac{\sqrt{1 + y'^{\,2}(x)}\,\mathrm{d}x}{\mathrm{d}t} = \sqrt{2gx} \tag{6.16}$$

und aus dieser Beziehung finden wir durch Auflösung nach $\mathrm{d}t$ das Variationsproblem

$$\delta\Phi[y] = \delta\sqrt{2g}\int_0^T \mathrm{d}t = \delta\int_0^{x_1} \sqrt{\frac{1 + y'^{\,2}(x)}{x}}\,\mathrm{d}x = 0 \; . \tag{6.17}$$

Da dieses Integral nicht von $y(x)$ abhängt, lautet die entsprechende Euler-Gleichung

$$\frac{\mathrm{d}}{\mathrm{d}x}\frac{\partial F}{\partial y'} = \frac{\mathrm{d}}{\mathrm{d}x}\frac{y'(x)}{\sqrt{x[1 + y'^{\,2}(x)]}} = 0 \; , \tag{6.18}$$

welche sogleich einmal integriert werden kann, sodass

$$\frac{y'^{2}(x)}{x[1+y'^{2}(x)]} = C \; , \quad y'(x) = \sqrt{\frac{Cx}{1-Cx}} \tag{6.19}$$

ist, wo C eine Integrationskonstante darstellt. Die zweite Integration können wir in folgender Weise ausführen. Wir setzen $Cx = \xi$ und führen mit $\xi = \sin^{2}\frac{\theta}{2}$ die neue Variable θ ein. Dann ist $1-\xi = \cos^{2}\frac{\theta}{2}$ und $\mathrm{d}\xi = 2\sin\frac{\theta}{2}\cos\frac{\theta}{2}\mathrm{d}\frac{\theta}{2}$ und folglich liefert die zweite Integration

$$\begin{aligned} y - C' &= \frac{1}{C}\int\sqrt{\frac{\xi}{1-\xi}}\mathrm{d}\xi = \frac{1}{C}\int\sin^{2}\frac{\theta}{2}\mathrm{d}\theta \\ &= \frac{1}{2C}\int(1-\cos\theta)\mathrm{d}\theta = \frac{1}{2C}(\theta-\sin\theta) \; . \end{aligned} \tag{6.20}$$

Nun setzen wir $\frac{1}{C} = 2a$ und erhalten folgende Parameterdarstellung der „Brachystochrone"

$$y = a(\theta - \sin\theta) + C' \; , \quad x = \frac{\xi}{C} = a(1-\cos\theta) \; . \tag{6.21}$$

Dies ist aber die Parameterdarstellung einer Zykloide. Wir erhalten eine anschauliche Darstellung dieser Zykloide, wenn ein Massenpunkt auf einem Kreis vom Radius a betrachtet wird, während der Kreis längs der y-Achse abrollt. Damit der Massenpunkt für $\theta = 0$ die Koordinaten $x = y = 0$ hat, muss offenbar die Konstante $C' = 0$ sein. Der Radius a des abrollenden Kreises muss so gewählt werden, dass die Zykloide durch den Punkt B mit den Koordinaten x_1, x_2 hindurchgeht.

6.3 Variationsproblem mit mehreren abhängigen Veränderlichen

Das bisher betrachtete Variationsproblem lässt sich in mehrerer Hinsicht verallgemeinern. In diesem Abschnitt wollen wir den Fall betrachten, bei dem die Funktion F von einer unabhängigen Veränderlichen x und mehreren abhängigen Veränderlichen $y_i(x)$, $i = 1, 2, 3, \cdots n$ und ihren ersten Ableitungen nach x abhängt. Wir betrachten also das Variationsproblem

$$\delta\Phi[y_1, y_2, \cdots y_n] = \delta\int_{x_1}^{x_2} F[y_1(x), \cdots y_n(x); y_1'(x), \cdots y_n'(x); x]\mathrm{d}x = 0 \; .$$

$$\tag{6.22}$$

Da wir wiederum annehmen wollen, dass die Variationen $\delta y_1, \delta y_2, \cdots \delta y_n$ in den Endpunkten des Integrationsintervalls (x_1, x_2) verschwinden, haben wir

die Variation unter dem Integralzeichen auszuführen und erhalten auf diese
Weise

$$\delta F = \sum_{i=1}^{n} \frac{\partial F}{\partial y_i} \delta y_i + \sum_{i=1}^{n} \frac{\partial F}{\partial y_i'} \delta y_i' \ . \tag{6.23}$$

Setzen wir dies in das Integral (6.22) ein und integrieren den zweiten Term
von (6.23) partiell, so erhalten wir als eine Verallgemeinerung von (6.6) und
(6.7)

$$\int_{x_1}^{x_2} \left\{ \sum_{i=1}^{n} \left[\frac{\partial F}{\partial y_i} - \frac{\mathrm{d}}{\mathrm{d}x} \frac{\partial F}{\partial y_i'} \right] \delta y_i \right\} \mathrm{d}x + \left\{ \sum_{i=1}^{n} \frac{\partial F}{\partial y_i'} \delta y_i \right\}_{x_1}^{x_2} = 0 \ . \tag{6.24}$$

Da aber angenommen wurde, dass die Variationen in den Endpunkten des Integrationsintervalls verschwinden, fällt der ausintegrierte Anteil in der letzten
Gleichung weg und da im ersten Term dieser Gleichung die Variationen unter
dem Integralzeichen beliebig sind, können wir z.B. annehmen, dass eine der
Variationen $\delta y_i \neq 0$ ist und alle anderen verschwinden. Daher können wir genau wie im elementaren Fall in Abschn. 6.2 schließen, dass der entsprechende
Ausdruck in den eckigen Klammern gleich Null sein muss und wir erhalten
auf diese Weise das System von Euler-Gleichungen

$$\frac{\partial F}{\partial y_i} - \frac{\mathrm{d}}{\mathrm{d}x} \frac{\partial F}{\partial y_i'} = 0 \ , \quad i = 1, 2, 3, \cdots n \ . \tag{6.25}$$

Beispiel

Das Hamilton'sche Prinzip der kleinsten Wirkung: In der Mechanik der Massenpunkte wird gezeigt, dass sich die Bewegungsgleichungen eines beliebigen
mechanischen Systems am elegantesten aus einem Variationsproblem herleiten lassen. Dies ist das Hamilton'sche Prinzip. Es besagt, dass die Wirkung
eines mechanischen Systems ein Minimum sein muss. Zur Formulierung des
Hamilton'schen Prinzips beschreiben wir ein mechanisches System von f Frei-
heitsgraden durch f verallgemeinerte Koordinaten q_1, q_2, $\cdots q_f$ und verallgemeinerte Geschwindigkeiten $\dot{q}_1$, $\dot{q}_2$, $\cdots \dot{q}_f$, wo der Punkt die Ableitung nach
der Zeit bedeutet. Dann definieren wir die Lagrange-Funktion L durch den
Ausdruck

$$L(q_k, \dot{q}_k) = T(q_k, \dot{q}_k) - V(q_k) \ . \tag{6.26}$$

Dabei ist T die kinetische Energie und V die potenzielle Energie des Systems
von Massenpunkten ausgedrückt in verallgemeinerten Koordinaten q_k und
Geschwindigkeiten $\dot{q}_k$. Das Hamilton'sche Prinzip besagt nun, dass

$$\delta W[q_k] = \delta \int_{t_1}^{t_2} L(q_k, \dot{q}_k) \mathrm{d}t = 0 \tag{6.27}$$

sein muss, wobei W die Wirkung des mechanischen Systems genannt wird.
Nimmt man an, dass die Variationen δq_k in den Endpunkten des Integrations-

intervalls (t_1, t_2) verschwinden, so liefert die Variation in (6.27) die folgenden Euler-Lagrange'schen Bewegungsgleichungen

$$\frac{\partial L(q_k, \dot{q}_k)}{\partial q_i} - \frac{\mathrm{d}}{\mathrm{d}q_i} \frac{\partial L(q_k, \dot{q}_k)}{\partial \dot{q}_i} = 0 \; . \qquad (6.28)$$

Um zu zeigen, dass wir solcherart in Kartes'schen Koordinaten für einen einzelnen Massenpunkt auf die elementaren Newton'schen Bewegungsgleichungen geführt werden, haben wir zunächst für diesen Fall die Langrange-Funktion anzugeben, nämlich

$$L(x_k, \dot{x}_k) = \frac{m}{2} \sum_{i=1}^{3} \dot{x}_i^2 - V(x_k) \; . \qquad (6.29)$$

Daraus ergeben sich die Euler-Lagrange-Gleichungen

$$-\frac{\partial V(x_k)}{\partial x_i} - m\ddot{x}_i = 0 \qquad (6.30)$$

in Übereinstimmung mit den Newton'schen Bewegungsgleichungen.

6.4 Variationsproblem mit mehreren unabhängigen Veränderlichen

Dieser Fall ist besonders interessant, wenn wir feldtheoretische Probleme mithilfe der Variationsrechnung behandeln wollen. Wir betrachten nur den Fall einer skalaren Feldfunktion $\psi(x, y, z, t)$, die von den Koordinaten und der Zeit abhängt und untersuchen das Variationsproblem

$$\delta \Phi[\psi] = \delta \int_{x_1, y_1, z_1}^{x_2, y_2, z_2} \int_{t_1}^{t_2} F[\psi, \psi_x, \psi_y, \psi_z, \psi_t; x, y, z, t] \mathrm{d}v \mathrm{d}t = 0 \; , \qquad (6.31)$$

wo $\psi_x = \frac{\partial \psi}{\partial x}$ etc. bedeutet. Wenn wir wieder annehmen, dass die Endpunkte der Integration nicht variiert werden, liefert die Ausführung der Variation

$$\delta F = \frac{\partial F}{\partial \psi}\delta\psi + \frac{\partial F}{\partial \psi_x}\delta\psi_x + \frac{\partial F}{\partial \psi_y}\delta\psi_y + \frac{\partial F}{\partial \psi_z}\delta\psi_z + \frac{\partial F}{\partial \psi_t}\delta\psi_t \qquad (6.32)$$

und wenn wir dies in das Integral (6.31) einsetzen, können wir wieder die letzten vier Terme partiell integrieren und erhalten damit bei Integration über das Volumen V und die Zeit T

$$\int_{V,T} \left\{ \left[\frac{\partial F}{\partial \psi} - \frac{\partial}{\partial x}\frac{\partial F}{\partial \psi_x} - \frac{\partial}{\partial y}\frac{\partial F}{\partial \psi_y} - \frac{\partial}{\partial z}\frac{\partial F}{\partial \psi_z} - \frac{\partial}{\partial t}\frac{\partial F}{\partial \psi_t} \right] \delta\psi \right\} \mathrm{d}v\mathrm{d}t$$
$$+ \left\{ \left[\frac{\partial F}{\partial \psi_x} + \frac{\partial F}{\partial \psi_y} + \frac{\partial F}{\partial \psi_z} + \frac{\partial F}{\partial \psi_t} \right] \delta\psi \right\}_{V,T} = 0 \qquad (6.33)$$

und sobald wir wieder annehmen, dass die Variationen auf der Oberfläche des Volumens V und in den Endpunkten des Zeitintervalls T verschwinden, wird der ausintegrierte Anteil in (6.33) gleich Null sein und es ergibt sich dann aus dem restlichen Integral die folgende Euler'sche Gleichung

$$\frac{\partial F}{\partial \psi} - \frac{\partial}{\partial x}\frac{\partial F}{\partial \psi_x} - \frac{\partial}{\partial y}\frac{\partial F}{\partial \psi_y} - \frac{\partial}{\partial z}\frac{\partial F}{\partial \psi_z} - \frac{\partial}{\partial t}\frac{\partial F}{\partial \psi_t} = 0 \ . \tag{6.34}$$

Beispiele

1. Die Laplace'sche Differenzialgleichung: Wie wir am Ende von Abschn. 1.4.3 unter den Beispielen diskutiert haben, lässt sich das elektrostatische Feld aus einem Potenzial herleiten, nämlich $\boldsymbol{E} = -\nabla\Phi$. In der Elektrostatik wird gezeigt, dass die gesamte elektrische Feldenergie durch folgenden Ausdruck bestimmt ist

$$W = \frac{1}{8\pi} \int_V \boldsymbol{E}^2 \mathrm{d}v = \frac{1}{8\pi} \int_V (\nabla\Phi)^2 \mathrm{d}v$$

$$= \frac{1}{8\pi} \int_V \left[\left(\frac{\partial\Phi}{\partial x}\right)^2 + \left(\frac{\partial\Phi}{\partial y}\right)^2 + \left(\frac{\partial\Phi}{\partial z}\right)^2 \right] \mathrm{d}v \ . \tag{6.35}$$

Wenn wir uns daher die Frage stellen, ob die elektrostatische Feldenergie im Volumen V ein Extremum hat und die Variation $\delta W = 0$ betrachten, so erhalten wir gemäß (6.34) mit $F = (\nabla\Phi)^2$ gesetzt als entsprechende Euler-Gleichung

$$\Delta\Phi(x,y,z) = 0 \tag{6.36}$$

also die Laplace'sche Differenzialgleichung.

2. Das Hamilton-Prinzip im Kontinuum: Anhand des Beispiels eines schwingenden elastischen Mediums zeigen wir, wie das Hamilton'sche Prinzip auf Probleme kontinuierlicher Medien angewandt werden kann. Dazu betrachten wir eine Kette von n Massenpunkten oder Atomen der identischen Massen m, die in gleichen Abständen a durch gewichtslose Federn miteinander elastisch verknüpft sind. Diese Kette sei in den Endpunkten bei $x = 0$ und $x = L$ festgehalten und die einzelnen Massen seien geringfügig aus ihren Ruhelagen ausgelenkt. Diese Auslenkungen wollen wir mit ψ_i, $i = 1, 2, \cdots n$ bezeichnen. (vgl. Abb. 6.4). Die einzelnen Massenpunkte genügen dann der Bewegungsgleichung eines harmonischen Oszillators

$$m\ddot{\psi}_i = -\kappa(2\psi_i - \psi_{i+1} - \psi_{i-1}) \ , \tag{6.37}$$

wo $\psi_i - \psi_{i+1}$ die relative Auslenkung benachbarter Massenpunkte ist und κ die Konstante der rücktreibenden Kraft in Analogie zur Bewegungsgleichung eines einzelnen harmonischen Oszillators, der in Abschn. 5.6.1 (5.333) betrachtet wurde. Wir erhalten also eine Kette von gekoppelten linearen harmonischen Oszillatoren. Die potenzielle und kinetische Energie dieser Oszillatoren können wir leicht angeben und damit die Lagrange-Funktion des

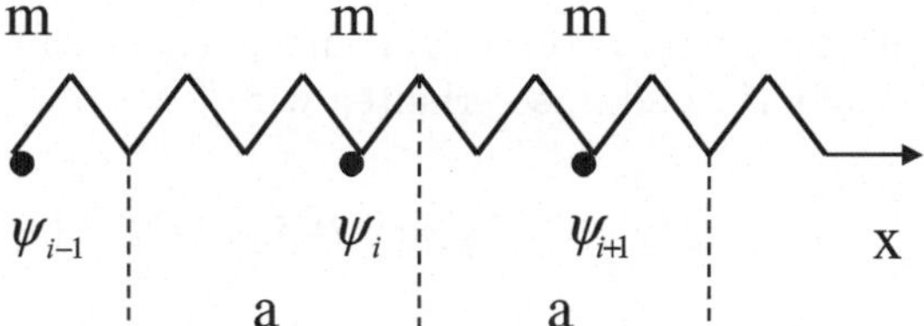

Abbildung 6.4. Oszillationen einer Kette gekoppelter Atome

gekoppelten Systems von Massenpunkten

$$L(\psi_k, \dot{\psi}_k) = \frac{1}{2} \sum_{i=1}^{n} [m\dot{\psi}_i^2 - \kappa(\psi_{i+1} - \psi_i)^2] \, . \tag{6.38}$$

Nun machen wir den Übergang zu einer kontinuierlichen Massenverteilung. Dazu drücken wir die Lagrange-Funktion in folgender Weise aus

$$L = a \sum_{i=1}^{n} \Lambda_i \, , \quad \Lambda_i = \frac{1}{2} \left[\frac{m}{a} \dot{\psi}_i^2 - \kappa a \left(\frac{\psi_{i+1} - \psi_i}{a} \right)^2 \right] \tag{6.39}$$

und lassen $n \to \infty$ gehen und gleichzeitig $a \to 0$ streben. Dann können wir folgende Substitutionen machen

$$\sum_{i=1}^{n} a \to \int_0^L \mathrm{d}x \, , \quad \frac{m}{a} \to \rho \, , \quad \kappa a \to E \, , \quad \frac{\psi_{i+1} - \psi_i}{a} \to \frac{\partial \psi(x)}{\partial x} \, . \tag{6.40}$$

Dabei ist ρ die lineare Massendichte, d. h. die Masse pro Längeneinheit, und wir können E als den Young'schen Elastizitätsmodul betrachten. Dann lautet in diesem Limes das Hamilton'sche Prinzip des elastischen Mediums

$$\delta W = \delta \int_0^T L \mathrm{d}t = \delta \int_0^T \int_0^L \Lambda[\psi_x(x,t), \dot{\psi}(x,t)] \mathrm{d}x \mathrm{d}t = 0 \, , \tag{6.41}$$

wo Λ die Lagrange'sche Dichte des kontinuierlichen Mediums darstellt. Nach Durchführung des obigen Grenzüberganges ist diese Dichte durch folgenden Ausdruck gegeben

$$\Lambda[\psi_x(x,t), \dot{\psi}(x,t)] = \frac{1}{2} [\rho \dot{\psi}^2(x,t) - E \psi_x^2(x,t)] \tag{6.42}$$

und diese Funktion sieht der Lagrange-Funktion eines gewöhnlichen linearen harmonischen Oszillators sehr ähnlich. Bei der Ausführung der Variation in (6.41) haben wir wieder zu beachten, dass die Variationen in den Endpunkten des Raum- und Zeitintervalls verschwinden sollen. Dann liefert die Ausführung der Variationen

$$\delta \Lambda = \rho \dot{\psi} \delta \dot{\psi} - E \psi_x \delta \psi_x \, . \tag{6.43}$$

Setzen wir dies in das Integral (6.41) ein und machen dann eine partielle Integration in Bezug auf t und x, so erhalten wir

$$\int_0^T \int_0^L \{[\rho\ddot{\psi}(x,t) - E\psi_{xx}(x,t)]\delta\psi\}\mathrm{d}x\mathrm{d}t = 0 \,, \tag{6.44}$$

da der ausintegrierte Anteil verschwindet. Da in dieser Gleichung $\delta\psi$ beliebig ist, können wir wieder schließen, dass die longitudinalen Wellen im elastischen Medium der d'Alembert'schen Wellengleichung genügen, welche die Euler-Lagrange-Gleichung des betrachteten Hamilton-Prinzips im Kontinuum darstellt. Wir erhalten

$$\frac{\partial^2\psi(x,t)}{\partial x^2} - \frac{1}{v^2}\frac{\partial^2\psi(x,t)}{\partial t^2} = 0 \,, \quad v = \sqrt{\frac{E}{\rho}} \,, \tag{6.45}$$

wo v die Phasengeschwindigkeit im elastischen Medium darstellt. Die Anwendungsmöglichkeiten des Hamilton'schen Prinzips auf Kontinua geht weit über das hier betrachtete Beispiel hinaus. So können die Maxwell'schen Gleichungen der Elektrodynamik aus einem Variationsprinzip hergeleitet werden und die Quantenfeldtheorien der Elementarteilchenphysik gehen von solchen Variationsprinzipien aus.

6.5 Die isoperimetrischen Probleme

Bei diesen Problemen handelt es sich um die Lösung von Variationsaufgaben, bei denen die Extremalen eines Funktionals Φ gesucht werden, wenn gleichzeitig gewisse Nebenbedingungen zu erfüllen sind. Historisch war eines der ersten Probleme dieser Art, jene geschlossene ebene Kurve zu finden, die bei gegebenem Umfang den größten Flächeninhalt besitzt. Seither werden solche Variationsaufgaben mit Nebenbedingungen „isoperimetrische Probleme" genannt. In der elementaren Analysis wird bei der Untersuchung der Maxima und Minima von Funktionen mehrerer Veränderlicher gezeigt, wie die Auffindung der Extrema solcher Funktionen bei der Vorgabe von Nebenbedingungen elegant mithilfe der Methode der Lagrange'schen Multiplikatoren gelöst werden kann. Wir demonstrieren das Verfahren an einem einfachen Beispiel. Gegeben sei eine Funktion $f(x,y)$. Wenn wir ihre Extrema aufsuchen, ohne dass Nebenbedingungen vorliegen, haben wir $\frac{\partial f}{\partial x} = f_x = 0$ und $\frac{\partial f}{\partial y} = f_y = 0$ unabhängig voneinander zu betrachten. Wenn hingegen eine Nebenbedingung von der Form $g(x,y) = C$ vorliegt, müssen wir anders vorgehen. Dazu betrachten wir, wann das Differenzial $\mathrm{d}f = f_x\mathrm{d}x + f_y\mathrm{d}y = 0$ ist. Wären $\mathrm{d}x$ und $\mathrm{d}y$ unabhängig voneinander, so könnten wir wie oben auf $f_x = 0$ und $f_y = 0$ schließen. Doch nun ist wegen der Nebenbedingung $\mathrm{d}g = g_x\mathrm{d}x + g_y\mathrm{d}y = 0$ und daher sind die Differenziale $\mathrm{d}x$ und $\mathrm{d}y$ nicht mehr voneinander linear unabhängig. Vielmehr ist nun $\frac{f_x}{g_x} = \frac{f_y}{g_y}$. Wenn wir dieses

Verhältnis mit λ bezeichnen, erhalten wir die Gleichungen

$$f_x - \lambda g_x = 0 \,, \quad f_y - \lambda g_y = 0 \,. \tag{6.46}$$

Dies wären aber genau jene Gleichungen, die wir erhalten würden, wenn wir die Extrema von $f - \lambda g$ aufsuchten, ohne dass eine Nebenbedingung vorliegt und λ eine beliebige Konstante ist. Man nennt diese Konstante λ einen „Lagrange-Multiplikator". Die Lösungen werden dann natürlich von λ abhängen und der Multiplikator wird so zu wählen sein, dass $g(x, y)$ den Wert C annimmt. Dieses Verfahren lässt sich auf Funktionen mit beliebig vielen Veränderlichen und Nebenbedingungen verallgemeinern und kann auch bei den vorliegenden Variationsproblemen zur Anwendung kommen.

6.5.1 Isoperimetrische Probleme mit mehreren abhängigen Veränderlichen

Wir beginnen mit dem Variationsproblem (6.22), das wir nochmals anschreiben

$$\delta\Phi[y_1, y_2, \cdots y_n] = \delta \int_{x_1}^{x_2} F[y_1(x), \cdots y_n(x); y_1'(x), \cdots y_n'(x); x]\mathrm{d}x = 0 \,, \tag{6.47}$$

doch sollen nun die folgenden Nebenbedingungen erfüllt sein

$$\int_{x_1}^{x_2} G_i[y_1(x), \cdots y_n(x); y_1'(x), \cdots y_n'(x); x]\mathrm{d}x = C_i \,, \quad i = 1, 2, \cdots \ell \,. \tag{6.48}$$

Wir berücksichtigen diese Nebenbedingungen mithilfe der Methode der Lagrange-Multiplikatoren. Dazu betrachten wir eine neue zu variierende Funktion H, die durch folgenden Ausdruck gegeben ist

$$H[y_k, y_k'; x] = F[y_k, y_k'; x] + \sum_{i=1}^{\ell} \lambda_i G_i[y_k, y_k'; x] \tag{6.49}$$

und deren Variation lautet

$$\delta H = \sum_{r=1}^{n} \left[\frac{\partial H}{\partial y_r}\delta y_r + \frac{\partial H}{\partial y_r'}\delta y_r' \right] \,. \tag{6.50}$$

Setzt man dies anstelle δF in (6.47) ein und führt im zweiten Term der Summe von (6.50) die gewohnte partielle Integration durch, so erhalten wir anstelle (6.24)

$$\int_{x_1}^{x_2} \left\{ \sum_{r=1}^{n} \left[\frac{\partial H}{\partial y_r} - \frac{\mathrm{d}}{\mathrm{d}x}\frac{\partial H}{\partial y_r'} \right] \delta y_r \right\} \mathrm{d}x + \left\{ \sum_{r=1}^{n} \frac{\partial H}{\partial y_r'}\delta y_r' \right\}_{x_1}^{x_2} = 0 \,. \tag{6.51}$$

Der ausintegrierte Anteil wird wieder gleich Null sein, wenn wir weiterhin annehmen, dass die Variationen in den Endpunkten des Integrationsintervalls verschwinden. Da jetzt wegen der Nebenbedingungen (6.48), wie oben im elementaren Fall diskutiert, die einzelnen Variationen δy_r nicht mehr voneinander linear unabhängig sind, werden nun die einzelnen Terme in den eckigen Klammern unter dem Integralzeichen nur dann jeder für sich einzeln gleich Null sein, wenn die Lagrange-Multiplikatoren geeignet gewählt werden. Wir erhalten somit als die Euler-Gleichungen des Variationsproblems

$$\frac{\partial H(y_k, y_k'; x)}{\partial y_i} - \frac{\mathrm{d}}{\mathrm{d}x}\frac{\partial H(y_k, y_k'; x)}{\partial y_i'} = 0 \ . \tag{6.52}$$

Durch die ℓ Nebenbedingungen wird die Zahl der Freiheitsgrade des betrachteten physikalischen Problems eingeschränkt. Rein formal lassen sich die Lagrange-Multiplikatoren mithilfe der Nebenbedingungen (6.48) eliminieren, doch ihre anschauliche Bedeutung und ihre Werte lassen sich meist im Laufe der Losungen der Euler'schen Gleichungen finden.

Beispiele

1. Das klassische Isoperimetrische Problem: Wir betrachten eine geschlossene ebene Kurve C, die den Umfang U hat und die Fläche F umschließt. Gefragt ist nach der maximalen Fläche F bei gegebenem Umfang U. Wir legen den Koordinatenursprung in die Fläche F und führen ebene Polarkoordinaten (r, φ) ein. Dann ist, wie in der Abbildung 6.5 gezeigt, ein infinitesimales Flächenelement durch den Ausdruck gegeben

$$\mathrm{d}f = \frac{1}{2}r^2(\varphi)\mathrm{d}\varphi \tag{6.53}$$

und somit die gesamte Fläche F gleich

$$F = \frac{1}{2}\int_0^{2\pi} r^2(\varphi)\mathrm{d}\varphi \ . \tag{6.54}$$

Das ebene Linienelement längs der Kurve C lässt sich aus dem abgebildeten kleinen, nahezu rechtwinkligen Dreieck berechnen. Wir erhalten

$$\mathrm{d}s^2 = \mathrm{d}r^2 + r^2\mathrm{d}\varphi^2 = (r_\varphi^2 + r^2)\mathrm{d}\varphi^2 \ , \tag{6.55}$$

wo $r_\varphi = \frac{\mathrm{d}r}{\mathrm{d}\varphi}$ ist. Daher erhalten wir für den gesamten Umfang der Kurve C

$$U = \int_0^{2\pi} \sqrt{r_\varphi^2 + r^2}\mathrm{d}\varphi \tag{6.56}$$

und somit lautet unser Variationsproblem

$$\delta[F + \lambda U] = \delta \int_0^{2\pi} \left\{ \frac{1}{2}r^2(\varphi) + \lambda\sqrt{r^2(\varphi) + \left(\frac{\mathrm{d}r(\varphi)}{\mathrm{d}\varphi}\right)^2} \right\} \mathrm{d}\varphi \ . \tag{6.57}$$

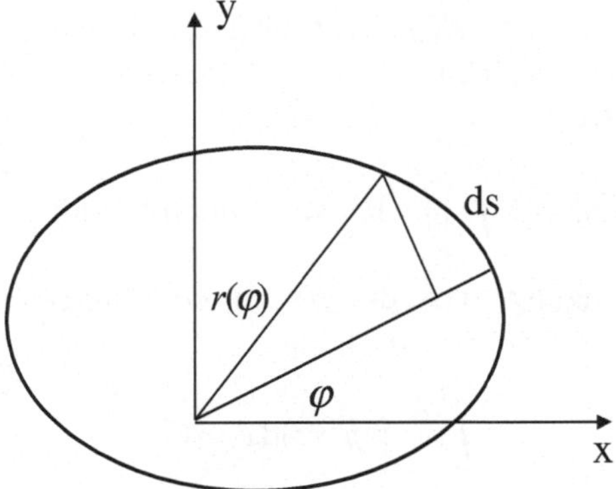

Abbildung 6.5. Das isoperimetrische Problem

Wenn wir annehmen, dass in den Endpunkten des Integrationsintervalls $(0,2\pi)$ die Variation $\delta r = 0$ ist, so lautet die Euler-Gleichung des Variationsproblems

$$r(\varphi) + \frac{\lambda r(\varphi)}{\sqrt{r^2(\varphi) + r_\varphi^2(\varphi)}} - \frac{\mathrm{d}}{\mathrm{d}\varphi} \frac{\lambda r(\varphi)}{\sqrt{r^2(\varphi) + r_\varphi^2(\varphi)}} = 0 \,. \qquad (6.58)$$

Wenn wir in dieser Gleichung den letzten Term ausdifferenzieren, können wir die Gleichung durch $\lambda r(\varphi)$ dividieren und erhalten

$$\frac{1}{\lambda} = \frac{r r_{\varphi\varphi} - 2r_\varphi^2 - r^2}{\left(r^2 + r_\varphi^2\right)^{\frac{3}{2}}} \,. \qquad (6.59)$$

In Abschn. 1.3.1 haben wir im Beispiel (1) gezeigt, dass $\frac{1}{\rho} = \frac{\mathrm{d}\theta}{\mathrm{d}s}$ die Krümmung einer Kurve in einem beliebigen Punkt ist, wo $\mathrm{d}s$ das infinitesimale Linienelement der Kurve und $\mathrm{d}\theta$ der Winkel zwischen benachbarten Tangentenvektoren. Doch es ist $\frac{\mathrm{d}y}{\mathrm{d}x} = \tan\theta$ die Steigung der Kurve in einem Punkt und $\mathrm{d}s^2 = \mathrm{d}x^2 + \mathrm{d}y^2$ das Quadrat des entsprechenden Linienelements. Wir berechnen aus der Umkehrfunktion des Tangens und mit $\mathrm{d}s = \sqrt{1 + y'^2(x)}\,\mathrm{d}x$

$$\frac{\mathrm{d}\theta}{\mathrm{d}x} = \frac{y''(x)}{1 + y'^2(x)} \,, \quad \frac{1}{\rho} = \frac{\mathrm{d}\theta}{\mathrm{d}s} = \frac{y''(x)}{[1 + y'^2(x)]^{\frac{3}{2}}} \,. \qquad (6.60)$$

Wenn man jetzt in der zweiten Gleichung von (6.60) ebene Polarkoordinaten (r, φ) einführt und φ als die unabhängige Veränderliche betrachtet, so geht diese Gleichung genau in die Gleichung (6.59) über. Demnach ist $\rho = \lambda$ und da $\lambda = \mathrm{const.}$ ist, hat die gefundene Extremale konstante Krümmung, d. h. sie ist ein Kreis vom Radius $R = \lambda$. Das Resultat dieses isoperimetrischen Problems ist auch intuitiv einzusehen.

2. Das Sturm-Liouville'sche Eigenwertproblem: Die Sturm-Liouville'sche Differenzialgleichung von Abschn. 3.5 (3.88) können wir aus folgendem Variationsproblem herleiten

$$\delta\Phi[y] = \delta \int_a^b [p(x)y'^{\,2}(x) + q(x)y^2(x)]\mathrm{d}x = 0 \qquad (6.61)$$

mit der Nebenbedingung, dass die gesuchten Lösungen im Intervall (a,b) quadratisch integrabel sein sollen, d. h.

$$\int_a^b r(x)y^2(x)\mathrm{d}x = C \ . \qquad (6.62)$$

Daher haben wir den Ausdruck zu variieren

$$H = p(x)y'^{\,2}(x) + q(x)y^2(x) - \lambda r(x)y^2(x) \qquad (6.63)$$

und diese Variation ergibt

$$\delta H = 2[q(x) - \lambda r(x)]y(x)\delta y(x) + 2p(x)y'(x)\delta y'(x) \ . \qquad (6.64)$$

Beim Einsetzen in (6.61) und nach partieller Integration finden wir wegen der Randbedingungen des Sturm-Liouville-Problems

$$\int_a^b \left\{ [q(x) - \lambda r(x)]y(x)]y(x) - \frac{\mathrm{d}}{\mathrm{d}x}[p(x)y'(x)] \right\} \delta y(x)\mathrm{d}x = 0 \ . \qquad (6.65)$$

Folglich muss der Ausdruck in der geschlungenen Klammer in diesem Integral gleich Null sein, da ja $\delta y(x)$, laut Voraussetzung, beliebig ist. Bei diesem Problem hat also der Lagrange-Multiplikator die Bedeutung des Eigenwertparameters.

6.5.2 Isoperimetrische Probleme mit mehreren unabhängigen Veränderlichen

Wir betrachten nochmals das Variationsproblem (6.31)

$$\delta\Phi[\psi] = \delta \int_{x_1,y_1,z_1}^{x_2,y_2,z_2} \int_{t_1}^{t_2} F[\psi, \psi_x, \psi_y, \psi_z, \psi_t; x, y, z, t]\mathrm{d}v\mathrm{d}t = 0 \ , \qquad (6.66)$$

jedoch mit der Nebenbedingung

$$\int_{x_1,y_1,z_1}^{x_2,y_2,z_2} \int_{t_1}^{t_2} G[\psi, \psi_x, \psi_y, \psi_z, \psi_t; x, y, z, t]\mathrm{d}v\mathrm{d}t = C \ . \qquad (6.67)$$

Jetzt haben wir die Funktion $H = F + \lambda G$ zu variieren und finden nach Einsetzen in das entsprechende Integral und partieller Integration unter denselben Bedingungen wie oben die Euler-Gleichung

$$\frac{\partial H}{\partial \psi} - \frac{\partial}{\partial x}\frac{\partial H}{\partial \psi_x} - \frac{\partial}{\partial y}\frac{\partial H}{\partial \psi_y} - \frac{\partial}{\partial z}\frac{\partial H}{\partial \psi_z} - \frac{\partial}{\partial t}\frac{\partial H}{\partial \psi_t} = 0 \ . \qquad (6.68)$$

Beispiel

Die Schrödinger-Gleichung Wir leiten die Schrödinger-Gleichung der stationären Zustände aus einem Variationsprinzip ab. In vielen Fällen ist es erlaubt, die Wellenfunktion $\psi(x, y, z)$ als reell anzunehmen. Wir betrachten die Variation des Funktionals

$$\delta\Phi[\psi] = \delta \int_{V\to\infty} \left[\frac{\hbar^2}{2m}(\nabla\psi)^2 + V(x, y, z)\psi^2 \right] \mathrm{d}v = 0 \qquad (6.69)$$

mit der Nebenbedingung

$$\int_{V\to\infty} \psi^2(x, y, z)\mathrm{d}v = C \ . \qquad (6.70)$$

Wir haben zu variieren

$$\delta H = 2[V - \lambda]\psi\delta\psi + 2\frac{\hbar^2}{2m}\nabla\psi\delta\nabla\psi \qquad (6.71)$$

und erhalten nach dem Einsetzen dieses Ergebnisses in (6.69) und partieller Integration unter Berücksichtigung der Randbedingungen im Unendlichen

$$\int_{V\to\infty} \left\{ [V - \lambda]\psi - \frac{\hbar^2}{2m}\Delta\psi \right\} \delta\psi\mathrm{d}v = 0 \ , \qquad (6.72)$$

woraus die Schrödinger-Gleichung folgt. Der Lagrange-Multiplikator hat hier die Bedeutung des Eigenwertparameters der Energie (vgl. Abschn. 5.6.2).

Übungsaufgaben

1. Zwischen zwei horizontal gelegenen Punkten A und B, die sich im Abstand L voneinander befinden, ist locker ein Seil der Massendichte μ und der Länge ℓ gespannt. Man bestimme aus dem Extremum der potenziellen Energie des Seils im Gravitationsfeld der Erde mit der Nebenbedingung, dass die Länge des Seils vorgegeben ist, die Form der Seilkurve.
2. Man betrachte ein ebenes Pendel der Pendellänge ℓ und der Masse m, das vom Ursprung O eines Koordinatensystems herabhängt und in Bezug auf die Vertikale die Auslenkung φ hat. Man bestimme die kinetische und potenzielle Energie des Pendels in ebenen Polarkoordinaten, schreibe die Lagrange-Funktion an und bestimme die Euler-Lagrange'sche Bewegungsgleichung des Pendels.
3. In der (x, y)-Ebene hat ein Punkt P von der x-Achse den Abstand R_1 und ein Punkt Q den Abstand R_2. Beide Punkte sind durch eine Kurve C verbunden. Nun lasse man dieses Gebilde um die x-Achse rotieren, sodass eine geschlossene Rotationsfläche entsteht. Man bestimme die Rotationsfläche mit der minimalen Oberfläche.

4. Betrachte nochmals das Problem der Brachystochrone und zeige, dass die Zeit die von einem Teilchen benötigt wird, um reibungsfrei vom Anfangspunkt A zum Endpunkt B zu gelangen gleich $T = \frac{\pi}{2}\sqrt{\frac{a}{g}}$ ist, wobei dieser Wert unabhängig von den Anfangskoordinaten ist.

5. Gegeben sei eine geschlossene räumliche Hülle von gegebener Fläche F, die ein Volumen V umschließt. Finde die Form der Hülle, die bei gegebenem F das größte Volumen umschließt.

6. Berechne die Ausmaße jenes Parallelepipeds von maximalem Volumen, das (a) von einer Kugel vom Radius R umschrieben wird und (b) von einem Ellipsoid mit den Halbachsen a, b und c.

7. Bestimme das Verhältnis von Radius R und Höhe H eines Zylinders von vorgegebenem Volumen V derart, dass die Oberfläche F am kleinsten ist.

8. Gegeben sei die Funktion $F = (\nabla\psi)^2$. Man suche im gegebenen Volumen V das Extremum von F und damit die resultierende Euler-Gleichung mit der Nebenbedingung, dass die Funktion $\psi(x, y, z)$ quadratisch integrabel sein soll.

9. Gegeben sei die Lagrange-Dichte $\Lambda = \frac{1}{2}[\dot{\phi}^2 - (\nabla\phi)^2 - m^2\phi^2]$, wo $\phi(x, y, z, t)$ eine Feldfunktion ist. Man finde die zugehörige Feldgleichung mithilfe des Hamilton'schen Prinzips.

Theorie komplexer Funktionen

7.1 Einleitung

In Abschn. 2.2 haben wir bereits die elementaren Gesetze des Rechnens mit komplexen Zahlen behandelt und einige wichtige Funktionen in der komplexen Zahlenebene untersucht, die in der Physik relativ häufig Verwendung finden. Wir haben auch bereits darauf hingewiesen, dass jede beliebige Funktion einer komplexen Veränderlichen z sich stets in der Form $f(z) = u(x,y) + \mathrm{i}v(x,y)$ darstellen lässt, wo $u(x,y)$ und $v(x,y)$ reelle Funktionen zweier reeller Veränderlicher sind, und dass diese Darstellung als eine Abbildung der komplexen z-Ebene auf die komplexe w-Ebene aufgefasst werden kann, wo $w = u + \mathrm{i}v$ ist. Im vorliegenden Kapitel sollen nun die für die physikalischen Anwendungen wichtigsten mathematischen Eigenschaften solcher Funktionen diskutiert und auf physikalische und technischen Problemstellungen beispielhaft angewandt werden, um die Nützlichkeit funktionentheoretischer Methoden dem Leser näher zu bringen.

7.2 Die analytischen Funktionen

Grenzwerte und Stetigkeit komplexer Funktionen können ähnlich analysiert werden wie im reellen Gebiet und wir wollen hier nicht näher darauf eingehen. Wichtig ist jedoch die Untersuchung der Differenzierbarkeit komplexer Funktionen. In der Analysis reeller Funktionen ist die Ableitung einer Funktion durch folgenden Grenzwert definiert (siehe Anh. A.1)

$$\frac{\mathrm{d}f(x)}{\mathrm{d}x} = f'(x) = \lim_{\Delta x \to 0} \frac{f(x + \Delta x) - f(x)}{\Delta x} \ . \tag{7.1}$$

Analog können wir in der Analysis komplexer Funktionen den folgenden Grenzwert betrachten

$$\frac{\mathrm{d}f(z)}{\mathrm{d}z} = f'(z) = \lim_{\Delta z \to 0} \frac{f(z + \Delta z) - f(z)}{\Delta z} \ , \tag{7.2}$$

doch ist in der komplexen Zahlenebene $\Delta z = \Delta x + \mathrm{i}\Delta y$ ein infinitesimaler Vektor, der aus einer beliebigen Richtung $\frac{\Delta y}{\Delta x}$ auf den Punkt z zustreben kann. Daraus ergibt sich die Frage, unter welchen Bedingungen ist der durch (7.2) definierte Differenzialquotient unabhängig von der Richtung von Δz. Dies führt uns auf folgende Überlegungen.

7.2.1 Die Cauchy-Riemann'schen Differenzialgleichungen

Wir betrachten die infinitesimale Änderung der Funktion $f(z) = u(x, y) + \mathrm{i}v(x, y)$ bei einer Änderung von z um $\mathrm{d}z$. Dies führt auf die Berechnung des folgenden Differenzials

$$\mathrm{d}f(z) = \mathrm{d}u(x, y) + \mathrm{i}\mathrm{d}v(x, y) \, . \tag{7.3}$$

Nun nehmen wir an, was später gerechtfertigt werden wird, dass die Funktionen $u(x, y)$ und $v(x, y)$ stetig differenzierbar sind. Dann können wir die Differenziale $\mathrm{d}u$ und $\mathrm{d}v$ leicht als Funktion von $\mathrm{d}x$ und $\mathrm{d}y$ berechnen. Wir erhalten

$$\mathrm{d}u = \frac{\partial u}{\partial x}\mathrm{d}x + \frac{\partial u}{\partial y}\mathrm{d}y \, , \quad \mathrm{d}v = \frac{\partial v}{\partial x}\mathrm{d}x + \frac{\partial v}{\partial y}\mathrm{d}y \tag{7.4}$$

und daher lässt sich das Differenzial $\mathrm{d}f$ leicht als Funktion von $\mathrm{d}x$ und $\mathrm{d}y$ berechnen. Wir untersuchen nun das Verhältnis $\frac{\mathrm{d}f}{\mathrm{d}z}$ und wollen es die Ableitung der Funktion $f(z)$ nach z an der Stelle z nennen. Wir erhalten nach einsetzen von (7.4) in (7.3)

$$f'(z) = \frac{\mathrm{d}f(z)}{\mathrm{d}z} = \frac{\mathrm{d}u + \mathrm{i}\mathrm{d}v}{\mathrm{d}x + \mathrm{i}\mathrm{d}y} = \frac{\frac{\partial u}{\partial x} + \mathrm{i}\frac{\partial v}{\partial x} + \left(\frac{\partial u}{\partial y} + \mathrm{i}\frac{\partial v}{\partial y}\right)\frac{\mathrm{d}y}{\mathrm{d}x}}{1 + \mathrm{i}\frac{\mathrm{d}y}{\mathrm{d}x}} \, , \tag{7.5}$$

wobei wir Zähler und Nenner durch $\mathrm{d}x$ dividiert haben. Im allgemeinen wird also diese Ableitung $f'(z)$ von $\frac{\mathrm{d}y}{\mathrm{d}x}$ abhängen, d. h. von der Richtung unter der wir auf den Punkt z zustreben. In diesem Fall ist dann der Wert der Ableitung an der Stelle z nicht eindeutig definiert. Eindeutig wird daher die Ableitung im Punkt z nur dann sein, wenn im Ausdruck für $f'(z)$ der Zähler ein Vielfaches des Nenners ist. Dann kann nämlich die Richtung $\frac{\mathrm{d}y}{\mathrm{d}x}$ herausdividiert werden. Dies ist ersichtlich dann der Fall, wenn folgende Verhältnisrelation gilt

$$\left(\frac{\partial u}{\partial x} + \mathrm{i}\frac{\partial v}{\partial x}\right) : 1 = \left(\frac{\partial u}{\partial y} + \mathrm{i}\frac{\partial v}{\partial y}\right) : \mathrm{i} \, , \tag{7.6}$$

woraus sich die Beziehung ergibt

$$\left(\frac{\partial u}{\partial y} + \frac{\partial v}{\partial x}\right) + \mathrm{i}\left(\frac{\partial v}{\partial y} - \frac{\partial u}{\partial x}\right) = 0 \, . \tag{7.7}$$

Da aber eine komplexe Zahl nur dann gleich Null ist, wenn Real- und Imaginärteil jeder für sich verschwindet, so muss gelten

$$\frac{\partial u(x,y)}{\partial x} = \frac{\partial v(x,y)}{\partial y} \,, \qquad \frac{\partial v(x,y)}{\partial x} = -\frac{\partial u(x,y)}{\partial y} \,. \tag{7.8}$$

Dies sind die Cauchy-Riemann'schen partiellen Differenzialgleichungen der Funktionentheorie. Wenn diese Differenzialgleichungen erfüllt sind, nennt man $u(x,y)$ und $v(x,y)$ zueinander konjugierte Funktionen. Nur wenn diese Funktionen den Cauchy-Riemann'schen Differenzialgleichungen genügen, hat die Funktion $f(z)$ an der Stelle z eine eindeutige Ableitung $f'(z)$ und es gilt dann (7.2). Wenn eine komplexe Funktion $f(z) = w(z) = u(x,y) + \mathrm{i}v(x,y)$ in einem Bereich B der komplexen Zahlenebene den Cauchy-Riemann'schen Differenzialgleichungen genügt, so heißt sie analytisch in diesem Bereich. Ist eine analytische Funktion $f(z)$ obendrein eindeutig, so heißt sie regulär analytisch oder regulär. Wir werden uns hier vornehmlich mit regulären Funktionen beschäftigen. Sind die Funktionen $u(x,y)$ und $v(x,y)$ zweimal stetig differenzierbar, so folgt durch nochmalige Differenziation der Cauchy-Riemann-Gleichungen nach x bzw. y

$$\frac{\partial^2 u}{\partial x^2} = \frac{\partial^2 v}{\partial x \partial y} \,, \quad \frac{\partial^2 v}{\partial x^2} = -\frac{\partial^2 u}{\partial x \partial y}$$

$$\frac{\partial^2 u}{\partial x \partial y} = \frac{\partial^2 v}{\partial y^2} \,, \quad \frac{\partial^2 v}{\partial x \partial y} = -\frac{\partial^2 u}{\partial y^2} \,. \tag{7.9}$$

Diese vier Gleichungen müssen also kreuzweise miteinander identisch sein, woraus sich für $u(x,y)$ und $v(x,y)$ die folgenden beiden Laplace'schen Differenzialgleichungen ergeben

$$\frac{\partial^2 u}{\partial x^2} + \frac{\partial^2 u}{\partial y^2} = 0 \,, \quad \frac{\partial^2 v}{\partial x^2} + \frac{\partial^2 v}{\partial y^2} = 0 \,. \tag{7.10}$$

Die beiden Lösungen $u(x,y)$ und $v(x,y)$ der Laplace-Gleichung nennt man harmonische Funktionen. Sie definieren nur dann eine analytische Funktion $f(z)$, wenn sie die Cauchy-Riemann-Differenzialgleichungen erfüllen. Aus einer einzigen Funktion $u(x,y)$, welche der Laplace'schen Differenzialgleichung genügt, kann man eine analytische Funktion konstruieren, indem man die konjugierte Funktion $v(x,y)$ durch Integration der Cauchy-Riemann-Differenzialgleichungen findet. Die Laplace-Gleichung in zwei Veränderlichen ist bei der Lösung hydrodynamischer und elektrostatischer Probleme in zwei Dimensionen von Interesse, wenn aus Symmetriegründen die Abhängigkeit von der dritten Dimension unberücksichtigt bleiben kann. Beispiele sind etwa die Strömung einer reibungsfreien Flüssigkeit, die in einer Raumrichtung unendlich ausgedehnt ist, oder das elektrostatische Potenzial zwischen zwei unendlich langen und parallelen geladenen Drähten. Die Anwendung der funktionentheoretischen Methoden auf diese Problemstellungen wollen wir hier nicht weiter diskutieren, sondern nur auf eine wichtige Eigenschaft analytischer Funktionen eingehen, wonach sie eine lokal winkel- und linientreue Abbildung vermitteln.

7.2.2 Die konforme Abbildung

Die von analytischen Funktionen vermittelten Abbildungen der z-Ebene auf die w-Ebene haben eine besondere Eigenschaft, die wir nun untersuchen wollen. Wir nehmen an, an der Stelle z sei $f'(z) \neq 0$ und wir bewegen uns in einer bestimmten Richtung vom Punkte z aus um das infinitesimale, vektorielle Wegstück $\mathrm{d}z = \mathrm{d}x + \mathrm{i}\mathrm{d}y$ fort. Sein Betrag und Argument sind dann durch die Ausdrücke gegeben (vgl. Abschn. 2.2.3)

$$|\mathrm{d}z| = \sqrt{\mathrm{d}x^2 + \mathrm{d}y^2}\,, \quad \omega = \arg(\mathrm{d}z) = \arctan\frac{\mathrm{d}y}{\mathrm{d}x}\,. \tag{7.11}$$

Durch die Abbildung $w = f(z)$ ist dann dem infinitesimalen vektoriellen Linienelement $\mathrm{d}z$ in der w-Ebene das vektorielle Element $\mathrm{d}w$ zugeordnet. Für den Modul und das Argument von $\mathrm{d}w = \mathrm{d}u + \mathrm{i}\mathrm{d}v$ erhalten wir entsprechend die Beziehungen

$$|\mathrm{d}w| = \sqrt{\mathrm{d}u^2 + \mathrm{d}v^2}\,, \quad \Omega = \arg(\mathrm{d}w) = \arctan\frac{\mathrm{d}v}{\mathrm{d}u}\,. \tag{7.12}$$

Wegen der Gültigkeit der Cauchy-Riemann-Differenzialgleichungen (7.8) stehen aber die Differenziale von u und v mit jenen von x und y in folgendem Zusammenhang

$$\mathrm{d}u = \frac{\partial u}{\partial x}\mathrm{d}x + \frac{\partial u}{\partial y}\mathrm{d}y = \frac{\partial v}{\partial y}\mathrm{d}x - \frac{\partial v}{\partial x}\mathrm{d}y$$

$$\mathrm{d}v = \frac{\partial v}{\partial x}\mathrm{d}x + \frac{\partial v}{\partial y}\mathrm{d}y = -\frac{\partial u}{\partial y}\mathrm{d}x + \frac{\partial u}{\partial x}\mathrm{d}y\,. \tag{7.13}$$

Also können wir entweder die partiellen Ableitungen von $u(x,y)$ oder jene von $v(x,y)$ eliminieren. Tun wir ersteres so ergibt sich

$$\mathrm{d}u^2 + \mathrm{d}v^2 = v_y^2\mathrm{d}x^2 + v_x^2\mathrm{d}y^2 - 2v_xv_y\mathrm{d}x\mathrm{d}y + v_x^2\mathrm{d}x^2 + v_y^2\mathrm{d}y^2 + 2v_xv_y\mathrm{d}x\mathrm{d}y$$

$$= (v_x^2 + v_y^2)(\mathrm{d}x^2 + \mathrm{d}y^2) \tag{7.14}$$

und wir erhalten somit folgenden Zusammenhang zwischen den Beträgen der Linienelemente in der w-Ebene und der z-Ebene

$$|\mathrm{d}w| = \sqrt{\mathrm{d}u^2 + \mathrm{d}v^2} = \sqrt{v_x^2 + v_y^2}\sqrt{\mathrm{d}x^2 + \mathrm{d}y^2} = \sqrt{v_x^2 + v_y^2}|\mathrm{d}z|\,. \tag{7.15}$$

Andererseits können wir zwischen den Argumenten Ω und ω von $\mathrm{d}w$ und $\mathrm{d}z$ eine Beziehung herstellen. Mithilfe der obigen Formeln (7.13) für $\mathrm{d}u$ und $\mathrm{d}v$

finden wir

$$\tan\Omega = \frac{\mathrm{d}v}{\mathrm{d}u} = \frac{v_x + v_y\frac{\mathrm{d}y}{\mathrm{d}x}}{v_y - v_x\frac{\mathrm{d}y}{\mathrm{d}x}} = \frac{\frac{v_x}{v_y} + \tan\omega}{1 - \frac{v_x}{v_y}\tan\omega} \; . \tag{7.16}$$

Wenn wir nun mithilfe der Definition $\tan\phi = \frac{v_x}{v_y}$ einen neuen Winkel ϕ einführen, so ergibt sich

$$\tan\Omega = \frac{\tan\phi + \tan\omega}{1 - \tan\phi\tan\omega} = \tan(\phi + \omega) \tag{7.17}$$

und es ist daher bis auf ein ganzes Vielfaches von π

$$\Omega = \phi + \omega \;, \quad \arg(\mathrm{d}w) = \phi + \arg(\mathrm{d}z) \;. \tag{7.18}$$

Betrachten wir nun in der z-Ebene zwei infinitesimale Linienelemente $\mathrm{d}z_1$ und $\mathrm{d}z_2$, die vom Punkt z ausgehen, so sind ihnen durch die Funktion $f(z)$ in der w-Ebene die Elemente $\mathrm{d}w_1$ und $\mathrm{d}w_2$ zugeordnet. Für diese gilt nun wegen der abgeleiteten Beziehungen (7.15) und (7.18) zwischen den Moduli und Argumenten von $\mathrm{d}w$ und $\mathrm{d}z$

$$\frac{|\mathrm{d}w_1|}{|\mathrm{d}w_2|} = \frac{|\mathrm{d}z_1|}{|\mathrm{d}z_2|} \;, \quad \arg(\mathrm{d}w_1) - \arg(\mathrm{d}w_2) = \arg(\mathrm{d}z_1) - \arg(\mathrm{d}z_2) \;, \tag{7.19}$$

da sowohl der Modul von $f'(z)$, $|f'(z)| = \sqrt{v_x^2 + v_y^2}$ als auch das Argument von $f'(z)$, $\arg[f'(z)] = \phi = \arctan(\frac{v_x}{v_y})$ infolge der Analytizität von $f(z)$ richtungsunabhängig sind. Wir ersehen daraus, dass jede analytische Funktion an Stellen, wo $f'(z) \neq 0$ ist eine zwar von Ort zu Ort sich ändernde aber im Infinitesimalen strecken- und winkeltreue Abbildung liefert. Solche Abbildungen nennt man konform. Alle Strecken $|\mathrm{d}z|$ werden in jedem Punkt um den gleichen Faktor $|f'(z)|$ gedehnt und alle Richtungen $\frac{\mathrm{d}z}{|\mathrm{d}z|}$ um den Winkel $\phi = \arg[f'(z)]$ verdreht.

7.2.3 Elementare Rechenoperationen analytischer Funktionen

Sind zwei Funktionen $f_1(z)$ und $f_2(z)$ analytisch, so kann man zeigen, dass dasselbe auch für $f_1 \pm f_2$ und $\frac{f_1}{f_2}$ gilt, solange im letzten Fall $f_2 \neq 0$ ist. Für diese analytischen Funktionen gelten dieselben elementaren Differenziationsregeln, wie im reellen Gebiet (siehe Anh. A.1.3). Es gilt also

$$(f_1 + f_2)' = f_1' + f_2' \;, \quad (f_1 \cdot f_2)' = f_1' \cdot f_2 + f_1 \cdot f_2'$$
$$\left(\frac{f_1}{f_2}\right)' = \frac{f_1' \cdot f_2 - f_1 \cdot f_2'}{f_2^2} \;, \quad f_2 \neq 0 \;. \tag{7.20}$$

Insbesondere gilt auch die Leibniz'sche Kettenregel der Differenziation. Wenn $w_2 = f_2(w_1)$ und $w_1 = f_1(z)$ sind, so erhalten wir

$$\frac{\mathrm{d}w_2}{\mathrm{d}z} = \frac{\mathrm{d}w_2}{\mathrm{d}w_1} \cdot \frac{\mathrm{d}w_1}{\mathrm{d}z} \ . \tag{7.21}$$

Aus diesen Regeln folgt dann, abgesehen von einzelnen Punkten oder Folgen solcher Punkte in der komplexen Zahlenebene, dass alle Potenzen z^n von z, wo n positive oder negative ganze Zahlen sind, sowie Summen beliebiger Vielfacher solcher Potenzen, ja unendliche Reihen solcher Potenzen, wenn sie absolut und gleichmäßig konvergieren, regulär analytische Funktionen von z darstellen. Später werden wir sehen, dass analytische Funktionen beliebig oft differenziert werden können. Elementare Funktionen dieser Art sind alle Polynome in z, d. h.

$$P_n(z) = \sum_{i=0}^{n} a_i\, z^i \ , \tag{7.22}$$

wo die Koeffizienten a_i beliebige komplexe Zahlen sein können. Dasselbe gilt für rationale Funktionen

$$R(z) = \frac{P_n(z)}{Q_m(z)} = \frac{\sum_{i=0}^{n} a_i\, z^i}{\sum_{i=0}^{m} b_i\, z^i} \ , \tag{7.23}$$

solange der Nenner nicht verschwindet. Auch die in Abschn. 2.2.4–2.2.6 diskutierten elementaren transzendenten Funktionen gehören zu dieser Klasse regulärer Funktionen, solange $|z| < M$ ist und $M < \infty$ bleibt.

7.2.4 Singularitäten analytischer Funktionen

Alle Punkte in der z-Eben in denen eine komplexe Funktion $f(z)$ keine Ableitung besitzt, also nicht analytisch ist, heißen singuläre Punkte der Funktion $f(z)$. Wir wollen uns hier hauptsächlich mit den singulären Punkten einer eindeutigen Funktion beschäftigen. In diesem Fall haben wir es mit zwei wichtigen Arten von Singularitäten zu tun. Angenommen, die sonst reguläre Funktion $f(z)$ habe an der Stelle z_0 in der komplexen Zahlenebene eine singuläre Stelle von der Art, dass die Funktion

$$g(z) = (z - z_0)^n f(z) \tag{7.24}$$

an der Stelle z_0 regulär ist und daher in einer gewissen Umgebung $|z - z_0| < R$ der Stelle z_0 in eine absolut und gleichmäßig konvergente Potenzreihe entwickelt werden kann. Dabei heißt R der Konvergenzradius, der genau bis zur nächsten Singularität von $f(z)$ reicht. Also können wir ansetzen

$$g(z) = \sum_{i=0}^{\infty} a_i(z - z_0)^i \ . \tag{7.25}$$

Daher besitzt die Funktion $f(z)$ in der Umgebung von z_0 die Reihenentwicklung

$$f(z) = \frac{g(z)}{(z - z_0)^n} = \sum_{i=0}^{\infty} a_i(z - z_0)^{i-n} \tag{7.26}$$

und wenn wir $i - n = k$ setzen, so ist

$$f(z) = \sum_{k=-n}^{\infty} a_{k+n}(z - z_0)^k = \sum_{k=-n}^{\infty} c_k(z - z_0)^k$$

$$= \frac{c_{-n}}{(z - z_0)^n} + \frac{c_{-n+1}}{(z - z_0)^{n-1}} + \cdots \frac{c_{-1}}{z - z_0} + c_0 + c_1(z - z_0) + \cdots , \tag{7.27}$$

nachdem wir $a_{k+n} = c_k$ getauft haben und wir nennen diese Potenzreihe die „Laurent'sche Reihenentwicklung" der Funktion $f(z)$ in der Umgebung von z_0. Eine Funktion $f(z)$, die in der Umgebung von z_0 eine Laurent'sche Reihenentwicklung mit n Gliedern von negativen Potenzen von $z - z_0$ besitzt, hat an der Stelle z_0 einen sogenannten „Pol", oder eine außerwesentliche Singularität n-ter Ordnung. Die Funktion $f(z)$ strebt also an diesem Pol maximal wie $\frac{c_{-n}}{(z-z_0)^n}$ gegen Unendlich, wenn $z \to z_0$ geht. Man nennt die ersten n Glieder der Laurent-Reihe, also jene mit negativen Potenzen von $z - z_0$, den Hauptteil der Funktion $f(z)$. Betrachten wir die $(n-1)$-te Ableitung der regulären Funktion $g(z)$, so ergibt sich aus ihrer Potenzreihenentwicklung

$$\frac{\mathrm{d}^{n-1} g(z)}{\mathrm{d}z^{n-1}} = \frac{\mathrm{d}^{n-1}}{\mathrm{d}z^{n-1}}(z - z_0)^n f(z) = a_{n-1}(n - 1)! + \cdots \tag{7.28}$$

und wir erhalten daher für $z = z_0$

$$c_{-1} = a_{n-1} = \frac{1}{(n - 1)!} \left[\frac{\mathrm{d}^{n-1}}{\mathrm{d}z^{n-1}}(z - z_0)^n f(z) \right]_{z=z_0} . \tag{7.29}$$

Man nennt den Koeffizienten c_{-1} der Laurent'schen Reihenentwicklung von $f(z)$ in der Umgebung der singulären Stelle z_0 das „Residuum" der Funktion $f(z)$ an dieser Stelle. Handelt es sich um einen Pol erster Ordnung, so ist das Residuum einfach durch

$$c_{-1} = [(z - z_0)f(z)]_{z=z_0} \tag{7.30}$$

gegeben. Die Bedeutung der Residua werden wir im Zusammenhang mit den Integralsätzen der Funktionentheorie im nächsten Abschnitt kennen lernen.

Beispiel

Als einfaches Beispiel für die Berechnung der Residuen betrachten wir die rationale Funktion

$$f(z) = \frac{1}{z(z - 1)^2} . \tag{7.31}$$

Diese Funktion hat bei $z = 0$ einen Pol 1. Ordnung und bei $z = 1$ einen Pol zweiter Ordnung. Die Residuen von $f(z)$ an diesen Stellen sind

$$c_{-1}^{(1)} = [z f(z)]_{z=0} = 1 \,, \quad c_{-1}^{(2)} = \left[\frac{\mathrm{d}}{\mathrm{d}z} (z-1)^2 f(z) \right]_{z=1} = -1 \,. \tag{7.32}$$

Diese Residuen können wir natürlich auch den Laurent'schen Reihenentwicklungen von $f(z)$ an den beiden Polen entnehmen, also aus der Entwicklung

$$f(z) = \frac{1}{z}(1-z)^{-2} = \frac{1}{z}(1 + 2z + 3z^2 + 4z^3 + \cdots) = \frac{1}{z} + 2 + 3z + 4z^2 + \cdots \tag{7.33}$$

und aus der Reihe

$$\begin{aligned} f(z) &= \frac{1}{(z-1)^2} \frac{1}{z} = \frac{1}{(z-1)^2} \left[\frac{1}{1 + z - 1} \right] \\ &= \frac{1}{(z-1)^2} [1 - (z-1) + (z-1)^2 - (z-1)^3 + \cdots] \\ &= \frac{1}{(z-1)^2} - \frac{1}{z-1} + 1 - (z-1) + (z-1)^2 - \cdots \,. \end{aligned} \tag{7.34}$$

Eine sonst reguläre Funktion $f(z)$, welche im Endlichen keine anderen Singularitäten besitzt als Pole, heißt meromorph oder von der Natur einer rationalen Funktion.

Eine zweite Art der Singularitäten einer sonst regulären Funktion $f(z)$ ist dadurch gekennzeichnet, dass sich keine an der singulären Stelle z_0 reguläre Funktion $g(z)$ von der Form (7.25) finden lässt, wie groß immer man auch n wählen mag. Die Laurent-Reihe von $f(z)$ muss daher an dieser Stelle unendlich viele Glieder mit negativen Potenzen von $(z - z_0)$ besitzen, also

$$f(z) = \sum_{k=-\infty}^{+\infty} c_k (z - z_0)^k \,. \tag{7.35}$$

Auch hier nennt man den Teil der Summe mit negativen Potenzen von $(z - z_0)$ den Hauptteil der Funktion und den Koeffizienten c_{-1} das Residuum von $f(z)$ an der Stelle z_0. Wenn $f(z)$ im Punkt z_0 diese Eigenschaft besitzt, so sagt man, die Funktion habe dort eine wesentliche Singularität. Als Beispiel nennen wir die Funktion $f(z) = \mathrm{e}^{\frac{1}{z}}$. Sie hat an der Stelle $z = 0$ eine wesentliche Singularität, denn

$$f(z) = \mathrm{e}^{\frac{1}{z}} = \sum_{k=-\infty}^{0} \frac{z^k}{|k|!} \,. \tag{7.36}$$

Die Laurent-Reihe von $\mathrm{e}^{\frac{1}{z}}$ hat also unendlich viele Glieder mit negativen Potenzen von z. Eine wesentliche Singularität ist dadurch gekennzeichnet, dass in diesem Punkt z_0 die Funktion $f(z)$ jeden beliebigen Wert annehmen kann.

7.2.5 Der unendlich ferne Punkt

Um das analytische Verhalten einer sonst regulären Funktion für große Werte $|z|$, d. h. im unendlich fernen Punkt, zu untersuchen, ist es zweckmäßig, das Verhalten einer anderen Funktion $\phi(\zeta)$ im Ursprung $\zeta = 0$ zu betrachten, indem wir setzen $z = \frac{1}{\zeta}$, sodass für $|z| \to \infty$ gleichzeitig $\zeta \to 0$ strebt. Wir brauchen also nur zu setzen

$$f(z) = f\left(\frac{1}{\zeta}\right) = \phi(\zeta) \; . \tag{7.37}$$

Wenn dann $\phi(\zeta)$ bei $\zeta = 0$ regulär ist, so sagt man, $f(z)$ ist im Unendlichen regulär. Wenn $\phi(\zeta)$ im Punkt $\zeta = 0$ einen Pol n-ter Ordnung oder eine wesentliche Singularität hat, so heißt das, dasselbe gilt für $f(z)$ im „Punkt $z = \infty$". So kann man zum Beispiel sofort zeigen, dass $f(z) = \frac{1}{z}$ sich im Unendlichen regulär verhält, dass $f(z) = z^2$ bei $z = \infty$ einen Pol zweiter Ordnung hat und dass schließlich $f(z) = \mathrm{e}^z$ aufgrund unserer vorangegangen Diskussion im unendlich fernen Punkt eine wesentliche Singularität besitzt, da $f(\frac{1}{\zeta}) = \mathrm{e}^{\frac{1}{\zeta}} = \phi(\zeta)$ eine solche bei $\zeta = 0$ hat. Die Bezeichnung unendlich ferner Punkt der z-Ebene oder $z = \infty$ hat keine irgendwie geartete geometrische Bedeutung, da alle Punkte für die $|z| \to \infty$ geht, denselben Punkt $z = \infty$ bedeuten. Man sagt, durch den Punkt $z = \infty$ wird die komplexe Zahlenebene „abgeschlossen". Nach einem bemerkenswerten Theorem von Liouville ist eine in der abgeschlossenen z-Ebene überall reguläre Funktion $f(z)$ eine Konstante. Oder, jede nicht konstante reguläre Funktion muss mindestens eine Singularität besitzen. Daraus folgt ferner, wenn $h(z) = f(z) - g(z)$ in der abgeschlossenen Zahlenebene regulär ist, sich $f(z)$ und $g(z)$ nur durch eine Konstante unterscheiden können.

7.3 Integration im komplexen Gebiet

Die Integralsätze der Funktionentheorie spielen für die physikalischen Anwendungen eine wichtige Rolle. Für die Herleitung dieser Sätze benötigen wir die Einführung von Linienintegralen in der komplexen Zahlenebene. Wir können dabei auf die Diskussion reeller Linienintegrale in Abschn. 1.4.3 (1.120) zurückgreifen.

7.3.1 Linienintegrale in der komplexen Zahlenebene

Es sei $f(z)$ eine im Bereich B der z-Ebene definierte stetige Funktion von z und es sei in B eine orientierte stetige Kurve C gegeben, welche die Punkte $a = x_1 + iy_1$ und $b = x_2 + iy_2$ verbindet und durch die Parameterdarstellung $z(t) = x(t) + iy(t)$ bestimmt ist, wo der Parameter t die Werte $t_0 \le t \le T$ durchläuft (vgl. Abb. 7.1). Man definiert dann das komplexe Linienintegral,

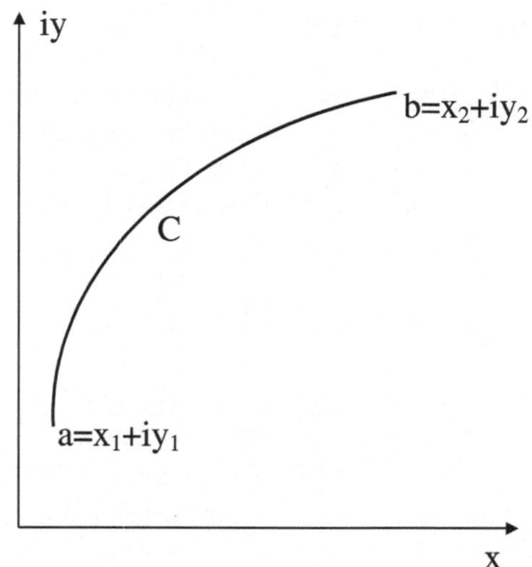

Abbildung 7.1. Integration in der komplexen Zahlenebene

erstreckt über die Kurve C, ganz analog wie im reellen Gebiet als Grenzwert J der durch Unterteilung des Intervalls gebildeten Näherungssumme, nämlich

$$J = \int_C f(z)\mathrm{d}z = \lim_{n\to\infty} S_n = \lim_{n\to\infty} \sum_{k=1}^{n} f(\xi_k)(z_k - z_{k-1}) \,. \tag{7.38}$$

Dies muss für beliebige, unendlich feine Einteilungen $t_0 < t_1 < t_2 < \cdots < T$ des Parameterintervalls (t_0, T) gelten, wobei die Werte $z_k = z(t_k)$ und $\xi_k = z(\tau_k)$ mit $t_{k-1} < \tau_k < t_k$ zu betrachten sind, analog den Definitionen im reellen Gebiet. Das in (7.38) definierte Integral J existiert insbesondere dann, was bei den physikalischen Anwendungen stets erfüllt ist, wenn die Kurve C „rektifizierbar" ist, also eine wohldefinierte endliche Länge besitzt. Dies ist insbesondere dann der Fall, wenn die Parameterdarstellung $z(t)$ stetig differenzierbar ist. Dann können wir das komplexe Linienintegral auf die Form eines gewöhnlichen Integrals bringen und zwar

$$\int_C f(z)\mathrm{d}z = \int_0^T f[z(t)]z'(t)\mathrm{d}t \,. \tag{7.39}$$

Entsprechend kann dann auch das komplexe Integral als eine Summe von reellen Linienintegralen ausgedrückt werden, indem wir $f(z)$ in seinen Real- und Imaginärteil zerlegen, $f(z) = u(x,y) + iv(x,y)$, sodass wir erhalten

$$\int_C f(z)\mathrm{d}z = \int_C (u+iv)(x'+iy')\mathrm{d}t = \int_C (u\mathrm{d}x-v\mathrm{d}y)+i\int_C (v\mathrm{d}x+u\mathrm{d}y) \,. \tag{7.40}$$

Auf diesem Wege können wir dann alle im Reellen abgeleiteten elementaren Regeln der Integration ins Komplexe übernehmen. So ändert etwa das Integral sein Vorzeichen, wenn die Kurve C in umgekehrter Richtung durchlaufen wird und es ist die Summe und das Produkt zweier integrabler Funktionen $f_1(z)$ und $f_2(z)$ gleichfalls integrabel. Insbesondere gilt auch im komplexen Gebiet, wenn die Funktion $f(z, \alpha)$ bezüglich α stetig differenzierbar ist und längs C über z integriert werden kann, dass sich dann Differenziation und Integration miteinander vertauschen lassen, also (siehe Anh. A.1.12)

$$F'(\alpha) = \frac{\mathrm{d}}{\mathrm{d}\alpha} \int_C f(z, \alpha)\mathrm{d}z = \int_C \frac{\mathrm{d}}{\mathrm{d}\alpha} f(z, \alpha)\mathrm{d}z \qquad (7.41)$$

und es ist somit längs C die Funktion $F(\alpha)$ eine analytische Funktion von α, wobei es gleichgültig ist, ob α einen reeller oder komplexer Parameter darstellt. Mit den obigen Untersuchungen haben wir alle nötigen Vorbereitungen getroffen, um uns mit den sehr bedeutungsvollen Integralsätzen der Funktionentheorie beschäftigen zu können.

7.3.2 Der Fundamentalsatz von Cauchy

Bei der Diskussion der reellen Linienintegrale in der Vektoranalysis in Abschn. 1.4.3 haben wir unter den Beispielen den Stokes'schen Satz in der Ebene unter (1.120) hergeleitet. Dieser besagt, dass für zwei stetig differenzierbare Funktionen $P(x, y)$ und $Q(x, y)$ im Bereich B, der einfach zusammenhängend von einer Kurve C in positivem Sinne umschlossen ist, (d. h. entgegen dem Uhrzeigersinn und der Bereich B zur linken liegend) der folgende Zusammenhang zwischen Kurven- und Flächenintegral besteht

$$\oint_C [P(x, y)\mathrm{d}x + Q(x, y)\mathrm{d}y] = \iint_B \left(\frac{\partial Q}{\partial x} - \frac{\partial P}{\partial y} \right) \mathrm{d}x\mathrm{d}y \ . \qquad (7.42)$$

Ist insbesondere $\mathrm{d}F(x, y) = P(x, y)\mathrm{d}x + Q(x, y)\mathrm{d}y$ ein exaktes Differenzial, dann gilt die „Integrabilitätsbedingung" $\frac{\partial Q}{\partial x} = \frac{\partial P}{\partial y}$ und daher ist dann das Integral auf der rechten Seite von (7.42) gleich Null. Damit ist aber dann der Wert des Linienintegrals vom Weg unabhängig. Nun wenden wir diese Sätze auf unsere beiden komplexen Linienintegrale (7.40) an, wobei wir voraussetzen, dass $u(x, y)$ und $v(x, y)$ in einem gewissen Bereich B der komplexen Zahlenebene stetig differenzierbar sind und ein einfach zusammenhängender Teilbereich B' von einer Kurve C in positivem Sinne umschlossen wird, sodass gelten muss (vgl. Abb. 7.2)

$$\oint_C f(z)\mathrm{d}z = \oint (u\mathrm{d}x - v\mathrm{d}y) + \mathrm{i} \oint (v\mathrm{d}x + u\mathrm{d}y)$$

$$= \iint_{B'} \left(-\frac{\partial v}{\partial x} - \frac{\partial u}{\partial y} \right) \mathrm{d}x\mathrm{d}y + \mathrm{i} \iint_{B'} \left(\frac{\partial u}{\partial x} - \frac{\partial v}{\partial y} \right) \mathrm{d}x\mathrm{d}y \ . \qquad (7.43)$$

Im allgemeinen werden auch hier die beiden Flächenintegrale in der zweiten Zeile dieser Gleichung von Null verschieden sein. Wenn aber die beiden Linienintegrale in der ersten Zeile über zwei totale Differenziale $\mathrm{d}F(x, y)$ und

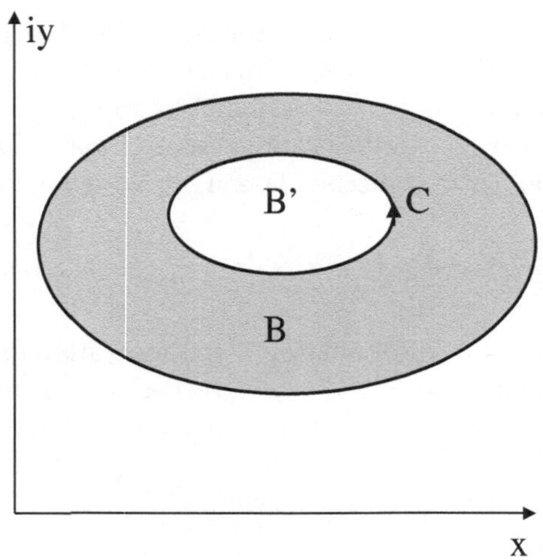

Abbildung 7.2. Zum Fundamentalsatz von Cauchy

$\mathrm{d}G(x, y)$ erstreckt werden, müssen innerhalb der geschlossenen Kurve C die Integrabilitätsbedingungen erfüllt sein, also

$$\frac{\partial v}{\partial x} = -\frac{\partial u}{\partial y}, \quad \frac{\partial u}{\partial x} = \frac{\partial v}{\partial y}. \tag{7.44}$$

Dies sind aber gerade die Cauchy-Riemann-Differenzialgleichungen als notwendige und hinreichende Bedingung dafür, dass $f(z)$ im Bereich B', welches von C umschlossen wird, sich regulär verhält. Gilt dies für alle Kurven C, die Teilbereiche B' von B umschließen, so ist $f(z)$ in B regulär und es gilt dann

$$\oint_C f(z)\mathrm{d}z = 0 \tag{7.45}$$

für jede Kurve C, die ganz in B liegt und einen einfach zusammenhängenden Teilbereich B' von B umschließt. Dies ist der Cauchy'sche „Fundamentalsatz" der Funktionentheorie. Die Umkehr dieses Satzes wurde später von Morera bewiesen. Ist also die Funktion $f(z)$ regulär im Bereich B, so ist der Wert des komplexen Linienintegrals zwischen zwei Punkten z_0 und z aus B unabhängig vom Weg, d. h.

$$\int_{z_0,C_1}^z f(z')\mathrm{d}z' = \int_{z_0,C_2}^z f(z')\mathrm{d}z' \tag{7.46}$$

und daher

$$f(z)\mathrm{d}z = \mathrm{d}F(z) \tag{7.47}$$

ein exaktes Differenzial, sodass

$$\int_{z_0}^z f(z')\mathrm{d}z' = \int_{z_0}^z \mathrm{d}F(z) = F(z) - F(z_0) \tag{7.48}$$

erfüllt ist und daher die Funktion $F(z)$ eine Stammfunktion von $f(z)$ im Bereich B darstellt. In diesem Fall kann also die gleichfalls reguläre Stammfunktion nach den gleichen Methoden, wie bei der Integralrechnung im reellen Gebiet, gefunden werden, also

$$F(z) = \int^z f(z')\mathrm{d}z' + C \tag{7.49}$$

und die Integration erscheint als die Umkehr der Differenziation

$$\frac{\mathrm{d}F(z)}{\mathrm{d}z} = F'(z) = f(z) \ . \tag{7.50}$$

Diese Kenntnis gestattet, eine ganze Reihe von Integralen im reellen Gebiet in elementarer Weise zu berechnen, d. h. die Stammfunktion $F(x)$ der Funktion $f(x)$ zu finden, wenn diese Funktionen eine sogenannte „analytische Fortsetzung" $f(z)$ in die komplexe Zahlenebene besitzen und deren Stammfunktionen $F(z)$ leicht berechenbar sind, was in vielen Fällen möglich ist.

Beispiele

1. Berechnung von Parameterintegralen: Ein in der Physik häufig auftretendes Parameterintegral ist von der Form

$$\int \mathrm{e}^{px} \sin qx \mathrm{d}x \ . \tag{7.51}$$

Zu seiner Berechnung betrachten wir die Funktion

$$f(z) = \mathrm{e}^{pz+\mathrm{i}qz} = \mathrm{e}^{(p+\mathrm{i}q)z} \ , \tag{7.52}$$

die jedenfalls regulär ist, wobei p und q auch komplex sein können. Durch Integration erhalten wir die Stammfunktion

$$F(z) = \int \mathrm{e}^{(p+\mathrm{i}q)z}\mathrm{d}z = \frac{\mathrm{e}^{(p+\mathrm{i}q)z}}{p+\mathrm{i}q} + C \ . \tag{7.53}$$

Führen wir nun die Integration längs der x-Achse aus und wählen p und q reell, so ist

$$F(x) = U(x) + \mathrm{i}V(x) = \int \mathrm{e}^{px+\mathrm{i}qx}\mathrm{d}x = \int \mathrm{e}^{px} \cos qx \mathrm{d}x + \mathrm{i} \int \mathrm{e}^{px} \sin qx \mathrm{d}x$$

$$= \frac{p-\mathrm{i}q}{p^2+q^2}\left(\mathrm{e}^{px} \cos qx + \mathrm{i}\mathrm{e}^{px} \sin qx\right) + C_1 + \mathrm{i}C_2 \tag{7.54}$$

und wenn wir in Real- und Imaginärteil trennen, so ergibt sich

$$U(x) = \int \mathrm{e}^{px} \cos qx \mathrm{d}x = \frac{\mathrm{e}^{px}}{p^2+q^2}(p \cos qx + q \sin qx) + C_1$$

$$V(x) = \int \mathrm{e}^{px} \sin qx \mathrm{d}x = \frac{\mathrm{e}^{px}}{p^2+q^2}(p \sin qx - q \cos qx) + C_2 \tag{7.55}$$

2. Berechnung der Fresnel'schen Integrale: In Abschn. 5.2 (5.46) hatten wir die Fresnel'schen Integrale $C(x)$ und $S(x)$ angegeben. In der Beugungstheorie ist es von Nutzen, die Werte $C(\infty)$ und $S(\infty)$ zu kennen. Dies bedeutet, wir haben folgendes Integral zu berechnen

$$C(\infty) + \mathrm{i}S(\infty) = \int_0^\infty \mathrm{e}^{\mathrm{i}\frac{\pi}{2}x^2}\,\mathrm{d}x \ . \tag{7.56}$$

Da die Funktion $f(z) = \mathrm{e}^{\mathrm{i}\frac{\pi}{2}z^2}$ eine reguläre Funktion ist, erhalten wir für einen beliebigen, einfach zusammenhängenden Bereich in der komplexen Zahlenebene

$$\oint \mathrm{e}^{\mathrm{i}\frac{\pi}{2}z^2}\,\mathrm{d}z = 0 \ . \tag{7.57}$$

Nun wählen wir die geschlossene Kurve C in spezieller Weise, wie in Abb. 7.3 skizziert. In diesem Fall liefert das Integral (7.57), in die einzelnen Anteile zerlegt und nach Einführung von Polarkoordinaten, die einzelnen Beiträge

$$\int_0^R \mathrm{e}^{\mathrm{i}\frac{\pi}{2}x^2}\,\mathrm{d}x + \mathrm{i}R\int_0^{\frac{\pi}{4}} \mathrm{e}^{\mathrm{i}\frac{\pi}{2}R^2(\cos 2\varphi + \mathrm{i}\sin 2\varphi)}\mathrm{e}^{\mathrm{i}\varphi}\,\mathrm{d}\varphi + \int_R^0 \mathrm{e}^{-\frac{\pi}{2}r^2}\mathrm{e}^{\mathrm{i}\frac{\pi}{4}}\,\mathrm{d}r = 0 \ . \tag{7.58}$$

Wenn nun $R \to \infty$ strebt, geht das erste Integral in dieser Gleichung in (7.56) über, das zweite Integral über den Kreisbogen vom Radius R verschwindet, da die Exponentialfunktion den Dämpfungsanteil $\exp[-\frac{\pi}{2}R^2\sin 2\varphi]$ enthält. Das dritte Integral ist im wesentlichen das vollständige Gauß'sche Fehlerintegral, das wir in Abschn. 5.2 (5.11) berechnet haben. Nach einfacher Variablen-

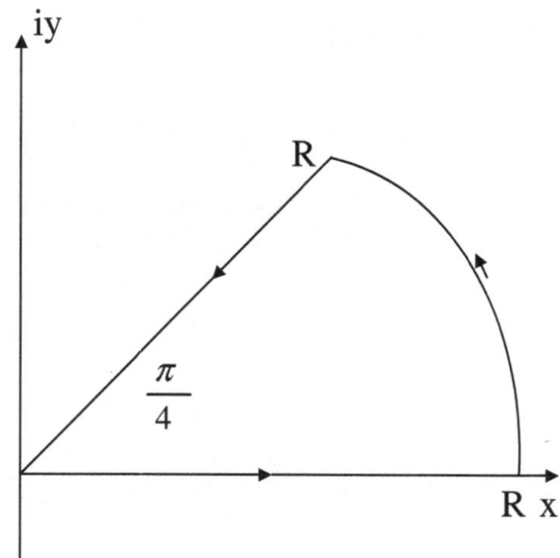

Abbildung 7.3. Berechnung der Fresnel'schen Integrale

transformation mit $r = \rho\sqrt{\frac{2}{\pi}}$ erhalten wir daher

$$\int_0^R e^{i\frac{\pi}{2}x^2}dx = \frac{1}{\sqrt{2}}e^{i\frac{\pi}{4}} , \quad C(\infty) = S(\infty) = \frac{1}{2} , \tag{7.59}$$

da $\cos\frac{\pi}{4} = \sin\frac{\pi}{4} = \frac{1}{\sqrt{2}}$ ist.

3. Lösung der Schrödinger-Gleichung eines freien Teilchens: Für die freie, eindimensionale Bewegung eines Elektrons lautet die Schrödinger-Gleichung

$$\frac{\hbar^2}{2m}\frac{\partial^2\Phi(x,t)}{\partial x^2} = i\hbar\frac{\partial\Phi(x,t)}{\partial t} . \tag{7.60}$$

In Abschn. 4.2 haben wir erfahren, dass die Schrödinger-Gleichung vom parabolischen Typ ist und wir daher zu ihrer Lösung im freien Raum eine Anfangsbedingung benötigen. Wir nehmen an, für $t = 0$ habe die Lösung die Form einer Gauß'schen Funktion, und zwar

$$\Phi(x, t = 0) = Ae^{-\alpha^2 x^2} , \tag{7.61}$$

wo A und α reelle Konstanten sind. Da die Gauß-Funktion quadratisch integrabel ist, können wir sie normieren. Das Normierungsintegral ist mithilfe von (5.11) leicht berechenbar und ergibt $A = \sqrt{\alpha\sqrt{\frac{2}{\pi}}}$. Zur Lösung der Schrödinger-Gleichung (7.60) mit der Anfangsbedingung (7.61) machen wir einen Fourier-Integralansatz

$$\Phi(x,t) = \int_{-\infty}^{+\infty} \Phi(k,t)e^{ikx}dk . \tag{7.62}$$

Dies ergibt beim Einsetzen in die Schrödinger-Gleichung

$$\int_{-\infty}^{+\infty} \left[-\frac{\hbar^2 k^2}{2m}\Phi(k,t) - i\hbar\dot{\Phi}(k,t)\right] e^{ikx}dk = 0 , \tag{7.63}$$

woraus wir wegen der Orthogonalität der Fourier-Funktionen schließen können, dass

$$\frac{\dot{\Phi}(k,t)}{\Phi(k,t)} = -i\frac{\hbar k^2}{2m} , \quad \Phi(k,t) = \Phi(k,0)e^{-i\frac{\hbar k^2}{2m}t} , \tag{7.64}$$

wobei die angegebene Lösung für die Fourier-Transformierte $\Phi(k,t)$ leicht zu finden ist, da die linke Seite der ersten Gleichung in (7.64) die logarithmische Ableitung der Fourier-Transformierten nach t ist. Wir können also mithilfe von (7.62) die gesuchte Lösung berechnen, wenn wir $\Phi(k,0)$ durch inverse Fourier-Transformation aus der Anfangsbedingung (7.61) berechnet haben.

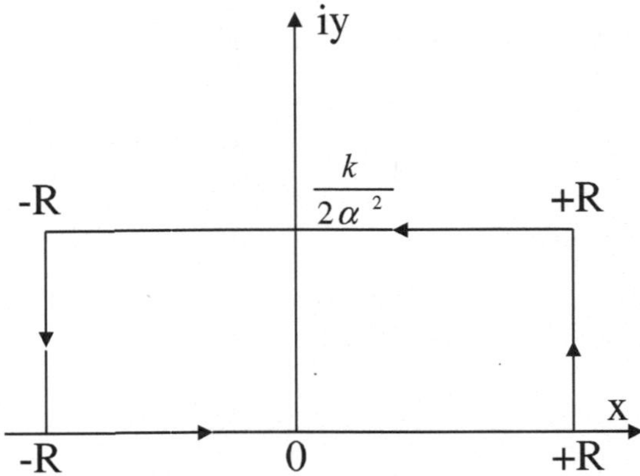

Abbildung 7.4. Zur Berechnung des Gauß'schen Fehlerintegrals

Also

$$\Phi(k,0) = \frac{A}{2\pi} \int_{-\infty}^{+\infty} e^{-\alpha^2 x^2 - ikx}\,dx = \frac{A}{2\pi}e^{-\frac{k^2}{4\alpha^2}} \int_{-\infty}^{+\infty} e^{-\alpha^2 (x+i\frac{k}{2\alpha^2})^2}\,dx \ , \quad (7.65)$$

wobei wir im Argument der Exponentialfunktion in folgender Weise auf ein Quadrat ergänzt haben $-\alpha^2 x^2 - ikx = -\alpha^2(x + i\frac{k}{2\alpha^2})^2 - \frac{k^2}{4\alpha^2}$, wie der Leser leicht nachprüfen kann. Das letzte Integral berechnen wir nun mithilfe des Cauchy'schen Fundamentalsatzes. Da die Funktion $f(z) = \exp(-\alpha^2 z^2)$ eine reguläre Funktion ist, können wir den Fundamentalsatz auf folgenden Bereich in der komplexen Zahlenebene anwenden, wie er in Abb. 7.4 eingezeichnet ist. Dies ergibt die folgende Zerlegung des geschlossenen Linienintegrals

$$\oint_C e^{-\alpha^2 z^2}\,dz$$

$$= \int_{-R}^{+R} e^{-\alpha^2 x^2}\,dx + i \int_0^{\frac{k}{2\alpha^2}} e^{-\alpha^2 (R+iy)^2}\,dy \qquad (7.66)$$

$$+ \int_R^{-R} e^{-\alpha^2 (x+i\frac{k}{2\alpha^2})^2}\,dx + i \int_{\frac{k}{2\alpha^2}}^0 e^{-\alpha^2 (-R+iy)^2}\,dy = 0 \ .$$

Wenn wir nun $R \to \infty$ streben lassen, verschwindet auf der rechten Seite das zweite und das letzte Integral in dieser Gleichung und wir erhalten aus der Summe des ersten und dritten Integrals die Identität

$$\int_{-\infty}^{+\infty} e^{-\alpha^2 (x+i\frac{k}{2\alpha^2})^2}\,dx = \int_{-\infty}^{+\infty} e^{-\alpha^2 x^2}\,dx = \frac{\sqrt{\pi}}{\alpha} \ . \qquad (7.67)$$

Setzen wir dieses Resultat in (7.65) ein, so erhalten wir für die gesuchte Fourier-Transformierte

$$\Phi(k,0) = \frac{A}{2\alpha\sqrt{\pi}}e^{-\frac{k^2}{4\alpha^2}} \ . \qquad (7.68)$$

Diesen Ausdruck können wir nun zusammen mit (7.64) in den Lösungsansatz (7.62) einsetzen und dies ergibt

$$\Phi(x,t) = \frac{A}{2\alpha\sqrt{\pi}} \int_{-\infty}^{+\infty} e^{-(\frac{1}{4\alpha^2}+\mathrm{i}\frac{\hbar t}{2m})k^2+\mathrm{i}kx}\mathrm{d}k \ . \tag{7.69}$$

Für die weitere Rechnung führen wir als Abkürzung $\beta^2 = \frac{1}{4\alpha^2} + \mathrm{i}\frac{\hbar t}{2m}$ ein und ergänzen wie vorhin den Exponenten zu einem Quadrat. Dies ergibt

$$\Phi(x,t) = \frac{Ae^{-\frac{x^2}{4\beta^2}}}{2\alpha\sqrt{\pi}} \int_{-\infty}^{+\infty} e^{-\beta^2(k-\mathrm{i}\frac{x}{2\beta^2})^2}\mathrm{d}k \ . \tag{7.70}$$

Nun beachten wir, dass β komplex ist und setzen im Integral $\beta = \rho e^{\mathrm{i}\phi}$. Dies ergibt für das Integral

$$\int_{-\infty}^{+\infty} e^{-\beta^2[k-\frac{x}{2\rho^2}\sin 2\phi-\mathrm{i}\frac{x}{2\rho^2}\cos 2\phi]^2}\mathrm{d}k = \int_{-\infty}^{+\infty} e^{-\beta^2[\kappa-\mathrm{i}\frac{x}{2\rho^2}\cos 2\phi]}\mathrm{d}\kappa \ . \tag{7.71}$$

Dabei haben wir längs der reellen k-Achse eine Translation gemacht und die neue Variable $\kappa = k - \frac{x}{2\rho^2}\sin 2\phi$ eingeführt, wodurch sich das Integral im Intervall $(-\infty, +\infty)$ nicht ändert. Zur Berechnung des letzten Integrals gehen wir ähnlich vor wie vorhin. Die Funktion $f(z) = e^{-\beta^2 z^2}$ ist jedenfalls regulär und wir können in der unteren Hälfte der z-Ebene wiederum ein Rechteck im Intervall $-R \leq \kappa \leq +R$ betrachten, wo bei festem R in y-Richtung über $0 \geq y \geq -\frac{x}{2\rho^2}\cos 2\phi$ zu integrieren ist. Dies ergibt

$$\int_{-R}^{+R} e^{-\beta^2\kappa^2}\mathrm{d}\kappa + \mathrm{i}\int_{0}^{-\frac{x}{2\rho^2}\cos 2\phi} e^{-\beta^2(r+\mathrm{i}y)^2}\mathrm{d}y$$
$$+ \int_{-R}^{+R} e^{-\beta^2[\kappa-\mathrm{i}\frac{x}{2\rho^2}\cos 2\phi]^2}\mathrm{d}\kappa + \mathrm{i}\int_{-\frac{x}{2\rho^2}\cos 2\phi}^{0} e^{-\beta^2(-R+\mathrm{i}y)^2}\mathrm{d}y = 0 \ . \tag{7.72}$$

Da aber $\beta = \rho e^{\mathrm{i}\phi}$ ist, wird das zweite und das letzte Integral dieser Gleichung verschwinden, wenn $R \to \infty$ geht, solange $\phi \neq \frac{\pi}{2}$ ist. Anstelle des zweiten Integrals in (7.71) haben wir daher ersichtlich nur mehr das erste Integral in (7.72) zu berechnen. Hier können wir ähnlich vorgehen, wie bei der Berechnung der Fresnel'schen Integrale in Beispiel 2. Zunächst können wir wegen der Symmetrie der Funktion $e^{-\beta^2\kappa^2}$ setzen

$$\int_{-\infty}^{+\infty} e^{-\beta^2\kappa^2}\mathrm{d}\kappa = 2\int_{0}^{+\infty} e^{-\beta^2\kappa^2}\mathrm{d}\kappa \tag{7.73}$$

und dann das geschlossene Linienintegral der Abb. 7.5 betrachten. Dabei setzen wir nun explizit $\beta = \rho e^{\mathrm{i}\phi}$ und führen in der komplexen κ-Ebene ebene

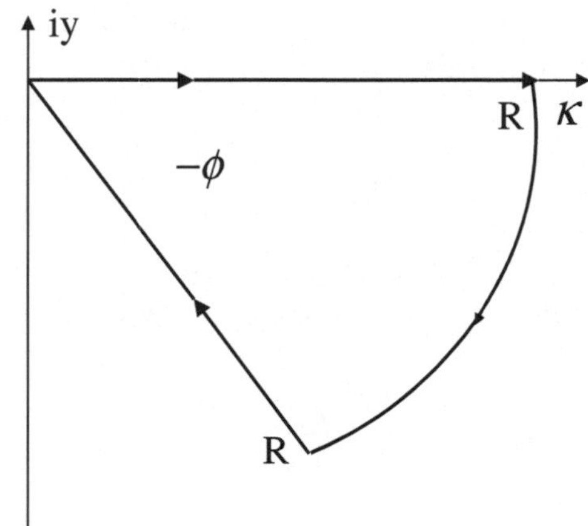

Abbildung 7.5. Rotation in der Gauß'schen Zahlenebene

Polarkoordinaten ein. Dies ergibt die Folge von Integralen

$$2 \int_0^\infty e^{-\beta^2 \kappa^2} d\kappa + 2i \int_0^{-\phi} e^{-\rho^2 R^2 e^{2i(\phi+\varphi)}} R\, e^{i\varphi} d\varphi + 2e^{-i\phi} \int_R^0 e^{-\rho^2 r^2} dr = 0 \ . \tag{7.74}$$

Für $R \to \infty$ strebt das mittlere Integral gegen Null und wir erhalten daher

$$2 \int_0^\infty e^{-\beta^2 \kappa^2} d\kappa = \frac{2e^{-i\phi}}{\rho} \int_0^\infty e^{-s^2} ds = \frac{\sqrt{\pi}}{\beta} \ . \tag{7.75}$$

Bei Beachtung der Gleichungen (7.71) bis (7.74) ist das letzte Integral aber identisch mit dem Integral in (7.70). Daher erhalten wir für die gesuchte Lösung der Schrödinger-Gleichung (7.60) mithilfe der Normierungsamplitude A und der Definition von β

$$\Phi(x,t) = \frac{A}{2\alpha\beta} e^{-\frac{x^2}{4\beta^2}} = \sqrt{\frac{\alpha\sqrt{\frac{2}{\pi}}}{1+i\frac{2\alpha^2\hbar}{m}t}} e^{-\frac{\alpha^2 x^2}{1+i\frac{2\alpha^2\hbar}{m}t}} \ . \tag{7.76}$$

Ersichtlich zerfließt das zur Zeit $t = 0$ vorgegebene Wellenpaket (7.61) im Laufe der Zeit. Die Amplitude nimmt ab und die Breite des Paketes nimmt zu. Dieses Zerfließen war von Bedeutung bei der Entwicklung der Quantentheorie und ihrer Interpretation.

Aus den vorgeführten Beispielen ist ersichtlich, dass man sich zur Vereinfachung der Rechnungen bei der Lösung physikalischer Probleme komplexer Funktionen und Integrale bedient. Dabei wird angenommen, dass die reellen Funktionen der Physik reguläre Fortsetzungen ins komplexe Gebiet besitzen. Vielfach haben dann sowohl Realteil als auch Imaginärteil dieser Funktionen oder Integrale physikalische Bedeutung. Ein Paradebeispiel dieser Art sind die „Dispersionsrelationen", die wir später kennen lernen werden. (Siehe Abschn. 7.4.3, Übungsaufgabe 13)

7.3.3 Der Fundamentalsatz
für mehrfach zusammenhängende Bereiche

Wir betrachten den in Abb. 7.6 dargestellten Bereich B, der zweifach zusammenhängend ist und durch die äußere geschlossene Kurve C_1 und die innere Kurve C_2 begrenzt ist. Wir fragen, wie auf den Bereich B zwischen den beiden Kurven der Cauchy'sche Fundamentalsatz angewandt werden kann. Dazu führen wir an irgend einer Stelle einen Steg S zwischen den beiden Kurven ein und betrachten folgendes, geschlossenes Linienintegral. Wir durchlaufen vom Steg S ausgehend die Kurve C_1 entgegen dem Uhrzeigersinn, d. h. wir haben den Bereich B zu unserer Linken, bis wir wieder zu S zurückkehren. Dann gelangen wir über den Steg S zur Kurve C_2 und umlaufen diese im Uhrzeigersinn. Dabei haben wir jedenfalls wieder den umlaufenen Bereich B zu unserer Linken und gelangen so zum Steg zurück auf dem wir zu C_1 zurückkehren. Durch diesen Trick haben wir aus einem zweifach zusammenhängenden Bereich einen einfach zusammenhängenden konstruiert. Nun sei in der betrachteten z-Ebene eine reguläre Funktion $f(z)$ gegeben und wir berechnen über $f(z)$ das oben angegebene geschlossene Linienintegral, auf welches wir nun den Cauchy'schen Fundamentalsatz anwenden können. Dann erhalten wir

$$\oint_{C_1} f(z)\mathrm{d}z + \int_{z_1}^{z_2} f(z)\mathrm{d}z + \oint_{C_2} f(z)\mathrm{d}z + \int_{z_2}^{z_1} f(z)\mathrm{d}z = 0 \ . \qquad (7.77)$$

Die beiden Integrale über den Steg heben sich aber gegenseitig auf, da sie in entgegengesetzter Richtung durchlaufen werden. Schließlich ändern wir beim Integral über C_2 den Umlaufsinn, sodass diese Kurve nun auch im positiven Sinn umlaufen wird. Dabei ändert das dritte Integral sein Vorzeichen und wir

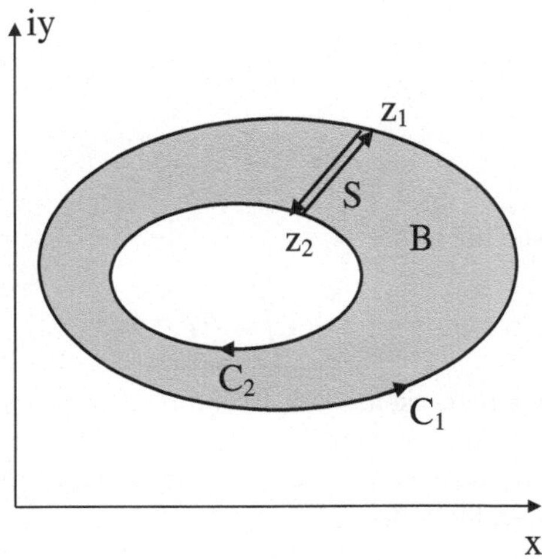

Abbildung 7.6. Fundamentalsatz bei zusammenhängendem Bereich

erhalten schließlich die sehr wichtige Beziehung

$$\oint_{C_1} f(z)\mathrm{d}z = \oint_{C_2} f(z)\mathrm{d}z \ . \tag{7.78}$$

Dieses Resultat kann leicht dadurch verallgemeinert werden, dass wir innerhalb einer geschlossenen Kurve C aus dem umlaufenen Bereich B mehrere Löcher ausschneiden, die von den geschlossenen Kurven $C_1, \cdots C_n$ umlaufen werden. Dann brauchen wir nur die entsprechende Anzahl von Stegen $S_1, \cdots S_n$ zwischen den Löchern und und der äußeren Kurve einzuführen und die obige Vorgangsweise zu wiederholen. Auf diese Weise erhalten wir das Resultat

$$\oint_C f(z)\mathrm{d}z = \sum_{k=1}^{n} \oint_{C_k} f(z)\mathrm{d}z \ , \tag{7.79}$$

das von großem praktischen Nutzen ist, wie wir gleich sehen werden. Als wichtiges Anwendungsbeispiel des soeben gefundenen Resultates betrachten wir die Funktion $f(z) = (z - z_0)^n$ für ganzzahliges n. Diese Funktion ist regulär für $n \geq 0$, jedoch meromorph für $n < 0$ mit einem Pol n-ter Ordnung bei $z = z_0$. Wir betrachten das Linienintegral

$$\oint_C f(z)\mathrm{d}z = \oint_C (z - z_0)^n \mathrm{d}z \tag{7.80}$$

längs einer beliebigen geschlossenen Kurve C, die den Punkt z_0 umschließt (vgl. Abb. 7.7). Um den Punkt z_0 legen wir einen Kreis vom Radius ε und errichten einen Steg zwischen der Kurve C und dem Kreis K. Auf den so entstandenen zweifach zusammenhängenden Bereich zwischen C und K wenden wir nun das Resultat (7.78) an. Zur Berechnung des Linienintegrals längs des Kreises führen wir Polarkoordinaten (r, φ) ein mit dem Ursprung bei z_0. Da $z - z_0 = \varepsilon \mathrm{e}^{\mathrm{i}\varphi}$ und $\mathrm{d}z = \mathrm{i}\varepsilon \mathrm{e}^{\mathrm{i}\varphi}\mathrm{d}\varphi$ ist, erhalten wir

$$\oint_C (z - z_0)^n \mathrm{d}z = \oint_K (z - z_0)^n \mathrm{d}z = \mathrm{i}\varepsilon^{n+1} \int_0^{2\pi} \mathrm{e}^{\mathrm{i}(n+1)\varphi}\mathrm{d}\varphi$$

$$= \frac{\varepsilon^{n+1}}{n+1}\left[\mathrm{e}^{\mathrm{i}2\pi(n+1)} - 1\right] = 0 \ , \quad n \neq -1 \ . \tag{7.81}$$

Dagegen erhalten wir für $n = -1$

$$\oint_C \frac{\mathrm{d}z}{z - z_0} = \mathrm{i}\int_0^{2\pi} \mathrm{d}\varphi = 2\pi\mathrm{i} \ . \tag{7.82}$$

Damit haben wir das bemerkenswerte Resultat, dass das betrachtete Linienintegral für alle ganzzahlige n verschwindet, außer für $n = -1$, und dass der Wert dieses Integrals unabhängig von $\varepsilon \to 0$ ist. Dieses Ergebnis ist aufgrund der Beziehung verständlich, dass

$$\frac{\mathrm{d}z}{z - z_0} = \mathrm{d}\ln(z - z_0) \tag{7.83}$$

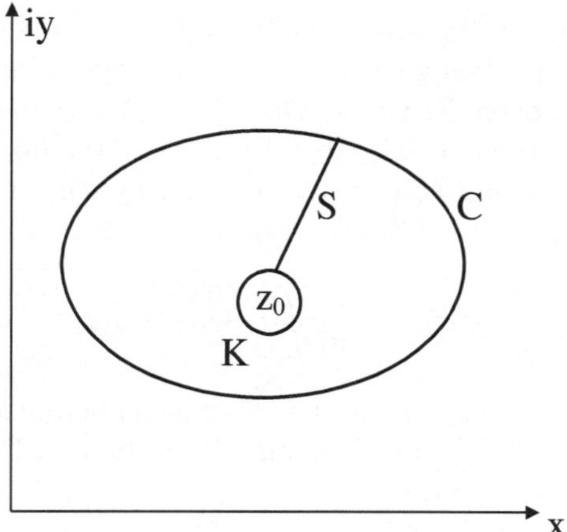

Abbildung 7.7. Zum Fundamentalsatz bei einer Singularität

das totale Differenzial des Logarithmus darstellt. Wir haben aber bereits in Abschn. 2.2.7 erfahren, dass der Logarithmus in der komplexen Zahlenebene unendlich vieldeutig ist und sich in unserem Fall bei einmaligem, positivem Umlauf um den Windungspunkt z_0 um den Wert $2\pi\mathrm{i}$ vermehrt.

7.3.4 Die Integralformel von Cauchy

Das letzte Ergebnis können wir sogleich dazu verwenden, um die Integralformel von Cauchy herzuleiten. Dazu betrachten wir eine im Bereich B der z-Ebene reguläre Funktion $f(z)$ und bilden mit ihr die folgende meromorphe Funktion

$$g(z) = \frac{f(z)}{z - \zeta} \,, \tag{7.84}$$

die an der Stelle $z = \zeta$ einen Pol erster Ordnung besitzt. Wir bilden das geschlossene Linienintegral über $g(z)$ längs einer beliebigen Kurve C, die ganz in B liegt und den Punkt ζ umschließt. Den Punkt ζ umschließen wir mit einem kleinen Kreis vom Radius ε und führen dort Polarkoordinaten $z - \zeta = \varepsilon e^{\mathrm{i}\varphi}$ ein. Dann können wir die Beziehungen (7.78) und (7.82) anwenden und erhalten

$$\oint_C g(z)\mathrm{d}z = \oint_C \frac{f(z)}{z - \zeta}\mathrm{d}z = \oint_K \frac{f[\zeta + (z - \zeta)]}{z - \zeta}\mathrm{d}(z - \zeta) = \mathrm{i}\int_0^{2\pi} f(\zeta + \varepsilon e^{\mathrm{i}\varphi})\mathrm{d}\varphi \,. \tag{7.85}$$

Da jedoch $f(z)$ regulär ist, können wir setzen $f(\zeta + \varepsilon e^{\mathrm{i}\varphi}) = f(\zeta) + f'(\zeta)\varepsilon e^{\mathrm{i}\varphi} + \delta(\zeta)\varepsilon e^{\mathrm{i}\varphi}$ und wir erhalten daher für $\varepsilon \to 0$ die Integralformel von Cauchy

$$f(\zeta) = \frac{1}{2\pi\mathrm{i}} \oint_C \frac{f(z)}{z - \zeta}\mathrm{d}z \,, \tag{7.86}$$

wonach die Werte einer regulären Funktion $f(z)$ im Inneren einer geschlossenen Kurve C in der komplexen Zahlenebene aus ihren Werten längs C berechnet werden können. Es ist jedoch zu beachten, dass man die Randwerte auf C nicht willkürlich vorschreiben kann. Da die Funktion $\frac{1}{z-\zeta}$ für $z \neq \zeta$ eine reguläre Funktion ist, können wir die Cauchy'sche Integralformel unter dem Integralzeichen nach ζ differenzieren. So erhalten wir

$$f'(\zeta) = \frac{1}{2\pi i} \oint_C \frac{f(z)}{(z-\zeta)^2} dz \ . \tag{7.87}$$

Die Funktion unter dem Integralzeichen lässt sich aber neuerlich nach ζ differenzieren und wir können damit beliebig oft fortfahren. Damit gelangen wir allgemein zur n-ten Ableitung

$$f^{(n)}(\zeta) = \frac{n!}{2\pi i} \oint_C \frac{f(z)}{(z-\zeta)^{n+1}} dz \ , \quad n = 1,\, 2,\, \cdots \ , \tag{7.88}$$

d. h. eine reguläre Funktion lässt sich beliebig oft differenzieren. Daher erhebt sich die Frage, kann man eine reguläre Funktion in der Umgebung des Punktes ζ in eine Taylor-Reihe entwickeln. Dazu betrachten wir die Funktion $\frac{1}{[z-(\zeta+h)]}$, die wir auch im komplexen Gebiet in folgender Weise in eine gleichmäßig konvergente geometrische Reihe entwickeln können

$$\frac{1}{z-(\zeta+h)} = \frac{1}{z-\zeta}\frac{1}{1-\frac{h}{z-\zeta}} = \frac{1}{z-\zeta}\sum_{n=0}^{\infty}\frac{h^n}{(z-\zeta)^n} \tag{7.89}$$

vorausgesetzt, dass $|h| < \min|z-\zeta|$ ist, d. h. der Kreis vom Radius $R = |h|$ an einer Stelle z in minimalem Abstand die Kurve C berührt. Dieser Kreis ist dann der Konvergenzkreis der Reihenentwicklung. Setzen wir die Reihe (7.89) in die Cauchy'sche Integralformel ein und vertauschen wegen der gleichmäßigen Konvergenz der Reihe die Summation mit der Integration, so erhalten wir mithilfe von (7.88) die Taylor'sche Reihenentwicklung in der komplexen Zahlenebene

$$f(\zeta+h) = \sum_{n=0}^{\infty}\frac{f^{(n)}(\zeta)}{n!}h^n \ . \tag{7.90}$$

Damit haben wir im Nachhinein auch eine Rechtfertigung für unsere Reihenentwicklung bei der Untersuchung der singulären Punkte in Abschn. 7.2.4 gefunden. Cauchy's Integralformel (7.86) gestattet auch noch die Herleitung zweier interessanter Resultate. Dazu wählen wir als geschlossene Kurve C einen Kreis vom Radius R um den Punkt ζ und führen Polarkoordinaten ein. Dies ergibt mit $z - \zeta = R e^{i\varphi}$

$$f(\zeta) = \frac{1}{2\pi} \int_0^{2\pi} f(\zeta + R e^{i\varphi}) d\varphi \ . \tag{7.91}$$

Dieses Ergebnis besagt, dass der Wert der Funktion im Zentrum des Kreises gleich ist dem Mittelwert der Funktion auf dem Umfang des Kreises. Wenn nun $|f(\zeta + R\,\mathrm{e}^{\mathrm{i}\varphi})| \leq M$ ist, wo M der maximale Wert der Funktion auf dem Kreis, so folgt $|f(\zeta)| \leq M$, d. h. das Maximum der Funktion $f(\zeta)$ kann nicht innerhalb des Kreises liegen, ausgenommen die Funktion $f(z)$ ist eine Konstante. Als nächstes betrachten wir die Ableitung der Funktion $f(\zeta)$ im Zentrum des Kreises vom Radius R. Dies ergibt wegen (7.87)

$$f'(\zeta) = \frac{1}{2\pi R} \int_0^{2\pi} f(\zeta + R\,\mathrm{e}^{\mathrm{i}\varphi})\mathrm{e}^{-\mathrm{i}\varphi}\mathrm{d}\varphi \qquad (7.92)$$

und wenn $|f(\zeta + R\,\mathrm{e}^{\mathrm{i}\varphi})\mathrm{e}^{-\mathrm{i}\varphi}| \leq M$ ist, so folgt $|f'(\zeta)| \leq \frac{M}{R}$. Angenommen, die Funktion $f(\zeta)$ sei in der abgeschlossenen komplexen Zahlenebene regulär, also überall endlich und stetig. Dann können wir bei endlichem $M(R)$, $R \to \infty$ streben lassen und erhalten so die Aussage, dass dann für einen beliebigen Punkt ζ in der abgeschlossenen komplexen Zahlenebene $f'(\zeta) = 0$ ist. Also ist eine in der abgeschlossenen Zahlenebene überall reguläre Funktion eine Konstante. Dies ist der bereits erwähnte Satz von Liouville.

Beispiel

Das Poisson'sche Integral: In Abschn. 4.2 haben wir die Randbedingungen kennen gelernt, unter denen eine partielle Differenzialgleichung vom elliptischen Typus eine eindeutige Lösung besitzt. Eine dieser Randbedingungen war die Dirichlet-Bedingung, wonach auf einer geschlossenen Berandung für die Lösung, etwa der Laplace'schen Differenzialgleichung, bestimmte Werte vorgegeben werden können. Die Cauchy'sche Integralformel (7.86) macht für eine Funktion $f(z)$ in der komplexen Zahlenebene eine ähnliche Aussage. Da wir sahen, dass die Real- und Imaginärteile $u(x,y)$ und $v(x,y)$ einer analytischen Funktion der Laplace'schen Differenzialgleichung genügen, ist anzunehmen, dass zwischen dem Dirichlet-Problem in der Ebene und der Cauchy'schen Integralformel ein enger Zusammenhang besteht. Um dies zu zeigen, wenden wir die Cauchy'sche Integralformel auf einen Kreis vom Radius R an, dessen Zentrum mit dem Ursprung der z-Ebene zusammenfällt. Punkte auf dem Umfang des Kreises werden durch die Polarkoordinaten $Z = R\,\mathrm{e}^{\mathrm{i}\phi}$ beschrieben (vgl. Abb. 7.8) und Punkte im Inneren des Kreises durch $z = r\mathrm{e}^{\mathrm{i}\varphi}$. Dann lautet in diesem Fall die Cauchy'sche Integralformel

$$f(r\mathrm{e}^{\mathrm{i}\varphi}) = \frac{1}{2\pi} \int_0^{2\pi} \frac{f(R\mathrm{e}^{\mathrm{i}\phi})}{R\mathrm{e}^{\mathrm{i}\phi} - r\mathrm{e}^{\mathrm{i}\varphi}} R\,\mathrm{e}^{\mathrm{i}\phi}\mathrm{d}\phi \,. \qquad (7.93)$$

Ferner wählen wir außerhalb des Kreises einen Punkt $z_1 = r_1\mathrm{e}^{\mathrm{i}\varphi}$, dessen Radius im Verhältnis reziproker Radien gewählt wurde, d. h. $r_1 = \frac{R^2}{r}$. Da dieser Punkt außerhalb des Kreises liegt, ist entsprechend innerhalb des Kreises die Funktion $\frac{f(Z)}{Z - z_1}$ regulär und daher liefert der Cauchy'sche Fundamental-

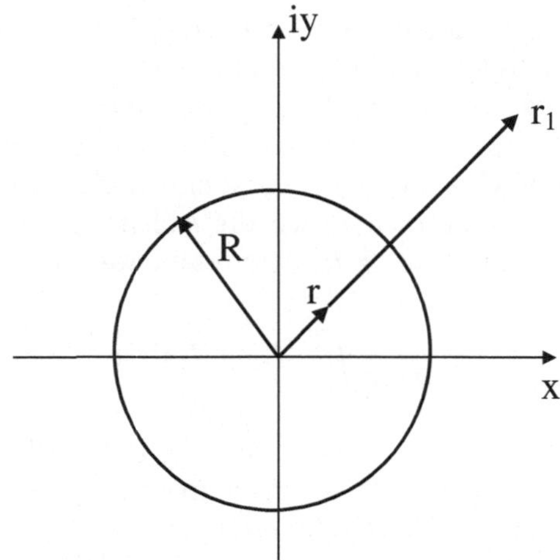

Abbildung 7.8. Zum Poisson-Integral

satz

$$\frac{1}{2\pi} \int_0^{2\pi} \frac{f(Re^{i\phi})}{Re^{i\phi} - r_1 e^{i\varphi}} R\,e^{i\phi}\mathrm{d}\phi = 0 \ . \tag{7.94}$$

Jetzt subtrahieren wir das Integral (7.94) vom Integral (7.93) und erhalten

$$f(re^{i\varphi}) = \frac{1}{2\pi} \int_0^{2\pi} \left[\frac{1}{Re^{i\phi} - re^{i\varphi}} - \frac{1}{Re^{i\phi} - r_1 e^{i\varphi}} \right] f(Re^{i\phi}) R\,e^{i\phi}\mathrm{d}\phi \ . \tag{7.95}$$

Nun machen wir bei den beiden Summanden unter dem Integral zunächst den Nenner reell, indem wir mit dem jeweiligen konjugiert komplexen Ausdruck multiplizieren und beachten, dass $r_1 = \frac{R^2}{r}$ ist. Dann können wir beide Terme auf gleichen Nenner bringen. Dies ergibt

$$f(re^{i\varphi}) = \frac{1}{2\pi} \int_0^{2\pi} \frac{R^2 - r^2}{R^2 + r^2 - 2Rr\cos(\phi - \varphi)} f(Re^{i\phi})\mathrm{d}\phi \ . \tag{7.96}$$

Schließlich zerlegen wir beide Seiten in Real- und Imaginärteil und finden auf diese Weise für den Realteil

$$u(r,\varphi) = \frac{1}{2\pi} \int_0^{2\pi} \frac{R^2 - r^2}{R^2 + r^2 - 2Rr\cos(\phi - \varphi)} u(R,\phi)\mathrm{d}\phi \ . \tag{7.97}$$

Dies ist das Poisson'sche Integral. Es stellt die Lösung des Dirichlet-Problems der Laplace'schen Differenzialgleichung für den Kreis dar. Wenn auf dem Kreis die Werte $u(R,\phi)$ vorgegeben sind, so lässt sich mit der Formel (7.97) die Lösung für Punkte im Inneren des Kreises berechnen. Insbesondere erhalten wir für das Zentrum des Kreises

$$u(0,0) = \frac{1}{2\pi} \int_0^{2\pi} u(R,\phi)\mathrm{d}\phi \ . \tag{7.98}$$

Demnach ist das Potenzial im Zentrum des Kreises gleich dem Mittelwert seiner Werte längs der Peripherie. Daraus können wir auch schließen, dass wegen der Stetigkeit von $u(R,\phi)$ diese Funktion in einem endlichen Bereich ein Maximum und ein Minimum haben muss und wegen (7.98) diese Extrema auf der Peripherie des Bereiches liegen müssen. Da aber ein Minimum des Potenzials im Gravitationsfeld wie im elektrostatischen Feld die Existenz eines stabilen Gleichgewichts bedeutet, kann es im Inneren eines Bereiches, wo $\Delta\Phi = 0$ erfüllt ist, kein stabiles Gleichgewicht geben.

7.3.5 Analytische Fortsetzung

Im Anschluss an unsere Diskussion der Taylor'schen Reihenentwicklung der Funktion $f(z+h)$, gemäß (7.90), in einem Bereich B der komplexen Zahlenebene können wir noch eine Bemerkung über die analytische Fortsetzung einer regulären Funktion machen. Wir betrachten in Abb. 7.9 die Taylor'schen Entwicklungen in der Umgebung zweier Punkte z_1 und z_2 mit den Konvergenzradien R_1 und R_2. Wegen des Eindeutigkeitssatzes der Funktionentheorie müssen im Überlappungsgebieten die beiden Taylor'schen Entwicklungen dieselben Funktionswerte ergeben. Auf diese Weise kann man eine analytische Funktion aus einem Gebiet in ein Nachbargebiet ausdehnen. Dieser Sachverhalt führt in der Physik zu der Annahme, dass physikalisch reelle Funktionen in die komplexe Zahlenebene analytisch fortgesetzt werden können.

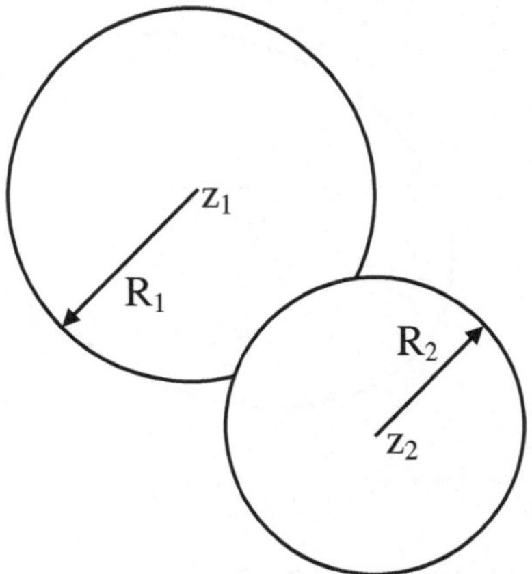

Abbildung 7.9. Zur analytischen Fortsetzung

7.3.6 Der Cauchy'sche Residuensatz

Wir betrachten in einem Bereich B eine meromorphe Funktion $f(z)$ und wählen eine geschlossene Kurve C derart, dass sich im Inneren von C etwa bei $z = z_0$ ein Pol n-ter Ordnung der Funktion $f(z)$ befinden möge. Alle weiteren möglichen Pole der Funktion bei z_i $(i = 1, 2, 3, \ldots)$ sollen außerhalb von C zu liegen kommen (siehe Abb. 7.10). Nun bilden wir längs C das geschlossene Linienintegral über $f(z)$ und entwickeln $f(z)$ in der Umgebung von z_0 gemäß (7.27) in die entsprechende Laurent-Reihe. Dies ergibt mithilfe von (7.81) und (7.82)

$$\oint f(z)\mathrm{d}z = \sum_{\nu=-n}^{\infty} a_n^{(0)} \oint_C (z - z_0)^n \mathrm{d}z = \sum_{\nu=-n}^{\infty} a_n^{(0)} \oint_{K_\varepsilon} (z - z_0)^n \mathrm{d}z = 2\pi \mathrm{i} a_{-1}^{(0)} \,.$$

$$(7.99)$$

Dies ist der Residuensatz für den einfachsten Fall eines einzigen Pols innerhalb der Kurve C. Eine einfache Verallgemeinerung ergibt sich, wenn die meromorphe Funktion $f(z)$ innerhalb von C Pole an den Stellen z_1, z_2, z_3, $\ldots$ besitzt. Dann heben sich wiederum die Beiträge der Stege, die zu den Kreisen K_{ε_i} $(i = 1, 2, 3, \ldots)$ führen, gegenseitig auf und wir erhalten als Verallgemeinerung von (7.99)

$$\oint_C f(z)\mathrm{d}z = 2\pi \mathrm{i} \sum_{j=1}^{N} a_{-1}^{(j)} \,, \qquad (7.100)$$

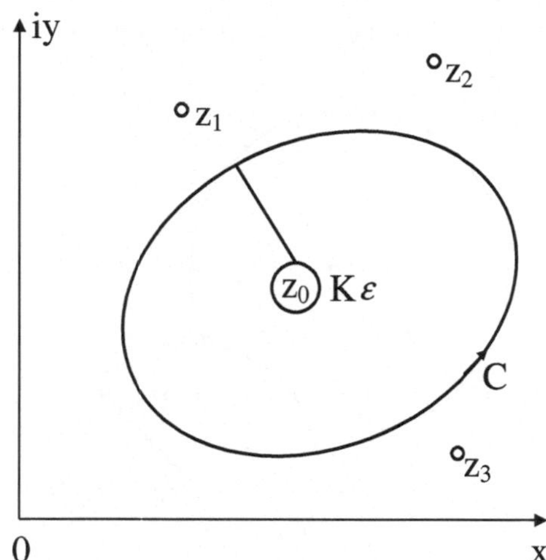

Abbildung 7.10. Zum Residuensatz

wobei sich die Residuen für Pole n-ter Ordnung in folgender Weise leicht berechnen lassen

$$a_{-1}^{(j)} = \frac{1}{(n_j - 1)!} \left[\frac{\mathrm{d}^{n_j-1}}{\mathrm{d}z^{n_j-1}} (z - z_j)^{n_j} f(z) \right]_{z=z_j} , \qquad (7.101)$$

während wir für Pole 1-ter Ordnung zu berechnen haben

$$a_{-1}^{(j)} = \left[(z - z_j) f(z) \right]_{z=z_j} . \qquad (7.102)$$

7.3.7 Anwendungen des Residuensatzes

Der Residuensatz stellt ein wichtiges Hilfsmittel dar, um bestimmte Integrale in der Physik berechnen zu können. Wenn wir es mit der Berechnung von Residuen im Unendlichen zu tun haben, ist es zweckmäßig, durch die Transformation $z = \frac{1}{\zeta}$ den Pol bei $z = \infty$ in der ζ-Ebene an die Stell $\zeta = 0$ zu bringen und dort die weiteren Untersuchungen vorzunehmen. Ein anderer, für die Physik interessanter Fall ist, wenn ein Pol bei $z = z_0$ auf der geschlossenen Kurve C zu liegen kommt (siehe Abb. 7.11). In diesem Fall haben wir zwei Möglichkeiten, den Beitrag dieses Pols zu berücksichtigen. Entweder wir schließen durch einen kleinen Halbkreis K_ε den Beitrag dieses Pols bei der Berechnung des geschlossenen Linienintegrals längs C ein, wobei der Halbkreis im positiven Sinn (entgegen dem Uhrzeigersinn) durchlaufen wird, oder wir schließen den Beitrag dieses Pols durch einen kleinen Halbkreis von der Integration aus, wobei der Halbkreis dann in negativem Sinn (im Uhrzeiger-

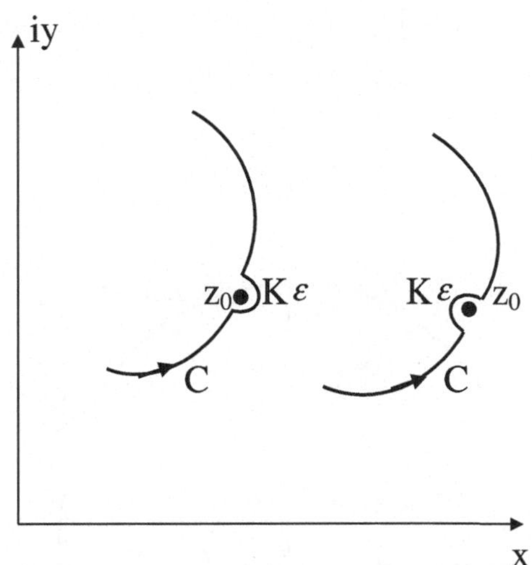

Abbildung 7.11. Zum Residuensatz mit Pol bei z_0 auf C

sinn) durchlaufen wird. Da bei diesem Verfahren nur ein halber Kreisumfang bei der Integration berücksichtigt wird, ist der Beitrag des Residuums zum Integral (7.100) für einen Pol auf der Kurve C durch

$$\pm i\pi a_{-1}^{(0)}, \qquad \begin{array}{l} + \text{ bei Einschluss} \\ - \text{ bei Ausschluss} \end{array} \tag{7.103}$$

gegeben. Dasselbe Resultat kann auch erzielt werden, indem man den Pol bei z_0 infinitesimal um den Betrag $\varepsilon \gtrsim 0$ in das Innere oder das äußere des Integrationsgebietes verschiebt. Diesen Überlegungen liegen die Rechnungen zugrunde, welche auf die Beziehung (7.99) führten.

Bei einigen Anwendungen des Residuensatzes auf physikalische Probleme ist von besonderem Interesse, wenn ein Teil des Integrationsweges der Kurve C durch die reelle x-Achse bestimmt wird und wir über eine meromorphe Funktion $f(z)$ zu integrieren haben, die auf der reellen Achse bei $x = x_0$ einen Pol 1. Ordnung besitzt und entweder in der oberen oder unteren komplexen Halbebene eine Reihe weiterer Pole bei z_1, z_2, z_3, $\cdots$ hat. Wir betrachten den Fall, bei dem die geschlossene Kurve C durch die reelle x-Achse und einen Halbkreis in der oberen komplexen Zahlenebene bestimmt ist (vgl. Abb. 7.12). Dann ist das Residuum für den Pol auf der x-Achse entsprechend (7.102) gegeben durch

$$a_{-1}^{(0)} = [(z - x_0)f(z)]_{z=x_0} \tag{7.104}$$

und der Residuensatz für den betrachteten Fall lautet dann

$$\oint_C f(z)\mathrm{d}z = \mathrm{P} \oint_{C(\varepsilon \to 0)} f(z)\mathrm{d}z \pm i\pi a_{-1}^{(0)} \tag{7.105}$$

$$= 2\pi i \left\{ \begin{array}{ll} a_{-1}^{(0)} + \sum_{j=1}^{N} a_{-1}^{(j)}, & \text{bei positivem Umlauf} \\ \sum_{j=1}^{N} a_{-1}^{(j)}, & \text{bei negativem Umlauf} \end{array} \right\} \text{des } K_\varepsilon.$$

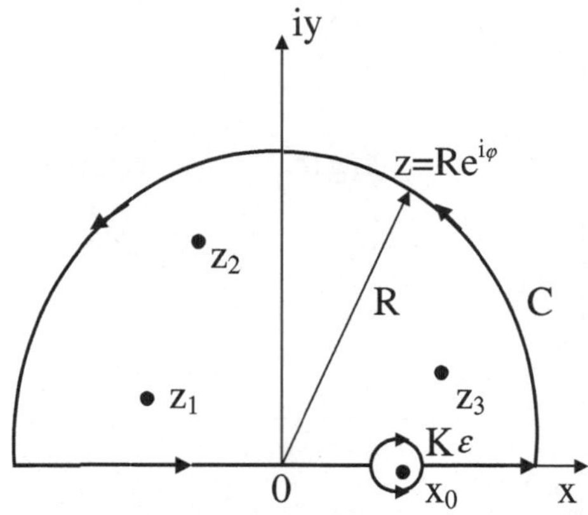

Abbildung 7.12. Residuensatz bei einem Pol auf der x-Achse

Daraus ergibt sich dann für den sogenannten Cauchy'schen Hauptwert des Integrals längs der Kurve C

$$\mathrm{P} \oint_{C(\varepsilon \to 0)} f(z)\mathrm{d}z = 2\pi\mathrm{i}\left[\frac{a_{-1}^{(0)}}{2} + \sum_{j=1}^{N} a_{-1}^{(j)}\right] . \tag{7.106}$$

Dieser stellt den Mittelwert der Integration längs C dar, bei welcher der Beitrag des Residuums auf der reellen x-Achse nur zur Hälfte berücksichtigt wird. Analog geht man bei der Berechnung eines Linienintegrals vor, wenn als Integrationsweg neben der reellen x-Achse ein Halbkreis in der unteren Hälfte der komplexen Zahlenebene berücksichtigt wird. Dabei ist dann zu beachten, dass in diesem Fall die geschlossene Kurve C in negativem Sinn durchlaufen wird, was beim Residuensatz zu einer Vorzeichenänderung führt.

Einen interessanten Spezialfall liefert die Funktion

$$f(z) = \frac{g(z)}{z - (x_0 \pm \mathrm{i}\varepsilon)} , \tag{7.107}$$

bei welcher die Funktion $g(z)$ entweder in der oberen oder unteren komplexen Zahlenebene eine reguläre Funktion darstellt und der Nenner $z - (x_0 \pm \mathrm{i}\varepsilon)$ bewirkt, dass die Funktion $f(z)$ auf der reellen x-Achse bei x_0 einen Pol erster Ordnung besitzt, dessen Residuum jeweils dadurch bei der Integration zur Hälfte berücksichtigt werden kann, indem man zu x_0 einen infinitesimalen imaginären Anteil $\pm\mathrm{i}\varepsilon$ hinzufügt, der für $\varepsilon \to 0$ dazu führt, dass der Beitrag des Residuum bei der Integration entweder zur Hälfte hinzugefügt oder abgezogen wird. In diesem Fall ergibt dann die Anwendung des Residuensatzes, da sich jetzt weder in der oberen noch in der unteren komplexen Zahlenebene weitere Singularitäten befinden, als Spezialfall von (7.105)

$$\oint_C f(z)\mathrm{d}z = \oint_C \frac{g(z)}{z - (x_0 \pm \mathrm{i}\varepsilon)}\mathrm{d}z = \mathrm{P}\oint_{C(\varepsilon \to 0)} \frac{g(z)}{z - x_0}\mathrm{d}z \pm \mathrm{i}\pi g(x_0)$$

$$= 2\pi\mathrm{i}\left\{\begin{array}{ll} g(x_0) & \text{bei Einschluss } +\mathrm{i}\varepsilon \\ 0 & \text{bei Ausschluss } -\mathrm{i}\varepsilon \end{array}\right\} . \tag{7.108}$$

Daher ist der Cauchy'sche Hauptwert des Integrals

$$\mathrm{P}\oint_{C(\varepsilon \to 0)} \frac{g(z)}{z - x_0}\mathrm{d}z = \mathrm{i}\pi g(x_0) . \tag{7.109}$$

Daraus folgt unter anderem, dass das elementare Integral

$$\int_a^b \frac{\mathrm{d}x}{x - x_0} = \ln\frac{b - x_0}{a - x_0} \quad \text{für } b > x_0 > a \tag{7.110}$$

nur als Cauchy'scher Hauptwert definiert ist, d. h. die Singularität bei $x = x_0$ muss durch $x_0 \pm \mathrm{i}\varepsilon$ von der Integration ausgeschlossen werden, bevor nach der Integration der Limes $\varepsilon \to 0$ betrachtet wird.

7.3.8 Berechnung bestimmter Integrale

Eine Anzahl von Integralen im reellen Gebiet lassen sich durch Ausführung geschlossener Linienintegrale in der komplexen Zahlenebene berechnen. Dabei liegt die Annahme zugrunde, die reelle Funktion habe eine analytische Fortsetzung in das komplexe Gebiet. Als geschlossene Kurve C in der komplexen Zahlenebene wählt man, dem Problem entsprechend, neben der reellen x-Achse, oder Teilen davon, einen Halbkreis in der oberen oder unteren komplexen Halbebene, oder auch ein Kreissegment. In manchen Fällen führt auch ein Vollkreis zum Ziel. Dabei wird der Kreis oder das Kreissegment so gewählt, dass entweder der Wert des Linienintegrals längs des Kreises vom Radius R bekannt ist, oder das Linienintegral längs des Kreises für $R \to \infty$ verschwindet.

a) Integration längs des Einheitskreises

Wir betrachten Integrale von der Form

$$\int_0^{2\pi} F(\cos\vartheta, \sin\vartheta)\mathrm{d}\vartheta \,, \tag{7.111}$$

wo F eine rationale Funktion von $\cos\vartheta$ und $\sin\vartheta$ ist. Zur Erläuterung betrachten wir das Beispiel

$$I = \int_0^{\pi} \frac{\mathrm{d}\vartheta}{a + b\cos\vartheta} \,, \quad a, b > 0 \,. \tag{7.112}$$

Der Wert dieses Integrals ist aus Integraltabellen bekannt und gleich $\frac{\pi}{\sqrt{a^2+b^2}}$. Zur Berechnung beachten wir zunächst, dass $\cos\vartheta = \cos(-\vartheta)$ ist und setzen $\vartheta = \vartheta' - \pi$. Dies ergibt

$$2I = \int_{-\pi}^{\pi} \frac{\mathrm{d}\vartheta}{a + b\cos\vartheta} = \int_0^{2\pi} \frac{\mathrm{d}\vartheta'}{a - b\cos\vartheta'} \,. \tag{7.113}$$

Nun setzen wir $z = \mathrm{e}^{\mathrm{i}\vartheta'}$, sodass $\mathrm{d}z = \mathrm{i}z\mathrm{d}\vartheta'$ und $\cos\vartheta' = \frac{1}{2}(\mathrm{e}^{\mathrm{i}\vartheta'} + \mathrm{e}^{-\mathrm{i}\vartheta'}) = \frac{1}{2}(z+\frac{1}{z})$ sind und wir erhalten damit, wobei wir in der komplexen Zahlenebene längs eines Kreises vom Radius $R = 1$ integrieren

$$2I = \oint_{C=R=1} \frac{\mathrm{d}z}{\mathrm{i}z\left[a - \frac{b}{2}(z + \frac{1}{z})\right]} = \frac{2}{\mathrm{i}} \oint \frac{\mathrm{d}z}{2az - bz^2 - b}$$

$$= -\frac{2}{\mathrm{i}b} \oint \frac{\mathrm{d}z}{z^2 - 2(\frac{a}{b})z + 1} \,. \tag{7.114}$$

Nun berechnen wir die Residuen. Aus der quadratischen Gleichung $z^2 - 2(\frac{a}{b})z + 1 = 0$ erhalten wir die Lage der Pole bei

$$z_{1,2} = \frac{a}{b}\left[1 \pm \sqrt{1 - (\frac{b}{a})^2}\right]$$

und schließen ferner, dass $z_1 \cdot z_2 = 1$ ist und daher $z_1 > 1$ und $z_2 < 1$ sein müssen. Daher ist nur der Pol bei $z_2 = \frac{a}{b}\left[1 - \sqrt{1 - (\frac{b}{a})^2}\right]$ von Interesse, da er innerhalb des Kreises vom Radius $R = 1$ liegt. Die Berechnung des Residuums an der Stelle z_2 liefert daher

$$a_{-1}^{(2)} = \left\{ \left[z - \frac{a}{b}\left(1 - \sqrt{1 - \left(\frac{b}{a}\right)^2}\right)\right] \right.$$

$$\left. \frac{1}{\left[z - \frac{a}{b}\left(1 - \sqrt{1 - (\frac{b}{a})^2}\right)\right] \cdot \left[z - \frac{a}{b}\left(1 + \sqrt{1 - (\frac{b}{a})^2}\right)\right]} \right\}_{z=z_2}$$

$$= -\frac{b}{2a\sqrt{1 - \left(\frac{b}{a}\right)^2}} = -\frac{b}{2\sqrt{a^2 - b^2}} \; .$$

$$(7.115)$$

Somit ist der Wert des Integrals längs des Einheitskreises

$$\oint \frac{\mathrm{d}z}{z^2 - 2(\frac{a}{b})z + 1} = -2\pi\mathrm{i}\frac{b}{2\sqrt{a^2 - b^2}} \qquad (7.116)$$

und daher

$$2I = -\frac{2}{b\mathrm{i}}(-2\pi\mathrm{i})\frac{b}{2\sqrt{a^2 - b^2}} = \frac{2\pi}{\sqrt{a^2 - b^2}} \text{ qed.} \qquad (7.117)$$

b) Integration bestimmter Integrale im Intervall $-\infty < x < +\infty$

Die betrachteten Integrale sind von der Gestalt

$$\int_{-\infty}^{+\infty} f(x)\mathrm{d}x = \pm 2\pi\mathrm{i}\sum_{j=1}^{N} a_{-1}^{(j)}, \quad \begin{array}{l} + \text{ für } C \text{ in der oberen H.E.} \\ - \text{ für } C \text{ in der unteren H.E.} \end{array} \cdot \qquad (7.118)$$

Dabei hat die Funktion $f(z)$ folgende Bedingungen zu erfüllen:

1. $f(z)$ muss meromorph in der oberen oder unteren komplexen Halbebene sein.
2. $f(z)$ darf keine Pole auf der reellen x-Achse haben
3. $zf(z)$ muss gleichmäßig $\to 0$ streben, wenn $|z| = R \to \infty$ geht, für $0 \le \arg(\frac{z}{z^*}) \le \pi$.
4. $xf(x)$ muss $\to 0$, für $x \to \pm\infty$, was gleichbedeutend mit der Konvergenz des Integrals.

Zur Demonstration betrachten wir das einfache Integral, welches elementar berechnet werden kann

$$\int_{-\infty}^{+\infty} \frac{\mathrm{d}x}{1 + x^2} = 2\int_{0}^{+\infty} \frac{\mathrm{d}x}{1 + x^2} = 2\arctan x|_0^\infty = 2\frac{\pi}{2} = \pi \; . \qquad (7.119)$$

Zur Integration in der komplexen Zahlenebene haben wir entsprechend die Funktion

$$f(z) = \frac{1}{1 + z^2} = \frac{1}{(z + \mathrm{i})(z - \mathrm{i})} \quad \text{mit } zf(z) \to 0 , \quad \text{für } R \to \infty . \quad (7.120)$$

Die Funktion ist meromorph mit den beiden Polen bei $z = \pm\mathrm{i}$. Daher sind ihre Residua

$$a_{-1}^{(\pm)} = [(z \mp \mathrm{i})f(z)]_{z=\pm i} = \pm\frac{1}{2\mathrm{i}} = \mp\frac{\mathrm{i}}{2} . \quad (7.121)$$

Wir können zum Beispiel den Halbkreis über die obere komplexe Halbebene wählen. Dann erhalten wir für das Integral

$$\oint_C f(z)\mathrm{d}z = \oint_C \frac{\mathrm{d}z}{1 + z^2} = \int_{-\infty}^{+\infty} \frac{\mathrm{d}x}{1 + x^2} + \mathrm{i} \lim_{R \to \infty} \int_0^\pi \frac{R\,\mathrm{e}^{\mathrm{i}\varphi}}{1 + R^2\mathrm{e}^{\mathrm{i}2\varphi}}\mathrm{d}\varphi$$

$$= 2\pi\mathrm{i}a_{-1}^{(+)} = 2\pi\mathrm{i}\left(-\frac{\mathrm{i}}{2}\right) = \pi , \quad (7.122)$$

wobei das Integral längs des Halbkreises verschwindet. Dasselbe Resultat hätten wir auch mithilfe eines Halbkreises in der unteren komplexen Zahlenebene erhalten.

c) Das Jordan'sche Lemma:

Dieses gestattet die Berechnung folgender Integrale

$$\int_{-\infty}^{+\infty} f(x)\mathrm{e}^{\mathrm{i}mx}\mathrm{d}x = 2\pi\mathrm{i}\sum_{j=1}^N a_{-1}^{(j)} \quad \begin{array}{l} \text{mit der oberen H.E. wenn } m > 0 \\ \text{mit der unteren H.E. wenn } m < 0 \end{array} .$$

$$(7.123)$$

Dabei muss $f(z)$ folgende Bedingungen erfüllen:

1. Die Funktion muss in der oberen oder unteren komplexen Zahlenebene meromorph sein.
2. Es muss $f(z) \to 0$ streben, wenn $|z| = R \to \infty$ geht, wobei $0 < \arg(\frac{z}{z^*}) < \pi$.
3. $m > 0$ muss erfüllt sein, wenn über die obere komplexe Halbebene integriert wird und $m < 0$ muss bei Integration über die untere Halbebene gelten, denn dann ist

$$\lim_{R \to \infty} \int_{C=R} \mathrm{e}^{\mathrm{i}mz} f(z)\mathrm{d}z = 0 . \quad (7.124)$$

Von besonderem Interesse sind komplexe Funktionen von der Form $f(z) = P_\lambda(z)/Q_\nu(z)$, wobei $\nu > \lambda$ ist und die Funktionen $P_\lambda(z)$ und $Q_\nu(z)$ Polynome darstellen, sodass $f(z)$ eine rationale Funktion ist. Die Funktion $f(z)$ darf auch Pole auf der x-Achse haben.

Als Beispiel wählen wir die Berechnung des bekannten Integrals

$$\int_0^\infty \frac{\sin x}{x}\,\mathrm{d}x = \frac{1}{2}\int_{-\infty}^{+\infty}\frac{\sin x}{x}\,\mathrm{d}x = \frac{\pi}{2}\ . \qquad (7.125)$$

In diesem Fall wählen wir $f(z) = \frac{\mathrm{e}^{\mathrm{i}z}}{z}$ und das Jordan'sche Lemma kann, da $m = 1 > 0$ und $P_\lambda = 1$, $Q_\nu = z$ sind angewandt werden. Die Funktion $f(z)$ hat bei $z = 0$ einen Pol erster Ordnung mit $a_{-1}^{(0)} = [zf(z)]_{z=0} = 1$. Der Integrationsweg ist neben der x-Achse ein Halbkreis vom Radius R in der oberen komplexen Halbebene. Wir schließen das Residuum bei $z = 0$ durch einen kleinen Halbkreis aus. Dann liefert der Residuensatz

$$\oint_{C-\frac{1}{2}K_\varepsilon} f(z)\mathrm{d}z = \int_{-\infty}^{+\infty}\frac{\mathrm{e}^{\mathrm{i}x}}{x}\,\mathrm{d}x + \lim_{R\to\infty}\mathrm{i}\int_0^\pi \frac{\mathrm{e}^{\mathrm{i}R\,\mathrm{e}^{\mathrm{i}\varphi}}}{R\,\mathrm{e}^{\mathrm{i}\varphi}}\,\mathrm{d}\varphi - \mathrm{i}\pi a_{-1}^{(0)} = 0\ . \quad (7.126)$$

Hier verschwindet der Beitrag des Halbkreises vom Radius $R \to \infty$ über die obere komplexe Zahlenebene, denn $\mathrm{e}^{\mathrm{i}R\,\mathrm{e}^{\mathrm{i}\varphi}} = \mathrm{e}^{\mathrm{i}R\cos\varphi - R\sin\varphi} \to 0$ für $R \to \infty$, und der negative Beitrag des Halbkreises K_ε liefert $-\mathrm{i}\pi a_{-1}^{(0)} = -\mathrm{i}\pi$. Also erhalten wir schließlich für den Cauchy'schen Hauptwert des Integrals das Resultat

$$\mathrm{P}\int_{-\infty}^{+\infty}\frac{\mathrm{e}^{\mathrm{i}x}}{x}\,\mathrm{d}x = \mathrm{P}\int_{-\infty}^{+\infty}\frac{\cos x}{x}\,\mathrm{d}x + \mathrm{i}\mathrm{P}\int_{-\infty}^{+\infty}\frac{\sin x}{x}\,\mathrm{d}x = \mathrm{i}\pi \qquad (7.127)$$

und schließen daraus nach Trennung in Real- und Imaginärteil

$$\mathrm{P}\int_{-\infty}^{+\infty}\frac{\cos x}{x}\,\mathrm{d}x = 0\ , \quad \mathrm{P}\int_{-\infty}^{+\infty}\frac{\sin x}{x}\,\mathrm{d}x = \pi\ . \qquad (7.128)$$

Ganz ähnlich kann man auch die Funktion $f(z) = \frac{\mathrm{e}^{-\mathrm{i}z}}{z}$ betrachten, bei der $m = -1$ ist und demnach die Integration längs der x-Achse durch die Integration über einen Halbkreis mit $R \to \infty$ in der unteren komplexen Zahlenebene ergänzt werden muss. In diesem Fall kann der Pol bei $z = 0$ auch durch einen Halbkreis K_ε eingeschlossen werden und man findet als Endergebnis dasselbe Resultat (7.128).

Beispiele

1. *Die Green-Funktion der Helmholtz-Gleichung:* Ein für die Physik interessantes Anwendungsbeispiel des Jordan'schen Lemmas ist die Auffindung der Green-Funktion der Helmholtz'schen Differenzialgleichung. Wir haben bereits in Abschn. 4.4.4 gesehen, dass diese Green-Funktion der Differenzialgleichung (4.82) genügt und wir schreiben sie für das folgende nochmals an

$$\Delta G(\boldsymbol{r},\boldsymbol{r}') + k^2 G(\boldsymbol{r},\boldsymbol{r}') = -\delta(\boldsymbol{r} - \boldsymbol{r}') \qquad (7.129)$$

und lösen diese Gleichung im unendlichen Raum mithilfe der Fourier-Integraltransformation. Gemäß Abschn. 3.3 (3.23) machen wir die Fourier-Ansätze
und berücksichtigen dabei, dass G nur von $\boldsymbol{r} - \boldsymbol{r}'$ abhängen kann

$$G(\boldsymbol{r} - \boldsymbol{r}') = \frac{1}{(2\pi)^3} \int_{-\infty}^{+\infty} \mathrm{e}^{\mathrm{i}\boldsymbol{k}'\cdot(\boldsymbol{r}-\boldsymbol{r}')} F(\boldsymbol{k}')\mathrm{d}\boldsymbol{k}' \,,$$

$$\delta(\boldsymbol{r} - \boldsymbol{r}') = \frac{1}{(2\pi)^3} \int_{-\infty}^{+\infty} \mathrm{e}^{\mathrm{i}\boldsymbol{k}'\cdot(\boldsymbol{r}-\boldsymbol{r}')}\mathrm{d}\boldsymbol{k}' \,. \tag{7.130}$$

Dabei haben wir die Definition (2.104) der Dirac'schen δ-Funktion verwendet.
Setzt man dies in die obige Differenzialgleichung der Green-Funktion ein und
wendet den Laplace-Operator unter dem Integralzeichen an, so ergibt sich
die Beziehung

$$\frac{1}{(2\pi)^3} \int_{-\infty}^{+\infty} [(-k'^2 + k^2)F(\boldsymbol{k}') + 1]\mathrm{e}^{\mathrm{i}\boldsymbol{k}'\cdot(\boldsymbol{r}-\boldsymbol{r}')}\mathrm{d}\boldsymbol{k}' = 0 \,. \tag{7.131}$$

wobei alle Terme auf die linke Seite der Integralbeziehung geschafft wurden.
Diese Gleichung können wir nun mit $\mathrm{e}^{-\mathrm{i}\boldsymbol{k}''\cdot(\boldsymbol{r}-\boldsymbol{r}')}$ multiplizieren, $\boldsymbol{r} - \boldsymbol{r}' = \boldsymbol{R}$
taufen und über $\boldsymbol{R}$ integrieren. Dies ergibt beim einsetzen in (7.131)

$$\int_{-\infty}^{+\infty} [(-k'^2 + k^2)F(\boldsymbol{k}') + 1]\delta(\boldsymbol{k}' - \boldsymbol{k}'')\mathrm{d}\boldsymbol{k}' = (-k''^2 + k^2)F(\boldsymbol{k}'') + 1 = 0$$
$$\tag{7.132}$$

und daher ist

$$F(\boldsymbol{k}') = \frac{1}{k'^2 - k^2} \,. \tag{7.133}$$

Wenn wir dies in die Fourier-Integraldarstellung der Green-Funktion (7.130)
einsetzen, erkennen wir sogleich, dass es zweckmäßig ist, im $\boldsymbol{k}$-Raum Kugelkoordinaten k', θ, ϕ einzuführen, da die Funktion $F(\boldsymbol{k}') = F(k')$ winkelun-
abhängig ist und die verbleibende Winkelintegration elementar durchgeführt
werden kann. Wir erhalten, indem wir $\boldsymbol{r} - \boldsymbol{r}'$ zur Polarachse der Winkelintegration machen

$$G(|\boldsymbol{r} - \boldsymbol{r}'|) = \frac{1}{(2\pi)^3} \int_0^\infty \frac{k'^2\mathrm{d}k'}{k'^2 - k^2} \int_0^{2\pi} \mathrm{d}\phi \int_0^\pi \mathrm{e}^{\mathrm{i}k'|\boldsymbol{r}-\boldsymbol{r}'|\cos\theta} \sin\theta\mathrm{d}\theta \quad (7.134)$$

und sehen sogleich, dass die Integration über ϕ den Faktor 2π liefert, während
für die Integration über θ wir die neue Variable $\xi = \cos\theta$ einführen können.
Dies ergibt für die Integration über θ

$$\int_0^\pi \mathrm{e}^{\mathrm{i}k'|\boldsymbol{r}-\boldsymbol{r}'|\cos\theta} \sin\theta\mathrm{d}\theta = \int_{-1}^{+1} \mathrm{e}^{\mathrm{i}k'|\boldsymbol{r}-\boldsymbol{r}'|\xi}\mathrm{d}\xi = \frac{\mathrm{e}^{\mathrm{i}k'|\boldsymbol{r}-\boldsymbol{r}'|} - \mathrm{e}^{-\mathrm{i}k'|\boldsymbol{r}-\boldsymbol{r}'|}}{\mathrm{i}k'|\boldsymbol{r} - \boldsymbol{r}'|} \,.$$
$$\tag{7.135}$$

Setzen wir die Resultate der Winkelintegration in (7.134) ein, so erhalten wir

$$G(|\boldsymbol{r} - \boldsymbol{r}'|) = \frac{-\mathrm{i}}{(2\pi)^2 |\boldsymbol{r} - \boldsymbol{r}'|} \int_0^\infty \frac{k'\mathrm{d}k'}{k'^2 - k^2} \left(\mathrm{e}^{\mathrm{i}k'|\boldsymbol{r}-\boldsymbol{r}'|} - \mathrm{e}^{-\mathrm{i}k'|\boldsymbol{r}-\boldsymbol{r}'|} \right) . \tag{7.136}$$

Schließlich können wir bei der Integration über die zweite Exponentialfunktion k' durch $-k'$ ersetzen und gelangen dabei zu folgender Integraldarstellung der Green-Funktion der Helmholtz-Gleichung

$$G(|\boldsymbol{r} - \boldsymbol{r}'|) = \frac{-\mathrm{i}}{(2\pi)^2 |\boldsymbol{r} - \boldsymbol{r}'|} \int_{-\infty}^\infty \frac{k'\mathrm{d}k'}{k'^2 - k^2} \mathrm{e}^{\mathrm{i}k'|\boldsymbol{r}-\boldsymbol{r}'|} . \tag{7.137}$$

Zur Berechnung dieses Integrals betrachten wir die komplexe Funktion

$$f(z) = \frac{z}{z^2 - k^2} \mathrm{e}^{\mathrm{i}z|\boldsymbol{r}-\boldsymbol{r}'|} \tag{7.138}$$

und wenden in der komplexen Zahlenebene auf das geschlossene Linienintegral

$$\oint_C \frac{z\mathrm{d}z}{z^2 - k^2} \mathrm{e}^{\mathrm{i}z|\boldsymbol{r}-\boldsymbol{r}'|} \tag{7.139}$$

das Jordan'sche Lemma an. Als geschlossene Kurve C wählen wir neben der reellen x-Achse einen Halbkreis in der oberen komplexen Halbebene und beachten, dass $f(z)$ auf der reellen x-Achse bei $x = \pm k$ Pole erster Ordnung hat. Den Beitrag des Pols bei $x = -k$ schließen wir durch eine infinitesimale Verschiebung um $-\mathrm{i}\varepsilon$ von der Integration aus und den Beitrag des Pols bei $x = +k$ berücksichtigen wir durch eine infinitesimale Verschiebung $+\mathrm{i}\varepsilon$. Wir betrachten also in der komplexen Zahlenebene den Integrationsweg der Abbildung 7.13 Da der Pol bei $x = -k - \mathrm{i}\varepsilon$ durch einen kleinen Halbkreis in der oberen komplexen Zahlenebene ausgeschlossen wurde, haben wir nur das

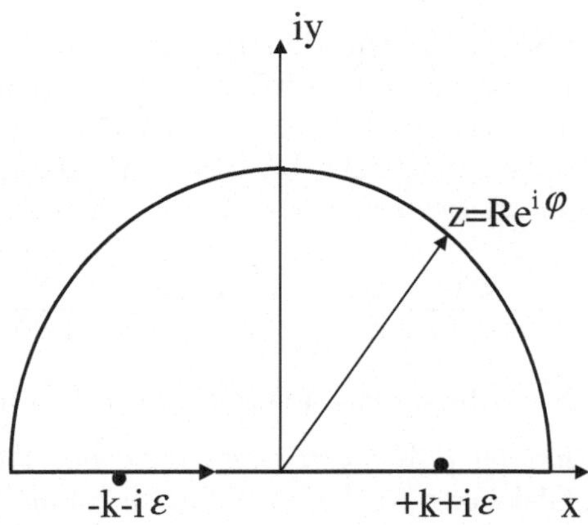

Abbildung 7.13. Zur Green-Funktion der Helmholtz-Gleichung

Residuum für den Pol bei $x = k + \mathrm{i}\varepsilon$ zu berechnen. Wir erhalten

$$
\begin{aligned}
a_{-1}^{(0)+} &= \{[z - (k + \mathrm{i}\varepsilon)]f(z)\}_{z=k_0+\mathrm{i}\varepsilon} \\
&= \left\{[z - (k + \mathrm{i}\varepsilon)]\frac{z\mathrm{e}^{\mathrm{i}z|\boldsymbol{r}-\boldsymbol{r}'|}}{[z - (k + \mathrm{i}\varepsilon)][z + (k + \mathrm{i}\varepsilon)]}\right\}_{z=k+\mathrm{i}\varepsilon} \\
&= \frac{(k + \mathrm{i}\varepsilon)\mathrm{e}^{\mathrm{i}(k+\mathrm{i}\varepsilon)|\boldsymbol{r}-\boldsymbol{r}'|}}{2(k + \mathrm{i}\varepsilon)} = \frac{1}{2}\mathrm{e}^{\mathrm{i}k|\boldsymbol{r}-\boldsymbol{r}'|} \ .
\end{aligned}
\tag{7.140}
$$

Folglich liefert der Residuensatz

$$
\begin{aligned}
\oint_{C+\frac{1}{2}K_\varepsilon} f(z)\mathrm{d}z &= \oint_{C+\frac{1}{2}K_\varepsilon} \frac{z\mathrm{d}z}{z^2 - k^2}\mathrm{e}^{\mathrm{i}z|\boldsymbol{r}-\boldsymbol{r}'|} \\
&= \mathrm{P}\int_{-\infty}^{+\infty} \frac{k'\mathrm{d}k'}{k'^2 - k^2}\mathrm{e}^{\mathrm{i}k'|\boldsymbol{r}-\boldsymbol{r}'|} \\
&\quad + \lim_{R\to\infty} \mathrm{i}\int_0^{2\pi} \frac{R^2\,\mathrm{e}^{\mathrm{i}2\varphi}\mathrm{d}\varphi}{R^2\,\mathrm{e}^{\mathrm{i}2\varphi} - k^2}\mathrm{e}^{\mathrm{i}R\mathrm{e}^{\mathrm{i}\varphi}|\boldsymbol{r}-\boldsymbol{r}'|} + \mathrm{i}\pi\frac{1}{2}\mathrm{e}^{\mathrm{i}k|\boldsymbol{r}-\boldsymbol{r}'|} \\
&= 2\mathrm{i}\pi\frac{1}{2}\mathrm{e}^{\mathrm{i}k|\boldsymbol{r}-\boldsymbol{r}'|}
\end{aligned}
\tag{7.141}
$$

und wir erhalten für das gesuchte Integral

$$
\mathrm{P}\int_{-\infty}^{+\infty} \frac{k'\mathrm{d}k'}{k'^2 - k^2}\mathrm{e}^{\mathrm{i}k'|\boldsymbol{r}-\boldsymbol{r}'|} = \mathrm{i}\pi\mathrm{e}^{\mathrm{i}k|\boldsymbol{r}-\boldsymbol{r}'|} \ ,
\tag{7.142}
$$

sodass schließlich mit (7.137) die gesuchte Green-Funktion der Helmholtz-Gleichung lautet

$$
G^{(+)}(\boldsymbol{r}, \boldsymbol{r}') = \frac{-\mathrm{i}}{(2\pi)^2|\boldsymbol{r} - \boldsymbol{r}'|}\mathrm{i}\pi\mathrm{e}^{\mathrm{i}k|\boldsymbol{r}-\boldsymbol{r}'|} = \frac{\mathrm{e}^{\mathrm{i}k|\boldsymbol{r}-\boldsymbol{r}'|}}{4\pi|\boldsymbol{r} - \boldsymbol{r}'|}
\tag{7.143}
$$

und dieses Resultat ist in Übereinstimmung mit dem Resultat (4.87) von Abschn. 4.4.4 für die retardierte Green-Funktion der Helmholtz-Gleichung. Hätten wir bei der Integration in Abb. 7.13 den Pol bei $z = k_0 - \mathrm{i}\varepsilon$ in die Integration eingeschlossen und jenen bei $z = -k_0 + \mathrm{i}\varepsilon$ von der Integration ausgeschlossen, wären wir zur avancierten Green'schen Funktion

$$
G^{(-)}(\boldsymbol{r}, \boldsymbol{r}') = \frac{-\mathrm{i}}{(2\pi)^2|\boldsymbol{r} - \boldsymbol{r}'|}(-\mathrm{i})\pi\mathrm{e}^{-\mathrm{i}k|\boldsymbol{r}-\boldsymbol{r}'|} = -\frac{\mathrm{e}^{-\mathrm{i}k|\boldsymbol{r}-\boldsymbol{r}'|}}{4\pi|\boldsymbol{r} - \boldsymbol{r}'|}
\tag{7.144}
$$

gelangt, die wir auch in Abschn. 4.4.4 bereits angegeben haben.

2. Die Green-Funktion der d'Alembert'schen Wellengleichung: Wir betrachten die d'Alembert-Gleichung für den unendlichen Raum

$$
\left[\Delta - \frac{1}{c^2}\frac{\partial^2}{\partial t^2}\right]\varphi(\boldsymbol{r}, t) = -\rho(\boldsymbol{r}, t)
\tag{7.145}
$$

mit der Annahme, dass die Quelldichte $\rho(\boldsymbol{r}, t) \sim \frac{1}{r} \to 0$ für $r \to \infty$. Mit dem Lösungsansatz

$$\varphi(\boldsymbol{r}, t) = \int G(\boldsymbol{r}, t; \boldsymbol{r}', t') \rho(\boldsymbol{r}', t') \mathrm{d}\boldsymbol{r}' \mathrm{d}t' \qquad (7.146)$$

erhalten wir bei Anwendung des d'Alembert-Operators $\Delta - \frac{1}{c^2}\frac{\partial^2}{\partial t^2}$ für die Green-Funktion die Differenzialgleichung

$$\left[\Delta - \frac{1}{c^2}\frac{\partial^2}{\partial t^2}\right] G(\boldsymbol{r}, t; \boldsymbol{r}', t') = -\delta(\boldsymbol{r}' - \boldsymbol{r})\delta(t' - t) \ . \qquad (7.147)$$

Es gilt jedoch

$$-\delta(\boldsymbol{r}' - \boldsymbol{r})\delta(t' - t) = -\frac{1}{(2\pi)^4} \int \mathrm{d}\boldsymbol{k}\mathrm{d}\omega \mathrm{e}^{\mathrm{i}\boldsymbol{k}(\boldsymbol{r}-\boldsymbol{r}')}\mathrm{e}^{\mathrm{i}\omega(t-t')} \ , \qquad (7.148)$$

sodass wir für die Green-Funktion den Ansatz machen können

$$G(\boldsymbol{r} - \boldsymbol{r}'; t - t') = \frac{1}{(2\pi)^4} \int \mathrm{d}\boldsymbol{k}\mathrm{d}\omega G(\boldsymbol{k}, \omega)\mathrm{e}^{\mathrm{i}\boldsymbol{k}(\boldsymbol{r}-\boldsymbol{r}')}\mathrm{e}^{\mathrm{i}\omega(t-t')} \qquad (7.149)$$

und wenn wir beides in die Differenzialgleichung (7.147) einsetzen, erhalten wir die Beziehung

$$\int \mathrm{d}\boldsymbol{k}\mathrm{d}\omega \left[\left(-k^2 + \frac{\omega^2}{c^2}\right) G(\boldsymbol{k}, \omega) + 1\right] \mathrm{e}^{\mathrm{i}\boldsymbol{k}(\boldsymbol{r}-\boldsymbol{r}')}\mathrm{e}^{\mathrm{i}\omega(t-t')} = 0 \ , \qquad (7.150)$$

woraus wir schließen

$$G(\boldsymbol{k}, \omega) = \frac{c^2}{\omega^2 - (kc)^2} \ , \qquad (7.151)$$

sodass die Green-Funktion die Integraldarstellung besitzt

$$G(\boldsymbol{r} - \boldsymbol{r}'; t - t') = \frac{c^2}{(2\pi)^4} \int \mathrm{d}\boldsymbol{k}\mathrm{e}^{\mathrm{i}\boldsymbol{k}(\boldsymbol{r}-\boldsymbol{r}')} \int \mathrm{d}\omega \frac{\mathrm{e}^{\mathrm{i}\omega(t-t')}}{\omega^2 - (kc)^2} \ . \qquad (7.152)$$

Da $\mathrm{d}\boldsymbol{k} = k^2\mathrm{d}k\mathrm{d}\Omega = k^2\mathrm{d}k\sin\vartheta\mathrm{d}\vartheta\mathrm{d}\varphi$ und $\boldsymbol{k}(\boldsymbol{r} - \boldsymbol{r}') = k|\boldsymbol{r} - \boldsymbol{r}'|\cos\vartheta$, können wir wie in (7.135) die Winkelintegration ausführen und erhalten

$$\int \mathrm{d}\Omega \mathrm{e}^{\mathrm{i}\boldsymbol{k}(\boldsymbol{r}-\boldsymbol{r}')} = 2\pi \int_{-1}^{+1} \mathrm{d}\xi \mathrm{e}^{\mathrm{i}k|\boldsymbol{r}-\boldsymbol{r}'|\xi} = -\frac{2\pi\mathrm{i}}{|\boldsymbol{r} - \boldsymbol{r}'|} \left(\mathrm{e}^{\mathrm{i}k|\boldsymbol{r}-\boldsymbol{r}'|} - \mathrm{e}^{-\mathrm{i}k|\boldsymbol{r}-\boldsymbol{r}'|}\right) \ .$$
$$(7.153)$$

Setzen wir dies in (7.152) ein, so erhalten wir

$$G(\boldsymbol{r} - \boldsymbol{r}'; t - t')$$
$$= -\mathrm{i}\frac{c^2}{(2\pi)^3|\boldsymbol{r} - \boldsymbol{r}'|} \int_0^\infty k\mathrm{d}k \left(\mathrm{e}^{\mathrm{i}k|\boldsymbol{r}-\boldsymbol{r}'|} - \mathrm{e}^{-\mathrm{i}k|\boldsymbol{r}-\boldsymbol{r}'|}\right) \int \mathrm{d}\omega \frac{\mathrm{e}^{\mathrm{i}\omega(t-t')}}{\omega^2 - (kc)^2}$$
$$= -\mathrm{i}\frac{c^2}{(2\pi)^3|\boldsymbol{r} - \boldsymbol{r}'|} \int_{-\infty}^\infty k\mathrm{d}k\mathrm{e}^{\mathrm{i}k|\boldsymbol{r}-\boldsymbol{r}'|} \int \mathrm{d}\omega \frac{\mathrm{e}^{\mathrm{i}\omega(t-t')}}{\omega^2 - (kc)^2} \ . \qquad (7.154)$$

Nun betrachten wir in diesem Ausdruck das Integral über ω und führen es in eine geschlossene Linienintegration in der komplexen Zahlenebene über, also

$$\int_{-\infty}^{+\infty} \mathrm{d}\omega \, \frac{e^{i\omega(t-t')}}{\omega^2 - (kc)^2} = \oint_C \mathrm{d}z \, \frac{e^{iz(t-t')}}{z^2 - (kc)^2} \tag{7.155}$$

und wenden darauf das Jordan'sche Lemma an. Um den Integrationsweg zu einem geschlossenen Linienintegral zu ergänzen, wählen wir entweder einen Halbkreis in der oberen oder in der unteren Hälfte der komplexen Zahlenebene (siehe Abb. 7.14). Auch hier haben wir es wieder mit der Berechnung einer retardierten oder einer avancierten Green-Funktion zu tun. Wir betrachten zuerst die retardierte Green-Funktion. Diese ist durch die folgende Anfangsbedingung gekennzeichnet:

$$\begin{aligned}
G_{\mathrm{ret}}(\boldsymbol{r} - \boldsymbol{r}'; t - t') &= 0 \,, &\text{für } t - t' &> 0 \,, &m &= 1 \,, &C_1(t - t' &> 0) \\
G_{\mathrm{ret}}(\boldsymbol{r} - \boldsymbol{r}'; t - t') &\neq 0 \,, &\text{für } t - t' &< 0 \,, &m &= -1 \,, &C_2(t - t' &< 0)
\end{aligned} \tag{7.156}$$

und daher sind für die Anwendung des Jordan-Lemmas die entsprechenden Halbkreise C_1, bzw. C_2 zu wählen, also für $m = 1$ in der oberen Hälfte der z-Ebene und für $m = -1$ in der unteren Hälfte der z-Ebene. Ferner sind die beiden Pole bei $x = \pm kc$ um ε in die untere Halbebene verschoben, sodass sie nur für $t - t' < 0$ einen Beitrag zum Linienintegral liefern können. Physikalisch gesehen ist diese Wahl der Anfangsbedingung ein Ausdruck des klassischen Kausalitätsprinzips, wonach Ursachen vor den Wirkungen zu finden sein müssen. Die genannten Integrationswege sind in Abb. 7.14 eingezeichnet. Daher liefert das Jordan-Lemma für das Integral (7.155) im Fall der ersten

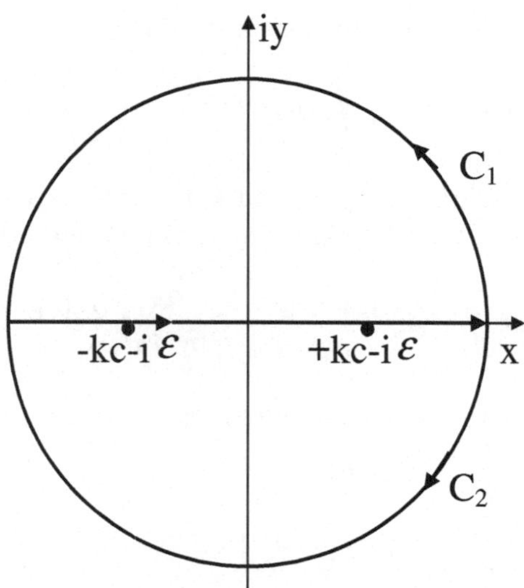

Abbildung 7.14. Zur Green-Funktion der d'Alembert-Gleichung

Bedingung in (7.156) für $t - t' > 0$

$$\oint_{C_1} dz \frac{e^{iz(t-t')}}{z^2 - (kc)^2} = 0 \tag{7.157}$$

und im Fall der zweiten Bedingung für $t - t' < 0$

$$\oint_{C_2} dz \frac{e^{iz(t-t')}}{z^2 - (kc)^2} = -2\pi i \left(a_{-1}^{(-kc)} + a_{-1}^{(+kc)} \right) . \tag{7.158}$$

Doch liefert die Berechnung der beiden Residuen

$$a_{-1}^{(-kc)} = (z + kc) \frac{e^{iz(t-t')}}{(z + kc)(z - kc)} \bigg|_{z=-kc} = -\frac{1}{2kc} e^{-ikc(t-t')}$$

$$a_{-1}^{(+kc)} = (z - kc) \frac{e^{iz(t-t')}}{(z - kc)(z + kc)} \bigg|_{z=+kc} = \frac{1}{2kc} e^{+ikc(t-t')} , \tag{7.159}$$

sodass wir erhalten

$$\oint_{C_2} dz \frac{e^{iz(t-t')}}{z^2 - (kc)^2} = -\frac{i\pi}{kc} \left(e^{+ikc(t-t')} - e^{-ikc(t-t')} \right) \tag{7.160}$$

und folglich ergibt sich für die retardierte Green-Funktion aufgrund von (7.154)

$$\begin{aligned}
&G_{\mathrm{ret}}(\boldsymbol{r} - \boldsymbol{r}'; t - t') \\
&= -\frac{c}{8\pi^2 |\boldsymbol{r} - \boldsymbol{r}'|} \int_{-\infty}^{+\infty} dk\, e^{ik|\boldsymbol{r}-\boldsymbol{r}'|} \left(e^{+ikc(t-t')} - e^{-ikc(t-t')} \right) \\
&= -\frac{c}{8\pi^2 |\boldsymbol{r} - \boldsymbol{r}'|} \int_{-\infty}^{+\infty} dk \left(e^{ik(|\boldsymbol{r}-\boldsymbol{r}'|+c(t-t'))} - e^{ik(|\boldsymbol{r}-\boldsymbol{r}'|-c(t-t'))} \right) \\
&= -\frac{1}{4\pi |\boldsymbol{r} - \boldsymbol{r}'|} \left[\delta\left(t - t' - \frac{|\boldsymbol{r} - \boldsymbol{r}'|}{c} \right) + \delta\left(t - t' + \frac{|\boldsymbol{r} - \boldsymbol{r}'|}{c} \right) \right] \\
&= -\frac{1}{4\pi |\boldsymbol{r} - \boldsymbol{r}'|} \delta\left(t - t' - \frac{|\boldsymbol{r} - \boldsymbol{r}'|}{c} \right) , \tag{7.161}
\end{aligned}$$

da die zweite δ-Funktion wegen $t - t' > 0$ verschwinden muss. In ähnlicher Weise können wir auch die avancierte Green-Funktion auffinden, wenn wir als Anfangsbedingung wählen $G_{av}(\boldsymbol{r} - \boldsymbol{r}'; t - t') = 0$ für $t - t' < 0$ und in diesem Fall die beiden Pole bei $x = \mp k_0$ in die obere Hälfte der z-Ebene verschoben werden, damit die Green-Funktion der Anfangsbedingung genügt. Die retardierte Green-Funktion ist für alle klassischen Ausstrahlungsprozesse, wie Schallwellen, elektromagnetische Wellen und Gravitationswellen von Bedeutung, während die retardierte als auch die avancierte Green-Funktion in der Quantenfeldtheorie angetroffen wird. Mithilfe der retardierten Green-Funktion (7.161) können wir nun auch die retardierte Lösung der d'Alembert-Gleichung angeben, denn wir setzen die Green-Funktion in (7.146) ein und erhalten

$$\varphi(\boldsymbol{r},t) = \frac{1}{4\pi} \int \frac{\mathrm{d}\boldsymbol{r}'\rho(\boldsymbol{r}',t')}{|\boldsymbol{r}-\boldsymbol{r}'|} \delta\left(t-t'-\frac{|\boldsymbol{r}-\boldsymbol{r}'|}{c}\right) \mathrm{d}t'$$

$$= \frac{1}{4\pi} \int \frac{\mathrm{d}\boldsymbol{r}'\rho(\boldsymbol{r}',t-\frac{|\boldsymbol{r}-\boldsymbol{r}'|}{c})}{|\boldsymbol{r}-\boldsymbol{r}'|} \; . \tag{7.162}$$

7.4 Die Laplace-Transformation

7.4.1 Vorbemerkungen

In Abschn. 3.3 haben wir bereits eingehend die Fourier-Integraltransformation (3.22) besprochen und in Abschn. 5.5.6 die Fourier-Bessel-Transformation (5.301) behandelt. Es gibt jedoch häufig Fälle, in denen die Fourier-Transformation nicht existiert. Wenn wir zum Beispiel die Funktion $f(x) = a = $ const. oder $f(x) = x^3$ betrachten, erhalten wir für die Fourier-Transformierten Integrale, welche nicht konvergieren. Bei vielen Funktionen kann aber das Divergenzproblem für $x \to \infty$ beseitigt werden, wenn wir die Funktion mit einem Konvergenz erzeugendem Faktor e^{-cx} multiplizieren, wo der reelle Parameter $c \gtrsim 0$ sein kann. Obgleich dieser Faktor dann für $x \to -\infty$ die Situation meist verschlechtern wird, gibt es sehr viele Fälle, bei denen man ausschließlich an Transformationen für $x > 0$ interessiert ist. Um dies zu erreichen, führt man die Heaviside'sche Stufenfunktion, $H(x)$ oder $\theta(x)$ genannt, ein, welche folgende Eigenschaften besitzt

$$\theta(x) = \left\{ \begin{matrix} 0 & \text{für } x < 0 \\ 1 & \text{für } x > 0 \end{matrix} \right\} \tag{7.163}$$

und von der wir zeigen werden, dass ihre Ableitung $\theta'(x) = \delta(x)$, gleich der Dirac'schen δ-Funktion ist.

7.4.2 Definition der Laplace-Transformation

Wenn wir die Fourier-Transformierte der Funktion $f(x)\mathrm{e}^{-cx}\theta(x)$ betrachten, so lautet diese gemäß Abschn. 3.3 (3.22)

$$F(k) = \int_{-\infty}^{+\infty} f(x)\mathrm{e}^{-cx}\theta(x)\mathrm{e}^{-\mathrm{i}kx}\mathrm{d}x \tag{7.164}$$

und die inverse Transformation ist dann

$$f(x)\mathrm{e}^{-cx}\theta(x) = \frac{1}{2\pi} \int_{-\infty}^{+\infty} F(k)\mathrm{e}^{\mathrm{i}kx}\mathrm{d}k \; . \tag{7.165}$$

Nun ist es zweckmäßig, eine neue Veränderliche

$$s = c + \mathrm{i}k \ , \quad \mathrm{i}\mathrm{d}k = \mathrm{d}s \tag{7.166}$$

einzuführen und die neue Funktion $\phi(s) \equiv F(k)$ zu definieren. Dann lauten die beiden vorangegangenen Integrale

$$\phi(s) = \int_0^\infty f(x)\mathrm{e}^{-sx}\mathrm{d}x \ , \quad f(x)\theta(x) = \frac{1}{2\pi\mathrm{i}} \int_C \phi(s)\mathrm{e}^{sx}\mathrm{d}s \ , \tag{7.167}$$

wo der Integrationsweg längs C in der komplexen s-Ebene eine Gerade parallel zur iy-Achse darstellt. Die Funktion $\phi(s) = \mathcal{L}[f(x)]$ nennt man die Laplace-Transformierte der Funktion $f(x)$. Das Integral existiert nur in der rechten Hälfte der komplexen s-Ebene für $\mathrm{Re}\,s > c$. In diesem Bereich ist $\phi(s)$ eine analytische Funktion, doch lässt sie sich meist auch in die linke Hälfte der Zahlenebene analytisch fortsetzen. Die zweite Formel in (7.167) nennt man die Laplace-Umkehrtransformation. Man beachte, dass für $x > 0$ diese Transformation die Funktion $f(x)$ ergibt, jedoch für $x < 0$ automatisch Null liefert. Von nun an werden wir die Stufenfunktion $\theta(x)$ weglassen und die Laplace-Transformation in folgender Weise ausdrücken

$$f(x) = \frac{1}{2\pi\mathrm{i}} \int_{c-\mathrm{i}\infty}^{c+\mathrm{i}\infty} \phi(s)\mathrm{e}^{sx}\mathrm{d}s \ , \tag{7.168}$$

wo $c \gtrsim 0$ der oben eingeführte infinitesimale Parameter ist und stets angenommen wird, dass alle Funktionen $f(x)$, deren Laplace-Transformierte aufzusuchen ist, für $x < 0$ verschwinden.

7.4.3 Drei wichtige Theoreme

Ihre Kenntnis ist bei der Berechnung der Laplace-Transformierten von Vorteil.

1. Verschiebungstheorem:

Wenn

$$\mathcal{L}[f(x)] = \int_0^\infty f(x)\mathrm{e}^{-sx}\mathrm{d}x = \phi(s) \tag{7.169}$$

ist, so ist

$$\mathcal{L}[\mathrm{e}^{-ax}f(x)] = \int_0^\infty f(x)\mathrm{e}^{-(s+a)x}\mathrm{d}x = \phi(s+a) \ . \tag{7.170}$$

2. Verschiebungstheorem:

Wenn $\mathcal{L}[f(x)] = \phi(s)$ ist, so ist

$$\mathcal{L}[x^n f(x)] = \int_0^\infty x^n f(x)\mathrm{e}^{-sx}\mathrm{d}x = (-1)^n \frac{\mathrm{d}^n}{\mathrm{d}s^n}\phi(s) \ , \tag{7.171}$$

wie durch Differenziation nach s unter dem Integralzeichen leicht nachgewiesen werden kann.

3. Der Faltungssatz

Wenn

$$\mathcal{L}[f(x)] = \phi(s) \text{ und } \mathcal{L}[g(x)] = \psi(s) \tag{7.172}$$

sind, so ist

$$\mathcal{L}\left[\int_0^x f(x-u)g(u)\mathrm{d}u\right] = \phi(s)\psi(s) \ . \tag{7.173}$$

Das Integral

$$\int_0^x f(x-u)g(u)\mathrm{d}u \tag{7.174}$$

wird gewöhnlich die Faltung von f und g genannt und mit $f * g$ bezeichnet. Man erkennt sogleich an der Beziehung (7.173), dass $\mathcal{L}[f * g] = \mathcal{L}[g * f]$ sein muss. Zum Nachweis der Gültigkeit von (7.173), führen wir zunächst die Laplace-Transformation gemäß (7.169) aus und dies ergibt

$$\mathcal{L}\left[\int_0^x f(x-u)g(u)\mathrm{d}u\right] = \int_0^\infty \mathrm{e}^{-sx}\mathrm{d}x \int_0^x f(x-u)g(u)\mathrm{d}u \ . \tag{7.175}$$

Danach vertauschen wir die Integrationsfolge. Dies ergibt zunächst eine Integration von $x = u$ bis $x = \infty$ und dann eine Integration im Intervall $(0 \leq u < \infty)$. Auf diese Weise erhält das obige Integral die Gestalt

$$\int_0^\infty g(u)\mathrm{d}u \int_u^\infty \mathrm{e}^{-sx} f(x-u)\mathrm{d}x \ . \tag{7.176}$$

Im zweiten dieser Integrale kann u als konstanter Parameter betrachtet werden. Wenn wir daher $x - u = t$ taufen, so ist $\mathrm{d}x = \mathrm{d}t$ und das Integral lautet dann

$$\int_0^\infty g(u)\mathrm{d}u \int_0^\infty \mathrm{e}^{-s(u+t)} f(t)\mathrm{d}t = \int_0^\infty g(u)\mathrm{e}^{-su}\mathrm{d}u \int_0^\infty f(t)\mathrm{e}^{-st}\mathrm{d}t \ . \tag{7.177}$$

Die beiden letzten Integrale sind ersichtlich die Laplace-Transformierten $\phi(s)$ und $\psi(s)$, womit die Gültigkeit von (7.173) nachgewiesen ist.

Beispiel

Laplace-Transformation der $\theta(x)$-Funktion und der $\delta(x)$-Funktion: Die Heaviside'sche Stufenfunktion wurde bereits in (7.163) definiert. Hier untersuchen wir den Fall, bei dem die Stufe an der Stelle $x = a$ auftritt, sodass

$$\theta(x-a) = \left\{\begin{array}{ll} 1 \ , & x > a \\ 0 \ , & x < a \end{array}\right\} \tag{7.178}$$

ist. Diese sehr unstetige Funktion erlaubt zum Beispiel, das plötzliche Eintreten eines physikalischen Vorganges zu beschreiben. In diesem Fall ist x die Zeit t, sodass vor dem Zeitpunkt $t = a$ die entsprechende Funktion, die den physikalischen Prozess beschreibt, gleich Null ist, während für $t > a$ die Funktion das plötzliche Eintreten des Prozesses wiedergibt. Aus diesen Gründen ist es zweckmäßig, bei der Anwendung der Laplace-Transformation, die Transformierte von $\theta(x - a)$ zu kennen. Wir betrachten daher

$$
\begin{aligned}
\mathcal{L}[\theta(x - a)] &= \int_0^\infty \theta(x - a)\mathrm{e}^{-sx}\mathrm{d}x \\
&= \int_0^a \theta(x - a)\mathrm{e}^{-sx}\mathrm{d}x + \int_a^\infty \theta(x - a)\mathrm{e}^{-sx}\mathrm{d}x \\
&= 0 + \int_a^\infty \mathrm{e}^{-sx}\mathrm{d}x = \frac{\mathrm{e}^{-sa}}{s} \,,
\end{aligned}
\tag{7.179}
$$

wobei die Definition von $\theta(x - a)$ verwendet wurde. Wenn nun $y(x - a)$ eine Funktion ist, die eine Laplace-Transformation zulässt, dann ist

$$
\begin{aligned}
\mathcal{L}[\theta(x - a)y(x - a)] &= \int_0^\infty \mathrm{e}^{-sx}\theta(x - a)y(x - a)\mathrm{d}x \\
&= \int_0^a \mathrm{e}^{-sx}\theta(x - a)y(x - a)\mathrm{d}x \\
&\quad + \int_a^\infty \mathrm{e}^{-sx}\theta(x - a)y(x - a)\mathrm{d}x \\
&= 0 + \int_a^\infty \mathrm{e}^{-sx}y(x - a)\mathrm{d}x \,,
\end{aligned}
\tag{7.180}
$$

wobei wieder die Definition (7.178) zur Anwendung kam. Taufen wir nun $x - a = v$, so geht das letzte Integral in den Ausdruck über

$$
\int_0^\infty \mathrm{e}^{-s(v+a)}y(v)\mathrm{d}v = \mathrm{e}^{-sa}\eta(s) \,,
\tag{7.181}
$$

wo $\eta(s)$ die Laplace-Transformierte von $y(x)$ bezeichnet. Daher gilt

$$
\mathcal{L}[\theta(x - a)y(x - a)] = \mathrm{e}^{-sa}\eta(s) \,.
\tag{7.182}
$$

Nun wollen wir als Anwendung uns mit der der Laplace-Transformierten der Dirac'schen δ-Funktion beschäftigen. Die δ-Funktion und ihre Eigenschaften haben wir bereits eingehend in Abschn. 2.3.1 diskutiert. Wie wir bereits wissen, ist diese Funktion durch die Eigenschaften definiert $\delta(x - a) = 0$ für $x \neq a$ und

$$
\int_{-\infty}^{+\infty} \delta(x - a)\mathrm{d}x = 1 \,,
\tag{7.183}
$$

sodass

$$
\int_{-\infty}^{+\infty} \delta(x - a)f(x)\mathrm{d}x = f(a)
\tag{7.184}
$$

ist. Wir haben bereits in (2.89,2.90) zwei Funktionen kennen gelernt, die im Limes die Eigenschaften der δ-Funktion besitzen. Eine weitere Funktion dieser Art ist folgendermaßen definiert

$$\delta_n(x) = \sqrt{\frac{n}{\pi}}\,\mathrm{e}^{-nx^2}\,,\quad n = 1,\,2,\,3,\,\cdots \tag{7.185}$$

und mithilfe des vollständigen Gauß'schen Fehlerintegrals (5.11) von Abschn. 5.2 können wir sofort zeigen, dass

$$\int_{-\infty}^{+\infty}\sqrt{\frac{n}{\pi}}\,\mathrm{e}^{-nx^2}\mathrm{d}x = 1 \tag{7.186}$$

ist. Folglich hat $\delta_n(x)$ die Eigenschaft, dass

$$\lim_{n\to\infty}\int_{-\infty}^{+\infty}\delta_n(x)\mathrm{d}x = \int_{-\infty}^{+\infty}\delta(x)\mathrm{d}x = 1 \tag{7.187}$$

wird und es kann daher die δ-Funktion als der Limes einer Folge von Gauß-Funktionen betrachtet werden, deren Breite mit zunehmendem n abnimmt und gleichzeitig ihre Höhe zunimmt, sodass der Flächeninhalt unverändert gleich 1 bleibt. Wenn wir nun das Integral über die Funktion $\delta(x - a)$ im Intervall $(-\infty, x')$ berechnen, so ergibt sich

$$\int_{-\infty}^{x'}\delta(x - a)\mathrm{d}x = \left\{\begin{array}{ll} 0\,, & \text{für } x' < a \\ 1\,, & \text{für } x' > a \end{array}\right\} = \theta(x' - a)\,, \tag{7.188}$$

wobei wir die Definition (7.178) der θ-Funktion berücksichtigt haben. Daher erhalten wir durch formale Differenziation der letzten Gleichung nach x' die Beziehung

$$\delta(x - a) = \frac{\mathrm{d}}{\mathrm{d}x}\theta(x - a)\,. \tag{7.189}$$

Dies zeigt ganz deutlich, dass die δ-Funktion keine Funktion im üblichen Sinne ist, da auf der rechten Seite dieser Gleichung die formale Differenziation einer unstetigen Funktion durchgeführt wird. Schließlich können wir auch mit der Eigenschaft (7.184) der δ-Funktion ihre Laplace-Transformierte berechnen und erhalten

$$\mathcal{L}[\delta(x - a)] = \int_0^{\infty}\mathrm{e}^{-sx}\delta(x - a)\mathrm{d}x = \mathrm{e}^{-sa}\,,\quad a > 0\,. \tag{7.190}$$

Mit diesem knappen Exkurs über die Laplace-Transformation wollen wir das Kapitel über die Theorie komplexer Funktionen abschließen.

Übungsaufgaben:

1. Prüfe, ob e^z, $\frac{1}{z}$, z^* und $z \cdot z^*$ den Cauchy-Riemann'schen Differenzialgleichungen genügen.

2. Zwei beliebige Funktionen $u(x,y)$ und $v(x,y)$, welche den Laplace-Gleichungen $\Delta u = 0$ und $\Delta v = 0$ genügen, definieren keine analytische Funktion $f(z) = u(x,y)+\mathrm{i}v(x,y)$, vielmehr muss etwa die zu $u(x,y)$ konjugierte Funktion $v(x,y)$ mithilfe der Cauchy-Riemann'schen Differenzialgleichungen durch Integration gefunden werden. Berechne als Beispiel die zu $u(x,y) = \mathrm{e}^x \cos y$ konjugierte Funktion.

3. Berechne die Residuen von

$$ f(z) = \left[\frac{z}{z-1}\right]^2, \quad \frac{1}{(\exp(z)-1)^2}, \quad \frac{\exp z}{z(z-1)}, \quad \frac{1}{(z+2)(z^2+z-1)} . $$

4. Berechne das Integral $J = \int_0^{2\pi} \frac{\mathrm{d}\varphi}{2-\cos\varphi}$, (Lösung: $J = \frac{2\pi}{\sqrt{3}}$).

5. Berechne das Integral $J = \int_{-\infty}^{+\infty} \frac{\mathrm{d}x}{x^4+a^4}$, $a > 0$, (Lösung: $J = \frac{\pi}{a^3\sqrt{2}}$). Ergänze zur Lösung den Integrationsweg durch einen Halbkreis in der oberen oder unteren komplexen Halbebene.

6. Berechne das Integral $J = \int_{-\infty}^{+\infty} \frac{\exp(ax)\mathrm{d}x}{1+\exp x}$, wo $0 < a < 1$, (Lösung: $J = \frac{\pi}{\sin(a\pi)}$). Betrachte dazu ein geschlossenes Linienintegral, ähnlich dem der Abb. 7.4.

7. Berechne mit Cauchy's Fundamentalsatz $J = \int_{-\infty}^{+\infty} \exp(\mathrm{i}x^2)\mathrm{d}x$, (Lösung $J = \sqrt{\frac{\pi}{2}}(1-\mathrm{i})$). Wähle einen Integrationsweg, wie der von Abb. 7.5.

8. Berechne das Integral $J = \oint_C \frac{\exp(z')\mathrm{d}z'}{z'-z}$ (Lösung $J = 2\pi\mathrm{i}\mathrm{e}^z$).

9. Berechne das Integral $J = \int_0^{2\pi} \frac{\mathrm{d}\varphi}{2-\cos\varphi}$ (Lösung $J = \frac{2\pi}{\sqrt{3}}$).

10. Berechne die Green-Funktion der eindimensionalen Schrödinger-Gleichung. Die Differenzialgleichung lautet

$$ -\frac{\hbar^2}{2m}\frac{\partial^2}{\partial x^2}G(x-x';t-t') - \mathrm{i}\hbar\frac{\partial}{\partial t}G(x-x';t-t') = -\delta(x-x')\delta(t-t') $$

$$ (7.191) $$

und die Lösung ist mit der Anfangsbedingung $G = 0$ für $t-t' < 0$ zu finden. Der Lösungsweg ist ähnlich dem bei der Auffindung der Green-Funktion der d'Alembert-Gleichung, doch ist hier bei der Integration in der komplexen Zahlenebene nur ein Pol zu umlaufen. Lösung:

$$ G(x-x',t-t') = \frac{-\mathrm{i}}{\hbar}\sqrt{\frac{m}{2\pi\mathrm{i}\hbar(t-t')}} \exp\left[\frac{\mathrm{i}m(x-x')^2}{2\hbar(t-t')}\right] . \qquad (7.192) $$

11. Beweise den Mittelwertsatz der analytischen Funktionen. Wende das Cauchy-Integraltheorem auf einen Kreis vom Radius R an, in dessen Mittelpunkt z liegt. Führe Polarkoordinaten ein und integriere längs des Kreises. Ein Flächenelement des Kreises ist $R^2\mathrm{d}\varphi = \mathrm{d}\sigma$. Lösung:

$$ f(z) = \frac{1}{2\pi R^2} \iint_F \mathrm{d}\sigma f[z + R\exp(\mathrm{i}\varphi)] . \qquad (7.193) $$

12. Zwei beliebige Lösungen $u(x,y)$ und $v(x,y)$ der Laplace-Gleichungen $\Delta u = 0$ und $\Delta v = 0$ bilden keine analytische Funktion $f(z) = u(x,y) +$

i$v(x, y)$. Finde zu gegebenem $u(x, y)$ die entsprechende konjugierte Funktion $v(x, y)$ mithilfe der Cauchy-Riemann'schen Differenzialgleichungen.

13. Betrachte die Beziehung (7.108) und nehme an, $g(z)$ sei in der oberen komplexen Halbebene regulär. Wenn für $|z| \to \infty$ genügend rasch $|g(z)| \to 0$ strebt, so gilt

$$\int_{-\infty}^{+\infty} \frac{g(x')\mathrm{d}x'}{x' - x \mp \mathrm{i}\varepsilon} = P \int_{-\infty}^{+\infty} \frac{g(x')\mathrm{d}x'}{x' - x} \pm \mathrm{i}\pi g(x) = \left\{ \begin{array}{r} 2\pi\mathrm{i}g(x) \ \text{für} \ (+1) \\ 0 \ \text{für} \ (-1) \end{array} \right\} . \tag{7.194}$$

Leite daraus zwei Integralbeziehungen zwischen Re$g(x)$ und Im$g(x)$ ab. Diese Beziehungen werden Hilbert-Transformationen genannt und wurden in der Physik als Kramers-Krönig-Beziehungen bekannt, oder auch als Dispersionsrelationen.

14. Berechne zu den Funktionen $f(x) = 1$, x^n $(n = 0, 1, 2, \cdots)$, e^{ax}, $\sin(ax)$, $\cos(ax)$, $\sinh(ax)$, $\cosh(ax)$ die Laplace-Transformierten $\phi(s)$.

15. Berechne die Laplace-Transformierten der Ableitungen $f'(x)$ und $f''(x)$, wenn $\phi(s)$ die Laplace-Transformierte von $f(x)$ ist.

16. Finde die Lösung des klassischen linearen harmonischen Oszillators $\ddot{x} + \omega_0^2 x = a \sin \omega t$ mithilfe der Laplace-Transformation.

8

Wahrscheinlichkeit und Statistik

8.1 Einleitende Bemerkungen

Die Wahrscheinlichkeitstheorie und Statistik hat vielfältige Anwendungen nicht nur in der Physik und den technischen Wissenschaften sondern auch in den diversen Glücksspielen, Verkehrsstatistiken, Feuer-, Kranken- und Unfallversicherungen und vieles andere mehr. Wir wollen hier nur die wichtigsten Sätze der Theorie behandeln, soweit sie für die Physik und Technik von Bedeutung sind.

8.2 Kombinatorik

Die Kenntnis der elementaren Gesetze der Kombinatorik ist für alle statistischen Untersuchungen von großer Wichtigkeit und diese Gesetze sollen daher in den folgenden beiden Abschnitten eingehender erläutert werden.

8.2.1 Permutationen und Kombinationen

Als Vorbereitung beginnen wir mit der Herleitung der wichtigsten Formeln der Kombinatorik, die für die Anwendung der Wahrscheinlichkeitstheorie in der statistischen Mechanik von großer Bedeutung sind. Die wichtigsten Sätze lauten folgendermaßen:

1. Die Anzahl der möglichen Vertauschungen oder Permutationen von N verschiedenen Objekten ist $N!$. Der einfache Beweis läuft etwa wie folgt: Das erste Objekt lässt sich auf N verschiedene Positionen setzen. Sobald eine dieser Stellen besetzt ist, stehen noch $N - 1$ solche mögliche Positionen für das zweite Objekt zur Verfügung. Folglich können diese beiden Objekte auf $N(N - 1)$ verschiedene Weisen aufgeteilt werden, ohne die relative Aufteilung der übrigen $N - 2$ Objekte zu stören. Nun kann das dritte Objekt $N - 2$ verschiedene Plätze einnehmen, und so

fort. Die Gesamtzahl der möglichen Verteilungen der N Objekte ist daher $N(N-1)(N-2)\cdots 2\cdot 1 = N!$.

2. Angenommen, es sollen die N Objekte auf R Stapelplätze aufgeteilt werden, wobei die zulässige Zahl der Objekte in jedem Stapel vorgegeben ist. Es sei die Zahl der Objekte auf dem ersten Stapel gleich N_1, jene auf dem zweiten Stapel N_2, etc., derart dass $\sum_{i=1}^{R} N_i = N$ ist, wo R die obige Anzahl der Stapelplätze darstellt. Gesucht ist die Anzahl M aller möglichen Verteilungen dieser Art. Wenn M mit der Zahl der möglichen Permutationen aller Objekte im ersten Stapel multipliziert wird, anschließend mit der Zahl der möglichen Permutationen der Objekte im zweiten Stapel und so weiter für alle weiteren Stapel, müssen wir am Ende die Gesamtzahl der Permutationen von N Objekten erhalten, also ist

$$M N_1! N_2! \cdots N_R! = N! \tag{8.1}$$

und daher

$$M = \frac{N!}{N_1! N_2! \cdots N_R!} \, . \tag{8.2}$$

Es gibt aber auch noch eine andere Problemstellung der Kombinatorik, die zum gleichen Resultat führt. Es sei angenommen, die N Objekte gehören zu R Klassen, deren Objekte alle völlig gleichartig sind, d. h. sie lassen sich in keiner Weise voneinander unterscheiden. Die erste Klasse möge N_1 Objekte enthalten, die zweite Klasse N_2, etc. Wir bemerken sofort, dass die Anzahl der möglichen unterscheidbaren Verteilungen der N Objekte mithilfe derselben Schlussweise wie oben erhalten werden kann. Folglich stellt M auch die Zahl der Verteilungen von N Elementen auf R Klassen dar, bei denen die Elemente in jeder Klasse untereinander identisch sind.

3. Die Anzahl der Möglichkeiten mit der M Objekte aus einer Menge von N Objekten ausgewählt werden kann ist $\frac{N!}{M!(N-M)!}$. Dies folgt aus (8.2), denn das Herausgreifen von M Objekten ist gleichbedeutend mit einer Aufteilung von N Objekten auf zwei Stapel, von denen der eine M Objekte und der andere $M-N$ Objekte enthält. Diese Anzahl ist aber gleich

$$\frac{N!}{M!(N-M)!} \equiv \binom{N}{M} \, . \tag{8.3}$$

Diese Zahl wird häufig als die Anzahl der Kombinationen von N Dingen zur M-ten Klasse genannt. Wir bemerken ferner, dass wegen der Identität $\binom{N}{M} = \binom{N}{N-M}$, derselbe Ausdruck auch die Anzahl der Kombinationen von N Dingen zur $(N-M)$-ten Klasse angibt. Die Beziehung (8.3) beantwortet auch eine andere, davon scheinbar verschiedene Fragestellung. Wir nehmen an, wir hätten N Boxen und eine kleine Anzahl M von nicht unterscheidbaren Objekte, welche auf diese Boxen in der Weise aufgeteilt werden sollen, dass keine dieser Boxen mehr als ein Objekt enthält. Die erlaubte Anzahl dieser Verteilungen ist gleichfalls durch (8.3) gegeben, denn die Zuteilung von M Objekten zu N Boxen ist völlig äquivalent mit der Auswahl von M Objekten aus einer Menge von N Objekten.

4. Sobald wir nach Punkt 3 eine gewisse Auswahl von M Objekten getroffen haben, liefert eine Permutation unter diesen M Objekten keine neue Kombination, jedoch führt es auf eine neue Anordnung dieser Objekte. Folglich wird es zu jeder Kombination der Form (8.3), $M!$ verschiedene Verteilungen der M Objekte geben. Daher ist dann die Gesamtzahl der möglichen Anordnungen von N Objekten zur M-ten Klasse gleich

$$\binom{N}{M} M! = \frac{N!}{(N-M)!} \, .\tag{8.4}$$

Wenn wir bei dem obigen Problem der Aufteilung von M Objekten auf N Boxen mit $N \geq M$ ferner annehmen, dass die Objekte unterscheidbar sind, sodass wir uns nicht ausschließlich für die einzelnen Boxen und deren Belegungen interessieren dürfen, sondern auch auf die spezielle Verteilung der Objekte auf die Boxen achten müssen, wird jetzt die Beziehung (8.4) anzuwenden sein. Diese Beziehung gibt die Anzahl der Möglichkeiten an, mit der M untereinander unterscheidbare Objekte auf N Boxen aufgeteilt werden können, und zwar je ein oder kein Objekt pro Box.

5. Das Problem wird etwas komplizierter, wenn keine Einschränkung vorliegt, wie viele Objekte sich in einer Box befinden dürfen. Dazu bestimmen wir zunächst die Anzahl der Möglichkeiten M nicht unterscheidbare Objekte auf N Boxen aufzuteilen, wobei $N \geq M$ sein soll und sich dabei eine beliebige Anzahl von Objekten in einer Box befinden darf. Zunächst beachten wir, dass sich die Zahl M als eine Summe von T ganzen Zahlen auf

$$N_T = \binom{M-1}{T-1}\tag{8.5}$$

verschiedene Art und Weise darstellen lässt, wie mithilfe von (8.3) oder durch Induktion nachgewiesen werden kann. Nun sei angenommen, dass die M Objekte auf T Stapel aufgeteilt wurden. Dann können diese T voneinander unterscheidbare Stapel von Objekten auf N Boxen, in Übereinstimmung mit (8.3), in $\binom{N}{T}$ verschiedener Art und Weise aufgeteilt werden. Damit können dann alle Verteilungen auf T Stapel in die N Boxen in $N_T \cdot \binom{N}{T}$ verschiedener Weise verteilt werden. Wenn wir schließlich dieses Produkt über alle möglichen T-Werte aufsummieren, erhalten wir die gesuchte Anzahl von Verteilungen, nämlich

$$\sum_{T=1}^{M} N_T \binom{N}{T} = \sum_{T=1}^{M} \binom{N}{T}\binom{M-1}{T-1} \, .\tag{8.6}$$

Da $N_0 = 0$ ist, lässt sich diese Summe auch in folgender Weise ausdrücken

$$\sum_{T=0}^{M} \binom{N}{T}\binom{M-1}{T-1} = \sum_{T=0}^{M} \binom{N}{T}\binom{M-1}{M-T}\tag{8.7}$$

und wie wir sogleich zeigen werden, ist diese Summe gegeben durch

$$\binom{N+M-1}{M} . \tag{8.8}$$

Dieser Ausdruck stellt die gesamte Anzahl von Möglichkeiten dar, mit denen M nicht unterscheidbare Objekte auf N Boxen aufgeteilt werden können. Diese Zahl wird auch als die Anzahl der Kombinationen von Elementen mit Wiederholungen genannt.

6. Die Anzahl der Möglichkeiten mit denen M unterscheidbare Objekte auf N Boxen aufgeteilt werden können ist natürlich

$$N^M , \tag{8.9}$$

denn das erste Objekt kann in eine der N Boxen gesetzt werden. Zu jeder dieser Platzierungen des ersten Objekts gibt es wieder N mögliche Platzierungen des zweiten Objekts und so fort.

8.2.2 Die Binomialkoeffizienten

Die in (8.3) eingeführten Binomialkoeffizienten sind erstmals in Arbeiten von Newton bei der Reihenentwicklung von $(A + B)^N$ zu finden, denn es ist

$$(A + B)^N = \sum_{T=0}^{N} \binom{N}{T} A^T B^{N-T} , \tag{8.10}$$

wobei T ganze Zahlen sind. Die Gültigkeit dieser Entwicklung ist nahe liegend, denn die Anzahl der Möglichkeiten mit der T Faktoren A und $(N-T)$ Faktoren B aus N Faktoren $(A+B)$ ausgewählt werden können ist aufgrund unserer Beziehung (8.3) durch $\binom{N}{T}$ gegeben. Dabei ergeben sich die Spezialfälle

$$\binom{N}{0} = 1 , \quad \binom{N}{1} = 1 , \quad \binom{N}{N} = 1 , \tag{8.11}$$

sodass

$$\binom{N}{T} = 0 , \quad \text{sobald} , \quad T > N \tag{8.12}$$

ist und dies beruht auf der Tatsache, dass $(N - T)! = \infty$ wird. Viele Beziehungen der Wahrscheinlichkeitstheorie gelten für jene Fälle, bei denen N keine ganze Zahl ist. Daher ist es zweckmäßig, eine Verallgemeinerung der Binomialkoeffizienten zu definieren, nämlich

$$\binom{X}{T} = \frac{X(X-1)(X-2)\cdots(X-T+1)}{1 \cdot 2 \cdot 3 \cdots T} . \tag{8.13}$$

Von besonderem Interesse ist auch die folgende Reihenentwicklung nach Binomialkoeffizienten. Aufgrund der Beziehung (8.10) ist $\binom{N+K}{R}$ der Koeffizient von $A^R B^{N+K-R}$ in der Reihenentwicklung von $(A+B)^{N+K}$. Ebenso gilt aber

$$(A+B)^N(A+B)^K = \left[\sum_{T=0}^{N}\binom{N}{T}A^T B^{N-T}\right]\cdot\left[\sum_{S=0}^{K}\binom{K}{S}A^S B^{K-S}\right]$$

$$= \sum_{S,T}\binom{K}{S}\binom{N}{T}A^{T+S}B^{N+K-T-S}\ . \tag{8.14}$$

Den Koeffizienten von $A^R B^{N+K-R}$ in dieser Doppelsumme erhalten wir jedoch, indem wir $T+S=R$ setzen und über T summieren. Daher ist

$$\binom{N+K}{R} = \sum_{T=0}^{R}\binom{N}{T}\binom{K}{R-T}\ . \tag{8.15}$$

Diese Beziehung wird das Additionstheorem der Binomialkoeffizienten genannt. Mit seiner Hilfe lassen sich eine ganze Reihe weiterer Relationen herleiten.

a) Setzt man $K=1$ so folgt

$$\binom{N+1}{R} = \binom{N}{R} + \binom{N}{R-1}\ . \tag{8.16}$$

b) Wenn $K=R=N$ wird, so ist

$$\binom{2N}{N} = \sum_{T=0}^{R}\binom{N}{T}\binom{N}{N-T} = \sum_{T=0}^{N}\binom{N}{T}^2\ . \tag{8.17}$$

c) Aufgrund der Identität

$$\binom{-N}{R} = (-1)^R\binom{N+R-1}{R}\ , \tag{8.18}$$

können wir in (8.15) auch $K=-1$ setzen und erhalten so

$$\binom{N-1}{R} = \sum_{T=0}^{R}(-1)^{R-T}\binom{N}{T}\ . \tag{8.19}$$

d) Wenn wir schließlich in (8.10) $A=B=1$ setzen, so ergibt das

$$\sum_{T=0}^{N}\binom{N}{T} = 2^N \tag{8.20}$$

und für $A=-B$ liefert Newton's Formel

$$\sum_{T=0}^{N}(-1)^T\binom{N}{T} = 0\ . \tag{8.21}$$

8.3 Wahrscheinlichkeitstheorie

8.3.1 Definition der Wahrscheinlichkeit

Eine Anzahl von Elementen, wie etwa eine Serie von Messdaten oder eine Folge von Operationen, etwa jene des Würfelspiels, wird ein Wahrscheinlichkeitsaggregat oder eine Menge von Elementarereignissen genannt, sobald es gestattet ist, auf diese Menge die Regeln der Wahrscheinlichkeitsrechnung anzuwenden. Ob diese Anwendung der Regeln der Wahrscheinlichkeitstheorie zulässig ist oder nicht, erfolgt in praktischen Fällen meist intuitiv. Jedenfalls ist zum Beispiel die Darstellung eines Bruchs zweier ganzer Zahlen in der Form einer Dezimalzahl kein Wahrscheinlichkeitsaggregat, da die Aufeinanderfolge der Ziffern dieser Zahlenreihe durch ganz andere Regeln bestimmt ist, als im Gegensatz dazu die Reihe der Ergebnisse aufeinander folgender Würfe mit einem Würfel. Wann ein Aggregat von Ereignissen ein Wahrscheinlichkeitsaggregat darstellt, lässt sich mathematisch genau präzisieren, doch soll dies hier nicht weiter diskutiert werden.

Von jedem Element einer Menge von Elementarereignissen wird angenommen, es habe eine bestimmte Anzahl S unterscheidbarer Eigenschaften. Zum Beispiel ist jeder Wurf eines Würfels ein solches Element und die Zahl, die beim Wurf aufscheint, ist eine solche Eigenschaft, zum Beispiel $S = 6$. Bei der Messung einer physikalischen Größe ist jedes Messergebnis ein Element des Aggregats und jeder Messwert eine Eigenschaft S. Wenn N_I die Anzahl ist, mit der die I-te Eigenschaft auftritt und N die Gesamtzahl der Elemente des Aggregats darstellt, so definiert man

$$\frac{N_I}{N} \tag{8.22}$$

als die relative Häufigkeit mit der die Eigenschaft I auftritt. Als Wahrscheinlichkeit W_I für das Auftreten der Eigenschaft I definiert man dann den Grenzwert

$$\lim_{N \to \infty} \frac{N_I}{N} = W_I \, . \tag{8.23}$$

Ohne auf die mathematisch komplexe Frage der Existenz dieses Limes einzugehen, nehmen wir hier an, dass dieser Limes existiert. Die Gesamtheit der Wahrscheinlichkeiten W_I nennt man die Wahrscheinlichkeitsverteilung des Aggregats und wegen der Definition (8.23) der Wahrscheinlichkeiten W_I ist offenbar $\sum_I W_I = 1$.

Die Eigenschaften der Elemente eines Aggregats, die wir mit S oder I bezeichnet haben, können diskret (wie beim Würfelspiel) oder kontinuierlich (wie bei den Messergebnissen einer physikalischen Größe) sein. Im ersten Fall wird die Wahrscheinlichkeitsverteilung gelegentlich als eine arithmetische Verteilung bezeichnet und im zweiten Fall als eine geometrische Verteilung. Wenn wir es mit einer kontinuierlichen Verteilung zu tun haben, ist es zweckmäßiger, eine andere Definition der Wahrscheinlichkeit zu verwenden.

Anstelle der diskreten Parameter S oder I führen wir den kontinuierlichen Eigenschaftsparameter X ein. Die Definition W_X gemäß (8.23) ist dann gleich Null, doch die Wahrscheinlichkeit, dass der Parameter X, zum Beispiel bei einer Messung, zwischen X und $X + \Delta X$ zu liegen kommt, wird einen endlichen Wert haben und wird überdies dem Element ΔX proportional sein, vorausgesetzt, ΔX ist ausreichend klein. Daher können wir im Kontinuum der Eigenschaft X die Wahrscheinlichkeit in der Form definieren

$$\Delta W = W(X)\Delta X \tag{8.24}$$

und die Funktion $W(X)$, welche keine dimensionslose Größe ist und daher keine Wahrscheinlichkeit darstellt, wird als Wahrscheinlichkeitsdichte bezeichnet. Doch es muss gelten

$$\int W(X)\mathrm{d}X = 1 \,, \tag{8.25}$$

sobald das Integral über den gesamten Bereich der Eigenschaften X erstreckt wurde.

8.3.2 Mittelwert und quadratische Abweichung

Wenn eine diskrete, W_I, oder kontinuierliche, $W(X)$, Wahrscheinlichkeitsverteilung gegeben ist, lassen sich bestimmte Größen berechnen, die für die statistischen Theorien von besonderem Interesse sind. Wir diskutieren im Folgenden die wichtigsten dieser Ausdrücke und formulieren sie gleichzeitig für die Fälle arithmetischer und geometrischer Verteilungen. Für den ersten Fall nennen wir die Verteilungen W_I und im zweiten Fall $W(X)$.

Wenn $F(X)$ eine Funktion darstellt, die für alle diskreten X_I- oder kontinuierlichen X-Werte definiert ist, für welche eine von Null verschiedene Wahrscheinlichkeitsverteilung $W(X)$ existiert, dann ist der Mittelwert (auch Erwartungswert genannt) von $F(X)$ in Bezug auf diese Verteilung durch folgende Ausdrücke gegeben

$$\langle F \rangle = \left\{ \begin{array}{l} \displaystyle\sum_I F(X_I)W_I \\[2ex] \displaystyle\int F(X)W(X)\mathrm{d}X \end{array} \right\} \tag{8.26}$$

und die quadratische Abweichung vom Mittelwert (auch Streuung genannt) ist dann definiert durch

$$(\Delta F)^2 = \left\{ \begin{array}{l} \displaystyle\sum_I [F(X_I) - \langle F \rangle]^2 W_I \\[2ex] \displaystyle\int [F(X) - \langle F \rangle]^2 W(X)\mathrm{d}X \end{array} \right\} \,. \tag{8.27}$$

Wenn wir als Funktion $F(X)$ die Variable X selbst wählen, erhalten wir für den Erwartungswert

$$\langle X \rangle = \left\{ \begin{array}{l} \displaystyle\sum_I X_I W(X_I) \\[2ex] \displaystyle\int XW(X)\mathrm{d}X \end{array} \right\} \tag{8.28}$$

und für die Streuung der Verteilung $W(X)$

$$(\Delta X)^2 = \left\{ \begin{array}{l} \displaystyle\sum_I [X_I - \langle X \rangle]^2 W(X_I) \\[2ex] \displaystyle\int [X - \langle X \rangle]^2 W(X)\mathrm{d}X \end{array} \right\} . \tag{8.29}$$

Man nennt die Größe $\sigma = \sqrt{(\Delta X)^2}$ die Standardabweichung vom Mittelwert der Verteilung $W(X)$. Aufgrund ihrer Definition ist einsichtig, dass σ ein Maß für die Ausdehnung oder Breite von $W(X)$ um seinen Mittelwert ist. Als das R-te Moment einer Verteilung bezeichnet man die Größe

$$\langle X^R \rangle = \left\{ \begin{array}{l} \displaystyle\sum_I X_I^R W(X_I) \\[2ex] \displaystyle\int X^R W(X)\mathrm{d}X \end{array} \right\} . \tag{8.30}$$

Bei Verteilungen mit einem unendlichen Bereich von Eigenschaften, lassen sich nicht immer Momente höherer Ordnung angeben. Die Streuung $(\Delta X)^2$ einer Verteilung $W(X)$ lässt sich durch ihre ersten beiden Momente ausdrücken, denn aufgrund von (8.27) ist

$$(\Delta X)^2 = \langle X^2 \rangle - 2\langle X \rangle^2 + \langle X \rangle^2 = \langle X^2 \rangle - \langle X \rangle^2 . \tag{8.31}$$

Unter gewissen Bedingungen kann man eine geometrische Wahrscheinlichkeitsverteilung in Gestalt einer Reihe nach ihren Momenten darstellen, vorausgesetzt die Momente der Verteilung existieren. Der Einfachheit wegen betrachten wir diese Momente in Bezug auf den Mittelwert $\langle X \rangle$ der Verteilung als Ursprung. Dann lässt sich zeigen, dass die Verteilung $W(X)$ folgende Darstellung zulässt

$$W(X) = \frac{1}{\sigma\sqrt{2\pi}} \mathrm{e}^{-\frac{X^2}{2\sigma^2}} \left\{ 1 + \sum_{I=3}^{\infty} \frac{C_I}{I!} H_I \left(\frac{X}{\sigma} \right) \right\} , \tag{8.32}$$

wo die H_I die I-ten Hermite-Polynome (5.352) von Abschn. 5.6.1 sind und die Koeffizienten C_I folgende Werte haben

$$C_3 = \frac{\langle X^3 \rangle}{\sigma^3} , \quad C_4 = \frac{\langle X^4 \rangle}{\sigma^4} - 3 , \quad C_5 = \frac{\langle X^5 \rangle}{\sigma^5} - 10\frac{\langle X^3 \rangle}{\sigma^3} . \tag{8.33}$$

Diese Entwicklung von $W(X)$ ist besonders dann von Nutzen, wenn $W(X)$ nicht allzu stark von der Gauß-Verteilung

$$W(X) = \frac{1}{\sigma\sqrt{2\pi}} e^{-\frac{X^2}{2\sigma^2}} \tag{8.34}$$

abweicht.

8.4 Spezielle Verteilungen

Ein Problem, welches in der statistischen Mechanik und in der Fehlertheorie von grundlegender Bedeutung ist, wollen wir noch etwas eingehender untersuchen. Dieses Problem ist auch von einigem historischen Interesse, da zur Lösung dieses Problems berühmte Mathematiker beigetragen haben.

8.4.1 Die Bernoulli-Verteilung

Wir betrachten N Boxen, von denen jede P schwarze und Q weiße Kugeln enthält. Wir suchen die Wahrscheinlichkeit $W_N(M)$, dass bei der Entnahme von je einer Kugel aus den N Boxen, M dieser Kugeln die Farbe weiß haben werden. Die Wahrscheinlichkeit, aus einer bestimmten Box eine schwarze Kugel zu entnehmen, ist jedenfalls $\frac{P}{P+Q} = p$ und jene eine weiße Kugel zu entnehmen $\frac{Q}{P+Q} = q$. Daher ist für $N = 1$ die Wahrscheinlichkeit $W_1(0) = p$, $W_1(1) = q$. Wenn $N = 2$ ist, besteht das Wahrscheinlichkeitsaggregat aus folgenden Kombinationen: SS, SW, WS, WW (S = schwarz, W = weiß) und diese treten mit den folgenden Wahrscheinlichkeiten auf p^2, pq, qp, q^2. Folglich ist hier $W_2(0) = p^2$, $W_2(1) = 2pq$, $W_2(2) = q^2$. Im allgemeinen Fall wird also die Wahrscheinlichkeit, dass M weiße Kugeln aus N bestimmten Boxen entnommen werden und gleichzeitig $N - M$ schwarze Kugeln aus den restlichen Boxen, durch folgenden Ausdruck bestimmt sein

$$q^M p^{N-M} \; . \tag{8.35}$$

Doch wegen der Anzahl (8.3) möglicher Kombinationen, gibt es stets $\binom{N}{M}$ Möglichkeiten der Auswahl von M Boxen aus der Gesamtzahl N solcher Boxen. Daher ist die Antwort auf unser obiges Problem, das erstmals von Newton studiert und später von Bernoulli gelöst wurde

$$W_N(M) = \binom{N}{M} p^{N-M} q^M \tag{8.36}$$

und wegen der binomischen Formel (8.10) gilt für die Summe der Wahrscheinlichkeiten

$$\sum_{M=0}^{N} W_N(M) = 1 \, , \quad \text{da } q + p = 1 \, . \tag{8.37}$$

Natürlich ist die Gleichung (8.36) von viel allgemeinerer Bedeutung als für unser spezielles Beispiel. Dieser Ausdruck stellt die Wahrscheinlichkeit dar, dass M Erfolge bei N Versuchen erzielt wurden, wenn die Wahrscheinlichkeit des Erfolges pro Versuch gleich q ist.

Um den Mittelwert von M und die Streuung der arithmetischen Verteilung $W_N(M)$ zu berechnen, betrachten wir die Identität

$$(p + qY)^N = \sum_{M=0}^{N} W_N(M)Y^M \, , \tag{8.38}$$

wo Y eine Veränderliche ist. Wenn wir diese Gleichung nach Y differenzieren, erhalten wir

$$N(p + qY)^{N-1}q = \sum_{M=0}^{N} MW_N(M)Y^{M-1} \tag{8.39}$$

und setzt man in dieser Gleichung $Y = 1$, steht auf der rechten Seite der Mittelwert $\langle M \rangle$, sodass wegen $q + p = 1$

$$\langle M \rangle = Nq \tag{8.40}$$

ist. Damit ist die mittlere Anzahl der Erfolge, bei der Durchführung von N Versuchen gleich der Erfolgswahrscheinlichkeit q pro Einzelversuch multipliziert mit der Anzahl N der durchgeführten Versuche.

Um die Streuung der Verteilung zu berechnen, differenzieren wir die Gleichung (8.38) ein zweites Mal nach Y und setzen dann $Y = 1$. Dies ergibt

$$N(N - 1)q^2 = \sum_{M=0}^{N} M(M - 1)W_N(M) = \langle M^2 \rangle - \langle M \rangle \, . \tag{8.41}$$

Daraus erhalten wir die Streuung, indem wir auf der rechten Seite den Ausdruck $\langle M \rangle - \langle M^2 \rangle$ addieren und dies ergibt wegen (8.40) $Nq - N^2q^2$, sodass

$$\sigma^2 = \langle M^2 \rangle - \langle M \rangle^2 = Nq(1 - q) = Nqp \tag{8.42}$$

ist. Von besonderem Interesse ist der Fall bei dem $q \ll p$ ist, sodass $p \cong 1$ wird. In diesem Fall ist dann die Streuung nummerisch identisch mit der mittleren Anzahl der Erfolge. Dies liefert ein Kriterium, welches gelegentlich dazu verwendet werden kann, um herauszufinden, ob die Erfolge tatsächlich nur statistischen Ursprung haben. Die oben hergeleitet Beziehungen finden unter anderem Anwendung in der Theorie des radioaktiven Zerfalls, bzw. bei der Beschreibung der Zitterbewegung (random walk), wie sie etwa bei der statistischen Interpretation der Brown'schen Bewegung angetroffen wird.

8.4.2 Die Gauß-Verteilung

Bei großen Werten von N und M ist der Ausdruck (8.36) für die Wahrscheinlichkeit $W_N(M)$ für die Anwendungen ungeeignet, da es unbequem ist, mit

Faktoriellen großer Zahlen zu operieren. Wir wollen daher zeigen, dass in diesem Fall $W_N(M)$ durch die Gauß'sche Fehlerfunktion angenähert werden kann. Dazu betrachten wir zuerst den Grenzfall von $W_N(M)$ für $N \to \infty$. Gemäß (8.40) und (8.42) streben sowohl der Erwartungswert $\langle M \rangle$ als auch die Streuung σ^2 nach unendlich und zwar derart, dass bei einer grafischen Darstellung von $W_N(M)$ als Funktion von M der Mittelwert $\langle M \rangle$, der bei großem M gleichzeitig das Maximum von $W_N(M)$ darstellt, vom Ursprung aus anwachsen und daher die Verteilung sich ins Unendliche ausbreiten würde. Wenn wir jedoch eine Größe X als die Abweichung vom Mittelwert definieren und diese geeignet normieren, indem wir setzen

$$X = \frac{M - \langle M \rangle}{\sqrt{N}} \,, \tag{8.43}$$

dann wird diese Größe endlich bleiben. Wir werden nun zeigen, wie $W_N(M)$ (8.36) sich für $N \to \infty$ in eine Verteilung $W(X)$ umwandeln lässt.

Dazu berechnen wir zuerst mithilfe von (8.3) und (8.36) durch Logarithmierung

$$\ln W_N(M) = \ln N! - \ln M! - \ln(N-M)! + (N-M)\ln p + M \ln q \,. \tag{8.44}$$

Nun verwenden wir die Stirling'sche Näherung für $N!$ (5.34) (siehe Abschn. 5.2), die für große Werte N Gültigkeit hat, wonach

$$\ln N! = (N + \frac{1}{2})\ln N - N + \frac{1}{2}\ln 2\pi + \frac{1}{2N} \tag{8.45}$$

ist. Mit ihrer Hilfe erhalten wir dann für (8.44) im Limes $N \to \infty$

$$\begin{aligned}
&- \lim_{N \to \infty} \ln W_N(M) \\
&= \frac{1}{2}\ln\left[\frac{2\pi M(N-M)}{N}\right] + M \ln \frac{M}{Nq} + (N-M)\ln\left[\frac{N-M}{Np}\right] \,.
\end{aligned} \tag{8.46}$$

Wir finden aber mithilfe der Definition (8.43) von X und der Gleichung (8.40) für den Erwartungswert $\langle M \rangle$ die folgenden Beziehungen

$$M = Nq\left(1 + \frac{X}{\sqrt{Nq}}\right) \,, \quad N - M = Np\left(1 - \frac{X}{\sqrt{Np}}\right) \tag{8.47}$$

und wenn wir diese in die Gleichung (8.46) einsetzen, nimmt dieser Ausdruck für die Wahrscheinlichkeitsverteilung $W(X)$ die Gestalt an

$$-\ln W(X) = \frac{1}{2}\ln 2\pi Npq + \frac{X^2}{2q} + \frac{X^2}{2p} \,, \tag{8.48}$$

wobei wir die bekannte Reihenentwicklung des Logarithmus (siehe Anh. A.1.11 (A.44))

$$\ln(1 + y) = y - \frac{y^2}{2} + \cdots \tag{8.49}$$

für kleine Werte von y verwendet haben und Terme der Ordnung $\frac{1}{N}$ unterdrückt wurden, da wir ja den Limes $N \to \infty$ betrachten. Somit geht wegen $p + q = 1$ die Beziehung (8.48) in die Gleichung über

$$-\ln W(X) = \frac{1}{2} \ln 2\pi N p q + \frac{X^2}{2pq} \tag{8.50}$$

und daher ist die Wahrscheinlichkeitsverteilung $W(X)$ in dieser Näherung

$$W(X) = \frac{1}{\sqrt{2\pi N p q}} e^{-\frac{X^2}{2pq}} . \tag{8.51}$$

Wenn wir diese Beziehung wieder als Funktion von M ausdrücken, so ergibt sich

$$\lim_{N\to\infty} W_N(M) = \frac{1}{\sqrt{2\pi p \langle M \rangle}} e^{-\frac{1}{2p\langle M\rangle}(M-\langle M\rangle)^2} = \frac{1}{\sqrt{2\pi}\sigma} e^{-\frac{1}{2\sigma^2}(M-\langle M\rangle)^2} . \tag{8.52}$$

Die am Schluss abgeleiteten Beziehungen haben für die Fehlerrechnung bei Messungen besondere Bedeutung, wie sich in folgender Weise begründen lässt. Angenommen, der wahre Wert einer gemessenen Größe sei A, doch es seien N Fehlerursachen vorhanden, von denen jede zu A die Fehler $+\Delta A$ oder $-\Delta A$ mit gleicher Wahrscheinlichkeit bewirken kann. Wenn M dieser N Ursachen einen Beitrag zu ΔA liefert, so ist der resultierende Fehler gleich $R\Delta A = [M - (N - M)]\Delta A$ und daher ist die Wahrscheinlichkeit für diesen Fehler gleich $W_N(M)$ und es ist dabei $M = \frac{1}{2}(N + R)$. Für große Werte N wird dann die Verteilung der Fehler durch die Formel (8.52) bestimmt sein, nämlich

$$W(R) = \frac{1}{\sqrt{2\pi}\sigma} e^{-\frac{1}{8\sigma^2}(R-\langle R\rangle)^2} . \tag{8.53}$$

Dabei haben wir aber zu beachten, dass σ^2 nicht mehr die Streuung in Bezug auf die R-Verteilung ist und ebenso $W(R)$ nicht auf 1 normiert sein wird. Für den Spezialfall, wo $p = q = \frac{1}{2}$ ist, wird $\langle M \rangle = \frac{N}{2}$ und $\langle R \rangle = 0$ sein. Wenn wir dann $R\Delta A$ mit ε_R bezeichnen, ergibt sich aus (8.53) das Gauß'sche Fehlergesetz, das auch als Normalverteilung bezeichnet wird

$$W(\varepsilon_R) = \text{const. } e^{-H^2\varepsilon_R^2} . \tag{8.54}$$

Dabei wird die Konstante H, welche von ΔA abhängig ist, stets auf empirischem Wege bestimmt und wird häufig als das „Maß" oder als der „Index" der Genauigkeit bezeichnet. Bei unserer Herleitung der Verteilung (8.51) wurden Größen von der Ordnung $\frac{1}{Nq}$ und $\frac{1}{Npq}$ vernachlässigt, wobei die Annahme gemacht wurde, dass die Parameter p und q beide von der Größenordnung 1 sind. Unter diesen Bedingungen führen die Erwartungswerte von M und Nq auf große Zahlenwerte. Unter diesen Bedingungen ist dann die Verteilung (8.51) anwendbar.

8.4.3 Die Poisson-Verteilung

Es kann aber auch der Fall eintreten, dass q klein ist, sogar so klein, dass selbst Nq bei bestimmten Anwendungen von der Größenordnung 1 sein wird. In diesem Fall wird die Verteilung (8.36) sicherlich ins Unendliche reichen, doch der Erwartungswert der Verteilung wird endlich bleiben. Die resultierende Verteilung wird dann ziemlich asymmetrisch sein. Um auch diesen Fall behandeln zu können, setzen wir

$$q = \frac{a}{N} , \quad p = 1 - \frac{a}{N} \tag{8.55}$$

und behandeln $a = \langle M \rangle$ als eine Zahl von der Größenordnung 1, während $N \to \infty$ strebt. Dies ergibt

$$W_N(M) = \frac{N(N-1)\cdots(N-M+1)}{M!} \frac{a^M}{N^M} \frac{\left(1 - \frac{a}{N}\right)^N}{\left(1 - \frac{a}{N}\right)^M}$$

$$= \left(1 - \frac{a}{N}\right)^N \frac{a^M}{M!} \cdot \frac{1\left(1 - \frac{1}{N}\right)\cdots\left(1 - \frac{M-1}{N}\right)}{\left(1 - \frac{a}{N}\right)^M} . \tag{8.56}$$

Wenn nun $N \to \infty$ strebt, wird der letzte Bruch gegen 1 streben und daher erhalten wir unter diesen Bedingungen

$$\lim_{N \to \infty} W_N(M) = \frac{a^M e^{-a}}{M!} , \tag{8.57}$$

da bekanntlich die Exponentialfunktion durch folgenden Grenzwert definiert werden kann

$$\lim_{N \to \infty} \left(1 + \frac{a}{N}\right)^N = e^a . \tag{8.58}$$

Die Verteilung (8.57) wurde erstmals von Poisson hergeleitet und trägt daher seinen Namen. Sie findet unter anderem Anwendung in der Theorie des radioaktiven Zerfalls.

Übungsaufgaben:

1. Eine Urne enthält 4 weiße und und 2 schwarze Kugeln, die bis auf ihre Farbe völlig identisch sind. Wie groß ist die Wahrscheinlichkeit, dass man bei zwei Ziehungen a) zwei weiße Kugeln, b) zwei Kugeln gleicher Farbe, c) mindestens eine weiße Kugel zieht? Es wird vorausgesetzt, dass die Kugeln der ersten Ziehung in die Urne I) zurückgelegt, II) nicht zurückgelegt wird.

2. Zwei gleiche Würfel werden gemeinsam ν-mal geworfen. Wie groß ist die Wahrscheinlichkeit, dass der n-te Wurf zum ersten Mal die Nummer 8 liefert.

3. Zwei geometrische Verteilungen sind in Physik und Chemie von beträchtlichem Interesse

$$W_1(X) = \frac{H}{\sqrt{\pi}} e^{-H^2(X-A)^2} , \quad W_2(X) = \frac{A}{\pi} \frac{1}{A^2 + X^2} . \qquad (8.59)$$

a) Zeige, dass für W_1, $\langle X \rangle = A$ und $\sigma^2 = \frac{1}{2H^2}$ ist. b) Zeige, dass das R-te Moment von W_1 für gerades R gleich $\frac{1 \cdot 3 \cdot 5 \cdots (R-1)}{2^{R/2} H^R}$ ist und für ungerades R gleich Null ist. c) Zeige, dass für $A = 0$ alle Momente von W_1 endlich sind.

4. Mache eine Grafik von $W_N(M)$ für den Parameter $q = \frac{1}{3}$ und für $N = 5$, 10, 50. Untersuche die Veränderungen von einer anfangs asymmetrischen für kleines N zu schließlich einer symmetrischen Verteilung für großes N. Vergleiche damit die Ergebnisse von Poisson's Verteilung für $N = 5$.

5. Zur Zitterbewegung. Eine Versuchsperson macht Schritte der Länge L. Sie soll sich in Vorwärtsrichtung wie in Rückwärtsrichtung mit gleicher Wahrscheinlichkeit bewegen, d. h. $q = p = \frac{1}{2}$. Zeige, dass nach N Schritten die Versuchsperson sich in Vorwärtsrichtung eine Strecke RL mit der Wahrscheinlichkeit

$$\left(\frac{1}{2}\right)^N \binom{N}{\frac{N+R}{2}} \qquad (8.60)$$

fortbewegt haben wird. Zeige ebenso, dass $\langle R \rangle = 0$ und $\langle R^2 \rangle = N$ sind.

6. Eine radioaktive Substanz ist ein α-Strahler. Bei einem α-Teilchen Zählexperiment wird jede Minute die Zahl der α-Teilchen über einen Zeitraum von 50 Stunden registriert. Die Gesamtzahl der beobachteten α-Teilchen beträgt 600. Innerhalb wie viel Ein-Minuten Abständen würde man kein registriertes α-Teilchen erwarten? Nach wie viel Minuten 1, 2, 3, 4, 5 Teilchen. Mache eine Skizze der entsprechenden Poisson-Verteilung.

7. Angenommen in einem Büro treffen im Mittel pro Tag 4 Telefonanrufe ein. Wie groß ist die Wahrscheinlichkeit, dass an einem bestimmten Tag kein Anruf eintrifft, genau ein Anruf ankommt, oder genau 4 Anrufe eintreffen?

A

Differenzial- und Integralrechnung

A.1 Differenzialrechnung

A.1.1 Die Ableitung

Gegeben sei eine Funktion $y = f(x)$. Ihre Ableitung, falls diese existiert, ist durch den Grenzwert bestimmt

$$\frac{dy}{dx} = \lim_{\Delta x \to 0} \frac{f(x + \Delta x) - f(x)}{\Delta x} \, .$$ (A.1)

Wird die Funktion $f(x)$ als Kurve in der (x, y)-Ebene dargestellt, beschreibt die Ableitung $\frac{dy}{dx}$ die Tangente an die Kurve an der Stelle x. Die weiteren Bezeichnungsweisen der Ableitung sind $f'(x)$, $y'(x)$ und $\dot{y}(t)$, wenn t ein Parameter, z. B. die Zeit ist. Höhere Ableitungen erfolgen nach der Regel

$$\frac{d^2 y}{dx^2} = \frac{d}{dx}\left(\frac{dy}{dx}\right) = \frac{d}{dx} f'(x) = f''(x) \, , \quad \frac{d^n y}{dx^n} = \frac{d}{dx} f^{(n-1)}(x) = f^{(n)}(x) \, .$$ (A.2)

A.1.2 Die partielle Ableitung

Ist $z = f(x, y)$ eine Funktion zweier Veränderlicher, dann ist die partielle Ableitung nach x definiert durch

$$\frac{\partial z}{\partial x} = \lim_{\Delta x \to 0} \frac{f(x + \Delta x, y) - f(x, y)}{\Delta x} = f_x(x, y) = z_x = \left.\frac{\partial z}{\partial x}\right|_y$$ (A.3)

und eine analoge Definition gilt für $\frac{\partial z}{\partial y}$. Die zweiten partiellen Ableitungen sind dann

$$\frac{\partial^2 z}{\partial x^2} = \frac{\partial}{\partial x}\left(\frac{\partial z}{\partial x}\right) \, , \quad \frac{\partial^2 z}{\partial y^2} = \frac{\partial}{\partial y}\left(\frac{\partial z}{\partial y}\right) \, , \quad \frac{\partial^2 z}{\partial x \partial y} = \frac{\partial}{\partial x}\left(\frac{\partial z}{\partial y}\right) = \frac{\partial^2 z}{\partial y \partial x}$$ (A.4)

und analoge Definitionen gelten für höhere partielle Ableitungen.

A.1.3 Elementare Ableitungsregeln

1. Inverse Funktionen:

$$y = y(x) \,, \quad x = x(y) \,, \quad \frac{\mathrm{d}y}{\mathrm{d}x} = \frac{1}{\frac{\mathrm{d}x}{\mathrm{d}y}} \,, \quad \frac{\mathrm{d}^2 y}{\mathrm{d}^2 x} = -\frac{\frac{\mathrm{d}^2 x}{\mathrm{d}y^2}}{\left(\frac{\mathrm{d}x}{\mathrm{d}y}\right)^2} \,. \qquad (\text{A.5})$$

2. Leibniz'sche Kettenregel:

$$y = f(u) \,, \quad u = g(x) \,, \quad \frac{\mathrm{d}y}{\mathrm{d}x} = \frac{\mathrm{d}y}{\mathrm{d}u}\frac{\mathrm{d}u}{\mathrm{d}x} \,. \qquad (\text{A.6})$$

3. Ableitung einer impliziten Funktion:

$$f(x,y) = 0 \,, \quad \frac{\mathrm{d}y}{\mathrm{d}x} = -\frac{\frac{\partial f}{\partial x}}{\frac{\partial f}{\partial y}} \,. \qquad (\text{A.7})$$

4. Ableitung der Parameterdarstellung einer Funktion: Gegeben sind $y = y(t)$ und $x = x(t)$. Dann ist

$$\dot{y} = \frac{\mathrm{d}y}{\mathrm{d}t} \,, \quad \dot{x} = \frac{\mathrm{d}x}{\mathrm{d}t} \,, \quad \frac{\mathrm{d}y}{\mathrm{d}x} = \frac{\dot{y}}{\dot{x}} \,, \quad \frac{\mathrm{d}^2 y}{\mathrm{d}x^2} = \frac{\dot{x}\,\ddot{y} - \dot{y}\,\ddot{x}}{\dot{x}^3} \,. \qquad (\text{A.8})$$

5. Linearität der Ableitungsregel:

$$\frac{\mathrm{d}}{\mathrm{d}x}(au + bv) = a\frac{\mathrm{d}u}{\mathrm{d}x} + b\frac{\mathrm{d}v}{\mathrm{d}x} \,. \qquad (\text{A.9})$$

6. Produktregel:

$$(uv)' = uv' + vu' \,, \quad (uv)'' = uv'' + 2u'v' + vu'' \,. \qquad (\text{A.10})$$

7. Leibniz Regel: die n-te Ableitung des Produktes uv

$$(uv)^{(n)} = uv^{(n)} + \frac{n!}{(n-1)!}u'v^{(n-1)} + \cdots + \frac{n!}{r!(n-r)!}u^{(r)}v^{(n-r)} + \cdots u^{(n)}v \,.$$
$$(\text{A.11})$$

8. Ableitung von Potenzen und Quotienten:

$$(u^n)' = nu^{n-1}u' \,, \quad \left(\frac{1}{v}\right)' = (v^{-1})' = \frac{-v'}{v^2} \,, \quad \left(\frac{u}{v}\right)' = \frac{vu' - uv'}{v^2} \,.$$
$$(\text{A.12})$$

9. Logarithmische Ableitung:

$$\frac{\mathrm{d}(\ln y)}{\mathrm{d}x} = \frac{y'}{y} \,. \qquad (\text{A.13})$$

10. Ableitung von Exponentialfunktion und Logarithmus:

$$\frac{\mathrm{d}e^x}{\mathrm{d}x} = e^x \,, \quad \frac{\mathrm{d}a^x}{\mathrm{d}x} = (\ln a)a^x \,, \quad \frac{\mathrm{d}\ln x}{\mathrm{d}x} = \frac{1}{x} \,. \qquad (\text{A.14})$$

A.1.4 Ableitung trigonometrischer und inverser Funktionen

$$\frac{d}{dx}\sin x = \cos x \ , \qquad \frac{d}{dx}\tan x = \sec^2 x \ , \qquad \frac{d}{dx}\sec x = \tan x \sec x \ , \qquad (A.15)$$

$$\frac{d}{dx}\cos x = -\sin x \ , \qquad \frac{d}{dx}\cot x = -\mathrm{cosec}^2 x \ , \qquad \frac{d}{dx}\mathrm{cosec}\, x = -\cot x \,\mathrm{cosec}\, x \ , \qquad (A.16)$$

$$\frac{d}{dx}\arcsin x = \frac{1}{\sqrt{1-x^2}} \ , \qquad \frac{d}{dx}\arctan x = \frac{1}{1+x^2} \ , \qquad (A.17)$$

$$\frac{d}{dx}\arccos x = -\frac{1}{\sqrt{1-x^2}} \ , \qquad \frac{d}{dx}\mathrm{arccot}\, x = \frac{-1}{1+x^2} \ . \qquad (A.18)$$

A.1.5 Ableitung hyperbolischer und inverser Funktionen

$$\frac{d}{dx}\sinh x = \cosh x \ , \qquad \frac{d}{dx}\tanh x = \mathrm{sech}^2 x \ , \qquad \frac{d}{dx}\mathrm{sech}\, x = -\tanh x \,\mathrm{sech}\, x \ , \qquad (A.19)$$

$$\frac{d}{dx}\cosh x = \sinh x \ , \qquad \frac{d}{dx}\coth x = -\mathrm{cosech}^2 x \ ,$$

$$\frac{d}{dx}\mathrm{cosech}\, x = -\coth x\,\mathrm{cosech}\, x \ , \qquad (A.20)$$

$$\frac{d}{dx}\mathrm{arsinh}\, x = \frac{1}{\sqrt{x^2+1}} \ , \qquad \frac{d}{dx}\mathrm{artanh}\, x = \frac{1}{1-x^2} \ , \qquad (A.21)$$

$$\frac{d}{dx}\mathrm{arcosh}\, x = \frac{1}{\sqrt{x^2-1}} \ , \qquad \frac{d}{dx}\mathrm{ar\,coth}\, x = -\frac{1}{x^2-1} \ . \qquad (A.22)$$

A.1.6 Differenziale

1. Wenn $y = f(x)$ ist und Δx eine infinitesimale Änderung von x, dann ist

$$\Delta y = f'(x)\Delta x = \frac{dy}{dx}\Delta x \qquad (A.23)$$

und für die Parameterdarstellung einer Kurve $y = y(t)$ und $x = x(t)$ ist

$$\Delta x = \dot{x}\Delta t \ , \quad \Delta y = \dot{y}\Delta t \ . \qquad (A.24)$$

2. Für eine Funktion $z = f(x,y)$ ist das *Totale Differenzial* definiert durch

$$\Delta z = \frac{\partial z}{\partial x}dx + \frac{\partial z}{\partial y}dy \ , \quad \frac{\Delta z}{\Delta t} = \frac{\partial z}{\partial x}\frac{\Delta x}{\Delta t} + \frac{\partial z}{\partial y}\frac{\Delta y}{\Delta t} \qquad (A.25)$$

und ähnliches gilt natürlich für eine Funktion $u = f(x,y,z)$ und für Funktionen mit einer höheren Variablenanzahl.

3. Ein *Exaktes Differenzial* ist durch folgende Eigenschaften ausgezeichnet. Wenn

$$\Delta z = A(x,y)\Delta x + B(x,y)\Delta y \tag{A.26}$$

ist, dann ist Δz ein exaktes Differenzial, wenn zwischen den Koeffizienten A und B die Beziehung besteht.

$$\frac{\partial A}{\partial y} = \frac{\partial B}{\partial x} \tag{A.27}$$

und wenn in drei Dimensionen

$$\Delta u = A(x,y,z)\Delta x + B(x,y,z)\Delta y + C(x,y,z)\Delta z \tag{A.28}$$

ist, dann ist Δu ein exaktes Differenzial, wenn zwischen den Koeffizienten A, B und C die Beziehungen bestehen

$$\frac{\partial C}{\partial y} = \frac{\partial B}{\partial z}\;,\quad \frac{\partial A}{\partial z} = \frac{\partial C}{\partial x}\;,\quad \frac{\partial B}{\partial x} = \frac{\partial A}{\partial y}\;. \tag{A.29}$$

A.1.7 Maxima und Minima einer Funktion

1. Sei $f(x)$ eine stetig differenzierbare Funktion im Intervall $[a,b]$. Dann hat in diesem Intervall die Funktion $f(x)$ an der Stelle x_1 ein relatives Maximum, wenn dort $f'(x)$ von positiven Werten zu negativen Werten übergeht. Hingegen hat $f(x)$ ein relatives Minimum bei x_2, wenn dort $f'(x)$ von negativen Werten zu positiven Werten gelangt. Daher werden die größten und kleinsten Werte von $f(x)$ in $[a,b]$ bei $f(a)$, $f(b)$ und bei $f(x_k)$ mit $f'(x_k) = 0$, $k = 1$, 2 zu finden sein.

2. Die Funktion $f(x)$ wird an einer Stelle x_3 in $[a,b]$ ein relatives Minimum haben, wenn in dessen Umgebung $f''(x) < 0$ ist und die Funktion wird hingegen dort ein relatives Maximum haben, wenn in dessen Umgebung $f''(x) > 0$ ist. ändert jedoch an dieser Stelle $f''(x)$ sein Vorzeichen, so nennt man die Stelle x_3 einen Wendepunkt von $f(x)$.

A.1.8 Mittelwertsätze

Sind die Funktionen $f(x)$ und $F(x)$ stetig differenzierbare Funktionen in $[a,b]$, dann gilt für mindestens einen Punkt x_k in $a < x_k < b$

1. Das Theorem von Rolle, wonach

$$f(b) = f(a) + (b-a)f'(x_k) \tag{A.30}$$

ist.

2. Der Mittelwertsatz von Cauchy, wonach für $F'(x) \neq 0$ im obigen Intervall die weitere Beziehung gilt

$$\frac{f(b) - f(a)}{F(b) - F(a)} = \frac{f'(x_k)}{F'(x_k)}\;. \tag{A.31}$$

A.1.9 Unbestimmte Formen

1. Wenn für die Funktionen $f(x)$ und $F(x)$ die Grenzwerte $\lim f(x) = 0$ und $\lim F(x) = 0$ gelten, wenn $x \to a$ strebt, führt der Grenzwert $\lim \frac{f(x)}{F(x)}$ für $x \to a$ auf die unbestimmte Form $\frac{0}{0}$. Wenn $F(x)$ und $f(x)$ analytisch sind und daher in der Umgebung von $x = a$ in Potenzreihen nach $(x - a)$ entwickelt werden können, ist der gesuchte Grenzwert leicht mithilfe dieser Reihen berechenbar.

2. Regel von de l'Hospital: Falls bei $x \to a$ die folgenden Limits existieren $f(x) \to 0$ und $F(x) \to 0$, so ist

$$\lim_{x \to a} \frac{f(x)}{F(x)} = \lim_{x \to a} \frac{f'(x)}{F'(x)} \ . \tag{A.32}$$

Bei dieser Regel kann auch der Limes einseitig stattfinden, also $x \to a(+)$ oder $x \to a(-)$ und die Regel ist auch anwendbar, wenn $x \to +\infty$ oder $x \to -\infty$ zu betrachten ist. Ferner gilt die Regel auch, wenn im Limes $x \to a$ die Funktionen $f(x) \to \infty$ und $F(x) \to \infty$ streben.

3. Wenn wir schließlich einen der Faktoren durch $f = \frac{1}{1/f}$ ersetzen, können wir einen Grenzwert $0 \cdot \infty$ durch $\frac{0}{0}$ oder $\frac{\infty}{\infty}$ ersetzen und die de l'Hospital Regel anwenden. Gelegentlich kann auch eine unbestimmte Form $\infty - \infty$ in eine solche der Form $\frac{0}{0}$ umgewandelt werden.

A.1.10 Der Taylor'sche Satz

1. Wenn $f(x)$ an der Stelle $x = a$ beliebig oft differenzierbar ist, dann gilt die Taylor'sche Reihenentwicklung

$$f(x) = f(a) + f'(a)\frac{(x - a)}{1!} + f''(a)\frac{(x - a)^2}{2!} + \cdots + f^{(n-1)}(a)\frac{(x - a)^n}{n!} + \cdots \tag{A.33}$$

und der Rest nach dem Term $f^{(n-1)}(a)$ ist gegeben durch den Faktor

$$R_n = f^{(n)}(x_1)\frac{(x - a)^n}{n!} \ , \tag{A.34}$$

wo x_1 ein geeigneter Wert im Intervall $(a < x_1 < x)$ ist. Eine weitere Form des Taylor'schen Satzes ist die Reihenentwicklung

$$f(a + h) = f(a) + f'(a)\frac{h}{1!} + f''(a)\frac{h^2}{2!} + f'''(a)\frac{h^3}{3!} + \cdots + f^{(n)}(a)\frac{h^n}{n!} + \cdots \tag{A.35}$$

und ein spezieller Fall für $a = 0$ liefert die Maclaurin'sche Reihe

$$f(x) = f(0) + f'(0)\frac{x}{1!} + f''(0)\frac{x^2}{2!} + f'''(0)\frac{x^3}{3!} + \cdots + f^{(n)}(0)\frac{x^n}{n!} + \cdots \ . \tag{A.36}$$

Bei Rechnungen werden diese Reihen gewöhnlich mit kleinen Werten von $(x-a)$ oder h verwendet und der Rest hat die Größenordnung des letzten Terms, der berücksichtigt wurde.

2. Wenn die Funktion $F(x,y)$ in der Umgebung von (a,b) beliebig oft differenzierbar ist, so lautet die Taylor'sche Reihenentwicklung in zwei Veränderlichen

$$
\begin{aligned}
F(x,y) =&\, F(a,b) + (x-a)\frac{\partial F(a,b)}{\partial x} + (y-b)\frac{\partial F(a,b)}{\partial y} \\
&+ \frac{1}{2!}\left[(x-a)^2\frac{\partial^2 F(a,b)}{\partial^2 x} + 2(x-a)(y-b)\frac{\partial^2 F(a,b)}{\partial x \partial y}\right. \\
&\left. +(y-b)^2\frac{\partial^2 F(a,b)}{\partial y^2}\right] \\
&+ \cdots + \frac{1}{n!}\left[(x-a)\frac{\partial}{\partial x} + (y-b)\frac{\partial}{\partial y}\right]^n F(x,y)|_{x=a,y=b} + \cdots
\end{aligned}
\tag{A.37}
$$

und in der anderen Form

$$
\begin{aligned}
F(a+h,b+k) =&\, F(a,b) + h\frac{\partial F(a,b)}{\partial x} + k\frac{\partial F(a,b)}{\partial y} + \cdots \\
&+ \frac{1}{n!}\left[h\frac{\partial}{\partial x} + k\frac{\partial}{\partial y}\right]^n F(x,y)|_{x=a,y=b} + \cdots .
\end{aligned}
\tag{A.38}
$$

ähnliche Entwicklungen gelten dann für Funktionen von beliebiger Anzahl der Veränderlichen.

A.1.11 Reihen elementarer Funktionen

$$
(1\pm x)^n = 1 \pm \binom{n}{1}x + \binom{n}{2}x^2 + \cdots (\pm 1)^\nu \binom{n}{\nu}x^\nu + \cdots ,
$$
$$
n > 0 , \quad |x| < 1 , \tag{A.39}
$$

$$
(1\pm x)^{\frac{1}{2}} = 1 \pm \frac{1}{2}x - \frac{1\cdot 2}{2\cdot 4}x^2 \pm \frac{1\cdot 1\cdot 3}{2\cdot 4\cdot 6}x^3 - \cdots , \quad |x| < 1 , \tag{A.40}
$$

$$
(1\pm x)^{-\frac{1}{2}} = 1 \mp \frac{1}{2}x + \frac{1\cdot 3}{2\cdot 4}x^2 \mp \frac{1\cdot 3\cdot 5}{2\cdot 4\cdot 6}x^3 + \cdots , \quad |x| < 1 , \tag{A.41}
$$

$$
\frac{1}{1-x} = 1 + x + x^2 + x^3 + \cdots , \quad |x| < 1 , \quad \text{geometrische Reihe} ,
\tag{A.42}
$$

$$
e^x = 1 + \frac{x}{1!} + \frac{x^2}{2!} + \frac{x^3}{3!} + \cdots \frac{x^n}{n!} + \cdots , \quad |x| < \infty , \tag{A.43}
$$

$$
\ln(1+x) = x - \frac{x^2}{2} + \frac{x^3}{3} - \frac{x^4}{4} + \cdots , \quad |x| \le 1 , \tag{A.44}
$$

$$\sin x = x - \frac{x^3}{3!} + \frac{x^5}{5!} - \cdots \ , \quad \cos x = 1 - \frac{x^2}{2!} + \frac{x^4}{4!} - \frac{x^6}{6!} + \cdots \quad \text{(A.45)}$$

$$\arcsin x = x + \frac{1}{2}\frac{x^3}{3} + \frac{1 \cdot 3}{2 \cdot 4}\frac{x^5}{5} + \cdots \ , \quad |x| < 1 \ , \tag{A.46}$$

$$\tan x = x + \frac{x^3}{3} + \frac{2x^5}{15} + \cdots \ , \quad |x| < \frac{\pi}{2} \ , \tag{A.47}$$

$$\arctan x = x - \frac{x^3}{3} + \frac{x^5}{5} - \frac{x^7}{7} + \cdots \ , \quad |x| < 1 \ . \tag{A.48}$$

A.1.12 Differenziation von Integralen

Unter gewissen Bedingungen, die in der Physik meist erfüllt sind, können Integrale entweder nach Ihren Grenzen oder nach Parametern ihres Arguments differenziert werden. Folgende Fälle sind möglich

$$\frac{\mathrm{d}}{\mathrm{d}x} \int_a^x f(x)\mathrm{d}x = \frac{\mathrm{d}}{\mathrm{d}x} \int_a^x f(t)\mathrm{d}t = f(x) \ , \quad \frac{\mathrm{d}}{\mathrm{d}x} \int_x^b f(t)\mathrm{d}t = -f(x) \ , \tag{A.49}$$

$$\frac{\mathrm{d}}{\mathrm{d}x} \int_a^b f(x,t)\mathrm{d}t = \int_a^b \frac{\partial}{\partial x}f(x,t)\mathrm{d}t \ , \tag{A.50}$$

$$\frac{\mathrm{d}}{\mathrm{d}x} \int_a^x f(x,t)\mathrm{d}t = f(x,x) + \int_a^x \frac{\partial}{\partial x}f(x,t)\mathrm{d}t \ . \tag{A.51}$$

Wenn $f(x,x)$ unendlich wird, oder sonst singulär ist, lassen sich folgende Beziehungen verwenden

$$\frac{\mathrm{d}}{\mathrm{d}x} \int_a^x f(x,t)\mathrm{d}t = \frac{1}{x-a} \int_a^x \left[(x-a)\frac{\partial f}{\partial x} + (t-a)\frac{\partial f}{\partial t} + f \right] \mathrm{d}t \ , \tag{A.52}$$

$$\frac{\mathrm{d}}{\mathrm{d}x} \int_{u(x)}^{v(x)} f(x,t)\mathrm{d}t = v'(x)f[x,v(x)] - u'(x)f[x,u(x)] + \int_{u(x)}^{v(x)} \frac{\partial}{\partial x}f(x,t)\mathrm{d}t \ . \tag{A.53}$$

A.2 Integralrechnung

A.2.1 Das unbestimmte Integral

1. In Bezug auf x, ist das unbestimmte Integral von $f(x)$ gleich $F(x)$ vorausgesetzt, dass $\frac{\mathrm{d}F}{\mathrm{d}x} = F'(x) = f(x)$ ist. Das unbestimmte Integral des Differenzials $f(x)\mathrm{d}x$ ist $F(x)$, wenn $\mathrm{d}F(x) = f(x)\mathrm{d}x$ ist, also

$$\int f(x)\mathrm{d}x = F(x) \ , \quad \text{wenn} \ , \quad F'(x) = f(x) \ , \quad \text{oder} \ , \quad \mathrm{d}F(x) = f(x)\mathrm{d}x \tag{A.54}$$

ist. Für jede beliebige Konstante C ist $F(x) + C$ gleichfalls ein mögliches unbestimmtes Integral. Wenn wir alle möglichen Werte von C betrachten und irgend eine der Funktionen $F(x)$, so erhalten wir alle möglichen unbestimmten Integrale

$$\int f(x)\mathrm{d}x = F(x) + C \; . \tag{A.55}$$

2. Die unbestimmten Integrale von Funktionen sind gegeben durch

$$\int \mathrm{d}F(x) = F(x) + C \; , \quad \mathrm{d} \int f(x)\mathrm{d}x = f(x)\mathrm{d}x \; . \tag{A.56}$$

3. Die Linearität der Integration ist charakterisiert durch

$$\int (au+bv)\mathrm{d}x = a \int u\mathrm{d}x + b \int v\mathrm{d}x \; , \quad a \text{ oder } b \text{ mindestens} \neq 0 \; . \tag{A.57}$$

4. Die partielle Integration erfolgt nach dem Schema

$$\int u\mathrm{d}v = uv - \int v\mathrm{d}u \; , \tag{A.58}$$

oder

$$\int u\frac{\mathrm{d}v}{\mathrm{d}x}\mathrm{d}x = uv - \int v\frac{\mathrm{d}u}{\mathrm{d}x}\mathrm{d}x \; . \tag{A.59}$$

5. Die Substitution erfolgt nach dem Schema

$$\int f(y)\mathrm{d}x = \int f(y)\frac{\mathrm{d}x}{\mathrm{d}y}\mathrm{d}y = \int \frac{f(y)}{\frac{\mathrm{d}y}{\mathrm{d}x}}\mathrm{d}y \; . \tag{A.60}$$

A.2.2 Integration von Polynomen

$$\int 0\,\mathrm{d}x = C \; , \quad \int a\,\mathrm{d}x = ax + C \; , \quad \int bx^n\mathrm{d}x = \frac{1}{n+1}bx^{n+1} \tag{A.61}$$

$$\int (a_n x^n + \cdots + a_r x^r + \cdots + a_1 x + a_0)\mathrm{d}x$$

$$= \frac{1}{n+1}a_n x^{n+1} + \cdots + \frac{1}{r+1}a_r x^{r+1} + \cdots + \frac{1}{2}a_1 x^2 + a_0 x + C \; . \tag{A.62}$$

A.2.3 Integration rationaler Funktionen

$$\int \frac{A}{x-r}\mathrm{d}x = A\ln|x-r| + C \; , \quad \int \frac{A}{(x-r)^k}\mathrm{d}x = A\frac{(x-r)^{1-k}}{1-k} + C \tag{A.63}$$

$$\int \frac{2A(x-a)-2Bb}{(x-a)^2+b^2}\,\mathrm{d}x = 2\mathrm{Re}\int \frac{A+Bi}{x-a-bi}\mathrm{d}x$$

$$= A\ln\left[(x-a)^2+b^2\right] - 2B\mathrm{arc\,tan}\,\frac{x-b}{b} + C\;. \tag{A.64}$$

$$\int \frac{\mathrm{d}x}{x^2+a^2} = \frac{1}{a}\mathrm{arc\,tan}\,\frac{x}{a} + C\;,$$

$$\int \frac{\mathrm{d}x}{x^2-a^2} = \frac{1}{2a}\ln\left|\frac{x-a}{x+a}\right| + C\;, \qquad \int \frac{\mathrm{d}x}{x} = \ln|x| + C\;. \tag{A.65}$$

Die Integrale komplexerer rationaler Funktionen entnimmt man am besten Integraltafeln (Siehe das Literaturverzeichnis).

A.2.4 Integration trigonometrischer Funktionen

$$\int \sin ax\,\mathrm{d}x = -\frac{1}{a}\cos ax + C\;, \qquad \int \sin^2 ax\,\mathrm{d}x = \frac{x}{2} - \frac{\sin 2ax}{4a} + C\;, \tag{A.66}$$

$$\int \cos ax\,\mathrm{d}x = \frac{1}{a}\sin ax + C\;, \qquad \int \cos^2 ax\,\mathrm{d}x = \frac{x}{2} + \frac{\sin 2ax}{4a} + C\;. \tag{A.67}$$

$$\int \frac{\mathrm{d}x}{\sin ax} = \int \mathrm{cosec}\,ax\,\mathrm{d}x = \frac{1}{a}\ln|\tan\frac{ax}{2}| + C$$

$$= \frac{1}{a}\ln|\mathrm{cosec}\,ax - \cot ax| + C\;, \tag{A.68}$$

$$\int \frac{\mathrm{d}x}{\cos ax} = \int \sec ax\,\mathrm{d}x = \frac{1}{a}\ln\left|\tan\left(\frac{ax}{2}+\frac{\pi}{4}\right)\right| + C$$

$$= \frac{1}{a}\ln|\sec ax + \tan ax| + C\;. \tag{A.69}$$

$$\int \frac{\mathrm{d}x}{\sin^2 ax} = \int \cos\mathrm{ec}^2 ax\,\mathrm{d}x = -\frac{1}{a}\cot ax + C\;, \qquad \int \tan ax\,\mathrm{d}x$$

$$= -\frac{1}{a}\ln|\cos ax| + C\;, \tag{A.70}$$

$$\int \frac{\mathrm{d}x}{\cos^2 ax} = \int \sec^2 ax\,\mathrm{d}x = \frac{1}{a}\tan ax + C\;,$$

$$\int \cot ax\,\mathrm{d}x = \frac{1}{a}\ln|\sin ax| + C\;. \tag{A.71}$$

A.2.5 Exponentialfunktion und hyperbolische Funktionen

$$\int \mathrm{e}^{ax}\,\mathrm{d}x = \frac{1}{a}\mathrm{e}^{ax} + C\;, \qquad \int b^{ax}\,\mathrm{d}x = \frac{1}{a\ln b}b^{ax} + C\;, \tag{A.72}$$

$$\int \sinh ax\,\mathrm{d}x = \frac{1}{a}\cosh ax + C\;, \qquad \int \cosh ax\,\mathrm{d}x = \frac{1}{a}\sinh ax + C\;. \tag{A.73}$$

A.2.6 Integration von Wurzelausdrücken

$$\int \frac{dx}{\sqrt{a^2 - x^2}} = \arcsin\left(\frac{x}{a}\right) + C = -\arccos\left(\frac{x}{a}\right) + C_1 , \qquad (A.74)$$

$$\int \frac{dx}{\sqrt{x^2 + A}} = \ln|x + \sqrt{x^2 + A}| + C , \qquad (A.75)$$

$$\int \sqrt{a^2 - x^2}\,dx = \frac{x}{2}\sqrt{a^2 - x^2} + \frac{a^2}{2}\arcsin\frac{x}{a} + C , \qquad (A.76)$$

$$\int \sqrt{x^2 + A}\,dx = \frac{x}{2}\sqrt{x^2 + A} + \frac{A}{2}\ln|x + \sqrt{x^2 + A}| + C . \qquad (A.77)$$

Wenn $A > 0$, also $A = a^2$, dann ist $\ln(x + \sqrt{x^2 + a^2}) = \text{arsinh}\frac{x}{a} + \ln a$. Wenn $A < 0$, also $A = -a^2$, dann ist $\ln(x + \sqrt{x^2 - a^2}) = \text{arcosh}\frac{x}{a} + \ln a$.

A.2.7 Integration von Produkten

$$\int e^{ax}\sin bx\,dx = \frac{1}{a^2 + b^2}e^{ax}(a\sin bx - b\cos bx) + C , \qquad (A.78)$$

$$\int e^{ax}\cos bx\,dx = \frac{1}{a^2 + b^2}e^{ax}(a\cos bx + b\sin bx) + C , \qquad (A.79)$$

$$\int xe^{ax}dx = \frac{1}{a^2}e^{ax}(ax - 1) + C , \quad \int \ln ax\,dx = x\ln ax - x + C . \quad (A.80)$$

Die ersten beiden Integrale wurden bereits in Abschn. 7.3.2 (7.55) berechnet. Mit demselben Verfahren können auch Integrale, welche die Faktoren $\sinh ax$ und $\cosh ax$ enthalten berechnet werden, da diese Funktionen durch $e^{\pm ax}$ ausdrückbar sind. Wenn die Integrale Potenzen x^n enthalten, liefert die Integration mithilfe partieller Integration (A.58)

$$\int x^n e^{ax}dx = \frac{1}{a}x^n e^{ax} - \frac{n}{a}\int x^{n-1}e^{ax}dx . \qquad (A.81)$$

Diese Reduktionsformel kann wiederholt angewandt werden bis die positiven Potenzen von x verschwunden sind.

Wenn die Funktion $f(x)$ ein natürlicher Logarithmus, oder eine inverse trigonometrische Funktion, oder inverse hyperbolische Funktion, oder eine einfache Funktion von x, wie etwa $\ln(ax + b)$, $\arcsin x$, $\arctan x^2$, dann liefert für $n = 0, 1, 2, \cdots$ die Beziehung

$$\int x^n f(x)\,dx = \frac{1}{n+1}x^{n+1}f(x) - \frac{1}{n+1}\int x^{n+1}f'(x)\,dx \qquad (A.82)$$

recht häufig auf ein einfacheres Integral. Die Integration komplizierterer Kombinationen von trigonometrischen Funktionen und Exponentialfunktionen entnimmt man am besten einer Integraltafel.

A.2.8 Das bestimmte Integral

Das Integrationsintervall $[a, b]$ sei durch die Punkte x_1, x_2, $\cdots x_n$ in Teilintervalle zerlegt, derart dass $x_k < x_{k+1}$ ist und $a = x_0$ und $b = x_n$ sind. Es sei $\delta_k = x_k - x_{k-1}$ und δ_M das Maximum der δ_k. Dann ist das bestimmte Riemann'sche Integral einer Funktion $f(x)$ definiert durch

$$\int_a^b f(x)\mathrm{d}x = \lim_{\delta_M \to 0}[f(\xi_1)\delta_1 + f(\xi_2)\delta_2 \cdots + f(\xi_n)\delta_n] \tag{A.83}$$

für beliebige Einteilungen n und es ist $x_{k-1} < \xi_k < x_k$. Dieser Grenzwert existiert jedenfalls für stetige und differenzierbare Funktionen $f(x)$. In diesem Fall ist dann

$$\int_a^b f(x)\mathrm{d}x = F(x)|_a^b = F(b) - F(a) , \tag{A.84}$$

wo $F(x)$ eine Funktion darstellt, deren Ableitung nach x gleich $f(x)$ ist. Das Integral besitzt eine Reihe nützlicher Eigenschaften:

1. Die Linearität der Integration ist bestimmt durch die Beziehungen

$$\int_a^b [Af(x) + Bg(x)]\mathrm{d}x = A \int_a^b f(x)\mathrm{d}x + B \int_a^b g(x)\mathrm{d}x , \tag{A.85}$$

$$\int_a^b f(x)\mathrm{d}x = - \int_b^a f(x)\mathrm{d}x , \tag{A.86}$$

$$\int_a^b f(x)\mathrm{d}x = \int_a^c f(x)\mathrm{d}x + \int_c^b f(x)\mathrm{d}x . \tag{A.87}$$

2. Der Mittelwert der Funktion $f(x)$ im Intervall $[a, b]$ ist gegeben durch

$$\langle f \rangle = \frac{1}{b - a} \int_a^b f(x)\mathrm{d}x . \tag{A.88}$$

3. Der Mittelwertsatz der Integralrechnung besagt, dass es für eine in $[a, b]$ stetige Funktion $f(x)$ in diesem Intervall eine Stelle x_1 gibt, derart dass $\langle f \rangle = f(x_1)$ ist, bzw. es gilt

$$\int_a^b f(x)\mathrm{d}x = (b - a)f(x_1) . \tag{A.89}$$

4. Ferner ist der quadratische Mittelwert von $f(x)$ im Intervall $[a, b]$ gegeben durch

$$\sqrt{\langle f^2 \rangle} = \sqrt{\frac{1}{b - a} \int_a^b f^2(x)\mathrm{d}x} . \tag{A.90}$$

A.2.9 Ungleichungen zwischen Integralen

1. Es sei $a < b$ und $f(x) < g(x)$ im Intervall $[a, b]$. Dann gilt jedenfalls

$$\int_a^b f(x)\mathrm{d}x < \int_a^b g(x)\mathrm{d}x \ . \qquad (A.91)$$

2. Wenn $m < f(x) < M$ in $[a, b]$, so ist

$$m(b-a) < \int_a^b f(x)\mathrm{d}x < M(b-a) \ . \qquad (A.92)$$

3. Wenn $|f(x)| \leq M$ in $[a, b]$, oder längs des Kurvenstücks C der Länge L in der komplexen Zahlenebene, dann gilt

$$\left| \int_a^b f(x)\mathrm{d}x \right| \leq M(b-a) \ \ \text{oder} \ \ \left| \int_C f(z)\mathrm{d}z \right| \leq ML \ . \qquad (A.93)$$

4. Die Schwarz'sche Ungleichung besagt, dass

$$\left[\int_a^b f(x)g(x)\mathrm{d}x \right]^2 \leq \int_a^b [f(x)]^2\mathrm{d}x \int_a^b [g(x)]^2\mathrm{d}x \ . \qquad (A.94)$$

Diese Beziehung hat im Funktionenraum dieselbe Bedeutung wie in der elementaren Vektorrechnung die Ungleichung $(\boldsymbol{A} \cdot \boldsymbol{B})^2 \leq \boldsymbol{A}^2\boldsymbol{B}^2$.

A.2.10 Uneigentliche Integrale

1. Es gelten folgende Beziehungen:

$$\int_a^\infty f(x)\mathrm{d}x = \lim_{t\to\infty} \int_a^t f(x)\mathrm{d}x \ , \qquad \int_{-\infty}^b g(x)\mathrm{d}x = \lim_{t\to\infty} \int_{-t}^b g(x)\mathrm{d}x \qquad (A.95)$$

$$\int_{-\infty}^{+\infty} f(x)\mathrm{d}x = \int_{-\infty}^c f(x)\mathrm{d}x + \int_c^{+\infty} f(x)\mathrm{d}x \ . \qquad (A.96)$$

2. Wenn $f(x)$ für $b \neq a$ an der Stelle $x = b$ unendlich wird oder an dieser Stelle eine Singularität hat, so gilt

$$\int_a^b f(x)\mathrm{d}x = \lim_{h\to 0} \int_a^{b-h} f(x)\mathrm{d}x \ . \qquad (A.97)$$

A.2.11 Bestimmte Integrale von Funktionen

1. Die Funktionen $u(x)$ und $v(x)$ seien stetig in $[a, b]$. Dann ist

$$\int_a^b \mathrm{d}u(x) = u(b) - u(a) \, , \qquad (\text{A.98})$$

$$\int_a^b u(x)v'(x)\mathrm{d}x = u(x)v(x)|_a^b - \int_a^b v(x)u'(x)\mathrm{d}x \, . \qquad (\text{A.99})$$

2. Wenn die Funktion $t = g(u)$ und die Werte $a = g(c)$, $b = g(d)$ sowie $g'(u)$ im Intervall $[c, d]$ ihr Vorzeichen nicht ändern, dann ist

$$\int_a^b f(t)\mathrm{d}t = \int_c^d f[g(u)]g'(u)\mathrm{d}u \, . \qquad (\text{A.100})$$

A.2.12 Variablentransformation bei Mehrfachintegralen

Bei einer Variablentransformation $x = x(u, v)$, $y = y(u, v)$ geht eine Funktion $F(x, y) = F[x(u, v), y(u, v)]$ in die Funktion $G(u, v)$ in den neuen Variablen über und wenn die Integrationsgrenzen in passender Weise transformiert werden, so lautet die Transformation des Integrals

$$\iint F(x, y)\mathrm{d}x\mathrm{d}y = \iint G(u, v)\frac{\partial(x, y)}{\partial(u, v)}\mathrm{d}u\mathrm{d}v \, . \qquad (\text{A.101})$$

Analog wird für eine Funktion $F(x, y, z)$ die transformierte Funktion $G(u, v, w)$ sein, wenn $x = x(u, v, w)$, $y = y(u, v, w)$, $z = z(u, v, w)$ sind und das transformierte Integral lautet dann

$$\iiint F(x, y, z)\mathrm{d}x\mathrm{d}x\mathrm{d}z = \iiint G(u, v, w)\frac{\partial(x, y, z)}{\partial(u, v, w)}\mathrm{d}u\mathrm{d}v\mathrm{d}w \, . \qquad (\text{A.102})$$

Die Variablentransformation wird durch die Jacobi-Determinanten gewährleistet. Diese lauten in zwei und drei Dimensionen

$$\frac{\partial(x, y)}{\partial(u, v)} = \begin{vmatrix} x_u & y_u \\ x_v & y_v \end{vmatrix} = x_u y_v - x_v y_u \, , \qquad \frac{\partial(x, y, z)}{\partial(u, v, w)} = \begin{vmatrix} x_u & y_u & z_u \\ x_v & y_v & z_v \\ x_w & y_w & z_w \end{vmatrix} \, . \qquad (\text{A.103})$$

Wenn die Jacobi-Determinante ungleich Null ist, besitzt die Transformation $x = x(u, v)$, $y = y(u, v)$ eine Umkehrtransformation. Wenn hingegen ein funktionaler Zusammenhang der Form

$$F[x(u, v), y(u, v)] = 0 \qquad (\text{A.104})$$

besteht, ist die Jacobi-Determinante identisch Null.

A.3 Elementare Differenzialgleichungen

A.3.1 Methode der Variablentrennung

Lautet die Gleichung

$$\frac{\mathrm{d}y}{\mathrm{d}x} = f(x) \, , \qquad (A.105)$$

wo $f(x)$ eine gegebene Funktion, so ist die Lösung

$$y(x) = \int^x f(x')\mathrm{d}x' + C \, , \qquad (A.106)$$

wobei C eine Integrationskonstante, welche durch die Anfangsbedingung bestimmt ist. Hat die Differenzialgleichung die Gestalt

$$\frac{\mathrm{d}y}{\mathrm{d}x} = \phi(y) \qquad (A.107)$$

und ist $\phi(y)$ eine bekannte Funktion, so ist die analoge Lösung der Differenzialgleichung

$$x(y) = \int^y \frac{\mathrm{d}y'}{\phi(y')} + C \, . \qquad (A.108)$$

Zwar tritt hier die Lösungsfunktion in der Form $x(y)$ auf, also die Umkehrfunktion von $y(x)$, doch wird angenommen, dass eine Auflösung nach $y(x)$ möglich ist. Dieselbe Methode lässt sich bei der Differenzialgleichung

$$\frac{\mathrm{d}y}{\mathrm{d}x} = \phi(x)\psi(y) \qquad (A.109)$$

verwenden, wo $\phi(x)$ und $\psi(y)$ bekannte Funktionen sind. Die Lösung lautet hier

$$\int \frac{\mathrm{d}y}{\psi(y)} = \int \phi(x)\mathrm{d}x + C \, . \qquad (A.110)$$

A.3.2 Methode der Variablensubstitution

Die Differenzialgleichung

$$\frac{\mathrm{d}y}{\mathrm{d}x} = f\left(\frac{y}{x}\right) \, , \qquad (A.111)$$

bei der $f(\frac{y}{x})$ eine gegebene Funktion ist, erhält mit der Substitution $z = \frac{y}{x}$ die Gestalt

$$x\frac{\mathrm{d}z}{\mathrm{d}x} = f(z) - z \qquad (A.112)$$

und diese kann mit der vorangehenden Methode gelöst werden

$$\int \frac{\mathrm{d}z}{f(z) - z} = \ln x + C \, . \qquad (A.113)$$

Eine Differenzialgleichung der Form

$$\frac{dy}{dx} = \frac{ax + by + e}{cx + dy + f} \,, \tag{A.114}$$

bei welcher a, b, c, d, e, f Konstante sind, kann nach den Substitutionen $x = \xi + c_1$, $y = \eta + c_2$ integriert werden, wobei ξ und η als neue Variable zu betrachten sind und die Konstanten c_1 und c_2 geeignet zu wählen sind.

A.3.3 Lagrange-Methode der Variation der Konstanten

Eine Differenzialgleichung der Gestalt

$$\frac{dy}{dx} = P(x)y + Q(x) \,, \tag{A.115}$$

bei welcher $P(x)$ und $Q(x)$ gegebene Funktionen sind, lässt sich nach Lagrange so lösen. Man betrachtet zuerst die der obigen Gleichung zugeordnete homogene (oder abgekürzte) Gleichung

$$\frac{dy}{dx} = P(x)y \tag{A.116}$$

und findet ihre Lösung durch Variablentrennung

$$y(x) = Ce^{\int^x P(x')dx'} \,. \tag{A.117}$$

Jetzt versucht man eine Lösung der Gleichung (A.115) in der Form (A.117) zu finden, wobei aber die Integrationskonstante C nun als Funktion von x aufgefasst, also variiert wird. Auf diese Weise findet man als Lösung

$$y(x) = \left[Q(x)e^{-\int P(x)dx} + D \right] e^{\int P(x)dx} \,, \tag{A.118}$$

wobei jetzt D wirklich eine Integrationskonstante darstellt.

A.3.4 Methode von Bernoulli

Zur Lösung der Differenzialgleichung (A.115) setzt man nach Bernoulli $y(x) = u(x)v(x)$, bestimmt $u(x)$ so, dass $\frac{du}{dx} = P(x)u(x)$ erfüllt wird. Dann muss $v(x)$ der Gleichung $u\frac{dv}{dx} = Q(x)$ genügen. Daraus folgt dann wieder die Lösung (A.118).

A.3.5 Erniedrigung des Grades einer Differenzialgleichung

Gelegentlich lassen sich durch geeignete Substitutionen der Grad einer Differenzialgleichung erniedrigen. Wir betrachten als Beispiel die Bernoulli'sche Differenzialgleichung

$$\frac{\mathrm{d}y}{\mathrm{d}x} = P(x)y + Q(x)y' \ . \tag{A.119}$$

In diesem Fall führt die Substitution $z = \frac{1}{y^{n-1}}$ auf die lineare Differenzialgleichung

$$\frac{\mathrm{d}z}{\mathrm{d}x} = (1 - n)P(x)z + (1 - n)Q(x) \ , \tag{A.120}$$

die vom Typus der früher behandelten Differenzialgleichungen ist.

Die Riccati'sche Differenzialgleichung

$$\frac{\mathrm{d}y}{\mathrm{d}x} = P(x)y^2 + Q(x)y + R(x) \tag{A.121}$$

lässt sich auf die Differenzialgleichung (A.119) mit $n = 2$ zurückführen, sobald man eine spezielle Lösung $y_1(x)$ von (A.121) gefunden hat und den Lösungsansatz $y(x) = y_1(x) + \eta(x)$ macht.

A.3.6 Vollständiges Differenzial

Wie bereits in (A.26,A.27) diskutiert wurde, ist der Ausdruck

$$\Phi(x, y)\mathrm{d}x + \Psi(x, y)\mathrm{d}y \tag{A.122}$$

ein vollständiges Differenzial, wenn die Beziehungen bestehen

$$\frac{\partial \Phi(x, y)}{\partial y} = \frac{\partial \Psi(x, y)}{\partial x} = \frac{\partial^2 F(x, y)}{\partial x \partial y} \ . \tag{A.123}$$

Dabei wird $F(x, y)$ die Stammfunktion genannt und die Gleichung (A.122) lässt sich dann auf die Form bringen

$$\frac{\partial F(x, y)}{\partial x}\mathrm{d}x + \frac{\partial F(x, y)}{\partial y}\mathrm{d}y \ . \tag{A.124}$$

Lautet insbesondere die vorgelegte Differenzialgleichung

$$\Phi(x, y)\mathrm{d}x + \Psi(x, y)\mathrm{d}y = 0 \ , \quad \text{bzw. } \Psi(x, y)\frac{\mathrm{d}y}{\mathrm{d}x} + \Phi(x, y) = 0 \ , \tag{A.125}$$

so kann man ihre Lösung sofort angeben, sobald die Stammfunktion $F(x, y)$ bekannt ist. In diesem Fall sind nämlich Lösungen alle Funktionen $y(x)$, für die

$$F[x, y(x)] = C \tag{A.126}$$

gilt, wo C eine Integrationskonstante darstellt. Für die Stammfunktion ergibt sich aber aus (A.123) die Darstellung

$$F(x, y) = \int_{x_0}^{x} \Phi(\xi, y_0)\mathrm{d}\xi + \int_{y_0}^{y} \Psi(x_0, \eta)\mathrm{d}\eta \ , \tag{A.127}$$

wo x_0, y_0 Integrationskonstanten sind. Damit ist dann die Lösung von (A.125) gegeben.

B

Lineare Algebra

B.1 Matrizen

B.1.1 Matrixdefinition und Multiplikation

Zur Einführung der Matrizen, welche in der linearen Algebra das Rechnen sehr erleichtern, gehen wir von einem linearen Gleichungssystem mit n unbekannten Größen x_j ($j = 1, 2, \cdots n$) aus. Die bekannten Koeffizienten des Gleichungssystems seien durch $A_{i,j}$ ($i, j = 1, 2, \cdots n$) gegeben und die Inhomogenitäten durch die Koeffizienten B_i ($i = 1, 2, \cdots n$). Zunächst schreiben wir das Gleichungssystem explizit an. Dieses lautet dann

$$
\begin{aligned}
A_{11}x_1 + A_{12}x_2 + A_{13}x_3 + \cdots A_{1n}x_n &= B_1 \\
A_{21}x_1 + A_{22}x_2 + A_{23}x_3 + \cdots A_{2n}x_n &= B_2 \\
A_{31}x_1 + A_{32}x_2 + A_{33}x_3 + \cdots A_{3n}x_n &= B_3 \\
\vdots \qquad \vdots \qquad \vdots \qquad \vdots \qquad \vdots \\
A_{n1}x_1 + A_{n2}x_2 + A_{n3}x_3 + \cdots A_{nn}x_n &= B_n
\end{aligned}
\tag{B.1}
$$

Zur Vereinfachung der Schreibweise fassen wir zunächst die Koeffizienten $A_{i,j}$ zu einer n-dimensionalen Matrix A zusammen und definieren diese in der Form

$$
A = \begin{pmatrix}
A_{11} & A_{12} & A_{13} & \cdots & A_{1n} \\
A_{21} & A_{22} & A_{23} & \cdots & A_{2n} \\
A_{31} & A_{32} & A_{33} & \cdots & A_{3n} \\
\vdots & \vdots & \vdots & \vdots & \vdots \\
A_{n1} & A_{n2} & A_{n3} & \cdots & A_{nn}
\end{pmatrix}
\tag{B.2}
$$

Dabei gibt jeweils der erste Index i des Koeffizienten $A_{i,j}$ die Zeile der Matrix, in welcher sich der Koeffizient befindet, und der zweite Index j definiert die Spalte, in welcher der Koeffizient steht. Ferner definieren wir zwei Matrizen, welche nur aus einer einzelnen Spalte mit n Elementen bestehen, nämlich

$$
x = \begin{pmatrix} x_1 \\ x_2 \\ x_3 \\ \vdots \\ x_n \end{pmatrix} , \quad B = \begin{pmatrix} B_1 \\ B_2 \\ B_3 \\ \vdots \\ B_n \end{pmatrix} . \tag{B.3}
$$

Damit können wir das Gleichungssystem (B.1) mithilfe dieser Matrizen in folgender Weise ausdrücken

$$
\begin{pmatrix} A_{11} & A_{12} & A_{13} & \cdots & A_{1n} \\ A_{21} & A_{22} & A_{23} & \cdots & A_{2n} \\ A_{31} & A_{32} & A_{33} & \cdots & A_{3n} \\ \vdots & \vdots & \vdots & \vdots & \vdots \\ A_{n1} & A_{n2} & A_{n3} & \cdots & A_{nn} \end{pmatrix} \cdot \begin{pmatrix} x_1 \\ x_2 \\ x_3 \\ \vdots \\ x_n \end{pmatrix} = \begin{pmatrix} B_1 \\ B_2 \\ B_3 \\ \vdots \\ B_n \end{pmatrix} . \tag{B.4}
$$

Um die Beziehung (B.4) mit dem Gleichungssystem (B.1) in Übereinstimmung zu bringen, haben wir die allgemeine Regel der Matrixmultiplikation einzuführen. Sie besagt, dass der Reihe nach die Zeilen der ersten Matrix mit den Spalten der zweiten Matrix Glied für Glied zu multiplizieren sind. Da im vorliegenden Fall die zweite Matrix nur aus einer Spalte besteht, wird auch die resultierende Matrix nur eine Spalte besitzen und das Endergebnis wird das Gleichungssystem (B.1) sein. Symbolisch können wir dieses Gleichungssystem so schreiben

$$
A \cdot x = B , \tag{B.5}
$$

wobei die Matrix $\boldsymbol{A}$ mit dem Vektor $\boldsymbol{x}$ multipliziert wird und den Vektor $\boldsymbol{B}$ liefert. In den Abschn. 1.2.2 (1.7), 1.6.1 und 1.6.3 wurde bereits die Einstein'sche Summenkonvention eingeführt und verwendet. Mit ihrer Hilfe können wir das Gleichungssystem (B.1) auch so ausdrücken

$$
A_{i,k} x_k = B_i . \tag{B.6}
$$

B.1.2 Matrixtypen und Rechenregeln

Bevor wir uns mit der Auflösung des Gleichungssystems (B.1) beschäftigen können, haben wir noch eine Reihe weiterer, einfacher Matrizen und Matrixregeln zu betrachten. Eine in der linearen Algebra wichtige Matrix ist die Einheitsmatrix, die symbolisch mit $\boldsymbol{I}$ bezeichnet wird und explizit folgende Gestalt hat

$$
I = \begin{pmatrix} 1 & 0 & 0 & \cdots & 0 \\ 0 & 1 & 0 & \cdots & 0 \\ 0 & 0 & 1 & \cdots & 0 \\ \vdots & \vdots & \vdots & \vdots & \vdots \\ 0 & 0 & 0 & \cdots & 1 \end{pmatrix} , \quad \text{bzw. } I_{i,k} = \delta_{i,k} , \tag{B.7}
$$

wo $\delta_{i,k}$ das Kronecker-Symbol darstellt, dessen Werte $\delta_{i,i} = 1$ und $\delta_{i,k} = 0$ für $i \neq k$ sind. Wenn wir eine Matrix A mit der Matrix I multiplizieren, so erhalten wir eine Diagonalmatrix, wobei es auf die linksseitige oder rechtsseitige Multiplikation nicht ankommt, also

$$I \cdot A = A \cdot I = \begin{pmatrix} A_{11} & 0 & 0 & \cdots & 0 \\ 0 & A_{22} & 0 & \cdots & 0 \\ 0 & 0 & A_{33} & \cdots & 0 \\ \vdots & \vdots & \vdots & \vdots & \vdots \\ 0 & 0 & 0 & \cdots & A_{nn} \end{pmatrix} . \tag{B.8}$$

Das Verfahren, mit dem man eine nicht-diagonale Matrix diagonalisieren kann, ist für die physikalischen Anwendungen sehr wichtig, doch werden wir darauf erst später zurückkommen. Ebenso wollen wir nicht-quadratischen Matrizen, bei denen die Zahl der Zeilen ungleich der Zahl der Spalten ist, nicht näher behandeln.

Bei der Multiplikation zweier Matrizen A und C kommt es auf die Reihenfolge an. Es ist also allgemein

$$A \cdot C \neq C \cdot A , \quad \text{oder} \quad A \cdot C - C \cdot A = [A, C] \neq 0 , \tag{B.9}$$

wo 0 die Nullmatrix darstellt, deren Elemente alle 0 sind und die Größe $[A, C]$ wird in der Quantentheorie ein „Kommutator" genannt. Die Matrixmultiplikation ist also nicht kommutativ. Explizit ergibt die Multiplikation zweier Matrizen A und C eine Matrix D, deren Elemente nach folgendem Rezept zu berechnen sind

$$D = A \cdot C , \quad D_{k,\ell} = \sum_{i=1}^{n} A_{k,i} C_{i,\ell} = A_{k,i} C_{i,\ell} , \tag{B.10}$$

oder, anschaulich, sind der Reihe nach die Zeilen der Matrix A mit den Spalten der Matrix B Element für Element zu multiplizieren. Bei der Multiplikation von drei Matrizen A, C und D gilt ferner das assoziative Gesetz, wonach

$$(A \cdot C) \cdot D = A \cdot (C \cdot D) \tag{B.11}$$

ist, d. h. dasselbe Resultat erhalten wird wenn man zuerst A und C miteinander multipliziert und dann das Ergebnis dieser Multiplikation mit D multipliziert oder ob man zuerst die Multiplikation C mit D ausführt und anschließend jene mit A. Ebenso gilt für die Multiplikation das distributive Gesetz, sodass

$$A \cdot (C + D) = A \cdot C + A \cdot D \tag{B.12}$$

ist. Nebenbei sei noch bemerkt, dass für die Addition zweier Matrizen A und C die einfache Regel gilt

$$E = A + C = C + A , \quad E_{i,k} = A_{i,k} + C_{i,k} . \tag{B.13}$$

Die Differenziation einer Matrix erfolgt gliedweise, also

$$E(x) = \frac{\mathrm{d}}{\mathrm{d}x} A(x) \ , \quad \text{bedeutet} \ \ E_{i,k}(x) = \frac{\mathrm{d}}{\mathrm{d}x} A_{i,k}(x) \qquad \text{(B.14)}$$

und dasselbe gilt für die Integration, also gliedweise Integration der einzelnen Elemente.

Die Potenzen einer Matrix A erfolgen nach dem Schema

$$A \cdot A = A^2 \ , \quad A^3 = A \cdot A^2 \ , \quad A^n = A \cdot A^{n-1} \ . \qquad \text{(B.15)}$$

Auf diese Weise kann man auch Potenzreihen aufbauen. In der Physik kommt häufig die Potenzreihe der Exponentialfunktion vor. Für eine Matrix A gilt dann

$$\mathrm{e}^A = \sum_{k=0}^{\infty} \frac{A^k}{k!} = 1 + \frac{A}{1!} + \frac{A^2}{2!} + \frac{A^3}{3!} + \cdots \qquad \text{(B.16)}$$

und wir erkennen sofort, dass für zwei Matrizen A und B die Beziehung

$$\mathrm{e}^{A+B} = \mathrm{e}^A \mathrm{e}^B \qquad \text{(B.17)}$$

nur dann gelten wird, wenn die Matrizen A und B miteinander kommutieren, also $A \cdot B = B \cdot A$ ist. Zum Nachweis genügt es, die Reihenentwicklungen von e^A und e^B für die Ausmultiplikation zu verwenden.

Für die Auflösung des linearen Gleichungssystems (B.1) ist es notwendig, die zu (B.2) inverse Matrix zu kennen. Diese Matrix mit der Bezeichnung A^{-1} besitzt die Eigenschaft, dass

$$A \cdot A^{-1} = A^{-1} \cdot A = I \qquad \text{(B.18)}$$

ist, wo I die Einheitsmatrix in (B.7) darstellt. Unter welchen Bedingungen eine solche inverse Matrix überhaupt existiert, können wir erst nach Einführung des Begriffs der Determinante einer Matrix diskutieren. Jedenfalls gibt es nicht zu jeder Matrix eine inverse Matrix.

Ein weiterer wichtiger Matrixtyp ist die transponierte Matrix A^T zu einer gegebenen Matrix A. Die Elemente von A^T werden gefunden, indem man in A die Zeilen und Spalten miteinander vertauscht, also ist

$$A^T_{i,k} = A_{k,i} \ . \qquad \text{(B.19)}$$

B.1.3 Matrizen mit komplexen Elementen

Für die Physik sind eine Reihe von Matrixtypen mit komplexen Elementen von Bedeutung. In diesem Fall haben die Matrixelemente die Gestalt

$$A_{i,k} = a_{i,k} + \mathrm{i} b_{i,k} \ . \qquad \text{(B.20)}$$

Hier gibt es eine Reihe von Matrixtypen mit speziellen Eigenschaften:

1. Die zu einer Matrix A mit komplexen Elementen konjugierte Matrix A^* wird erhalten, indem die Elemente $A_{i,k}$ der Matrix A durch die entsprechenden komplexen Elemente $A_{i,k}^*$ ersetzt werden, also

$$(A^*)_{i,k} = A_{i,k}^* \, . \tag{B.21}$$

2. Die zur Matrix A adjungierte Matrix A^+ wird erhalten, indem man zunächst die Elemente der Matrix A an ihrer Hauptdiagonale spiegelt und dann den komplex konjugierten Wert der Elemente betrachtet. Offenkundig geht dies nur für quadratische Matrizen. Wir erhalten also

$$(A^+)_{i,k} = (A_{i,k}^T)^* = A_{k,i}^* \, . \tag{B.22}$$

3. Für die Matrizen A^T, A^* und A^+ gelten folgende Multiplikationsregeln bei Multiplikation mit entsprechenden Matrizen B^T, B^* und B^+

a)

$$(A \cdot B)^T = B^T \cdot A^T \, , \quad (A^{-1})^T = (A^T)^{-1} \, , \tag{B.23}$$

b)

$$(A \cdot B)^* = A^* \cdot B^* \, , \quad (A^{-1})^* = (A^*)^{-1} \, , \tag{B.24}$$

c)

$$(A \cdot B)^+ = B^+ \cdot A^+ \, , \quad (A^{-1})^+ = (A^+)^{-1} \, . \tag{B.25}$$

Haben die oben genannten Matrizen, insbesondere jene mit komplexen Elementen, ganz bestimmte Eigenschaften, so sind für sie entsprechende Namen üblich:

1. Hermite'sche oder selbstadjungierte Matrix, wenn

$$A^+ = A \, , \tag{B.26}$$

2. Alternierende Matrix, wenn

$$A^+ = -A \, , \tag{B.27}$$

3. Unitäre Matrix, wenn

$$A^+ = A^{-1} \, , \tag{B.28}$$

4. Symmetrische Matrix, wenn

$$A^T = A \, , \tag{B.29}$$

5. Antisymmetrische Matrix, wenn

$$A^T = -A \, , \tag{B.30}$$

6. Orthogonale Matrix, wenn

$$A^T = A^{-1} \, . \tag{B.31}$$

B.2 Determinanten

B.2.1 Definition einer Determinante

Zur Auflösung des linearen Gleichungssystems (B.1) ist es notwendig, einige Kenntnisse der Determinantentheorie zu haben. Jeder quadratischen Matrix A, wie sie bei der Auflösung eines solchen Gleichungssystems auftritt, ist eine Determinante mit der Bezeichnung $|A|$ zugeordnet, deren Elemente dieselben wie jene von A sind. Explizit wird eine Determinante in folgender Weise ausgedrückt

$$|A| = \mathrm{Det}\,A = \begin{vmatrix} A_{11} & A_{12} & A_{13} & \cdots & A_{1n} \\ A_{21} & A_{22} & A_{23} & \cdots & A_{2n} \\ A_{31} & A_{32} & A_{33} & \cdots & A_{3n} \\ \vdots & \vdots & \vdots & \vdots & \vdots \\ A_{n1} & A_{n2} & A_{n3} & \cdots & A_{nn} \end{vmatrix} . \tag{B.32}$$

Jede Determinante definiert eine ganz bestimmte Zahl, die in folgender Weise berechnet wird

$$|A| = \sum_P (-1)^P A_{1,\ell_1} A_{2,\ell_2} \cdots A_{n,\ell_n} , \tag{B.33}$$

wobei ℓ_1, ℓ_2, $\cdots \ell_n$ irgendeine der Permutationen der Zahlen 1, 2, 3, $\cdots n$ darstellt und es ist über alle diese Permutationen zu summieren, wobei gerade Permutationen einen Summanden mit positivem Vorzeichen liefern und ungerade Permutationen einen Term mit negativem Vorzeichen. Dies wird durch den Faktor $(-1)^P$ bestimmt. Zwei einfache Beispiele, die relativ häufig bei den Anwendungen auftreten, veranschaulichen die Berechnung einer Determinante. Hat die Determinante zwei Zeilen und zwei Spalten, so ist

$$\begin{vmatrix} A_{11} & A_{12} \\ A_{21} & A_{22} \end{vmatrix} = A_{11}A_{22} - A_{21}A_{12} \tag{B.34}$$

und hat die Determinante drei Zeilen und drei Spalten, so findet man

$$\begin{vmatrix} A_{11} & A_{12} & A_{13} \\ A_{21} & A_{22} & A_{23} \\ A_{31} & A_{32} & A_{33} \end{vmatrix} = A_{11}(A_{22}A_{33} - A_{32}A_{23}) - A_{12}(A_{21}A_{33} - A_{31}A_{23})$$

$$+ A_{13}(A_{21}A_{32} - A_{31}A_{22}) . \tag{B.35}$$

Die Regeln für die Berechnung von Determinanten mit einer großen Anzahl von Zeilen und Spalten werden wir sogleich kennen lernen.

B.2.2 Rechenregeln für Determinanten

1. Eine Determinante ist immer dann gleich Null, wenn eine der folgenden Eigenschaften vorliegt:

a) Alle Elemente einer Spalte oder einer Zeile sind gleich Null,

b) Die Elemente von zwei Zeilen oder zwei Spalten unterscheiden sich nur durch einen gemeinsamen nummerischen Faktor,

c) Zwei oder mehrere Zeilen oder Spalten sind voneinander linear abhängig.

2. Der Wert einer Determinante bleibt unverändert, wenn:

a) Die Determinante der Matrix A durch die Determinante der transponierten Matrix A^T ersetzt wird, d. h. $|A| = |A^T|$.

b) Zu den Elementen einer Zeile oder Spalte die entsprechenden Elemente einer anderen Zeile oder Spalte hinzugefügt werden, wobei diese Elemente vorher mit einem gemeinsamen Zahlenfaktor multipliziert werden dürfen.

3. Eine Determinante ändert ihr Vorzeichen nur dann, wenn man zwei Zeilen oder zwei Spalten miteinander vertauscht.

4. Eine Determinante wird mit einem Zahlenfaktor c multipliziert, wenn man alle Elemente einer Zeile oder Spalte mit diesem gleichen Zahlenfaktor multipliziert.

5. Das Produkt $|C|$ zweier Determinanten $|A|$ und $|B|$ wird erhalten, indem man zuerst das Produkt $A \cdot B$ der beiden Matrizen A und B bildet und dann die Determinante $|C| = |A \cdot B|$ berechnet.

6. *Der Laplace'sche Entwicklungssatz*: Dieser gestattet im allgemeinen Fall den Wert einer Determinante zu berechnen und führt auf folgende Formel

$$|A| = A_{i,(k)}|A|_{i,k} = A_{(k),i}|A|_{k,i} \ . \tag{B.36}$$

Dabei darf auf der rechten Seite nur über den Index i nicht aber über den Index k summiert werden, was durch (k) ausgedrückt wurde. Die Determinante mit der Bezeichnung $|A|_{i,k}$ ist die sogenannte Adjunkte oder Minore. Sie wird in folgender Weise erhalten. In der Determinante $|A|$ wird die i-te Zeile und die k-te Spalte gestrichen und die so erhaltene Unterdeterminante wird mit dem Faktor $(-1)^{i+k}$ multipliziert. Anhand der Berechnung der Determinante (B.35) haben wir dieses Verfahren bereits vorgeführt. Allgemein kann man mit diesem Verfahren sukzessive die Ränge der Unterdeterminanten reduzieren, bis man schließlich zum expliziten Ergebnis (B.33) gelangt.

B.3 Lösung eines linearen Gleichungssystems

B.3.1 Inhomogenes Gleichungssystem

Wir sind nun in der Lage, die Auflösung des linearen Gleichungssystem (B.1) zu behandeln. Ohne Beweis lautet die Lösung dieses Gleichungssystems ganz allgemein

$$x_i = \frac{|A|_{i,k} B_k}{|A|} ,\qquad (B.37)$$

wo $|A|$ die Determinante der Koeffizientenmatrix (B.2) ist und die $|A|_{i,k}$ die entsprechenden, oben definierten Adjunkten zu dieser Matrix darstellen. Nur in einfachen Fällen lässt sich ein lineares Gleichungssystem auf diese Weise praktisch lösen. Gleichungssysteme mit $n \geq 4$ bereiten oft schon Schwierigkeiten und man muss versuchen, durch Elimination von Veränderlichen oder Variablentransformation das Gleichungssystem zu vereinfachen. Hat man im Prinzip nach obigem Verfahren das Gleichungssystem (B.1) gelöst, so können wir formal die Lösung in folgender Form angeben

$$x = A^{-1} \cdot B ,\qquad (B.38)$$

wobei $A \cdot A^{-1} = I$ gilt und A^{-1} die zu (B.2) inverse Matrix darstellt, während x und B die Vektoren (B.3) sind.

B.3.2 Homogenes Gleichungssystem

Ein homogenes Gleichungssystem, d. h. ein System bei dem auf der rechten Seite von (B.4) der Vektor $B = 0$ ist, hat nur unter ganz bestimmten Bedingungen eine Lösung. Dazu ist es notwendig, das folgende Eigenwertproblem zu lösen

$$\begin{pmatrix} A_{11} & A_{12} & A_{13} & \cdots & A_{1n} \\ A_{21} & A_{22} & A_{23} & \cdots & A_{2n} \\ A_{31} & A_{32} & A_{33} & \cdots & A_{3n} \\ \vdots & \vdots & \vdots & \vdots & \vdots \\ A_{n1} & A_{n2} & A_{n3} & \cdots & A_{nn} \end{pmatrix} \cdot \begin{pmatrix} x_1 \\ x_2 \\ x_3 \\ \vdots \\ x_n \end{pmatrix} = \lambda \begin{pmatrix} x_1 \\ x_2 \\ x_3 \\ \vdots \\ x_n \end{pmatrix} ,\qquad (B.39)$$

wo λ der Eigenwertparameter genannt wird. Führt man die Matrixmultiplikation aus, so lautet das homogene lineare Gleichungssystem

$$\begin{aligned} (A_{11} - \lambda)x_1 + A_{12}x_2 + A_{13}x_3 + \cdots A_{1n}x_n &= 0 \\ A_{21}x_1 + (A_{22} - \lambda)x_2 + A_{23}x_3 + \cdots A_{2n}x_n &= 0 \\ A_{31}x_1 + A_{32}x_2 + (A_{33} - \lambda)x_3 + \cdots A_{3n}x_n &= 0 \\ \vdots \qquad \vdots \qquad \vdots \qquad \vdots \qquad \vdots \\ A_{n1}x_1 + A_{n2}x_2 + A_{n3}x_3 + \cdots (A_{nn} - \lambda)x_n &= 0 \end{aligned}\qquad (B.40)$$

Dieses System hat nur dann eine Lösung, wenn die Determinante der Koeffizienten Null ist, also

$$\begin{vmatrix} A_{11} - \lambda & A_{12} & A_{13} & \cdots & A_{1n} \\ A_{21} & A_{22} - \lambda & A_{23} & \cdots & A_{2n} \\ A_{31} & A_{32} & A_{33} - \lambda & \cdots & A_{3n} \\ \vdots & \vdots & \vdots & \vdots & \vdots \\ A_{n1} & A_{n2} & A_{n3} & \cdots & A_{nn} - \lambda \end{vmatrix} = 0 .\qquad (B.41)$$

Die Berechnung dieser Determinante mithilfe des Laplace'schen Entwicklungssatzes (B.36) führt in Bezug auf den Eigenwertparameter λ auf eine algebraische Gleichung n-ten Grades, die sogenannte Säkulargleichung. Sie hat im allgemeinen n voneinander verschiedene Lösungen λ_1, λ_2, $\cdots \lambda_n$, welche die Eigenwerte des Gleichungssystems (B.40) genannt werden. Zu jedem dieser Eigenwerte λ_k gehört dann die entsprechende Eigenlösung des Problems in Form des Eigenvektors $x^{(k)}$, der als Spaltenvektor (B.3) dargestellt werden kann und nur bis auf einen gemeinsamen nummerischen Faktor bestimmt ist. Dieser Faktor kann dazu dienen, um die Eigenvektoren zu normieren, sodass $x^{(k)+} \cdot x^{(k)} = 1$ wird. Wenn zwei oder mehrere Eigenwerte λ_k einander gleich sind, tritt Entartung auf und es können dann zwei oder mehrere Eigenvektoren $x^{(k,i)}$ $(i = 1, \cdots f)$ zum gleichen Eigenwert gehören. Nach erfolgter Normierung sind im allgemeinen alle Eigenvektoren zueinander orthogonal, d. h. es gilt $x^{(k)+} \cdot x^{(i)} = \delta_{k,i}$, wo $x^{(k)+}$ den zu $x^{(k)}$ Hermite'sch konjugierten Eigenvektor darstellt, der in der Matrixdarstellung nur aus einer Zeile besteht.

Von besonderem Interesse für die Physik sind die Hermite'schen Matrizen, denn ihre Eigenwerte sind alle reell und können daher physikalischen Größen zugeordnet werden. Um die Eigenwerte einer Hermite-Matrix zu finden, ist die Auflösung der Determinantengleichung nicht das einzige Verfahren. Man kann dasselbe Ziel auch mithilfe einer passend gewählten unitären Matrix U erreichen, mit deren Hilfe die Matrix A diagonalisiert wird, sodass auf der Hauptdiagonale der transformierten Matrix A' die Eigenwerte der Matrix A stehen, also

$$U^{-1} \cdot A \cdot U = A' , \quad \text{mit} \quad A'_{i,k} = \lambda_i \delta_{i,k} . \tag{B.42}$$

Wenn wir schließlich die Determinante dieser Beziehung betrachten, so ist

$$|U^{-1} \cdot A \cdot U| = |A'| = \sum_{k=1}^{n} \lambda_k . \tag{B.43}$$

C

Einige ergänzende Bücher

1. D. W. Jordan und P. Smith: Mathematische Methoden für die Praxis, Spektrum, Akademischer Verlag, Heidelberg, 1996. Dieses Buch enthält eine einfache und klare Darstellung der Differenzial- und Integralrechnung als auch der linearen Algebra, deren Kenntnis im vorliegenden Buch vorausgesetzt werden.
2. Georg B. Arfken and Hans J. Weber: Mathematical Methods for Physicists, 6th Edition, Academic Press, Inc., London 2005. Dieses Buch ist inzwischen ein klassischer Renner der mathematischen Methoden und ist auch entsprechend umfangreich.
3. Eugen Butkov: Mathematical Physics, Addison-Wesley Publishing Company, Reading, Massachusetts, 1968. Enthält einen umfangreichen Abschnitt über die Theorie komplexer Funktionen und ihrer Anwendungen in der Physik. Ferner enthält es viele Anwendungen der Theorie des linearen Vektorraumes und Funktionenraumes in der Physik.
4. John W. Dettman: Mathematical Methods in Physics and Engineering, Dover Publications, Inc., New York, 1988. Das Buch ist wie alle Dover-Nachdrucke sehr billig. Es enthält eine ausführliche Darstellung der linearen Algebra und des Funktionenraumes. Das Buch ist insgesamt eher mathematisch orientiert.
5. Selcuk Bayin: Mathematical Methods in Science and Engineering, John Wiley and Sons, New York, 2006. Dieses Buch behandelt Themen, die in anderen Büchern über mathematische Methoden weniger diskutiert werden.
6. R. Courant and D. Hilbert: Methods of Mathematical Physics, Vols. I and II, John Wiley and Sons, New York, 1989. Der Courant-Hilbert ist die klassische Bibel der mathematischen Methoden, erstmals 1924 beim Springer-Verlag in Heidelberg aufgelegt. Auch heute noch sind diese Bände ein sehr wertvolles Nachschlagewerk.
7. P. M. Morse and H. Feshbach: Methods of Theoretical Physics, Parts I and II, Mc Graw Hill Book Company, Inc., New York, 1953. Auch der

Morse-Feshbach ist inzwischen ein Klassiker der mathematischen Methoden. Die beiden Bände sind nahezu allumfassend.

8. M. Abramowitz and I. A. Stegun: Handbook of Mathematical Functions, Dover Publications, Inc., New York, 1965. Dies ist ein sehr umfangreiches Tabellenwerk und eine reichhaltige Formelsammlung der verschiedenen Funktionen der mathematischen Physik.

9. I. S. Gradshteyn and I. M. Ryzhik: Tables of Integrals, Series and Products, Academic Press, San Diego, 1994. Was man nicht im Abramovitz-Stegun findet, findet man sicherlich in allen Einzelheiten in dieser bereits mehrfach aufgelegten russischen Formelsammlung.

Index